高等学校教材·软件工程

软件工程基础

（第 2 版）

郑江滨　金强国　马春燕　李　易　殷　茗　编著

西北工业大学出版社

西安

【内容简介】 本书系普通高等教育"十一五"国家级规划教材的再版教材,全面地反映了软件工程的全貌,不仅介绍了结构化程序软件工程方法,而且介绍了面向对象的软件工程方法,以大型工业软件案例分析贯穿始终,重点讲解了软件分析、设计、测试的方法和技术,并融合了软件工程发展趋势。

本书分为 9 章,内容包括:软件工程的相关概念、软件危机和生命周期;软件开发过程,对软件开发的阶段组织及生命周期模型进行说明;结构化软件工程分析和建模方法、概要设计与详细设计工具;面向对象分析与设计、UML 建模;需求分析与描述,包括现代化需求获取方法;软件实现与测试,软件重用与开发工具;软件维护;软件的标准以及文档,包括国产化软件标准、软件质量保证等;软件工程最新发展,包括基于组件的软件工程、CMMI-DEV V2.0、GPT-4、敏捷开发、大模型与软件工程等。

本书知识结构紧凑,嵌入特色化的工业软件案例教学,在开发方法的介绍上通过案例贯穿,以程序代码和图的形式对相关的知识点进行说明和展示,以此鼓励学生通过实践对软件工程进行深入的理解和探索。

本书适合作为高等学校软件工程专业以及计算机相关学科本科教材。

图书在版编目(CIP)数据

软件工程基础 / 郑江滨等编著. — 2 版.— 西安 :
西北工业大学出版社,2024.4
高等学校教材.软件工程
ISBN 978-7-5612-9240-2

Ⅰ.①软… Ⅱ.①郑…   Ⅲ.①软件工程-高等学校-教材   Ⅳ.①TP311.5

中国国家版本馆 CIP 数据核字(2024)第 069313 号

RUANJIAN GONGCHENG JICHU

软 件 工 程 基 础

郑江滨 金强国 马春燕 李易 殷茗 编著

责任编辑:张　友		策划编辑:何格夫	
责任校对:朱晓娟		装帧设计:李　飞	

出版发行:西北工业大学出版社
通信地址:西安市友谊西路 127 号　　　　邮编:710072
电　　话:(029)88491757,88493844
网　　址:www.nwpup.com
印　刷　者:五安五星印刷有限公司
开　　本:787 mm×1 092 mm　　　1/16
印　　张:19.875
字　　数:522 千字
版　　次:2008 年 1 月第 1 版　2024 年 4 月第 2 版　2024 年 4 月第 1 次印刷
书　　号:ISBN 978-7-5612-9240-2
定　　价:75.00 元

如有印装问题请与出版社联系调换

第 2 版前言

为适应我国经济结构战略性调整的要求和软件产业发展对人才的迫切需要,实现我国软件人才培养的跨越式发展,教育部 2001 年首次批准了 35 所示范性软件学院,2021 年首次批准了 33 所特色化示范性软件学院。笔者所在的西北工业大学软件学院以培养国际化、工程型、复合型软件人才为目标,积极与世界范围内先进的课程体系和教学方法接轨。2008 年,本书第 1 版被认定为普通高等教育"十一五"国家级规划教材,在 16 年的教学实践中,笔者和教学团队紧跟产业需求和新技术,不断建设、丰富和优化软件工程的教学内容,在第 1 版的基础上,进行了修编。本次修编,主要针对面向过程和团队合作部分的内容进行了适量删减,新增了我国的软件工程标准化工作内容,探讨了人工智能时代下软件工程发展趋势,以反映现代软件开发流程的演变趋势。同时,为强化软件工程的实践教学效果,新增了特色大型工业软件项目案例,这一调整旨在紧跟软件工程领域的最新发展,使学生能够掌握更贴合行业需求的技能。

本书注重理论与实践的结合,不仅从技术和管理角度详细介绍了软件工程的方法,还通过特色化大型工业软件项目案例,帮助读者更好地理解和掌握软件开发的实际过程。而在软件工程这一领域的图书中,往往只注重理论知识的介绍,缺乏实际操作和实践指导。本书紧跟软件行业的发展趋势和技术更新,及时引入最新的开发工具、技术和方法,确保读者能够学习到诸如大语言模型等最前沿的软件工程知识。

本书的主要指导思想:①培养读者从实际需求出发,采用结构化方法和面向对象方法进行高质量软件分析与设计的能力;②培养读者全面理解并掌握有序、高效、科学的软件项目管理的高阶能力;③培养读者探索软件工程领域前沿问题的能力。

重点内容之一:探讨了软件危机的背景及其典型表现,分析了为应对危机而提出的软件生命周期概念,并介绍了多种软件过程模型,突出了各自在适应需求变化、控制风险和优化资源等方面的优、缺点。

重点内容之二:阐述了结构化程序设计的发展历程,并深入讲解了结构化程序的分析建模技术,介绍了在软件设计阶段的概要设计与详细设计方法,用以指导如何实现对软件内部结构和控制流程的具体描述与设计。

重点内容之三:系统介绍了面向对象的基本概念,包括封装、继承、多态等核心特性;进而深入讲解了面向对象分析与设计的方法论,如何识别类和对象,并构建系统的静态结构与动态行为模型。同时,还详述了 UML(统一建模语言)在软件开发中的作用及其图示,用以可视化和记录软件系统的各个方面,如类图、序列图和状态机图等。

重点内容之四:重点介绍了软件需求的基本概念,阐述了需求工程的完整过程,包括从识别、分析、规格化到验证和管理需求等一系列活动。同时,详述了需求获取的技术手段,如访谈、问卷调查、用例分析等。

重点内容之五:讨论了软件开发中所使用的各种编程语言及其特点,强调了遵循良好编程风格的重要性以提升代码质量和可维护性;探讨了软件重用的实践和技术;介绍了软件开发工具在项目中的应用;重点介绍了软件测试的基本概念与方法。

重点内容之六:阐述了软件维护的定义,强调了其在软件生命周期中不可或缺的地位和对软件产品质量、功能更新以及成本控制的重要性。

重点内容之七:重点介绍了软件工程标准化的必要性与内容框架,概述了我国在推进软件工程标准化方面的具体工作进展;讨论了软件文档的重要性及其在标准化过程中的规范要求。

重点内容之八:探讨了软件工程的最新发展趋势,包括基于组件的软件工程方法、敏捷开发、CMMI 2.0;介绍了智能化软件工程的新趋势,利用大语言模型等人工智能技术优化软件开发流程。

本书以"技术"和"管理"为两条主线,阐释软件工程方法和标准等内容,梳理了软件工程核心概念,涵盖了软件危机、生命周期各阶段及模型组织。书中通过大型工业软件案例剖析了结构化分析与设计方法,包括数据流图、实体关系建模等,并深入讲解了面向对象分析设计原理和 UML 工具应用,重视学生职业实战能力和工程素质的培养。同时阐述了需求工程全流程,以及现代化需求获取技术;探讨了软件实现、测试、重用、维护管理实践,强调开发工具和标准化文档管理,特别是国产化标准与质量保证体系,强调提升学生的社会责任感和民族自豪感。此外,还介绍了基于组件的工程方法、CMMI 2.0、敏捷开发实践以及大模型(如 GPT - 4)对软件工程的影响。

本书适合作为高等学校软件工程专业以及计算机相关学科本科教材,参考教学课时为 16 学时,配套实验课时为 16 学时。

本书由西北工业大学软件学院院长郑江滨教授牵头负责编写并统稿,具体编写分工如下:第1~3章由郑江滨编写,第 4 章和第 5 章由金强国编写,第 6 章和第 7 章由马春燕编写,第 8 章由李易编写,第 9 章由殷茗编写。

北京航空航天大学的马平老师与西北工业大学软件学院的研究生宋晋、李沛昂、李然、胡微笑、许博菡等曾分工搜集资料和认真阅读了书稿每一章,提出不少修改和修正意见,对他们的辛勤劳动表示衷心感谢。在编写本书的过程中,曾参考了大量相关文章,在此对其作者一并致谢。

囿于水平,书中难免有不妥之处,敬请各位读者批评指正。

编著者

2024 年 1 月

第 1 版前言

软件工程是信息化技术和计算机科学中一个重要而充满活力的研究领域。自 20 世纪 60 年代提出软件工程概念以来,为克服"软件危机"和提高软件质量,人们在软件需求分析、程序设计、软件测试、项目管理、过程改进、软件架构以及客户服务模型等方面进行了大量的研究工作,并逐步形成了软件工程技术领域的系统知识。随着计算机软件应用的日益普及,软件工程已成为信息技术发展的关键技术领域之一。

软件工程是高等学校计算机专业、软件专业必修的核心课程,是信息类专业的主要推荐课程,也是每一个从事软件设计、开发、管理、维护人员的必备知识。

本书比较全面地反映了软件工程技术的全貌,不仅介绍了传统的结构化程序软件工程方法,而且以面向对象的软件工程技术为主,重点讲解了软件分析、设计、测试的方法和技术,并以实际案例分析贯穿始终。考虑到内容的完整性,本书对软件的形式化方法、软件能力成熟度模型(CMM)、软件文档与标准、团队组织等内容也进行了介绍。强调实例分析和应用训练是本书的主要特色,因此,学习本书需要读者具备以下条件:至少掌握一种编程语言的使用,基本掌握面向对象编程技术,有一定编写和开发软件的经验。本书是一本实用性很强的教材。

全书共由 13 章组成,可以分为 4 个部分。

第一部分介绍软件工程技术,内容包括软件工程技术概述(第一章)、软件生命周期模型(第二章)、传统软件工程技术简介(第三章),阐述软件工程的作用、意义、涉及领域、技术和传统软件工程的基本方法。课时为 2 周,8 学时。

第二部分介绍面向对象技术与 UML,内容包括面向对象技术(第四章)和 UML 语言(第五章),介绍和学习面向对象技术的特点和 UML 的描述方法。课时为 2 周,8 学时。

第三部分介绍软件设计与实现,内容包括需求分析与描述(第六章)、面向对象分析(第七章)、面向对象设计(第八章)、实现与测试(第九章)、软件维护(第十章),以开发小组为单位,每个小组分为设计和测试两部分,以实际应用软件开发为目标(如图书馆用户管理、网络销售服务、个人桌面工具、网络教学平台、学生信息数据库等),完成一个软件从需求分析、设计、实现、测试到维护方案的全部过程。课时为 8~10 周,32 学时。

第四部分介绍软件管理技术,内容包括软件的标准与软件文档(第十一章)、软件开发团队(第十二章)和软件工程技术发展(第十三章),介绍软件管理的相关技术,并对软件工程技术发展进行更深入的介绍。课时为 4 周,16 学时。

全部课程学习建议安排 40~60 学时。若学习全部内容,建议学习时间为 16~18 周,64 学时。建议的授课章节与次序为:第一至三章→第十一、十二章→第四至十章→第十三章。如果读者已经具备面向对象软件开发的知识基础,可安排 40 学时,可省略第四、五章,自学第十一、十二章。

胡飞教授组织了本书的编写工作,并编写了第一章、第二章、第三章的大部分内容、第九章、第十章、第十二章以及第十三章的 13.1 节与 13.5 节;武君胜教授编写了第六章、第十一章和第十三章的 13.3 节;杜承烈教授编写了第七章和第八章;马春燕博士编写了第四章、第五章和第十三章的 13.2 节;郑炜博士编写了第三章的部分内容和第十三章的 13.4 节。

在编写本书的过程中,美国马里兰大学计算机系的 Atif. Memon 教授提出了许多有益的建议,西北工业大学软件学院的领导和教师给予了大力支持。华东理工大学的顾春华教授对全书进行了仔细的审阅和推敲,对书稿修改提出了许多宝贵的意见,使书稿在内容安排、知识点补充和实践性方面有了明显提高。在此,向所有对本书编写工作给予支持和帮助的人们表示衷心的感谢。

由于学识有限,加之时间仓促,书中难免存在不妥之处,恳请广大读者批评指正。

编　者

2007 年 10 月

目　　录

第1章 初识软件工程

如今,人们生产、生活的各个方面都不可避免地涉及软件。在这个智能化的时代,绝大部分人的工作、生活中都离不开软件的帮助,他们也了解一部分软件开发的信息。在他们眼中,软件就是可以在计算机上运行的一段程序代码。

这个表述简练但不准确。软件不同于随手写的一段练习程序。在完成特定功能要求的基础上,软件还应该满足一些指标,如鲁棒性等。就像汽车不仅仅要有轮子、能跑,还要满足舒适性、安全性、便捷性等。

因此,有专家提出:软件是软件工程师设计和生产的产品,它包含在计算机上执行的任何大小与结构的程序、纸张和电子文档、由数字和文本组成的数据(包括图示、视频和音频信息)[1]。

当前市场涵盖了广泛的软件产品,从日常应用的操作系统、文字处理软件、办公自动化系统,到复杂而智能的大型工业软件和创新型智能应用。这些软件除了由代码编写的程序,还有大量的说明文档。同时,作为说明文档的配套,还有大量的教学视频或图表整合在软件当中。

可以说,人们买到大量的软件,从操作系统、文字处理软件、办公自动化系统、数据库、网络服务,到颇具规模的智能应用,它们都是满足先前定义的软件产品。既然软件是产品,它就应该具有产品的特点:有价值(能完成特定的功能),有标准(符合产品的规范),可检测(衡量与评价的标准),有质量(保证功能的正确与可靠)。

软件也存在危机,本书将阐述如何规范化地生产和管理高质量的软件产品,以及如何成为一名具有社会责任感的软件工程师。

1.1 对软件的认识

关于软件的意义与作用,不需要再花费更多的笔墨去阐述了。软件已经成为人们学习、工作、生活不可或缺的组成部分。几乎所有看到本书的人,都多多少少接触过软件,还有相当多的人学习、设计并且开发过软件。那么,先看看以下对软件的一些认识和说法。

1. 乐观的看法

(1)软件是艺术创作,过多的规矩限制了软件的创造。

这往往是一些所谓软件高手面对软件质量人员和管理者关于文档、测试、报告的询问时最好的托辞。

事实上,依靠个人能力编制精巧软件的时代早已过去,当下以及未来需要的是规范、可靠、实用的软件产品,而不是独创性的艺术品。如果还有哪位软件工程师强调他/她的软件是艺术品,不能有规范约束,只能说明他/她并不适合做一名软件工程师。

(2)已经有了规范的软件标准,就会有高质量的软件。

这是许多软件企业管理者的想法,他们认为有了标准和规范,软件工程师就会去按标准做。

事实上,有了标准和规范并不能确保软件工程师按照它们去开发软件。虽然标准和规范提供了一种指导和参考,但实际软件开发过程中存在许多挑战和复杂性,导致软件工程师可能无法完全按照标准去执行。

(3)因为有许多软件高手进行开发,所以我们的软件就是先进的软件。

这是许多小型软件企业管理者的想法,他们认为有了软件高手,就可以有领先的技术,就可以有领先的软件产品。

事实上,虽然高水平的软件工程师对软件企业的技术发展至关重要,但仅仅依靠软件高手并不能保证该企业拥有领先的技术和软件产品。软件产品是一个团队整体水平的体现,仅仅在若干技术点上的高水平,并不能保证软件产品的高水平。

(4)软件高手是软件成功的关键。

这是许多软件项目经理的想法,他们认为组里有几名软件高手,所以软件项目就一定能成功。

事实上,软件高手并不能包打天下,缺少高效的管理和团队的合作,高手就会成为救火队长,难以发挥自身优势,产品的成功也就是天方夜谭。

(5)软件研制周期落后了,没关系,赶快增加人手吧。

这是大多数软件经理和软件工程师面对进度落后的反应。24个人月的任务,3个人需要工作8个月。4个月后,发现需要加快进度,他们认为再增加3个人,2个月就能完成。

事实上,新增加的3个软件工程师,仅是花费在熟悉项目工作上的时间,可能就需要1个月,由于人数的增加,须交流的工作更多,非但2个月不能完成,可能速度反而更慢[2]。

(6)软件太大了,外包出去一部分吧,那部分就不用操心了。

这是许多软件经理面对大型软件开发时的想法,他们认为软件外包解决了大部分的软件模块设计与实现问题,只需要进行模块总装就可以了。

事实上,虽然软件外包可以在某些情况下提供一定的帮助,但简单地将整个软件项目的一部分外包并不能解决所有问题,而且可能带来一些潜在的挑战和风险。比如:项目的复杂性、沟通和协调成本、项目控制和整合等因素。而且,外包的部分并不是完全不需要软件经理参与了。软件经理需要完成所有模块的详细设计与定义,不断地沟通与调整、验收与测试,唯一可以省略的是软件实现与单元测试环节。

(7)软件的功能需求已经全部交给了软件开发者,等他们的软件交付了,就能提高工作效率了。

这是大部分软件客户对软件产品开发的理想与愿望,他们认为当软件研制完成时,所有的要求就都实现了。

事实上,软件需求者(客户)与软件开发者(软件工程师)在对软件产品的功能定义、实现方式、人机界面、工作流程等方面一直存在极大的认识差异,甚至出现功能的偏差。当客户需求说明"自动审核"时，没有哪个软件工程师能仅仅从这 4 个字理解程序要干什么。因此当客户拿到软件时，可能与他想象中的"软件产品"相去甚远。

（8）软件修改是容易的事，让软件工程师改几行程序就好了。

这是大部分客户对软件维护的看法。例如，客户认为：这个软件功能如果再加上"自动统计"就更好了，如果能够增加一个"用户类型"就更方便了，如果增加一个"快捷方式"就更好了。让软件工程师修改一下，一周时间足够了，就增加几行程序嘛。

事实是，软件修改并不是这么简单的事情。对于一个复杂的软件系统，修改代码可能会导致多个功能出现问题，这个过程需要经过严密的测试和验证。修改代码还需要考虑到代码的可维护性、可扩展性和安全性等因素。而且，软件修改还需要遵守软件开发的流程和规范，包括需求分析、设计、编码、测试、发布等环节。

另外，软件开发并不是一项孤立的工作，涉及多个人员、多个部门之间的协作。软件维护也需要与客户、用户沟通，了解他们的具体需求和使用情况。因此，软件修改需要大量的沟通和协作，才能确保修改后的软件能够满足客户的需求，同时不会影响原有的功能和性能。

（9）终于解脱了，软件已经交付用户了。

软件工程师在一个软件项交付后，都会有这样的想法，感觉任务终于完成了。

事实上，软件开发与实现在整个软件生命周期的工作量不到 40%，软件开发是一个持续的过程，包括软件测试、性能优化、漏洞（bug）修复、用户反馈信息收集和新的软件开发等。在软件交付给用户后，软件工程师需要继续跟踪用户的反馈和需求，并及时地进行相应的修改。

此外，软件产品的质量不仅仅取决于软件工程师的技术水平和客户的要求，还受到测试、维护和其他因素的影响。因此，即使软件交付给客户，软件工程师也需要持续关注软件产品的质量和性能，以确保客户能够得到最佳的使用体验。

（10）软件文档没什么用，加些注释就行了，剩下的我全记在脑子里了。

许多软件工程师即使嘴上不说，心里也是这么想的，而且也是这么做的。

事实上，软件本身就是复杂而难于理解的产品，如果再是缺少了文档的软件产品，那就不会再有人愿意去维护它，于是软件成为废品和垃圾。软件文档是软件开发的重要组成部分，对于软件工程师和用户来说都非常重要。软件工程师需要编写详细的文档来记录软件的功能、架构、设计、实现和测试等方面的信息。这些文档不仅可以帮助软件工程师更好地理解和管理软件，也可以帮助用户更好地使用软件。

2. 悲观的看法

有许多软件工程师在工作了一段时间之后，生出对软件的恐惧心理，这里列举常见的一些悲观看法。

（1）软件质量无法控制，它是人的智力表现。

这是相当数量软件工程师的看法。他们认为一个存在于人的大脑中的思维与活动，实在是难以控制。

事实上，软件质量是可以控制的。通过严谨的设计、开发和测试，可以确保软件的质量符合预期标准。软件工程师已经开发出了各种质量控制工具和标准，以确保软件的高质量。当然，人为因素的存在会对软件质量产生影响，但有效的管理方法可以极大地降低这种影响。总之，软件质量控制需要团队的努力和合作，而不仅仅是某个人的智力表现。

（2）软件总是有错的，所以测试也意义不大。

这正是许多软件工程师轻视软件测试的核心原因,因为无论怎样的软件测试,都无法保证软件完全正确。

事实上,软件测试的意义是非常重要的。测试可以帮助软件工程师在开发早期发现和修复缺陷,从而降低后期修复缺陷的成本,缩短后期修复缺陷的时间,并提高软件的质量。虽然测试无法保证软件的完全正确,但可以帮助最大限度地减少缺陷的数量和影响。通过测试,可以评估软件是否符合预期功能需求、安全和性能要求等。测试还可以帮助管理人员做出决策,确定软件是否准备好发布以及应该发布哪个版本。综上所述,软件测试是软件开发过程中必不可少的一环,它可以提高软件质量,并降低软件开发和维护的成本。

(3)软件是无法度量的,所以我无法评估自己的工作量。

这是软件工程师抱怨最多的问题,总觉得自己的软件模块是最复杂和最困难的,而待遇却与别人一样。

事实上,工作量是可以度量的,用于衡量软件工程师工作量和工作价值的方法也是存在的。常见的度量方法包括功能点分析、代码行数、工作时长、缺陷数量、执行测试用例的次数等等。这些方法可以帮助管理人员对软件工程师的工作量和工作价值实施量化评估。

(4)软件进度无法预测,因为人的智力与情绪都会影响软件进度。

在项目进度落后或无法按时完成时,这往往成为软件开发团队推脱责任的借口。

事实上,软件进度是可以预测和管理的。虽然人的智力和情绪会对软件进度产生影响,但这并不代表进度无法控制。软件开发团队可以根据过去的经验和项目需求,制订可行的开发计划和时间表,充分考虑开发人员的能力和可用资源。同时,软件开发团队也需要跟踪项目进展情况,进行实时的进度监控和管理。当项目进度落后时,团队应该及时调整计划和资源,以确保项目能够按时完成。为了更好地控制软件进度,可以采用项目管理工具和方法,例如甘特图、敏捷开发等,这些方法可以帮助开发团队更好地评估和管理项目进度,从而确保项目按计划完成。

(5)我不是软件高手,所以我不会成为出色的软件工程师。

常常听到软件工程师这样说,软件高手是出色软件工程师的标准吗?

事实上,软件高手是出色软件工程师的一个必要条件,但不是充分条件。虽然软件高手通常具备较高的编程技能和软件开发经验,但这并不是成为出色软件工程师的唯一标准。成为出色软件工程师需要具备多方面的能力,如软件开发知识、软件工程知识、团队合作能力、沟通能力、解决问题的能力、设计能力、创新思维等等。这些能力是相互关联的,而不是孤立的。

(6)软件技术更新太快了,我实在无法跟上它的步伐。

这是软件工程师最头痛的一件事,似乎年过 35 岁,就成为过时的同义词,就难以追赶技术的进步了。

事实上,虽然新的技术层出不穷,但软件工程师可以通过不断学习和更新自己的技能来适应这些新技术,例如近些年来以 AlphaGo、ChatGPT 为首的人工智能、区块链技术的拓展,"元宇宙"概念的提出,云服务的快速成长以及工业互联网中边缘计算的大规模应用等。此外,软件设计核心技术的变化并不大,而软件开发经验往往成为比开发技术更宝贵的财富。事实上,许多的软件开发工作依赖于成功的经验和模式,具有丰富开发经验的软件工程师,正是每一个软件企业最宝贵的资源。

(7)我国大型工业软件长期缺位,领域"卡脖子"问题较难解决。

我国工业软件面临补足研发设计高端软件短板、破解部分领域"卡脖子"问题的巨大挑战。

事实上,为了解决这些问题,我国已经采取了多项措施,例如加强工业软件核心技术研发,提高工业软件市场化程度,加强工业软件人才培养,等等。同时,国内外企业也在不断加大在工业软件领域的投入和研发,通过技术创新和市场拓展来提高工业软件的水平和竞争力。因此,虽然我国工业软件面临补足研发设计高端软件短板、破解部分领域"卡脖子"问题的巨大挑战,但通过政府、企业和社会各方的共同努力,我国工业软件的发展前景仍然广阔。

1.2　软　件　危　机

软件危机(Software Crisis)是早期计算机科学的一个术语,是指在软件开发及维护的过程中所遇到的一系列严重问题,这些问题皆可能导致软件产品的寿命缩短甚至夭折。软件开发是一项高难度、高风险的活动,由于它的高失败率,故有所谓"软件危机"之说。软件危机的本源是复杂、期望和改变,这个术语用来描述正急剧增加的计算机力量带来的冲击和可能要处理的问题的复杂性。从本质上来说,它谈到了写出正确、可理解、可验证的计算机程序的困难。

1.2.1　软件的演化

演化是事物从一种多样性统一形式转变成另一种多样性统一形式的具体过程。软件的发展经历了一个演化的过程,自从 20 世纪 40 年代产生了世界上第一台计算机后,伴随而生的就是程序。软件是计算机程序及说明程序的各种文档。软件的演化大致经历了以下五个阶段:

第一阶段。1946 年到 20 世纪 60 年代初是计算机软件发展的初期,一般称为程序设计阶段。其主要特征是程序生产方式为个体手工方式[3]。在计算机系统发展的早期时代,通用硬件相当普遍。由于计算机系统的相对简单以及应用场景的有限性,人们通常为每个具体的应用编写专门的软件程序。这时的软件通常是规模较小的程序,编写者和使用者往往是同一个(或同一组)人。软件设计是在某个人的头脑中完成的一个隐藏的过程,软件除了源代码往往没有其他文档资料。

第二阶段。20 世纪 60 年代初到 70 年代初是计算机软件发展的第二个阶段,也称为程序阶段。这个时期的一个重要特征是出现了"软件作坊"。随着计算机应用的日益普及,软件规模的逐步增大,软件开发需要多人分工协作,软件的开发方式由个体生产发展为小组生产。随着软件的数量急剧增长,软件需求日趋复杂,软件的维护工作量急剧加大。例如:在程序运行时发现的错误必须设法改正;用户有了新的需求时必须对原程序做出相应的修改;硬件或操作系统更新时,通常需要修改程序以适应新的环境。但由于小组生产的开发方式基本上沿用了软件发展早期所形成的个体化的开发方式,因此导致了软件的开发与维护费用以惊人的速度增加。更为严重的是,程序的个体化特性使得许多软件产品后来由于无法维护而不得不被丢弃,并最终引发了软件危机。

在软件危机爆发之前的 1968 年,北大西洋公约组织的计算机科学家在联邦德国召开国际会议。会议讨论了软件危机问题,并正式提出了"软件工程"这个名词,一门新兴的工程学科就此诞生了。

第三阶段。20 世纪 70 年代中期至 80 年代中期是计算机软件发展的第三个阶段,一般称为软件工程阶段。在这个阶段,软件工程师把工程化的思想加入软件的开发过程中,用工程化的原则、方法和标准来开发和维护软件[3]。

为了迎接软件危机的挑战,人们进行了以下两方面的努力:

一方面,从管理的角度,希望实现软件开发过程的工程化。这方面最为著名的成就是广为人知的"瀑布式"生命周期模型。后来,又针对该模型的不足,提出了快速原型、螺旋模型、喷泉模型等对"瀑布式"生命周期模型进行补充,并确定了一些重要文档格式的标准,包括变量、符号的命名规则以及源代码的规范。

另一方面,侧重于对软件开发过程中分析、设计的方法的研究。这方面的重要成果就是20世纪70年代风靡一时的结构化开发方法,即面向过程的开发或结构化方法以及结构化的分析、设计和相应的测试方法。

"软件工程"的概念,提出把软件开发从"艺术"和"个体行为"向"工程"和"群体协同工作"转化。其基本思想是应用计算机科学理论和技术以及工程管理的原则和方法,按照预算和进度,实现满足用户要求的软件产品的定义、开发、发布和维护的工程。

软件工程是研究和应用如何以系统性的、规范化的、可定量的过程化方法去开发和维护软件,以及如何把经过时间考验而证明正确的管理技术和当前能够得到的最好的技术方法结合起来的学科。

第四阶段。从20世纪80年代中期开始,面向对象方法学受到了人们的重视,促进了软件产业的飞速发展,软件产业在世界经济中已经占有举足轻重的地位。在软件工程的面向对象时代,行业经历了一场革命性的演变。这个时期的重要特征之一是面向对象编程(Object Oriented Programming,OOP)的兴起,这一编程范式的概念彻底改变了软件设计和开发的方式。

面向对象编程引入了类和继承的概念,将现实世界的实体抽象为对象,并通过类的继承机制构建了清晰的层次结构。这使得软件更容易理解、扩展和维护,同时促进了代码的可重用性。

多态性和封装性是另两个面向对象编程的关键优势。多态性使得对象能够根据上下文表现出不同的行为,而封装性则允许隐藏对象内部的实现细节,提高了代码的安全性和可维护性。

随着图形用户界面(Graphical User Interface,GUI)的兴起,面向对象的思想为图形化交互提供了理想的解决方案。图形界面元素被抽象为对象,使得用户体验设计更为直观和友好。

设计模式的引入是这一时期的又一亮点。通过提出通用解决方案,设计模式为开发者提供了在面向对象环境中构建灵活和可维护软件的指导原则。这种实践帮助开发者更好地处理常见问题,提高了代码的质量和可靠性。

统一建模语言(Unified Modeling Language,UML)的引入进一步推动了面向对象的概念。UML作为一种标准化的建模语言,为软件工程师提供了一种通用的、可视化的表达方式,促进了设计和团队协作。总体而言,面向对象的时代奠定了现代软件工程的基础,引入这些概念和技术,使软件开发变得更为灵活、可维护,并为未来的发展打下了坚实的基础[3]。

第五阶段。20世纪末开始流行的Internet给人们提供了一种全球范围的信息基础设施,形成了一个资源丰富的计算平台,未来如何在Internet平台上进一步整合资源,形成巨型的、高效的、可信的虚拟环境,使所有资源能够高效、可信地为所有用户服务,成为软件技术的研究热点。

Internet 平台具有一些传统软件平台不具备的特征：分布性、节点的高度自治性、开放性、异构性、不可预测性、连接环境的多样性等。这对软件工程的发展提出了新的问题，软件工程需要新的理论、方法、技术和平台来应对这个问题。目前研究的中间件技术就是这方面的典型代表。Internet 和基于 Internet 应用的快速发展与普及，使计算机软件所面临的环境开始从静态封闭逐步走向开放、动态和多变。软件系统为了适应这样一种发展趋势，将会逐步呈现出柔性、多目标、连续反应式的网构软件系统的形态。

在具体应用上，随着 Internet 的发展与应用，出现了"互联网＋"这个新概念，如大众耳熟能详的电子商务、互联网金融（ITFIN）、在线旅游、在线影视、在线房产等行业都是"互联网＋"的典型代表[3]。

如今，人工智能（Artificial Intelligence，AI）的兴起也深深地影响了软件工程领域。AI 对软件工程的影响已经成为当前时代的关键因素，为行业带来了深远的变革。首先，机器学习和深度学习框架如 TensorFlow 和 PyTorch 使得开发者能够构建复杂的神经网络，应用于图像识别、自然语言处理等领域。这为软件应用注入了更高层次的智能和自适应性。

AI 技术的发展也影响了软件开发的过程。自动化工具和机器学习算法可以优化代码生成、测试和调试过程，提高开发效率。此外，DevOps（研发运维一体化平台）和持续集成中也加入了更多智能化的元素，使得软件交付更加流畅和可靠。

在未来，随着 AI 技术的不断进步，我们可以期待更多领域的智能化应用。从自动化的代码生成到智能化的项目管理，AI 将继续为软件工程带来更多创新。同时，对于软件测试和质量保障，AI 也有望发挥更大作用，通过自动化和智能化的手段提高软件的稳定性和可靠性。然而，伴随这些机遇也同时存在挑战，如确保 AI 算法的可解释性、处理伦理问题以及保障数据隐私等。软件工程师需要在充分利用 AI 的同时，认真思考如何应对这些新的问题和挑战。综合来看，AI 已经成为软件工程领域不可忽视的力量，未来将在更广泛的范围内推动行业的发展。

1.2.2　软件危机案例

软件危机出现于 20 世纪 60 年代末。在软件技术发展的第二阶段，随着计算机硬件技术的不断进步，要求软件能与之相适应。然而软件开发技术的进步一直不能满足发展的要求。在那个时代，一些复杂的、大型的软件开发项目提出来后，很多的软件开发最后的结局悲惨。例如：很多软件项目开发时间大大超出了规划的时间，同时软件开发人员发现软件开发的难度越来越大，在软件开发中遇到的问题找不到解决的办法，导致失败的软件开发项目屡见不鲜，并最终引发了软件危机。

下面，来看看一些软件危机的案例：

（1）1996 年 6 月，耗资 70 亿美元的欧洲亚丽安娜火箭，发射 37 s 后爆炸，发射失败的原因在于程序中试图将 64 位浮点数转换成 16 位整数时产生溢出，缺少错误处理程序对数据溢出进行管理。

（2）日本第五代计算机因为软件问题在投入 50 亿美元后于 1993 年下马。

（3）在 1999 年，花旗银行的 ATM（自动取款机）系统发生了故障，导致了超过 2 000 万美元的损失。该故障的原因是在系统升级过程中未能适当地测试和验证新代码，导致了系统崩溃。

(4)千年虫问题。早期迫于计算机存储空间的限制,程序员将本该用4位十进制数表示的年份缩减为2位,当系统进行跨世纪的日期处理运算时,就会出现错误的结果,进而引发各种各样的系统功能紊乱甚至崩溃。世界各地解决千年虫问题的花费超过数亿美元。

(5)2018年和2019年,两架波音737 Max飞机相继发生空难。调查发现,其中一个问题涉及飞行控制系统的软件设计,导致了飞机在特定条件下的不安全行为。这引发了对飞机软件安全性和认证流程的广泛关注。

(6)大众第八代"高尔夫"汽车即MK8,原计划在2019年法兰克福车展上亮相,却因软件开发问题不得不推迟到2020年在德国销售。

(7)SolarWinds事件:黑客成功侵入了SolarWinds公司的软件开发环境,窜改了Orion网络管理软件的代码,然后通过软件的更新渠道向数千家客户分发了恶意软件。这次攻击于2020年年底被曝光。SolarWinds事件对全球数百家公司和政府机构造成了影响,包括美国政府机构、大型企业和安全公司。

(8)2020年的美国大选吸引了全世界的目光,在大选计算选票期间也发生了一起Dominion投票软件系统的故障。

(9)2020年8月,花旗集团由于使用一个过时的软件系统造成了近110亿美元的损失。

至此,我们可以对软件危机下一个定义。软件危机指的是在计算机软件的开发和维护过程中所遇到的一系列严重问题。概括来说,软件危机包含两方面问题:一、如何开发软件,以满足不断增长、日趋复杂的需求?二、如何维护数量不断膨胀的软件产品?

1.2.3　产生软件危机的原因

产生软件危机的原因,一方面与软件本身的特点有关,另一方面也和软件开发和维护的方法不正确有关,简单地说,就是客观原因和主观原因。

1. 客观原因

软件不同于硬件,它是计算机系统中的逻辑部件而不是物理部件,其显著特点是缺乏"可见性"。在写出程序代码并上机试运行之前,软件开发过程的进展情况较难估量,软件的质量也较难评价,因此,管理和控制软件开发过程相当困难。此外,软件在运行过程中不会因为使用时间过长而被"用坏",如果运行中发现了错误,很可能是遇到了一个开发过程中引入的在测试阶段没能检测出来的错误。因此,软件维护通常意味着改正或修改原有的设计,这就在客观上使得软件较难维护。

软件不同于一般程序,它的一个突出特点是规模庞大,而且程序复杂性会随着程序规模的增大呈指数上升。为了在预定时间内开发出规模庞大的软件,必须由多人分工合作,然而,如何保证每个人完成的工作合在一起也能构成一个高质量的大型软件系统,是一个极端复杂、困难的问题。

2. 主观原因

软件本身独有的特点确实给开发和维护带来一些客观困难,但是人们在开发软件的长期实践中,也积累和总结出了许多成功的经验。如果坚持不懈地使用这些经过实践检验证明是正确的方法,许多困难是完全可以克服的,这在过去也确实有一些成功的范例。但是目前还有许多软件专业人员对软件开发和维护有不少错误的认识,他们在软件开发实践过程中或多或少地采用了错误的方法和技术,这是软件问题最终发展成为软件危机的主要原因。

与软件开发和维护有关的许多错误认识和做法的形成,可以归因于在计算机系统发展的早期阶段软件开发的个体化特点。错误的认识和做法主要表现为忽视软件需求分析的重要性,认为软件开发就是写程序,轻视软件维护等。

事实上,对用户的需求没有完整、准确的认识就匆忙开始编写程序是许多软件开发工程失败的主要原因之一。只有用户才真正了解他们自己的需要,但是许多用户在开始时并不能准确具体地叙述他们的需要,软件开发人员需要做大量深入、细致的调查研究工作,反复多次和用户进行交流,才能真正全面、准确、具体地了解用户的需求。对问题和目标的正确认识是解决问题的前提和出发点,软件开发也不例外。急于求成,仓促上阵,没有正确认识用户需求就匆忙着手编写程序,就好比不打好地基就盖高楼一样,最终必然垮塌。

另外还必须认识到,程序只是完整的软件产品的一个组成部分,在软件生命周期的每个阶段都会产生最终产品的一个或几个组成部分(这些组成部分通常是以文档资料的形式存在的)。也就是说,一个软件产品必须由一个完整的配置组成,软件配置主要包括程序、文档和数据等成分。必须摒弃只重视程序而忽视软件配置其余成分的错误观念。

此外,软件维护是极其艰巨复杂的工作,轻视软件维护是一个极大的错误。许多软件产品的使用寿命长达 10 年甚至 20 年,在这样漫长的运行中不仅必须改正使用过程中发现的每一个错误,而且当环境变化(例如硬件或系统软件更新换代)时,还必须相应地修改软件以适应新的环境,特别是必须经常改进或扩充原来的软件以满足用户不断变化的需要。所有这些改动都属于维护工作,而且是在软件已经完成之后进行的,由此可见软件维护不仅是一项极其艰巨复杂的工作,而且还需要花费很大的代价。统计数据表明,实际上用于软件维护的费用占软件总费用的 55%～70%。软件工程的一个重要目标就是提高软件的可维护性,减少软件维护的代价。

了解产生软件危机的原因,澄清错误认识,建立起关于软件开发和维护的正确概念,这仅仅是消除软件危机的开始,全面消除软件危机需要一系列综合措施。

1.2.4　消除软件危机的途径

为了消除软件危机,产生了软件工程的思想。在引入工程化的思想后,人们分析了产生软件危机的原因,并提出了解决的对策。

软件开发的初期阶段,需求提得不够明确,或是未能得到确切的表达。开发工作开始后,软件开发人员和用户又未能及时交换意见,造成开发后期矛盾的集中暴露。如果前期的需求分析不到位的话,就很可能导致后期开发的软件达不到客户的要求,不得不进行软件的二次开发。并且,需求分析可以进一步地了解客户的需求,对软件的开发很有帮助。软件开发人员必须对计算机软件有一个正确的认识,应该彻底消除在计算机系统早期发展阶段形成的“软件就是程序”的错误观念。一个软件必须由一个完整的配置组成。事实上,软件是程序、数据及相关文档的完整集合。其中,程序是能够完成预定功能和性能的可执行的指令序列,数据是使程序能够适当地处理信息的数据结构,文档是开发、使用和维护程序所需要的图文资料。1983年 IEEE(电气与电子工程师协会)为软件下的定义是:计算机程序、方法、规则、相关的文档资料以及在计算机上运行程序时所必需的数据。表面上,这个定义中列出了软件的五个配置成分,要比我们在上面提到的配置多,但是,方法和规则通常是在文档中说明并在程序中实现的。

做完需求分析后,要做好软件定义时期的工作,这样既可以在一定程度上降低软件开发的成本,又在无形中提高了软件的质量。毕竟软件是一种商品,提高质量是软件开发过程中的重中之重。

开发过程要有统一的、公认的方法论和规范指导,所有参加项目的开发人员必需按照规定的方法论进行开发。重视设计和实现过程中的资料,不要忽视每个人与其他人的接口,否则开发出的软件将很难进行维护。由于软件是逻辑部件,开发阶段的质量较难衡量,开发质量较难评价,开发过程管理和控制较难,这就需要开发人员一定要有统一的软件工程理论来指导。所有的开发人员必须充分认识到软件开发不是某种个体劳动的神秘技巧,而是一种组织良好、管理严密、各类人员协同配合、共同完成的工程项目,在项目开发过程中必须充分吸取和借鉴人们长期以来从事各种工程项目所积累的行之有效的原理、概念、技术和方法,特别要吸取几十年来人们从事计算机硬件研究和开发的经验教训。要推广使用在实践中总结出来的开发软件的成功的技术和方法,并且研究探索更好、更有效的技术和方法,尽快消除在计算机系统早期发展阶段形成的一些错误概念和做法。

应该开发和使用更好的软件工具,正如机械工具可以"放大"人的体力一样,软件工具可以"放大"人的智力。在软件开发的每个阶段都有许多烦琐、重复的工作需要做,在适当的软件工具辅助下,开发人员可以把这类工作做得既快又好。如果把各个阶段使用的软件工具有机地集合成一个整体,支持软件开发的全过程,那么称这个整体为软件工程支撑环境。

必须在测试阶段做好充分的检测工作,提交给客户高质量的软件。要借鉴软件开发的经验,重视相关的软件开发数据的积累,确保开发工作的计划按时完成,在规定期限内完成软件的开发。

总之,为了解决软件危机,既要有技术措施(方法和工具),又要有必要的组织管理措施。软件工程正是从管理和技术两方面研究如何更好地开发和维护计算机软件的一门新兴学科。

1.3 软件工程的定义

尽管软件工程有着许多不同的定义,在这里还是引用 Fritz Bauer[4] 1969 年的基本定义:软件工程是建立和使用合理的工程化原则来获得经济的软件,并且在实现中是可靠和有效的。

人们总是试图为上述定义添加说明,因为它过于简单和基本了,没有涉及软件质量,没有涉及产品周期,没有涉及软件度量,没有涉及软件管理。同时,"合理"与"经济"太过笼统,不够确切。并且,也没有提到保证可靠性的方法,没有考虑实现所需条件的不同。IEEE 1993 年的定义可能更易于理解:"软件工程是将系统化的、规范的、可度量的方法应用于软件的开发、运行和维护,以及对这些方法的研究,也就是说,将工程方法应用于软件领域的过程。"

这样的定义对初学者来说还是有些抽象。软件工程基本的出发点就是在软件设计、生产的过程中,也采用工程化的方法,来提高软件生产效率和软件质量。因此软件工程技术是以软件质量为目标,涉及软件生命周期各个环节的技术。

软件需求分析阶段的需求描述、需求管理技术,设计阶段的软件体系设计、分析方法,实现阶段的软件实现语言、软件重用技术,测试阶段的软件测试、软件验证技术,维护阶段的故障管理、回归测试方法、现代化软件测试方法以及软件过程管理技术、软件文档规范、团队管理、风险防范等,都是软件工程管理与技术研究的范围。在本书中,软件工程的基础与前沿知识将以软件开发各个阶段的相关软件工程技术为主线进行介绍,并探索前沿软件工程管理与技术方法,包括 CMMI 2.0、DevOps 和持续交付、容器化、敏捷开发、大型工业软件、人工智能等。

1.4 软件的生命周期

软件工程的内容就是在软件产品的生命周期中,采用工程化的方法和技术来提高软件生产的效率与质量。

软件产品和其他产品一样,也存在从设计、生产、使用、维护到被淘汰的过程。一个软件从产生直到报废或停止使用的过程,就称为该软件的生命周期。尽管不同软件在各个阶段的要求与相关技术差别很大,各个阶段的时间长短也不一样,但是大多数软件工程师还是认为,所有软件都存在以下的发展阶段:需求分析阶段、描述与定义阶段、设计阶段、实现阶段、测试阶段、维护阶段和淘汰阶段。

1. 需求分析阶段

这是一个软件产品的开始阶段,软件工程师需要了解客户(或用户)需要什么样的软件产品,即需要软件具备哪些功能、完成何种任务、处理什么数据等等。由于客户未必都是计算机专业人士,而软件工程师又往往不了解客户所在领域的工作与专业知识,所以双方对所需软件的理解与认识往往会存在很大的差距。为了减小这种差异,软件工程师需要采用尽可能准确的方法来记录客户的需求,包括软件功能、工作环境、运行条件、数据格式、界面风格、工作流程、输出格式、安全性条件,以及应急处理的要求等。

下面对客户(Client)、用户(User)、开发者(Developer)的概念进行解释。

客户(Client):软件产品的提出者,他不一定是最终的软件产品使用者,负责向软件开发者提出软件需求,并负责软件产品的验收(在有些情况下,客户也会是最终用户)。

用户(User):最终的软件产品使用者。

开发者(Developer):软件产品的开发者,负责软件的设计、实现、测试与维护工作。

需求分析是一个不断了解、沟通、讨论和定义的过程,有时客户对软件产品的理解也仅仅停留在一个非常模糊的概念上,对具体的功能要求与实现模式还没有清晰的定位,这就需要软件工程师根据自己以往的经验进行引导,这正是软件需求的难点所在,本阶段的成果是软件需求文档。

2. 描述与定义阶段

根据软件需求文档的要求,软件工程师在本阶段需要使用计算机技术准确描述与定义软件产品的所有要求。因为这个阶段的工作仍是对客户需求的定义过程,所以在实际软件开发中,也往往和软件需求分析阶段合并或交叉进行。软件工程师为了便于与客户沟通,需要采用尽可能容易理解的方式来对软件需求进行描述与定义。例如,软件的输入/输出格式描述——以表格形式约定软件的数据输入与输出格式;工作流程、控制流程描述——通过图形与文字,对客户的软件工作模式和约束条件进行定义;软件实例描述——以文字或图形的方式,对客户需要的软件行为进行定义;界面描述——以图形化的形式,对客户的人机界面进行定义;安全性描述——以实例和约束条件,对软件安全性进行定义。

本阶段的成果是生成软件需求规格说明书。此时基本完成了对软件功能、性能和外部条件的要求与定义,可以对软件开发的可行性、时间、经费、风险等进行评估,并制订软件项目计划和签订软件开发合同。

3. 设计阶段

依据软件需求规格说明文档的内容,具体设计软件的结构、方法、数据、界面及各个软件功能模块的接口、数据和算法。这个阶段也可以分为概要设计和详细设计两个子阶段。概要设计阶段完成对软件总体结构的设计和模块的划分工作,详细设计阶段完成各个软件模块的设计工作。软件设计将客户需求变成了具体的计算机实现方法与步骤,此阶段的成果是软件设计文档。它既是指导软件实现的依据,也是测试和验收软件的标准。

换言之,软件设计阶段的工作,事实上已经决定了软件研发的成败、质量和效率。

4. 实现阶段

本阶段是依据软件设计文档,将各个软件模块翻译或转换成一种或几种计算机可以识别的语言来实现,也就是常说的编码实现。随着面向对象技术的不断发展,软件可重用性技术不断提高,极大地促进了软件实现的效率和软件的可靠性。

从软件设计到实现,就是一个翻译和平台转换的问题。研究形式化软件需求描述方法,提高软件需求描述的准确性和正确性,进一步利用工具实现从需求描述到计算机代码的自动配置与翻译,已成为软件工程领域的重要研究方向之一。同时,一些卓有成效的转换工具也不断地涌现出来。

5. 测试阶段

这个阶段的任务就是测试软件是否达到了客户的要求,尽可能地发现软件存在的错误,形成软件测试报告,并进行软件修正。许多软件工程师都认为软件测试是在编码完成后才进入的阶段,是测试人员的工作,与设计人员无关。事实上,软件测试工作涉及软件生命周期的各个阶段,各个阶段都应该进行相应的测试工作,并形成不同阶段的测试报告。需求分析阶段要测试需求规格说明是否达到了客户的要求;软件设计阶段要测试设计是否满足了需求的说明;实现阶段要测试编码是否存在错误,是否符合设计的要求;软件维护阶段还要不断地进行回归测试和升级测试,以保证软件产品的正常工作。

此外,作为独立的软件综合测试阶段,一般在编码完成之后,需要对软件进行功能、性能、故障、压力及可用性、验收等全面的测试工作。

6. 维护阶段

软件维护阶段是指从软件交付给客户之后,直到软件被淘汰的阶段。软件通过验收测试,交付给客户之后,软件工程师对这个软件产品的工作并没有结束,而是进入了更为长期的软件维护阶段。软件维护阶段的主要工作包括以下几点:

(1)正确性维护:对软件中发现的错误进行更正。

(2)扩充性维护:为增加软件的功能而进行的修改。

(3)性能性维护:为提升软件的运行性能而进行的修改。

(4)适应性维护:为软件适应不同应用环境而进行的修改和升级。

7. 淘汰阶段

当一个软件最终停止服务时,该软件被淘汰。当淘汰一个软件产品时,一般会用新的软件产品来代替,所以必须完整导出原有软件系统的全部有效数据。之后,该软件被卸载并退出服务。软件产品会在以下情况下面临被淘汰:

(1)新技术的价格较之原有技术有优势。

(2)原软件产品维护的价格太高。

(3)新技术的使用难以在原软件上实现。

(4)新技术的培训和使用,极大提高了软件的性能与可靠性。

软件产品是所有各类产品中淘汰最快的产品之一,很少看到同一个软件产品被使用超过5年,即使是服务器软件,其升级的速度也非常快。也许有人会说,微软的 Windows 我就一直在用,已经有 10 年了。是的,作为 PC 的主流操作系统,Windows 个人桌面操作系统软件已经有近 40 年的产品历史了。可事实上,从 Windows 3.X 到 Windows 95、Windows 98,从 Windows 95、Windows 98 到 Windows 2000,从 Windows 2000 到 Windows XP,从 Windows 7 到 Windows 11,每次 Windows 的软件升级几乎就是对原产品的淘汰。大量新技术、新功能、新方法乃至新型软件结构的采用,实际上就是一次新软件产品的开发,它已不是传统意义上的软件维护所涉及工作的内容了。

由于软件更新的速度太快,软件工程师大量的工作就是不断采用新技术实现软件的功能,而相当一部分的工作是在重复已有软件的功能。如何充分利用已有的软件资源,避免重复性的软件开发工作,提高软件开发的效率,也成为软件工程领域的重要研究内容。随着面向对象软件技术的日益成熟,可重用性技术、组件技术已成为软件开发的重要方法。

1.5　小　　结

本章对软件工程的产生背景、涉及范围、研究领域进行了介绍,使大家对软件工程有一个初步的和整体上的认识。通过对软件危机的由来以及消除软件危机的方法的介绍,使大家树立起社会责任感。软件工程就是研究在软件开发与研制的过程中,提高软件质量与可靠性的方法和工具。本章对软件工程的基本概念和工具进行了说明,为后续章节的学习打下了基础。

作业与练习

1. 哪些工程化技术对软件生产有利?

2. 影响软件质量的因素有哪些?

3. 你认为软件的特点是什么?

4. 软件工程的定义是什么?

5. 软件生命周期都有哪些阶段? 各个阶段的目标是什么?

6. 软件工程的目标有以下哪些?

- 对软件开发过程设置实际的期望值。
- 处理功能、进度和预算之间的矛盾。
- 为软件选择硬件平台。

7. 在以下哪个软件开发阶段修复错误的成本一般低于其他阶段?

- 维护阶段。

- 实现阶段。
- 集成阶段。
- 设计阶段。

8. 以下哪些情形会在软件开发的设计阶段中发生？

- 完成软件的总体结构的详细设计文档。
- 完成每个模块的细节设计。
- 编写软件产品的初始情景测试用例。

9. 以下哪些人员能在软件产品开发中扮演客户的角色？

- 产品的最终使用者。
- 产品未来使用公司的管理者。
- 产品未来开发公司的管理者。

第 2 章　软件生命周期模型

软件生命周期模型描述软件从诞生到消亡的过程。春华秋实,只有对软件生命周期有清晰的认知,才能种好花结硕果。本章聚焦于软件的生产过程以及使用的模型和方法。

2.1　软件过程与软件模型

软件过程(Software Process)是软件工程中非常重要的概念。就如同汽车工程、建筑工程一样,汽车的质量、建筑的质量,体现在制造和建筑施工的过程之中。汽车生产的每一个细节,都有严格的定义和规范。建筑施工的每一步操作,都有严格的标准和评测体系。如果汽车产品和建筑项目的要求与检测,都等到出厂或验收时才考虑,还有几辆车能上路? 还有几座桥梁能存在? 软件质量的保证,也一样体现在软件需求、分析、设计、实现、测试、维护的各个环节之中。

从软件过程的角度,研究软件各个阶段的描述、管理、文档、规范以及相关技术,提高软件各个阶段的工作效率、可靠性和标准化,是软件工程技术研究的主要内容。

2.1.1　问题的确认和范围

当决定开发一个新的软件系统时,不论是来自内部需要还是来自外部的合同约束,一定是一个组织的一些重要需求无法被现有的条件和系统所支持。比如:缺少支持需求的软件,已有的软件存在巨大的缺陷和不足,组织的发展和技术的进步使得已有软件技术被淘汰等。

当决定开发(或购买)一个新的软件系统时,首先,需要对需求有充分的理解,验证所采用方法的有效性和可行性,并且确实没有比现有方案更简单和更有效的方法可以采用了。

假设要开发一款大型工业软件来支持船舶设计,首先需要进行需求分析。在船舶设计领域中,客户的需求非常多样化,需要支持多种设计方案、细节设计、材料选择、系统集成等多方面的需求。因此需要针对不同的用户群体进行需求分析,包括设计师、船厂管理人员、材料商、金融投资者等。需要调研各类用户的需求,包括设计要求、系统流程、数据处理、输出结果等方面,并将其转化为具体的功能需求和技术需求。同时,还需要了解目前市面上类似软件的优、缺点,确定拟开发的软件需要具备哪些特色和优势。在需求分析过程中,还需要进行验证,确定所采用的方法的有效性和可行性,并确保没有比现有方案更简单和更有效的方案可以采用。需要对各种方案进行评估和比较,包括技术可行性、成本效益、风险和时间等方面,以确定最合适的方案。最终,将需求分析结果转化为软件设计规格书,并和客户进行确认,以确保拟开发的软件系统能够满足用户需求和企业目标。在这个过程中,范围描述(Statement of Scope)变得至关重要。

范围描述(Statement of Scope)是在客户和开发者之间形成平衡,保证软件开发有效性的必要方法。一个典型的范围描述包括以下内容:

(1)初始需求清单(Preliminary Requirements Checklist):初始需求清单是将客户对软件的全部初级功能要求罗列在一起的一个典型功能汇总。如:支持网络订购,支持银行卡付款,每天进行货物盘点,商品要有图片存储,等等。

(2)用户范围约束(Customer Scope Constraints):用户对范围约束的描述,一般是基于对软件的"最小"条件约束。例如:软件最小要支持同时 200 人在线服务,软件最少要支持 20 台终端收银机的联网工作,数据库最低要 Oracle 8.0 以上,数据库最少要支持 20 万件商品的存储、搜索等。

(3)开发者范围约束(Developer Scope Constraints):对于用户的初始功能需求,开发者往往有多种选择来满足用户的需求。而事实上,开发者总是选择最简单和最易于实现的一种方案来满足用户需求,这往往也是对用户而言经济和有效的一种选择。另外,开发者除了需要明确用户要做什么,还要明确软件不需要做什么。因此,基于对软件的"最大"条件约束,也被加入到最后的需求之中。如:软件最多支持同时 500 人在线服务,软件最大支持 30 台终端收银机的联网工作,数据库必须在 Oracle 8.0 支持下运行等。

一个良好描述和精确表达的范围描述文档,是软件开发的第一步。那些模棱两可、含糊其词、过度承诺的范围描述,都将给后面的软件开发造成巨大的困难和障碍,甚至直接导致开发的失败。如:支持大量客户的同时服务,支持多数据库平台的服务,软件能适应企业规模扩大的需要,等等。这样的描述在开发和验收时,都有可能带来客户和开发双方之间难以协调的冲突。

2.1.2　需求分析与描述

在客户和软件工程师对新软件系统的基本功能有了明确的定义,并形成了范围描述文档后,下一步工作就是要把每一个功能的要求进行细化,称为需求分析。需求分析是软件开发中十分重要和关键的工作,它往往决定了最终软件开发的成败与效益。需求分析就是对用户的所有要求进行细化,如需要什么样的数据输入,需要能够得到什么样的数据输出,需要对数据进行什么处理等。换句话说,软件工程师需要明确知道每个功能的输入和输出是什么,数据的处理要求是什么。而如何完成这些要求,就成为设计阶段的任务了。

1. 需求分析阶段

需求分析阶段(Requirements Analysis Phase)是一个软件进入研发后的关键阶段,需要有足够的时间进行需求分析。在没有完成软件需求分析与描述之前,不要开始软件的详细设计和实现。没有清楚了解客户对每个功能的具体要求之前,就开始软件设计与实现,往往是导致软件返工和失败的主要因素。

在需求分析阶段,究竟需要客户的什么信息?图 2-1 给出了对于任何一个软件功能需求分析所要了解的信息。

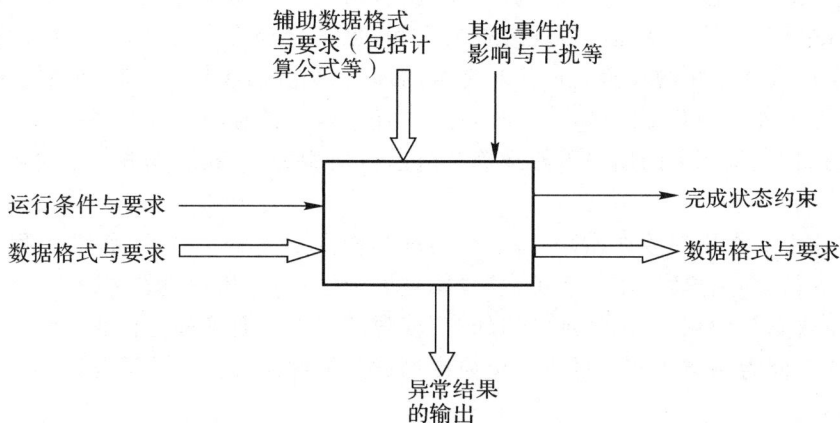

图 2－1　软件功能模块的需求分析

可以把问题分为以下内容：

(1)输入数据；

(2)运行条件；

(3)输出数据；

(4)完成状态；

(5)辅助数据；

(6)关联事件；

(7)异常结束。

如果每个功能都是完全独立、互不影响的，也许需求分析就容易得多，需求分析报告就成为许多个软件功能的列表。然而事实上，软件工程师面临的困难远远超出他们的预计，具体如下：

(1)客户对功能的具体要求不清楚；

(2)客户忘记了重要的功能需求；

(3)客户不能确定数据的格式；

(4)客户无法理顺数据之间的关系；

(5)软件工程师对数据的理解与客户对数据的理解差异极大；

(6)软件工程师不知道缺少了重要的数据甚至是功能；

(7)软件工程师的数据处理不符合客户的习惯。

上述的困难都会导致需求分析的不准确性甚至是二义性。

为了避免上述问题，在需求分析过程中，软件工程师可以采取以下方法：

(1)调查报告。对于新软件的功能与特性，客户往往并不能给予准确的描述，更谈不上系统的规划了。软件工程师可以根据自己的经验，设计调查表格，由客户填写，可以较好地起到系统、规范需求的作用。

(2)过程分析。将客户目前的工作流程进行记录或录像，分析每一步工作的功能与可能的数据需求，并邀请客户一起参与讨论和分析，并由此制定客户的需求分析报告。这种方法对软件工程师理解客户的需求与工作流程十分有益。

(3)快速原型。由于客户不是计算机专业人员,因此往往难以准确描述对新软件的具体要求,并且他们缺乏对计算机处理与表现方式的了解,也难以提出合理的数据输入与输出模式。软件工程师可以根据以往的经验或自己对需求的理解,提供给用户一个软件系统原型(快速原型模型)。软件系统原型并不能体现用户所有的功能,但应具有输入、输出的模式,界面的定义和工作流程的展示,从而帮助用户更好地确认自己在功能、性能和展现方式上对新软件的具体要求。

(4)格式约束。在用户数据描述时,往往出现模糊的描述语言,需要软件工程师进行格式约束。例如:支持"多用户"使用,"多用户"具体是多少用户?"用户具有用户名、密码与权限",用户名的构成规则与约束,密码的规则与约束,权限的区别与要求都是什么?再比如:"系统响应快速",多长时间为响应快速?尽量避免模糊描述是软件需求说明的重要内容。

2. 描述阶段

描述阶段(Specification Phase)的目的,是把用户需求的功能描述成软件系统要实现的功能,即建立软件系统的模型。此时,系统的数据不再是孤立的,而是相互关联的。需要建立系统所要处理的各种数据模型。例如,数据词典(Data Dictionaries)描述数据的定义、类型和约束,实体-关系模型(Entity Relationship Models)描述数据的依赖关系,数据流分析(Data Flow Analysis)揭示不同模块(或组件)间的数据传递关系,控制流分析(Control Flow Analysis)表示各个模块(或组件)之间的调度与控制流程。描述阶段的目标是明确系统需要做什么(What),而系统如何(How)去实现就是下一个阶段——软件设计阶段的任务了。

描述阶段的成果是软件需求规格说明书,它从功能和范围的角度说明软件所要完成的工作和性能指标,包括验收测试方案与验收指标。软件需求规格说明书是约束客户和开发者的关键性文件,往往成为合同的组成部分,对甲(需求方)、乙(开发方)双方均具有约束力。由于它是对软件功能、性能、范围的定义和描述,因此也基本决定了软件的规模、进度、成本、风险等因素,软件计划也往往基于此文档而进行规划。

软件需求规格说明书是甲方进行软件验收的重要依据,因此在此文档中,必然包括许多甲方的可接受标准(Acceptance Criteria),也会对软件的功能、性能、范围、工作条件、可靠性、故障处理等进行全面的约束。它们均具有与合同一样的法律约束力。乙方必须严格按照软件需求规格说明书中的各项可接受标准,进行软件的设计与实现。因此,在这样一份文档中,不够准确的描述会给双方都带来巨大的影响,应该尽量避免在文档中出现以下情况:

(1)模糊性。人们经常使用模糊性描述的词汇,这种情况在具有法律效力的文档中一定要尽量避免。如"高速度""大流量""易于操作"等,这些要求都难以考核。例如一家软件公司在发布广告中使用"易于操作"的词汇来描述其软件产品,但并未明确说明具体的操作方式和标准,这会导致消费者对其产品的操作难度存在不同的解读。其中一位消费者在购买了该产品后感到操作困难,认为公司的宣传存在欺诈行为,要求退款和赔偿。但公司认为其广告中的描述具有一定的主观性,无法量化和衡量操作的难易程度,因此拒绝了消费者的要求。最终双方产生了不必要的纠纷。如果当初这家软件公司在广告中使用了具体的、可衡量的词汇来描述产品操作,如"只需一键操作""简单易懂的图形界面"等,就能够在一定程度上避免法律纠纷的发生。因此,在具有法律性质的文档中,应尽可能避免使用模糊性描述词汇,以确保文档的清晰、明确和可执行性。

(2)二义性。在对系统的描述语句中,不能存在对一个语句的多种理解。例如:当控制系统接收到报警信号时,启动应急保护系统,系统应将所有控制指令恢复到初始状态。这里的"系统"是控制系统还是应急保护系统?

(3)不完全性。对系统的功能描述不能仅限于正常状态。如果出现数据错误、指令错误如何处理? 对错误处理的考虑是软件需求描述的重要部分,文档要充分考虑各种可能的输入和故障情况。

(4)矛盾性。软件系统可能很大,而软件需求描述也可能由多人完成,就可能会出现对同一个问题的说明在文件中有矛盾的说法。例如:变量的类型、关联,功能的划分,数据的传递等,都是需要仔细检查的对象。再比如:逻辑上的矛盾性,当本功能发生故障时,发出故障信号3,并启动故障处理模块。但是本模块都发生故障了,如何还能进行操作?

软件规格说明书需要经过开发方质量人员的严格审查之后才能提交。而质量人员会要求软件规格说明书具有可追溯性(Traceability),即需要知道每一个功能描述来自于需求的哪一条,完成用户的什么需求。因为质量人员的检查标准就是本文档是否满足了用户的需求。文档的可追溯性不仅是软件规格说明书的要求,也是所有软件文档的基本要求。当然,软件规格说明书最终还必须得到客户的认可,并且往往以评审的方式进行确认。

3. 软件项目管理计划

只有在完成软件规格说明评审之后,开发者才可以开始制订软件项目管理计划(Software Project Management Plan)。在开发者对新软件的功能、性能和范围有了深入的了解之后,才能开始评估软件开发的时间长度、人员设备需求和成本计算。这也是一再强调软件项目合同的签订,应该在软件需求规格说明评审之后进行的原因。尽管现实中有许多软件合同的签约是大大提前的,甚至提前到需求分析之前,而仅凭主观的想象和所谓的经验,难以决定软件的规模、成本和开发周期,在一开始就埋下了失败的伏笔,导致项目最终难以按期完成,甚至无休止的更改而导致失败。

软件项目管理计划将把项目分成一系列子阶段,每个子阶段都有标志性的成果,称为里程碑(Milestones)。里程碑是可以得到用户评价与检验的阶段性成果,用户对每个里程碑的确认,也确保软件开发不会偏离了航向而生产出客户无法接受的软件。当然,软件项目管理计划除了进度安排,资源分配、成本计算、风险估计和技术可行性评价都是其重要的内容。计划还需要与客户进行交流和谈判,必须有充分的理由来支持时间和成本的计算。随意提高成本,或者为了争取项目而刻意降低开发时间的做法,都是不可取的。只有尊重事实,客观公正地阐述,才能保证软件开发的最终成功。

2.1.3　系统设计

需求分析与描述阶段是为了说明软件要做什么(What),而系统设计(System Design)阶段就是为了说明怎么做(How)。

系统设计阶段就是根据软件需求规格说明的各项功能要求,具体说明如何在计算机系统和软件中进行实现。软件需求规格说明描述了各个软件功能的外部特性,即输入、输出和约束条件,而系统设计就要描述各个软件功能的内部特性,如何接受输入、进行何种处理和怎样输出数据,以及满足约束条件的方法。系统设计阶段具体包括以下设计:

(1)数据结构(Data Structure):建立软件的数据关系与模型,将客户的数据输入转变为计算机能够识别和处理的数据模型和类型。

（2）算法（Algorithms）：实现软件功能的程序处理方法。

（3）模块划分（Modules Partition）：为完成软件的功能，而将其分割成更小的独立软件模块的组合。

（4）内部数据流（Internal Data Flows）：程序模块之间（或组件之间）的数据传递与转换关系和序列。

（5）界面（Interface）：各个模块的界面设计，这里的界面是指模块的外部特性，即数据的输入、输出，以及事先与事后条件。当然，对于有人机界面要求的模块而言，也要包括人机界面的设计。

设计阶段的成果包括几点：

（1）软件结构设计（Architectural Design）文档，也称作软件概要设计文档：说明软件的结构关系、模块划分、数据流、控制流及软件模块的层次与关系，主要是描述软件的总体结构，各个模块之间的调度与数据关系和各个模块的外部特性。

（2）软件详细设计（Detailed Design）文档，说明每个模块（或组件）的内部实现，包括逻辑设计、数据结构、算法设计等所有细节设计。

软件设计的一个重要原则，是在软件设计时需要充分考虑软件的可扩充性、可维护性和通用性。如果软件设计时仅仅考虑了客户的需求而忽略了软件的扩充性和维护性，也许还未等到软件交付，就要面临修改甚至重新设计的要求了。用户在提出需求时，往往会忽略一些必要的条件和因素，当设计者们发现时，一定要及时与客户沟通，并对需求规格说明进行修改。一定要多考虑系统的维护与扩充问题，这一点即使仅从测试的角度，也是十分必要的。还需要提醒注意的是通用性问题，在这一点上，往往会有软件工程师持不同意见，甚至认为一个精巧的专用模块设计，才体现了软件设计的水平，而不会考虑这个设计是否能被同一团队以及负责后续环节的其他人理解。但事实上，一个难以阅读、理解和专用的模块，往往也是最容易出问题的模块。

在软件设计的过程中，需要进行许多的决策，如数据的类型、大小，算法的选择，模块的划分甚至功能的取舍等。软件设计者们在设计文档中往往记录了最后的决策结果，而常常忽略决策的理由。在软件设计文档中，尽可能记录决策的分析与理由，对今后的软件扩充和软件修改都带来极大的便利。

软件设计文档与需求规格说明书一样，也必须具有可追溯性。设计文档的所有设计与实现，都需要反映到需求规格说明中的某个功能或性能需求。而需求规格说明中的所有需求，都必须在设计文件中被设计实现。软件质量人员就是依据软件需求规格说明的所有需求，仔细验证其是否都在设计文档中进行了正确的实现。

2.1.4 实现

软件设计阶段结束，软件设计文档通过评审后，软件开发人员就可以根据软件详细设计文档的描述来进行软件实现（Implementation）了，也就是常说的编码（Coding）工作了。

许多软件工程师总是认为，只有软件程序代码才是软件的成就，如果没有产生软件程序代码，就没有工作成果。而事实上，软件编码工作仅占整软件开发很少的比例，而且在编码过程中的软件单元测试工作还要多于写程序时间。软件详细设计对软件的每个模块功能、输入输出界面、数据结构、算法、控制流程都进行了详细描述后，实现的工作就是将它们翻译成特定的程序语言。已经有越来越多的工具有能力实现从软件设计到编码实现的自动翻译和转换,并已经取得了一定的成就,例如 Language Workbench、Intentional Software Platform、Roslyn 等。

当然,目前大部分的大型软件还是需要手工翻译和编写的,具体地说,软件实现阶段的工作包括以下几点:

(1)编写软件实现代码(必须包括大量的注释)。

(2)完成软件实现文档。

(3)完成软件单元测试工作。

注释是编码中十分重要的内容,它对于理解程序和今后的程序阅读都起到极大的帮助作用。不必说以后的程序维护人员与程序编写人员是不同的人员,即使仍由程序编写者本人完成对程序的维护,程序注释仍然是十分必要的,因为没有人可以准确地记住所有以前的程序代码。程序的注释已经日益成为软件编写的标准内容,注释的内容主要如下:

(1)在模块和类的开始处:说明模块或类的目的与作用。

(2)在变量说明处:说明每个局部变量的作用,每个全局变量的引用与使用。

(3)在函数或过程引用处:说明函数或过程的作用与功能。

(4)在实现代码行中:说明每一小段代码的作用与意义。

(5)在算法使用处:说明算法的数学含义。

目前,已经有许多程序语言开始支持从软件编码实现到文档的自动生成,即在程序编码时,以规范格式让程序员填入程序代码和注释。由程序设计语言工具软件自动生成软件实现文档,主要是注释的集成。关键技术在于注释间的层次与结构关系。

除了在程序中添加注释外,完成一个独立于软件程序的软件实现文档也是十分必要的。要在注释中对软件进行全面完整的描述是难以做到的。软件实现文档往往是软件维护人员了解程序时依靠的最重要文件。软件实现文档不是软件详细设计文档的翻版,而是具体描述软件实现的文件,与程序语言和运行环境都有密切的关系。软件实现文档要说明软件模块的功能(此功能与详细设计文档应该一致),介绍本模块各个子函数、子过程、方法的调用关系与内部数据处理流程,介绍各个算法的具体实现方法,各个变量的作用与意义,变量的输入、输出条件与限制,输入、输出数据的组织与获取,模块界面的使用方法与实现等,为首次接触本软件模块的人员提供一个全面和细致的说明。

软件单元测试(Unit Test)是软件实现阶段的重要任务,其工作量甚至超过代码编写的工作量。软件程序员必须在软件实现阶段完成对软件模块的单元测试工作,即要求对所编写的程序模块进行软件测试,测试各种输入条件下程序计算的正确性,应该按照软件测试的要求,设计软件测试用例库(Test Suite),满足一定的测试覆盖要求(语句覆盖、分支覆盖、路径覆盖等),并记录所有的测试过程与测试结果。完成软件单元测试报告,包括已有的测试方法与测试用例选择和测试用例集合,测试条件、测试结果与覆盖率等。在面向对象的程序设计中,测试方法与测试集合也成为软件实现和提交给客户不可缺少的部分。

最后,软件质量人员将对软件实现阶段的工作进行审查,代码走查(Code Walkthrough)、运行测试(Execute Test Program)和会议评估都是可以采取的方法,或者同时采用多种方法审查。

2.1.5　测试与交付

软件的测试与交付(Testing and Delivery)阶段也称为软件的集成(Integration)阶段,这是在软件的全部模块设计实现之后进入的阶段。此阶段的任务,是完成各个模块的组装与系统集成,并测试软件总体上是否满足了需求说明书的要求。本阶段的工作主要由软件测试与软件质量人员完成,当然软件开发人员仍然要参与整个测试与集成过程,以保证各个软件模块的顺利执行。这个阶段的工作又可以分成以下几个阶段。

1. 集成测试

软件模块编码完成后,首先需要进行集成测试(Integration Testing),即将各个软件模块连接成一个整体进行测试。此时,模块连接图(Module Interconnection Graph)描述了各个模块之间的层次与调度关系,可以按次序进行模块间的组合与集成测试。集成测试必须保证模块之间按正确的参数、类型和次序被调用,有些程序语言可以在编译和连接中保证模块间的正确次序与参数传递,而有些程序语言则必须通过手动调整。

集成测试的方法有自顶向下(Top‒down)法和自底向上(Bottom‒up)法。自顶向下法先集成和测试系统的上层模块,再逐级向下,直到底层模块。自底向上法先集成和测试系统的底层模块,再逐级向上,直到顶层模块。两种方法各有优、缺点,自底向上首先保证了底层功能的正确,但当发现上层有错时,底层模块的测试可能变成了无用测试。而自顶向下虽然保证了测试的有效性,但底层测试的组合会使测试量巨大。因此三明治法被提出,它是一种从顶和底向中间发展的集成测试方法。

当然,也可以在软件模块实现的过程中就开始集成与测试的工作,这样可以缩短集成测试的时间,并及早发现设计与实现中的错误,例如在完成部分功能的软件模块之后。但是,在软件实现过程中的集成与测试,并不能代替软件实现全部结束后的正式集成测试工作。

2. 产品测试

在集成测试完成后,将进行产品测试(Product Testing)工作,主要包括以下几种:

(1)性能测试(Performance Testing):根据需求规格说明书的要求,对软件的性能指标进行测试,如运行速度、网络流量、响应时间等。

(2)鲁棒性测试(Robustness Testing):根据需求规格说明书的要求,对系统抗干扰和故障能力的测试,如对错误数据的处理、异常和应急处理能力等。

(3)安装测试(Installation Testing):在客户的计算机及其相关设备上安装软件,进行运行测试,检查新软件不会对客户的现存系统带来负面的影响。

(4)文档测试(Documentation Testing):检查软件文档的正确性与一致性。

3. 验收测试

在验收测试(Acceptance Testing)阶段,在客户的真实环境下进行软件的测试,并使用客户的真实数据进行实际运行,以检查系统在真实环境下的工作状态。此时客户测试的目的主要是根据软件合同书的要求进行验收。

4. Alpha 和 Beta 测试

在软件产品测试中,经常被提到的两个测试环节是 Alpha 和 Beta 测试。在为专门客户而开发的软件中,Alpha 测试一般指在开发者方面进行的软件测试,由软件开发方承担。一般专注于对软件的功能进行测试,并能及时修正软件测试所发现的错误。Beta 测试一般指在用户环境下进行的测试,客户成为测试的主要人员,这时会对软件的性能和鲁棒性按合同要求进行测试,甚至提出新的环境要求。

2.1.6　软件维护

维护阶段(Maintenance)是一个软件产品生命周期的最后一个阶段,之后就是软件的淘汰。这是指在产品被交付给用户之后,软件开发方在软件被淘汰之前所需要对软件产品提供的支持与维护工作。

虽然软件维护不像软件的前述阶段那样需要大量的人力、物力进行系统的开发工作,但它却是一个软件产品生命周期中时间最长,同时也是成本最高的阶段。平均而言,此阶段的成本占到整个软件成本的 67%。但换个角度思考,也可以说一个软件的效益和利益,主要是在软件维护阶段产生的。

软件交付给用户之后,在用户使用的过程中:可能会发现软件存在的问题和缺陷,需要开发者进行修正;也可能会有新的需求和适应新环境、新条件的扩充需求,也需要开发者进行升级;开发者本身也可能发现软件潜在的问题或感受到系统功能、性能提高与扩充的需要,从而对软件进行修正与升级。没有一个软件在交付之后是完全不存在错误的,无论软件经过了何种严格的测试。因此,软件维护是所有软件开发者都必须面对的阶段。如果在软件需求分析和设计时,就较多地考虑了未来软件维护和升级的需求,那么此时的软件修改和扩充也就会易于实现。

在软件维护阶段,开发者需要针对用户提出的问题和需求,确定对软件的修改与扩充需求,设计软件维护方案,实现对软件的修改与扩充,并在交付前对维护后的软件再进行测试。此时的测试,不仅要保证修改和新增模块的正确性,还要保证所进行的软件修改不会对原有程序造成负面影响。测试方法不同于单元测试和集成测试,称为回归测试。

在软件维护阶段,还有一个重要的工作,就是不要忘记每次软件修改和扩充,都需要对软件文档进行更新和修正,包括设计、实现、测试的所有文档。要保证软件文档与最新版本软件的一致性,才能在下一次对软件进行更新时得到正确的信息。这也是软件维护阶段容易被忽视的问题,在一段时间之后,需要再次对软件进行扩充,这时会吃惊地发现文档与当前软件版本存在极大的差异,而该软件的设计人员也已经难以找到,此时软件升级与维护的难度甚至会大于一个全新的软件。

软件的更新与维护还要考虑与用户的沟通和更新。对于专门为特别用户开发的软件,其更新和升级的需求往往直接来自于用户,在完成软件修改与升级之后,软件开发方会直接将新版本软件送到特定用户手中;而对于一般商业软件而言,在完成一次软件更新与升级之后,由于客户并不是固定的某人或一个机构,而可能是一个客户群,因此在这种情况下,如何保证客户都能及时得到更新的软件版本,也就成为软件企业保持客户忠诚度的重要方面。现如今,在线软件更新与自动软件升级,已经成为大部分软件都具有的功能。在软件维护阶段,通过客户端软件的自动检测,不断保证软件的更新,已成为软件维护的必要手段。

当然,为了保持良好的客户关系,当客户发现软件问题需要技术支持时,软件开发方应该提供用户多种渠道和及时的响应。热线电话、电子邮箱和技术服务网站已经成为一般商用软件维护的必备条件。而自动跟踪客户的软件使用,搜集客户在软件系统使用中出现的问题,并通过在线方式主动送回至开发方,完成软件系统的定期检测和升级维护,也逐渐成为软件维护的重要方式之一。

2.1.7　软件淘汰

在软件经过一定时间的使用之后,最终走到软件的淘汰(Retirement),即该软件退出服务和使用。

当开发方发现软件更新和维护的费用已经大于一个新软件系统、软件的结构已经发生根本的变化、软件文档已经无法支持该软件的更新、运行条件(硬件环境)已经难以适应原软件的工作模式时,软件就会被淘汰。新的软件系统代替了原来的软件系统,唯一保留的是用户系统的客户数据和系统支持数据。

新软件系统的开发中,对原有数据的支持、对原有模式的支持,往往是软件系统必须解决的重要问题。

2.2　软件开发的困难与问题

早在20世纪80年代,当"软件危机"的概念被提出,软件工程概念开始发展时,就有两本著名的软件工程书籍《没有银弹》和《人月神话》对软件开发的困难与风险进行了充分的说明。

对于一种硬件产品,可以有统一的约束,如功能、尺寸、质量,甚至部件、材料和内部构造。而对于软件,即使是功能一样的软件,却很难给出统一的约束。即使对于一个具体算法和功能的实现,也可以找出成千上万种不同的实现程序,包括语言的不同、环境的不同、算法模型的不同、计算公式的不同甚至变量的不同等。软件是人的智力的一种表现,会具有智力产品的许多特点。软件作为智力产品所具有的本质性的困难,是每个软件工程师都需要面对和思考的。

在Brooks的《没有银弹》一书中,给出了4个软件的本质性困难:复杂性、一致性、修改性和不可见性。

1. 复杂性

软件的复杂性在于描述的多样性,对于一个简单的三角形面积计算程序,代码不会超过30行,100个学生会有100个不同的程序。而如果考虑到对其进行软件测试,采用变异测试(Mutation Test),测试用例的生成在单一条件变化时,就会达到上千个变化。而复合的变化会呈指数形式增加,3个条件变化的组合就会成为难以实现的测试集合爆炸。对一个软件的完全测试是永远难以实现的理想目标,而试图设计出完全正确,或完全没有错误的软件,也就成为一个梦想。

2. 一致性

软件产品与其他硬件产品的不同之处还在于它的不一致性。软件的结构、人机界面的设计、数据的格式与运行的模式,都会根据不同客户和用户的要求而改变。同样的一个软件模块,可能在不同的软件中以不同的形式存在,很难想象软件可以像硬件产品一样,具有统一的外形、结构、性能指标和接口关系。

3. 修改性

当一个系统需要改进时,首先被考虑到的是软件的修改。修改代码、重新编译,总会被认为是不需要多少成本的工作。软件的易于修改性,使得软件的维护反而成为困难的工作。软件的维护,基本是从客户需求的角度出发,而极少考虑其修改和扩充对软件设计本身所带来的负面影响。甚至许多软件工程师也认为,增加软件功能不会对现有软件带来影响。而事实上,软件的维护和扩充通常会破坏软件初始设计的约束。

4. 不可见性

软件不可见?软件的源程序可以打开或打印出来阅读,当然是可见的。可事实上,当给出100 页的源程序,并提出功能修改时,如果仅仅是源代码,你也许根本无法知道这是什么程序。你会要求软件文档的支持,还要有程序结构、数据流图、控制流图、状态图等描述。即便如此,你可能花费了许多时间去阅读文档,去测试程序,也许你知道了程序的主要功能、结构和层次,可对于修改一段即使很短的代码所产生的后果,可能仍是难以预测的。

对于软件本质性的困难,似乎无力去改变。但近年来,随着组件技术的发展,商业现用技术(Commercial Off-The-Shelf,COTS)正以一种新的软件模式出现,它对软件产业及其软件产品的影响,决不是简单的软件设计和实现技术,而是涉及软件生产方式、结构、实现方法、测试手段、维护模式的一次重大革命。尽管软件生产还有众多的困难,但近年来,软件质量和软件工程技术已经成为计算机和软件领域发展最迅速的技术,软件的开发与生产模式也正经历着巨大的变革和进步。

2.3　软件过程模型

在本节,我们将介绍一些常见的软件生命周期模型,这些模型是在软件开发过程中用于规划、设计和交付软件的框架。通过了解这些模型,开发团队能够更有效地组织和管理项目,确保软件的质量和交付的及时性。

2.3.1　瀑布模型

在 20 世纪 80 年代初期,瀑布模型(Waterfall Model)是唯一被广泛接受的软件生命周期模型。瀑布模型包括软件生命周期的所有阶段,从需求分析、描述、设计、实现、集成测试、维护直到被淘汰。

瀑布模型将各个软件阶段按时间顺序进行排列,只有前一个阶段全部完成,才开始进入下一个阶段,因此,每一个阶段的工作都是建立在上一个阶段工作质量的基础之上的。就像多级瀑布一样,总是完成一个台阶之后,才进入下一个台阶。图 2-2 描述了瀑布模型的开发流程。

在每一个新的阶段,都可能发现新的问题和错误,需要返回到上个阶段。在软件设计阶段,可能发现需求分析与描述的错误。此时,就需要暂停软件设计工作,重新回到需求分析阶段,通过与客户的沟通和确认,修改软件需求与描述报告,再按照修改后的文档进行设计工作。这样的返工是不可缺少的步骤,不论在每个阶段完成时,软件质量人员如何进行严格的测试与评审,都不能保证本阶段工作的完全正确性。但是返工对软件开发的进度和成本的影响是巨大的,问题发现得越晚,返工的成本越大。因此,对于每个阶段的工作,软件质量人员总是要求文档尽可能地准确和标准,测试与验证尽可能地完善和充分,以尽量减少后期发现问题的概率。

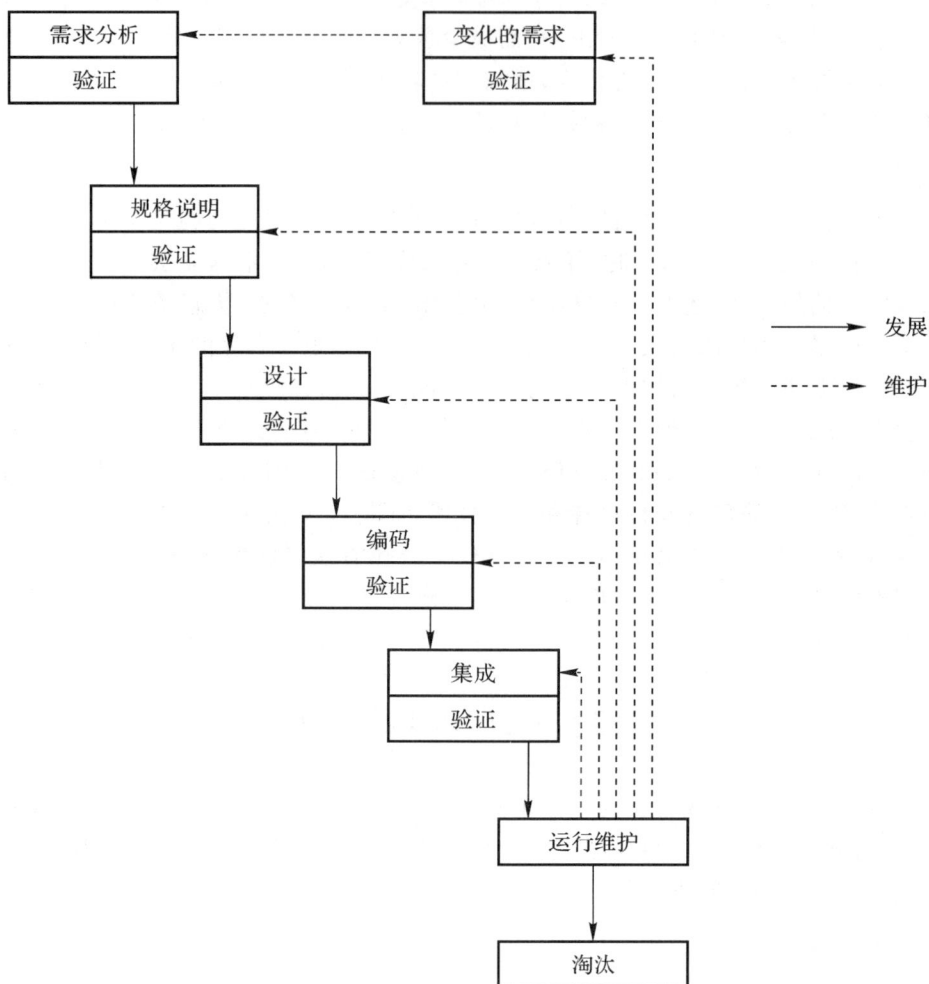

图 2-2　瀑布模型开发流程

瀑布模型在早期的结构化程序软件中发挥了重要的作用,成为结构化程序开发的经典模型。

1. 瀑布模型的特点

(1)要求在初期对软件有准确的认识与了解(需求分析的正确与完善)。

(2)各个阶段有严格的测试与审核。

(3)一次完成软件的全部分析与设计,再开始软件的实现工作。

(4)软件返工成本大,需求的修改难度大。

2. 瀑布模型存在的问题

瀑布模型是一个严格文档驱动的模型,只有文档修改完成了,才能进行软件的修改。

考虑一下实际情况,如果你需要购买一辆汽车,厂商没有提供汽车的图片,更不能看到真实的产品,而是一本对汽车功能与结构进行了详细描述的资料,可能有数百页,并申明只有你确认之后才为你生产,你如何选择?

也许你会直接选择有现货,甚至可以试驾的汽车品牌,而不再冒重新制造的风险。如果用户能够直接选择成熟的商品软件来实现自己的需求,当然是最理想了,然而有时并不能找到现成的产品。

再举一个例子,小张是个大个子,无法在商场直接买到合适的服装,只能依靠裁缝制作。当小张希望有一套西服时,裁缝没有图案或可比较的西服,于是提供了一份详细的面料尺寸清单和西服结构的文字说明给小张,在小张签字后开始制作。小张该怎样做呢?

裁缝告诉小张,这是裁缝做衣服的规矩,你必须先签字付款,然后我开始制作。小张可能根本无法了解这些尺寸与西服的关系,尽管裁缝进行了仔细的说明。为了新衣服,小张接受了。可几天后小张发现裁缝对口袋的设计不是自己想要的,希望修改,裁缝说,这是你同意过的设计,要修改需要重新设计,增加费用。

这就是瀑布模型所面临的困境,在进行软件需求分析时,就希望用户对软件产品有一个准确和细致的描述,这往往是难以做到的。而提供给用户的需求规格说明书,为了精确和消除模糊性,专业的描述被大量使用。需要用户充分理解该文档,并在上面签字,这是非常困难的一件事。随着软件开发的启动,用户开始对自己的需求逐步清楚和明确,而此时的修改,往往会导致软件设计的返工、开发时间的延长和经费的增加。

根据用户的特点,应该换一个思路,不要一次实现全部的功能,而应该是提供给用户一个认识和修改的过程。

2.3.2　快速原型模型

快速原型(Rapid Prototyping Model)是在需求分析之前,首先提供给客户一个最终产品的原型(部分主要功能的软件)。例如,客户需要一个 ATM 软件,可以先设计一个仅包含用户刷卡、密码检测、数据输入和账单打印的原型软件提供给客户。此时还不包括网络处理与数据库存取以及数据应急、故障处理等服务。由客户在这个直观的软件基础上,明确自己软件的界面和功能要求。此时的原型软件,包括客户的部分功能,具有大部分的界面显示,可以执行主要的工作流程,但大部分功能的实现可以用规定数据或代码代替。

图 2-3 所示是快速原型模型的开发流程。与图 2-2 所示的瀑布模型相比较,它在需求分析时,增加了一个快速原型。由于很难要求客户在软件需求分析之时就能够对所需软件有一个全面和准确的认识,有时客户甚至缺乏对所需软件的直观认识。快速原型可以使客户对所需软件有一个直观的了解,帮助客户整理自己的需求,并明确软件工作的流程和模式。

由于有了快速原型,虽然在设计和实现阶段还存在对需求的修改和反馈,但是比起瀑布模型的文字描述来说,客户可以较准确地表达自己的需求,在数据的处理模式、界面的输入输出与开发者形成一致的意见,也大大减少了设计和实现阶段的返工现象。

由于需求分析和软件合同都是在快速原型的基础上完成的,所以在设计阶段,软件工程师对工作流程、数据处理和界面设计基本不会出现与客户的不一致性。而且通过在快速原型上与客户的充分讨论,也对客户所反对的工作流程有了足够的了解(尤其是与一般软件设计不同的要求),避免出现设计刚刚完成,就被客户所否定的尴尬现象。

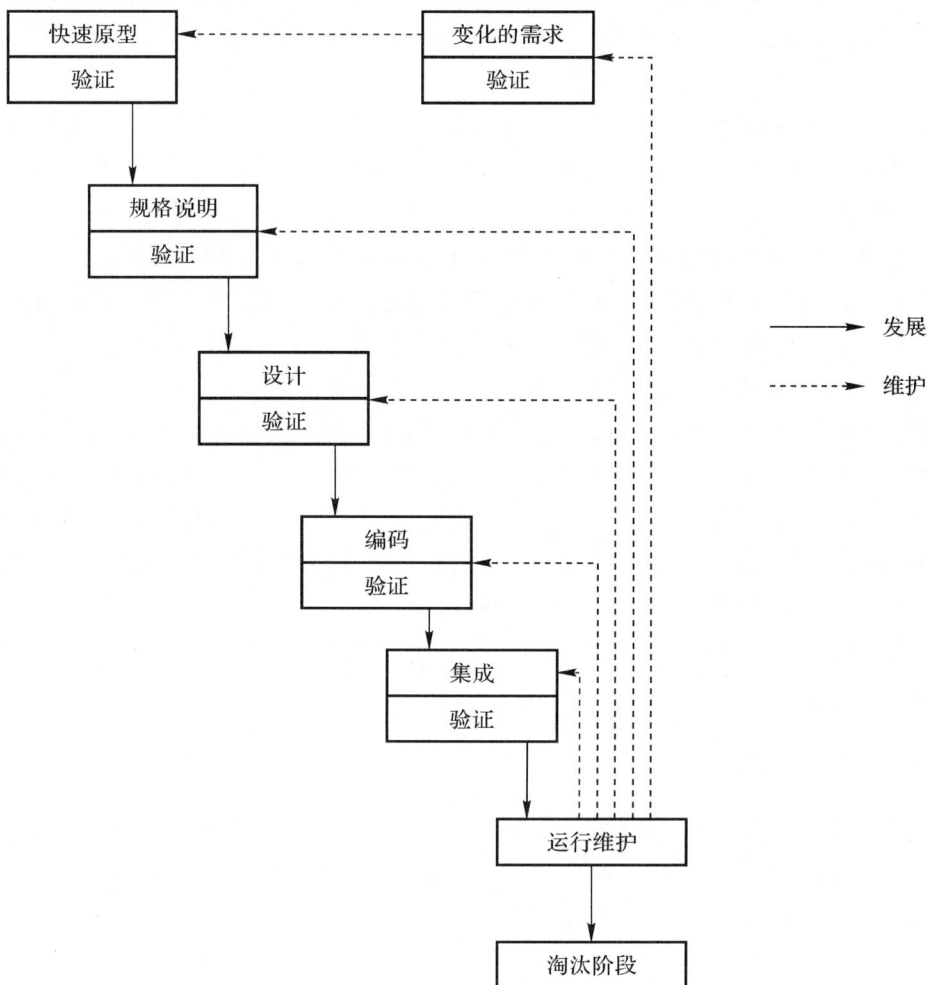

图 2 - 3　快速原型模型开发流程

快速原型法的缺点在于对快速原型的重用性问题,因为软件的需求和设计都是基于快速原型而进行的,所以快速原型的程序还将在实现阶段被使用。而快速原型往往是在规定时间内为争取项目而开发出来的,其软件质量往往不能达到应有的水平,甚至缺少必要的文档支持。软件开发者们需要在设计和实现时,重新完成快速原型软件所有的分析与设计文档,以及必要的软件代码的完善,以保证软件的质量和可靠性。而不能以为直接在快速原型的基础上,简单地进行功能扩充和模块完善就可以了。

2.3.3　增量模型

增量模型(Incremental Model)是将一个软件产品分成若干次进行提交,每一次新的软件产品的提交,都是在上次软件产品的基础上,增加新的软件功能,直到全部满足客户的需求为止。

在增量模型中,开发者每次提交的软件产品都是可以正常运行的软件,而不是简单的软件模型。因此,需要在软件需求分析时,就将软件划分成不同的功能模块,第一次提交最核心的软件功能模块,然后每次添加部分功能模块,直到全部完成。

图 2-4 描述了增量模型的开发流程。从图中知道,软件的需求分析和概要设计(总体设计)是一次完成的,而在详细设计和实现阶段,则是多次实现的。每次完成软件的部分功能设计、实现、集成和测试,提交用户;再增加新的功能设计、实现、集成和测试工作,再提交用户;重复这个过程,直到软件的功能全部实现。

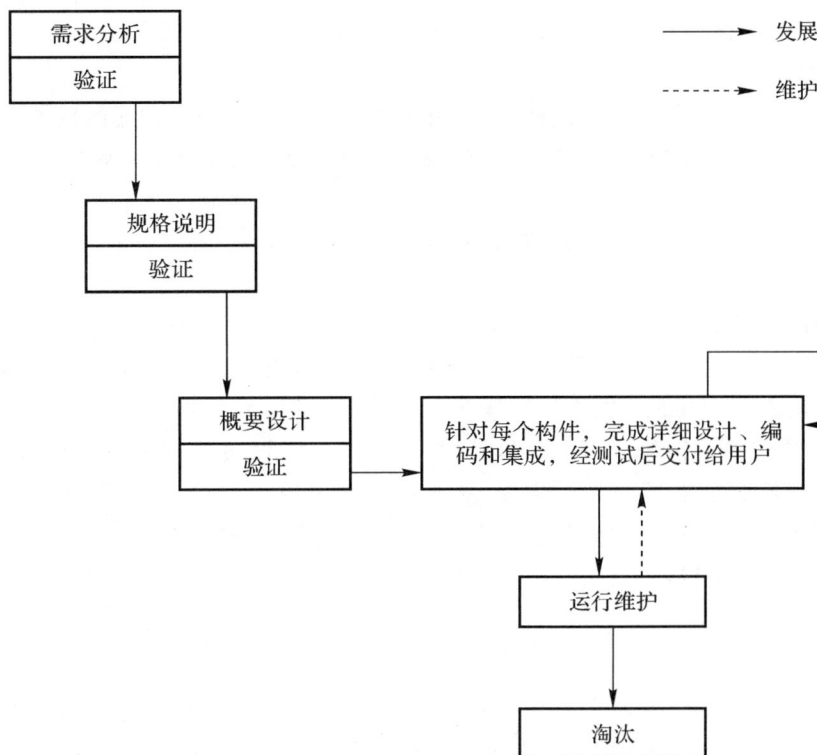

图 2-4 增量模型开发流程

采用增量模型的开发方法,要求软件是可以进行独立功能划分的,如果所有的软件模块都具有紧密的依赖关系,难以划分成不同的功能分组或层次,就只能采用瀑布模型或快速原型模型,一次完成全部功能的实现。

采用增量模型开发的软件,其软件结构也是积木堆砌形式的,才能保证后续软件功能模块的扩充,不会对已经完成的软件模块造成大的影响。如果一个软件功能的增加,总是会不断修改已有的软件功能模块,采用增量模型就会变得十分困难,而其测试工作更会呈现几何爆炸式的增长。

例如,开发一个企业管理信息系统(Management Information System,MIS),可以首先实现其生产控制管理程序,然后增加库料分配与管理程序,再增加财务分析与管理程序,再增加办公与文件处理程序,再增加企业网站与销售服务程序等。每一次功能的增加,都会使用以前软件模块的功能,但相对独立,不会造成对已有程序的反复修改。这样,客户可以及早使用软件的核心功能,而不必等到软件全部完成之后才开始使用。随着对软件的使用,客户对自己的需求更加明确和清晰,在新功能模块的添加之前,就可以及时反馈给开发者,大大减少了返工的现象。在必要时,可以停止软件功能的增加工作,这对客户和开发者双方都是有利的,因为双方都很难在软件需求阶段,就对软件的成本和开发时间有一个精确的判断。

如果需要开发一个煤矿安全检测与报警系统,需要同时监测 20 点,每点 6 路信号的变化,并根据共 120 路数据的判断条件,决定报警的处理。这样的软件是无法采用增量模型开发的。每一路数据的增加,都有着报警判据的相关性,而每一个软件模块的功能又都与采集的数据密切相关,无法先提供部分数据的采集与处理软件给用户,再不断增加软件。即使用户同意,新的监测数据的增加,也必须修改已经完成的软件模块,这样的开发是难以保证软件质量的。

增量模型可以使客户及早就开始使用软件的核心功能,并且随着功能的增加,并不影响已有的软件模块。但是,过多和过少的软件提交对客户都是难以接受的,如果天天给客户更新系统,会严重影响客户的正常工作。而半年或 1 年以上才更新一次软件功能,就可以采用瀑布模型或快速原型法了。一个软件产品的适当提交次数在 5~25 次,而间隔的时间以几周到 2 个月为宜。

需要说明的是,增量模型是在软件需求分析之初就明确软件的全部功能需求,并完成软件的总体设计。以后的每次软件功能增加都是在统一的总体设计之下进行的,而不是每次提交软件之后,客户就进行随意的功能增加和修改。因此,增量模型如果没有得到良好的控制,将很容易蜕变成低质量的构造修复模型。另外,如果各个功能模块是完全独立且需求也是十分明确的,就会出现各个功能模块并行开发、同时提交的现象,成为瀑布模型或快速原型模型。核心功能的错误会扩散到所有并行开发的模块之中,导致软件的返工甚至失败。在开发大型软件系统时,增量模型是对客户和开发者双方而言风险最小的开发方法。

2.3.4 螺旋模型

美国国防部对军用软件开发的成功率的调查结果显示,最终可用的和可接受的(比成功的要求更低)软件仅为 15%。在软件开发中,可能出现因为所依赖硬件的性能不够,或无法达到要求而失败,尽管硬件厂商曾许诺过性能指标;也可能因为技术的巨大变化而使得原计划的软件开发失去意义,例如传呼系统软件;也可能在软件还未完成开发之前,同样功能的、价格更低的产品已经投放市场;也可能整个软件产品,因缺少足够的用户需求支持而变得毫无意义;等等。作为软件开发者,将软件开发的风险降到最小,是十分必要的。不断的软件风险分析就是软件开发过程中十分重要的工作。图 2-5 描述了螺旋模型(Spiral Model)的开发流程。

从图 2-5 中可以看到,螺旋模型与瀑布模型和快速原型模型十分相似。不同的是,它在每个阶段都增加了风险分析和验证这两个重要的步骤。正是每个阶段都存在的风险分析和验证,使得螺旋模型成为一个不断在这两个步骤下循环的开发过程。图 2-6 给出了 Boehm 于 1988 年定义的完整螺旋模型。

快速原型可以减少用户和开发者对需求的理解差异,明确软件产品的功能、接口和工作模式,从而降低软件风险。但是,快速原型因为是一个基本模型,在软件性能指标方面往往无法体现。而有些软件的性能指标也可能是软件开发的主要目标,如大部分的控制系统、通信系统、医疗系统和大型工业系统软件等等。换句话说,如果最终软件的性能不能达到需求的指标,软件的开发就变得没有意义。如果一个数字系统的精度和性能还不如一个模拟系统,谁会选择这样的数字系统呢?

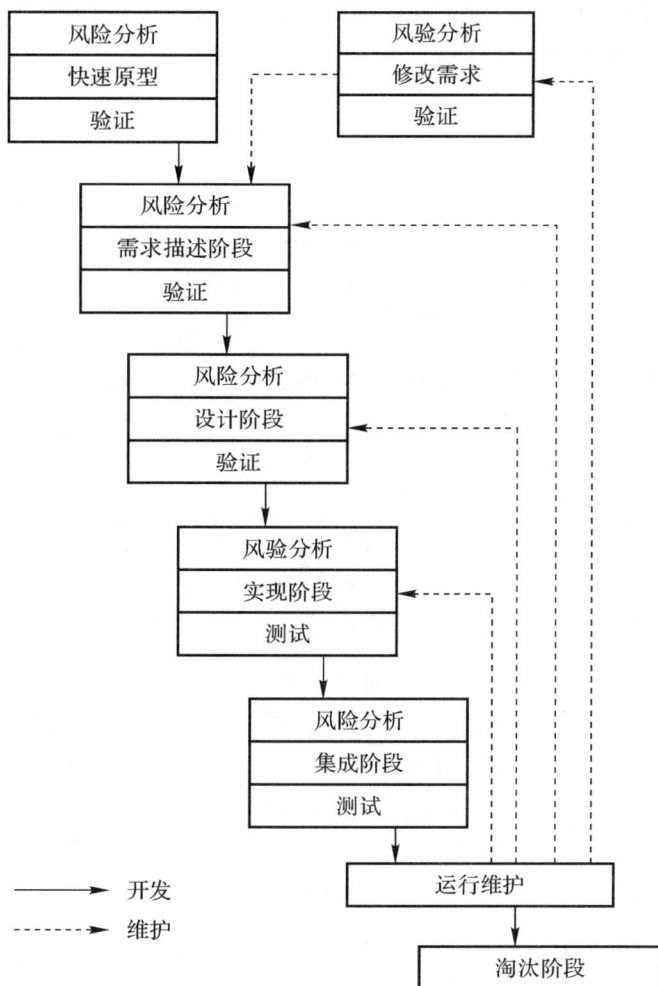

图 2-5 螺旋模型开发流程

此时,对核心功能的仿真设计和实验,也就成为软件风险分析的主要内容之一。在一些大型工业软件设计时,还会遇到计算方法的可实现性。并不是所有的数学计算都可以在计算机上实现,因为时间、存储、分析逻辑等限制,数学计算在计算机上是部分可实现的。仿真实验就是对软件的核心技术和算法或工作模式进行模拟,仿真实验应该能够较准确地反映未来软件的工作性能和精度,也称这种仿真实验为关键技术研究。

软件的风险还来自责任、能力、协调和外部的影响。一个重要职位的缺陷或重要人员的离职,是影响软件开发的一个常见问题。团队缺少大型软件开发的经验和能力(尽管他们具有开发小型软件的丰富经验),是导致大型软件失败的重要因素。硬件支持系统的缺陷和不足,也是软件风险的一个重要因素。而这些都是仅仅依靠快速原型所无法评估的。

图 2-6 所示的螺旋模型中,每个阶段都开始于坐标的第二象限,决定本阶段的目标、选择和约束。然后顺时针进入第一象限,对本阶段的工作进行风险分析,为了分析的有效性,可能需要原型或仿真系统进行实验,如果风险分析的结论是有无法克服的风险,将就此终止软件的进一步开发;如果所有风险问题都得到了解决,继续顺时针,进入本阶段相关的软件开发工作,

也就是第四象限;在本阶段软件开发工作完成后,对本阶段工作进行验证,然后继续顺时针进入第三象限,制订下一阶段的工作计划。

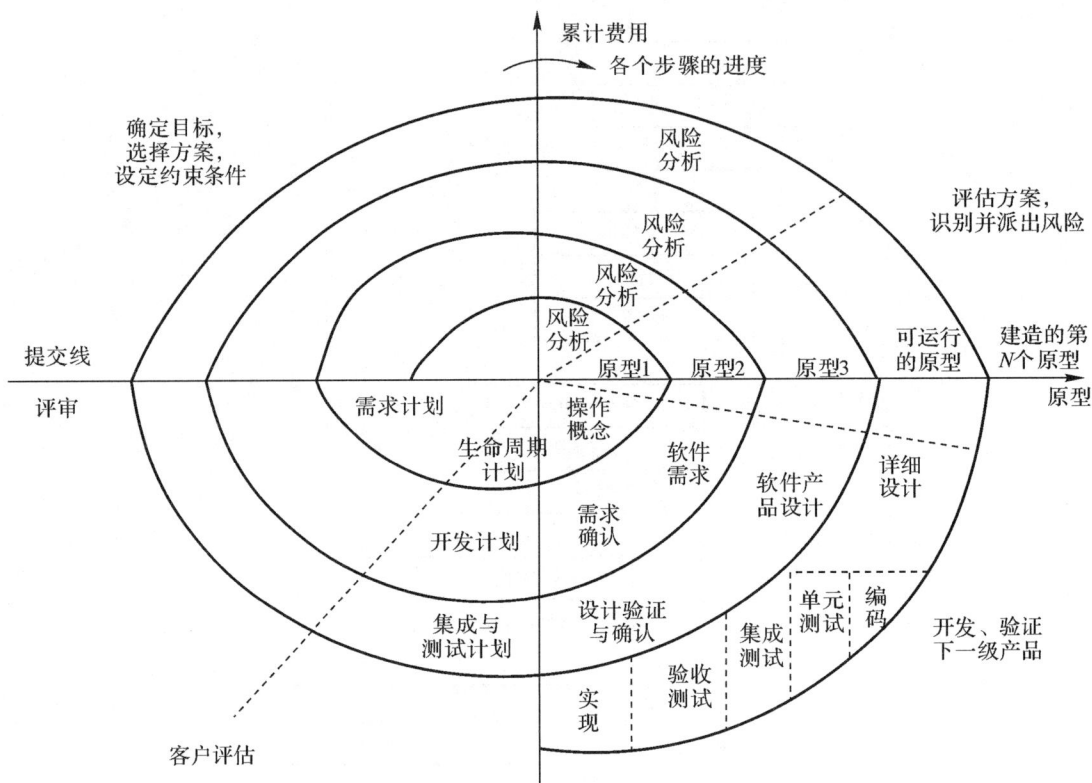

图 2-6 完整螺旋模型

螺旋模型是一个十分成功的软件生命周期模型,它将软件的风险控制放在了极其重要的位置,也对软件的成本与进度控制带来了极大的益处。下面具体看看螺旋模型的优点和不足。

螺旋模型的优点:

(1)支持软件重用(Reuse)。选择成熟软件模块的风险明显小于重新开发。

(2)更加广泛的测试。软件验证成为每个阶段的重要任务,而此时的验证不仅有软件功能的验证,还包括了软件风险的验证。

(3)无缝地过渡到维护阶段。对于维护而言,只是再次重复一个新的循环而已。

螺旋模型的不足之处:

(1)仅适合内部开发的软件,开发者可以选择不同的方法、评估风险,甚至终止开发。对于来自外部的软件开发,一般有严格的合同约束,并不能轻易更改需求、方案和模块功能。

(2)一般仅用于大型软件开发,对于小规模的软件开发,每个阶段的风险分析是没有必要的,而且也浪费了成本和时间。

(3)软件风险分析人员的能力和水平是决定螺旋模型软件开发是否成功的关键因素。

2.3.5　面向对象模型

面向对象的程序开发与设计技术已经成为软件开发的主流技术,它明显不同于结构化程序开发的方法,其事件驱动(Event Drive)、数据封装(Data Encapsulation)、组件重用(Component Reuse)等特点,使其开发模型具有更多的重复和循环。图 2-7 所示的喷泉模型[6]就是著名的面向对象模型之一。

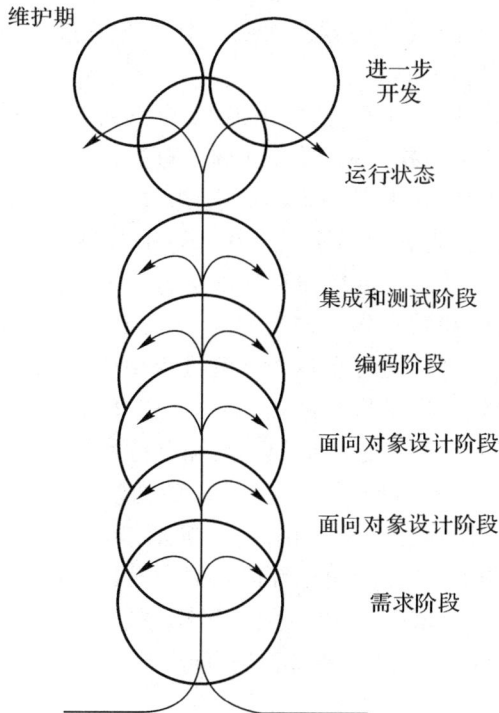

图 2-7　喷泉模型

图 2-7 所示的模型表明,软件开发仍然由需求、分析、设计、实现、集成、维护等阶段构成。但各个阶段之间出现交叉和迭代的部分,例如,需求描述与需求分析阶段的迭代。因为面向对象的软件需求是采用对象和事例(Event)进行描述的,而这正是面向对象分析的内容,所以两者之间的联系是密不可分的,出现迭代也就是必然的。

此外,基于组件的软件开发(Component-Based Software Development,CBSD)是在面向对象技术基础上迅速发展的一种软件开发方法。软件组件是由契约描述界面和清晰内容依赖所组成的软件单元。软件组件可以由第三方独立开发和提供[7]。

采用组件技术进行软件开发,缩短了软件的开发时间,提高了软件的可靠性,降低了软件的开发成本,也极大地改变了软件开发的方法和流程。在基于组件的软件开发中,组件的定义、选择、测试成为软件成功与否的主要因素。因此,关于组件的描述、定义、测试等技术也成为软件工程技术的一个重要发展分支。

2.3.6 统一软件开发过程

传统的软件开发过程模型通常是线性的(例如瀑布模型),从需求分析到系统测试的过程是按照固定的步骤和顺序进行的。这种模型往往缺乏灵活性,一旦进入到下一个阶段,就难以回到前一个阶段进行修改。这使得开发过程缺乏响应能力,很难应对变化和新的需求。同时,风险控制不足,传统的软件开发过程模型通常只在项目的早期进行风险评估和控制,而在项目后期可能会出现无法控制的风险,导致项目失败或者延期。而且,文档化不足,缺乏足够的文档和交付物,使得团队和客户难以理解和掌握项目的现状和进展情况。因此,传统的软件开发过程模型无法应对新环境下的诸多问题。而统一软件开发过程(Rational Unified Process,RUP)的出现正是为了解决这些问题。

RUP 是一种面向对象的软件开发过程,由 IBM 旗下的 Rational Software 公司开发。它提供了一种结构化的方法来实现软件工程,并强调了可重用性、可维护性、可扩展性和可靠性等软件开发的最佳实践。RUP 使用了一系列的模型、文档和工具来支持软件项目的开发过程,包括需求分析、设计、构建、测试和部署等阶段。RUP 还提供了一种迭代开发模式,每轮迭代都会产生可用的软件产品,并可根据反馈和需求进行修改。这种方法有助于在项目早期发现和解决问题,同时增加团队和客户的合作及参与。RUP 也强调风险管理和文档化,确保项目具有高质量的文档和可交付物,同时在整个开发过程中管理和控制风险。这种方法可以提高开发效率和质量,并且更好地满足客户的需求。因此,RUP 的出现可以说是为了提高软件开发过程的质量和效率,同时使开发过程更加灵活和可持续。RUP 是按照二维结构进行组织的,如图 2-8 所示。其中横轴按时间组织,显示 RUP 的动态特征,通过迭代式软件开发的周期、阶段、迭代和里程碑等动态信息表示工作流程;纵轴按内容组织,显示 RUP 的静态特征,通过过程的构建、活动、工作流、产品和角色等静态概念描述系统[8]。

RUP 的静态结构包括 6 个核心工作流(业务建模、需求、分析和设计、实现、测试、部署)和 3 个核心支持工作流(配置与变更管理、项目管理、环境)。

6 个核心工作流如下:

(1)业务建模工作流。用商业用例为商业过程建立文档。

(2)需求工作流。目标是描述系统应该做什么,确保开发人员构建正确的系统。为此,需明确系统的功能需求(约束)和非功能需求。

(3)分析和设计工作流。其目标是说明如何做,结果是分析模型和设计模型。

(4)实现工作流。用分层的方式组织代码的结构,用构件的形式来实现类,对构件进行单元测试,将构件集成到可执行的系统中。

(5)测试工作流。验证对象之间的交互,验证是否集成了所有构件,验证是否正确实现了所有需求,查错并改正。

(6)部署工作流。制作软件的外部版本,软件打包,分发,为用户提供帮助和支持。

RUP 作为一种软件开发方法论,其生命周期包含了 4 个阶段,分别是初始阶段、细化阶段、构建阶段和转换阶段。每个阶段结束于一个主要的里程碑,里程碑的关键用途是能够帮助管理人员在进入下一个阶段之前,据此做出意义重大的决定。在每个阶段的结尾执行一次评估以确定这个阶段的目标是否已经满足,如果评估结果令人满意的话,可以允许项目进入下一个阶段[8]。

(1)初始阶段:在这个阶段,定义和明确项目的愿景和范围。评估和记录项目的商业目标和战略考虑因素,评估风险因素和制订缓解计划。

(2)细化阶段:在这个阶段,详细地描述项目的需求,进行用例建模,定义系统的架构并实现一个原型。此外,要制订详细的项目计划。

(3)构建阶段:在这个阶段,系统的所有组件都被开发、集成和测试,并进行了系统级别的测试。生成和发布最终的可执行版本。

(4)交付阶段:在这个阶段,系统被交付给最终用户,并在实际环境中使用和评估。此时还需要提供用户指南、安装指南和版本发布说明等材料。

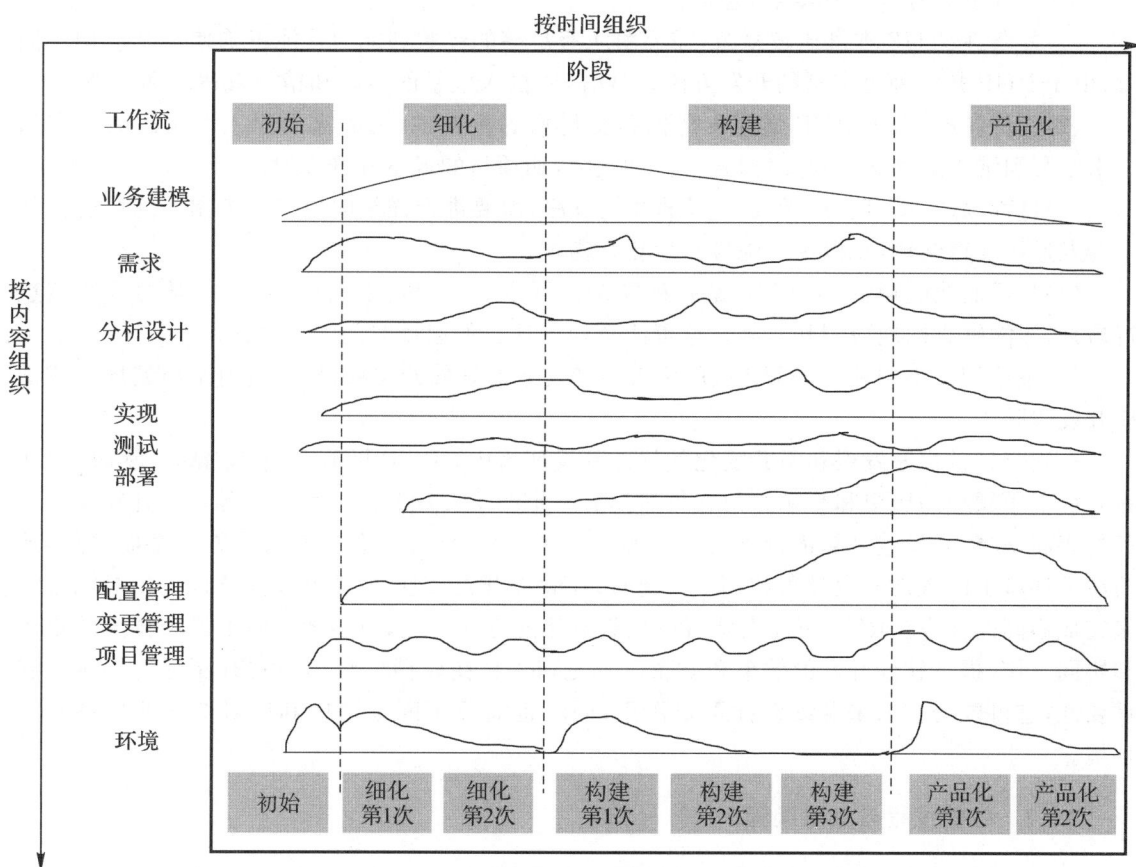

图 2-8　RUP 模型

这些阶段被组织为一系列的迭代,每个迭代都包含了这些阶段的一个子集。迭代是有意识地控制项目范围和风险的关键方式。在每个迭代结束时,提供给客户一个可交付的版本,以进行评估和反馈。此外,对于一些大规模项目,还可以增加阶段和迭代,以更好地满足项目的需求。

RUP 作为一种系统化和规范化的软件开发过程模型,具有以下优点:

(1)可定制性:RUP 可以根据团队和项目的具体需求进行定制,能够适应不同规模和复杂度的软件开发项目。

（2）风险管理：RUP 强调风险管理和控制，这样可以在项目早期发现和解决问题，避免在后期出现无法控制的风险。

（3）迭代开发：RUP 采用迭代开发的方式，每个迭代都会产生可用的软件产品，并可根据反馈和需求进行修改。这种方法有助于在项目早期发现和解决问题，同时增加团队和客户的合作与参与。

（4）文档化：RUP 强调文档化和可交付物的重要性，确保项目具有高质量的文档和可交付物，使团队和客户更好地理解和掌握项目的现状和进展情况。

（5）统一的过程：RUP 提供了一个统一的开发过程模型，有助于团队更好地组织和管理软件开发过程，提高开发效率和质量。

同时 RUP 也存在一些缺点，包括：

（1）复杂性：RUP 本身比较复杂，需要团队有足够的经验和能力才能正确使用和应用。同时，由于 RUP 是一种可定制的开发方法，因此需要投入大量的时间和精力来适应和实施。

（2）代价高昂：由于 RUP 强调文档化和交付物的重要性，因此需要投入大量的时间和精力来编写和维护这些文档和交付物。这可能会增加项目的成本和开发时间。

（3）过程烦琐：RUP 是一种重量级的开发方法，需要进行详细的规划和控制。这可能会使得开发过程变得烦琐，难以灵活地应对变化和需求。

（4）学习曲线陡峭：由于 RUP 是一种复杂的开发方法，因此团队成员需要学习并对其进行培训，才能够正确地应用和实施。这可能会使得项目的启动时间变得较长。

（5）不适用于小型项目：RUP 适用于大型和复杂的软件开发项目，不适用于小型项目或敏捷开发团队。

在当今日益快速发展和不断变化的软件开发环境中，RUP 可能会受到挑战。然而，RUP 在软件工程领域的历史和影响力使它仍然具有一定的重要性和应用前景。随着云计算和云服务的兴起，软件开发越来越依赖于云平台和云服务。RUP 可能会朝着云化方向发展，更多地关注云环境下的软件开发过程和技术。同时，在软件开发过程中，需要使用不同的工具和技术来完成不同的任务。RUP 可能会朝着更加集成化的方向发展，更多地关注工具和技术的集成和协同工作，提高软件开发的效率和质量。总之，RUP 在软件工程领域具有深远的影响力和重要性，它可能会在未来继续发挥重要作用，同时也需要不断地适应和应对变化的软件开发环境。

2.3.7 敏捷过程与极限编程

敏捷过程（Agile Process）是一种软件开发方法，旨在通过持续的合作、灵活性和快速反馈来适应需求变化。它强调团队协作、自我组织和持续改进，将开发过程分解成小而可管理的阶段，称为迭代，每个迭代都会产生可工作的软件。敏捷方法包括 Scrum、Kanban 等，它们有助于提高产品质量、降低风险，并快速响应客户需求变化。

极限编程（Xtreme Programming，XP）是敏捷方法的一种，专注于提高编码质量和开发速度。XP 强调团队协作、简单设计、持续集成和测试驱动开发（Test-Driven Development，TDD）。它鼓励开发者成对编程、频繁交付可工作软件版本，并在客户需求变化时快速响应。XP 通过实践如小版本发布、持续集成和重构等，帮助团队在变化环境中交付高质量软件。

1. 敏捷过程

如今,在互联网飞速发展的时代,大部分软件系统都采用客户端/服务器架构,其中的核心部分部署在服务器端,而客户端通过发送请求的方式来获取服务。但是这类大型系统的开发往往采用传统的软件过程模型,这对于一些中小型企业开发十分不友好,软件的开发、维护、升级的难度较大,开发成本高、周期长,难以适应变化等问题逐渐凸显。为了解决这些问题,人们开始尝试更加灵活的软件开发方式,其中敏捷过程就是其中的一种。敏捷过程的理念最早于2001 年被提出,当时一群软件开发者共同签署了《敏捷宣言》,提出了四个核心价值[9]:

(1)个体和交互胜过流程和工具;

(2)可工作的软件胜过详尽的文档;

(3)客户合作胜过合同谈判;

(4)响应变化胜过遵循计划。

敏捷过程是一种基于迭代、自适应和协作的软件开发方法。它强调快速反馈、频繁交付可工作的软件、紧密合作的开发团队和客户,以及持续的改进过程。敏捷过程通常采用迭代增量式的方法,将整个软件开发过程分解成一系列小的迭代,每个迭代通常持续数周至数月。每个迭代都以一个可交付的、经过测试的软件产品版本结束。敏捷过程通常采用一些开发实践,如测试驱动开发、持续集成、用户故事和面向人员的规划,以确保软件质量和快速交付。

敏捷过程实践有很多开发方法,其中 Scrum 开发方法应用较为广泛。1995 年美国计算机协会的 OOPSLA95 会议上,在 Jeff Sutherlan 和 Ken Schwaber 联合发表的论文中首次提出 Scrum 概念:以跨职能团队的形式,紧密协作,围绕着统一的目标前进,以此提高工作与交付效率。

Scrum 开发方法在实施敏捷过程的同时,关注管理过程实践。Scrum 开发方法的实施主要包括以下几步。

第一步:找出完成产品需要做的事情——Product Backlog(产品待办事项),每一项工作的时间估计单位为“天”;第二步:决定当前的冲刺需要解决的事情——Sprint Backlog(迭代待办事项),整个产品的实现被划分为几个互相联系的冲刺,产品订单上的任务被进一步细化,被分解成以小时为单位;第三步:冲刺——Sprint,在冲刺阶段,外部人员不可以直接打扰团队成员,一切交流只能通过 Scrum 完成,这样较好地平衡了“交流”和“集中注意力”的矛盾。敏捷开发流程如图 2-9 所示[7]。

敏捷开发的重要原则可以总结为以下几点:

(1)快速迭代:相对于半年一次的大版本发布,小版本的需求、开发和测试更加简单快速。一些公司一年仅发布 2~3 个版本,发布流程缓慢,它们仍采用瀑布开发模式,更严重的是对敏捷开发模式存在误解。

(2)以人为本:敏捷开发重视团队成员之间的沟通和协作,鼓励团队成员在自组织和自我管理方面具有更大的自主权和责任感。

(3)持续交付:敏捷开发通过短周期的迭代开发和持续交付有价值的软件来满足客户的需求,从而缩短了开发周期,减少了浪费,增强了客户的满意度。

(4)面向客户:敏捷开发的核心是满足客户的需求和期望,将客户的利益放在首位,以持续的交付和及时的反馈来实现客户的满意度。

(5)响应变化:敏捷开发能够适应变化,不断反思和调整开发计划,以更好地满足客户的需求。

（6）注重质量：敏捷开发注重软件开发过程的质量和可维护性，强调开发团队的技术卓越性和良好的设计，保证开发出高质量的软件产品。

（7）常思常新：敏捷开发注重团队成员的学习和提高，鼓励他们不断学习新的技能和知识，以适应不断变化的市场需求和技术发展。

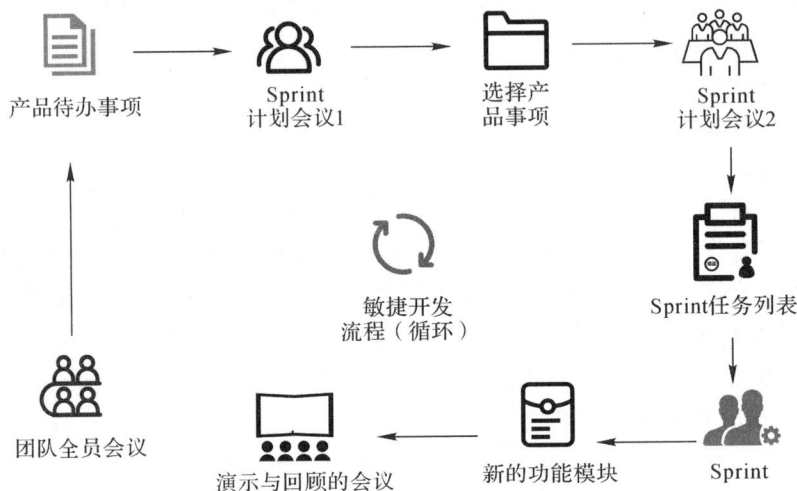

图 2-9　敏捷开发流程

软件开发模型很多，那么如何衡量一个项目是否适合敏捷开发模型呢？这时我们通常需要考虑以下几个因素：

（1）需求是否具有不确定性：如果项目需求具有较高的不确定性和变化性，那么敏捷开发模型通常更适合，因为它能够快速响应需求变化，并且可以及早地获取客户反馈，以便对需求进行调整。

（2）团队的开发经验和技能：如果团队有足够的敏捷开发经验和技能，那么敏捷开发模型通常更适合，因为团队能够充分利用敏捷开发的优势，更好地实现项目目标。

（3）项目的规模和复杂度：如果项目规模和复杂度较小，敏捷开发模型通常更适合，因为它能够更好地适应较小的项目和快速迭代的开发过程。对于大规模和复杂的项目，需要更严格的计划和控制，可能需要其他开发模型的组合使用。

（4）客户的需求和期望：如果客户需要快速响应和及时交付，那么敏捷开发模型通常更适合，因为它可以提供及时的反馈和交付，增强客户的满意度。

（5）项目的风险和安全性：如果项目涉及较高的风险和安全性问题，那么可能需要使用其他开发模型的组合，例如瀑布模型等，以确保项目的可靠性和安全性。

由此也可以看到，敏捷过程不是抛开过程、工具和文档，抛开合同和计划，回到混乱而随意的软件编码中。敏捷有一套严密的价值观和原则，并且由此产生具体的方法学实践。适合敏捷开发模型的项目通常需要具有不确定性较高的需求、团队有足够的敏捷开发经验和技能、项目规模和复杂度较小、客户需要快速响应和及时交付等特点。

2. 极限编程

极限编程是一种软件工程方法学,是敏捷软件开发中较有成效的方法学之一,是由 Kent Beck 在 1996 年提出的。极限编程具有强化沟通、简化设计、迅速反馈等特点,一般只适合于规模小、进度紧、需求不稳定、开发小项目的小团队[3]。

极限编程的核心理念包括:

(1)快速反馈:尽早、尽快地获取并反馈有关软件的信息,以帮助团队迅速识别和解决问题。

(2)简单性:通过简单的设计和代码来避免过度工程化和复杂性,同时提高可维护性和可扩展性。

(3)持续改进:不断地寻找和实施改进,以提高开发团队的开发效率和产品的质量。

(4)测试驱动开发:先编写测试程序,再编写代码以通过这些测试程序,以确保代码质量和功能的正确性。

(5)集体代码所有权:整个团队共同拥有和维护代码库,以确保高质量的代码和代码的一致性。

(6)程序员的舒适度:为开发者提供最适合他们的工具、技术和环境,以提高开发效率和客户满意度。

(7)可持续性:强调团队成员的工作效率和可持续性,避免过度加班和疲劳。

(8)小团队:倡导小型开发团队,以便更好地协作和沟通。

这些核心理念共同构成了极限编程的开发流程和实践。图 2-10 描述了极限编程的整体开发过程[10]。首先,项目组针对客户代表提出的"用户故事"(描述功能需求)进行讨论,提出隐喻,在此项活动中可能需要对体系结构进行"试探"(提出试探性解决方案)。然后,项目组在隐喻和用户故事的基础上,根据客户设定的优先级制订交付计划。接下来开始多个迭代过程(1～3 周),在迭代期内新产生的用户故事不在本次迭代内解决,以保证本次开发过程不受干扰。开发出的新版本软件通过验收测试之后交付用户使用。

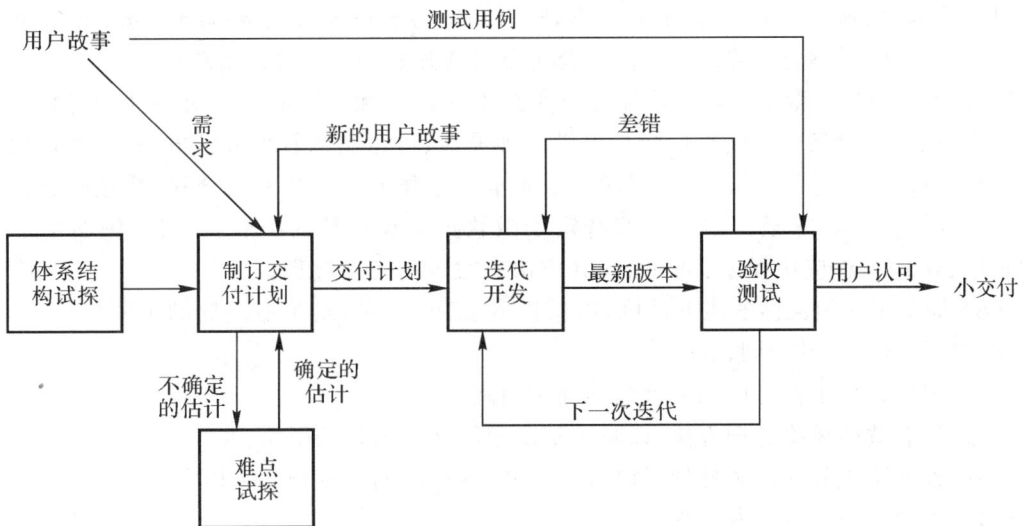

图 2-10　极限编程开发过程

软件开发模型很多,那么怎么衡量一个项目是否适合极限编程模型呢?这时通常需要考虑以下几个因素:

(1)需求是否不断变化:极限编程适合应对需求变化频繁、不断演化的项目。如果项目的需求比较稳定,那么采用传统的软件开发模型可能更为适合。

(2)团队是否具备敏捷开发的技能:极限编程强调团队成员之间的协作和沟通,以及快速响应和持续交付。因此,团队成员需要具备敏捷开发的技能和实践经验,包括测试驱动开发、持续集成、用户故事等。

(3)项目规模是否适合:极限编程适合中小型、迭代性的项目,不太适合大型、复杂的项目。如果项目规模过大,可能需要采用其他的软件开发模型,如增量模型、融合模型等。

(4)项目环境是否支持:极限编程需要团队成员之间的频繁交流和协作,需要采用适合的开发工具和技术,如敏捷开发工具和持续集成工具等。

(5)项目时间是否紧迫:极限编程适合应对开发时间紧迫的项目,如互联网应用、移动应用等。如果项目时间比较宽裕,那么采用传统的软件开发模型可能更为适合。

总之,选择适合的软件开发模型需要考虑项目的具体情况和需求。如果项目的需求不断变化、团队具备敏捷开发的技能、项目规模适中、项目环境支持、时间紧迫等因素都适合,那么可以考虑采用极限编程模型。

2.3.8 微软解决框架

随着互联网的兴起,软件开发的速度和质量已成为企业竞争的关键因素之一。传统的软件开发过程模型往往比较笨重,不能满足企业快速响应市场需求的要求。同时,在软件开发过程中,往往会涉及多个团队和部门的协同工作,如果没有一个明确的开发过程和标准,就很容易出现沟通不畅、任务重复等问题,从而导致开发效率低下和质量不高。因此,微软公司于20世纪90年代正式发布了第一个版本的微软解决框架(Microsoft Solutions Framework, MSF)。

随着时间的推移,MSF不断更新和改进,逐渐发展成为一套综合性的软件开发过程模型和工具。目前,微软公司最新的MSF版本是MSF for Agile Software Development,该版本已经适应了敏捷开发的趋势,并结合了微软公司自身的开发经验和最佳实践。

MSF是一种基于微软公司在软件开发实践上的经验和最佳实践的灵活性和可扩展性的软件开发方法论。MSF的核心目标是提供一种灵活、可定制的软件开发方法,以帮助团队更好地掌控项目,加快产品上市速度,同时保证质量。它强调与客户紧密合作、快速交付产品和持续改进等特点。MSF还提供了一些特定于微软技术和产品的扩展和模板,例如基于Web应用程序、Windows应用程序、SharePoint解决方案等的开发过程。

MSF提供了一组灵活的指导准则,以帮助开发团队在项目生命周期的不同阶段设计、开发和实施应用程序。其准则包括[10]:

(1)在项目计划中要考虑到未来的不确定因素。

(2)采用有效的风险管理方法,以减少不确定因素对项目的影响。

(3)频繁地生成和测试软件的过渡版本,以提高产品的可预测性和稳定性。

(4)采用快速迭代的开发过程。

(5)在平衡产品特性和成本时,采用创造性的工作方法。

(6)项目进度表应该具有较高的权威性和稳定性。

(7)采用小型团队并行开发项目。

(8)在项目早期对软件配置项进行基线化,后期则对产品进行冻结。

(9)采用原型验证概念,以在项目早期进行论证。

(10)将追求零缺陷作为目标。

(11)里程碑评审会的目的是为了改进工作,而不是相互指责。

MSF 把软件生命周期划分成 5 个阶段,图 2-11 描绘了生命周期的阶段及每个阶段的主要里程碑。

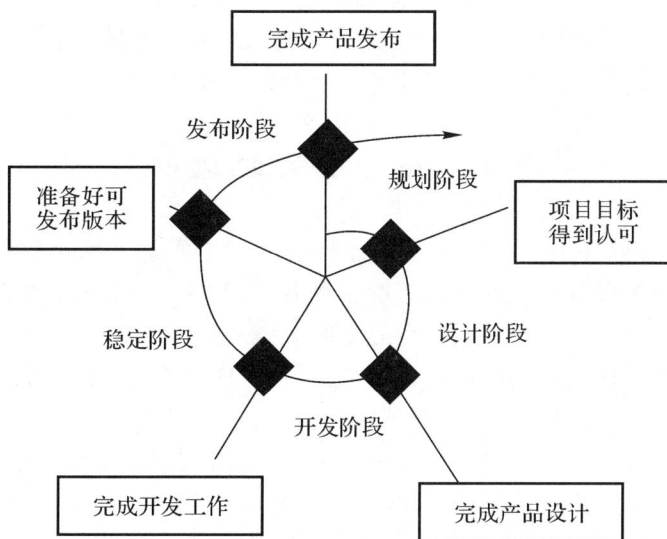

图 2-11 MSF 生命周期

(1)规划阶段:在此阶段中,项目团队需要了解业务需求和目标,并对其进行建模和文档化。同时,团队需要识别系统级别的需求,并将其转化为详细的系统规格说明书。此阶段的重点是确保所有的需求都已经被识别和记录,并且团队和客户已经就需求的准确性达成了共识。

(2)设计阶段:在此阶段中,团队将根据系统规格说明书开始系统设计,并进行文档化。此阶段的结果是一个详细的系统设计规格说明书。

(3)开发阶段:在此阶段中,团队开始编写和测试系统代码,以确保其符合系统设计规格说明书中所述的要求。此阶段的结果是可工作的软件系统。

(4)稳定阶段:在此阶段中,团队对软件系统进行测试,以确保其质量和功能符合规格说明书中所述的要求。此阶段的结果是一个可交付的软件系统。

(5)发布阶段:在此阶段中,软件系统将会发布并进行部署。此阶段的重点是确保软件系统的稳定性和可靠性,并将其成功地交付给最终用户。

在选择适合的软件开发模型时,可以考虑以下几个因素来衡量一个项目是否适合 MSF:

(1)项目规模和复杂度:MSF 适用于不同规模和复杂度的软件开发项目,但是对于大型、复杂的项目而言,可能需要更加细致、复杂的流程和工具来进行项目管理和开发。因此,需要根据具体项目的规模和复杂度来评估 MSF 是否适合。

（2）开发团队的规模和分布：MSF 注重团队协作和沟通，因此在开发团队规模较大或分布较广时，可以考虑采用 MSF 来提高协作效率和质量。

（3）项目类型和需求：MSF 提供了不同类型和需求的项目的开发流程和工具，可以根据具体项目的类型和需求来选择适合的 MSF 版本。

（4）开发经验和能力：MSF 需要开发团队具备一定的开发经验和能力，包括项目管理、软件开发、测试、质量保证等方面的知识和技能。因此，在选择 MSF 时，需要考虑开发团队的实际能力和经验。

（5）开发周期和时间要求：MSF 强调灵活性和迭代开发，但是需要根据实际的开发周期和时间要求来选择适合的开发流程和工具，以确保项目按时交付。

综上所述，如果项目规模较大，复杂度较高，需要大量协作和跨团队协调，并且组织具有强烈的文化认同和流程约束，那么 MSF 可能是一个合适的选择。

2.4　各种模型的比较

2.3 节介绍了 8 种软件生命周期模型。这些模型基本覆盖了目前所有的软件开发模式。这 8 种软件生命周期模型各自具有自己的特点和不足，也各自具有存在的理由和条件，我们很难说明或证明某种模型具有优于其他模型的全部优势[5]。

瀑布模型是一种被广泛采用的模型，因为它具备了良好的文档管理和高质量软件的保证，但由于软件开发流程的单向性，错误的更正代价很高。

快速原型在开发初期（需求阶段）就提供给用户产品的雏形，避免了需求中的颠覆性错误，但原型代码的可靠性和重用性成为主要缺陷。

增量模型是在快速原型法上的改进，保证了各个版本软件的可靠与安全，但总体的软件结构和功能需求必须在最初阶段（需求阶段）确定，否则会蜕变成构造-修复模型。

螺旋模型是在具备了高质量软件评估人员的基础上提出的，这种模式充分对各个阶段的工作进行了评估和风险分析，是所有软件模型中最安全的开发方式，但对软件评估工程师的要求很高（大部分软件企业缺少软件评估工程师）。

面向对象模型是一种全新的软件开发模式，提供了软件重用的良好框架和支持体系，事件驱动、数据封装和组件技术的发展，为软件开发创造了新的模式，但需求的描述、定义的模式、软件的体系与结构、组件的测试方法与约束条件、模块一致性、移植性等问题，还需要更进一步的研究、分析和实验。

统一软件开发过程是一种面向对象的软件开发过程，使用了一系列的模型、文档和工具来支持软件项目的开发过程，包括需求分析、设计、构建、测试和部署等阶段，能够很好地适应不断变化的需求和环境。

敏捷过程是一种软件开发方法，旨在通过快速、灵活的迭代开发，及时响应变化，提高客户满意度和软件交付效率。敏捷过程强调的是团队协作、持续反馈和快速交付，通常采用基于用户故事的需求管理和短周期的迭代开发方式。

极限编程则是敏捷过程中的一种具体实践，它强调的是团队成员间的紧密合作和高度自律，以实现更快的交付和更高的代码质量。极限编程中有许多特殊的实践，如持续集成、测试驱动开发、重构等，这些实践能够帮助团队更快地响应变化，更快地交付高质量的软件。

MSF 是一种基于微软公司在软件开发实践上的经验和最佳实践的灵活性和可扩展性的软件开发方法论。其核心目标是提供一种灵活、可定制的软件开发方法，以帮助团队更好地掌控项目，加快产品上市速度，同时保持质量。

表 2 - 1 对 8 种软件生命周期模型进行了对比说明，为大家在选择软件模型时提供参考。

表 2 - 1　8 种软件生命周期模型的比较

软件生命周期模型	特　点	不　足
瀑布模型	规范、质量高，文档齐备	错误的更正成本高
快速原型	产品符合用户要求	原型软件的可靠性与重用性差
增量模型	客户能够及早获得产品，版本的升级容易	软件的需求要明确
螺旋模型	不断的评估和测试，保证了软件的开发风险最小	仅限于大型软件的开发，软件风险评估师的水平是决定性的因素
面向对象模型	不断的迭代和循环，降低了软件错误发生的概率，软件重用技术的发展，提高了软件可靠性，降低了开发成本	开放的软件架构，且组件的定义和质量是关键
统一软件开发过程	基于迭代和增量开发，模型驱动的开发，面向对象的开发方法，以用例为中心的开发，过程和指导文档，重视团队协作	复杂性高，成本高，依赖于模型，难以适应变化，文档过多，开发成本高，时间长
敏捷过程	响应变化能力强，客户参与度高，交付效率高，团队合作能力强	文档缺乏，没有详细计划，对技术水平要求高，容易导致软件的质量问题
MSF	灵活性高，开发效率高，质量保证高，易于实施	开发质量不稳定，文档过多，缺乏灵活性，难以进行个性化定制，依赖微软产品

下面给出各种模型的适用场景：

（1）瀑布模型：当软件开发目标和需求已经清晰明确，分析设计人员对应用领域很熟悉，风险较小，用户使用环境很稳定且用户除提出需求以外，很少参与开发工作，这种情况下可以采用瀑布模型。

（2）快速原型模型适用于以下几种情况：有产品的原型，只需客户化的工程项目；简单而熟悉的行业或领域；有快速原型开发工具；进行产品移植或升级。由于上述条件不太苛刻，所以凡是有软件产品的 IT 企业，在他们熟悉的业务领域，当客户招标时，他们都会以原型模型作为软件开发模型，去制作标书，并进行宣讲。一旦中标，就用原型模型作为实施项目的指导方针，即对软件产品进行客户化工作，或进行二次开发。

（3）增量模型适用于以下几种情况：在整个项目开发过程中，需求都可能发生变化，客户接受分阶段交付；分析设计人员对应用领域不熟悉，很难一步到位；中等或高风险项目（工期过紧且可分阶段提交的系统或目标、环境不熟悉);用户可参与到整个软件开发过程中;软件公司自己有较好的类库、构件库。尽管上述条件比较苛刻,软件企业在开发大型项目时,一般还是采用增量模型。因为大型项目一般是由多个子系统构成,开发者可以根据轻重缓急次序,先进行全局需求分析和概要设计,把握好全局数据库的集成设计,然后再实现各个子系统。

(4)螺旋模型:是一种迭代式的软件开发模型,如果软件需求经常变化,软件开发项目具有较高的风险,项目规模较大,有明确的目标和需求,那么螺旋模型可以帮助开发团队在每个迭代周期内不断优化软件设计和功能,以实现最终的目标和需求。需要注意的是,螺旋模型并不适用于所有类型的软件开发项目。对于一些简单的软件项目,采用螺旋模型可能会增加项目开发的复杂度和成本。因此,在选择软件开发模型时,应该根据项目的具体情况和需求进行。

(5)面向对象模型:当系统的结构和行为比较复杂,需要经常进行修改和扩展,并发处理较多,对系统的质量及可维护性要求高时,采用面向对象模型可以更好地进行模块化设计和代码重构,从而提高代码质量和可维护性。

(6)统一软件开发过程(RUP):如果项目的需求经常发生变化,对质量要求较高,软件项目规模较大,需要多人协同工作,此时可以采用 RUP,RUP 提供了多种工作流程和相应的工作产品,可以帮助团队更好地协作,确保项目进度和质量。

(7)敏捷过程:当项目需求不断变化,团队规模较小,团队成员高度协作,产品功能简单清晰,需要快速推向市场,且风险可控时,可以采用敏捷过程来保证产品的高度的可扩展性和灵活性,同时快速响应市场需求,不断优化产品特性和用户体验。

(8)微软解决框架(MSF):适用于复杂的、多人协作开发的软件项目,特别是在 Microsoft 平台上开发的应用程序,需要灵活快速地响应业务变化,同时需要严格的质量控制和管理。

2.5　小　　结

本章首先介绍了软件的开发过程,对软件开发各个阶段的目标、任务进行了详细介绍;随后对软件开发的固有困难与问题进行了分析,说明了软件产品不同于硬件产品的开发风险与难度;最后详细介绍了目前所采用的各种软件生命周期模型。本章的介绍,使大家对软件过程开发有一个整体上的认识和了解,对软件开发存在的风险和问题也有一个清晰的认识。

作业与练习

1. 软件需求规格说明书是一个软件项目成功与否的关键,它包含哪些内容? 如何评价一个需求规格说明书的质量?

2. 进行用户需求分析时,可以采用哪些方法?

3. 软件项目计划包含哪些内容? 里程碑有什么意义?

4. 系统设计阶段要进行哪些设计工作?

5. 实现阶段的任务有哪些?

6. 请说明你对软件注释的看法。

7. Alpha 测试与 Beta 测试是什么含义?

8. 请说明螺旋模型与快速原型模型的区别。

9. 小张的公司承接了一个企业网站的开发项目,小张的公司以前开发过类似的企业网站,他应该选用哪种软件开发模型呢? 为什么?

10. 你的团队决定采用敏捷开发方法。你将如何确保团队的持续集成和交付流程是高效且稳定的?

11. 螺旋模型和快速原型模型中的迭代次数有何区别? 为什么在某些情况下需要更多或更少的迭代?

12. 在你参与的软件项目中,采用了哪种软件生命周期过程? 它是如何影响项目开发的?

13. 下面哪些描述对问题确认而言是真实的?

- 客户可以有对问题不准确的理解;
- 只有开发者有责任确认问题究竟是什么;
- 用户可以有对问题不准确的理解。

14. 以下哪些是软件生命周期中维护阶段的典型工作?

- 问题修正;
- 增加功能;
- 提高性能。

15. 下面哪些是喷泉模型和其他面向对象开发模型的特点?

- 总的开发时间短;
- 易于实现;
- 容易被客户接受;
- 开发阶段的不断迭代。

第3章 结构化的软件工程

本章主要对传统软件工程技术进行一定的介绍,从而使大家对面向结构化程序的软件工程技术有一个深入和全面的了解。

3.1 结构化程序的发展

结构化程序设计(Structured Programming)是由瑞士计算机科学家尼克劳斯·沃思(Niklaus Wirth)于 1971 年基于其开发程序设计语言和编程的实践经验提出的。沃思由于发明了多种影响深远的程序设计语言,并提出结构化程序设计这一革命性概念而获得了 1984 年的图灵奖。

同时也有人认为,结构化程序设计是荷兰学者 E.W.Dijkstra 等人于 1969 年在研究人的智力局限性随着程序规模的增大而表现出来的不适应之后,提出的一种避免复杂任务混乱的程序设计方法。

早在 1965 年的会议报告中,Dijkstra 就提出“从高级语言中取消 GO TO 语句”,“程序的质量与程序中所包含的 GO TO 语句的数量成反比”。1966 年,Bohm 和 Jacopini 证明了 3 种基本控制结构“顺序”“选择”和“循环”可以实现任何单一入口和出口的程序。1968 年,Dijkstra 提出了“GO TO 是有害的”,希望通过程序静态结构的良好性,保证程序动态运行的正确性。1969 年,Wirth 提出采用“自顶向下逐步求精、分而治之”的原则进行大型程序的设计。

结构化程序的定义如下:“如果一个程序的代码仅通过顺序、选择和循环这 3 种控制结构组合、连接而成,并且仅有一个入口和一个出口,则称这个程序是结构化的。”

结构化程序设计是以模块化设计为中心,将待开发的软件系统划分为若干个相互独立的模块,这样使得完成每一个模块的工作变得单纯而明确,为设计一些较大的软件打下了良好的基础。由于模块相互独立,因此在设计其中一个模块时,不会受到其他模块的牵连,因而可将原来较为复杂的问题化简为一系列简单模块的设计。模块的独立性还为扩充已有的系统、建立新系统带来了不少的方便,因为可以充分利用现有的模块。

结构化程序设计的基本思想是采用“自顶向下,逐步求精”的程序设计方法和“单入口单出口”的控制结构。自顶向下,逐步求精的程序设计方法从问题本身开始,经过逐步细化,将解决问题的步骤分解为由基本程序结构模块组成的结构化程序框图。“单入口单出口”的思想认为一个复杂的程序,如果它仅是由顺序、选择和循环 3 种基本程序结构通过组合、嵌套构成的,那么这个新构造的程序一定是一个单入口单出口的程序。据此就很容易编写出结构良好、易于调试的程序来。

只使用 3 种基本控制结构进行程序设计是结构化程序设计的主要内容。随着 IBM 公司 1971 年在《纽约时报》系统中成功使用了结构化程序设计。结构化程序设计成为 20 世纪 70 年代初到 90 年代初最为成功的软件设计与开发模型。但在面向对象方法的广泛使用后，大型软件开发基本上抛弃了结构化程序设计方法，而只在较小的模块一级使用。

3.2　结构化程序的分析与建模

结构化的分析方法（Structured Method）作为软件开发方法，通常采用图形表达用户需求，是一种面向数据流的需求分析方法。结构化方法是强调开发方法的结构合理性以及所开发软件的结构合理性的软件开发方法，也称为新生命周期法，是生命周期法的继承与发展，是生命周期法与结构化程序设计思想的结合。其基本思想是用系统工程的思想和工程化的方法，根据用户至上的原则，自始自终按照结构化、模块化，自顶向下地对系统进行分析与设计。

3.2.1　分析方法与软件需求规约

结构化分析是结构化软件开发的第一步，结构化分析确定了软件要做什么。软件需求规约又叫软件需求说明，是结构化分析的最终产物。

结构化分析方法给出一组帮助系统分析人员产生功能规约的原理与技术。它一般利用图形表达用户需求，使用的手段主要有数据流图、数据字典、实体关系图、结构化语言、判定表以及判定树等。

结构化分析的步骤如下：

(1)构造出反映当前物理模型的数据流图。

(2)推导出等价的逻辑模型的数据流图。

(3)设计新的逻辑系统，生成数据字典和基元描述。

(4)建立人机接口，提出可供选择的目标系统物理模型的数据流图。

(5)确定各种方案的成本和风险等级，据此对各种方案进行分析。

(6)选择一种可行性方案。

(7)建立完整的软件需求。

软件需求包括 3 个不同的层次：业务需求（Business Requirement）、用户需求（User Requirement）和功能需求（Functional Requirement）（也包括非功能需求）。业务需求反映了组织机构或客户对系统、产品高层次的目标要求，它们在项目视图与范围文档中予以说明。用户需求文档描述了用户使用产品必须要完成的任务，一般在使用用例（Use Case）文档或方案脚本（Scenario）说明中予以说明。功能需求定义了开发人员必须实现的软件功能，使得用户能完成他们的任务，从而满足了业务需求。软件需求各组成部分之间的关系如图 3-1 所示[11]。

作为补充，软件需求规格说明还应包括非功能需求，它描述了系统展现给用户的行为和执行的操作等，还包括产品必须遵从的标准、规范和合约，外部界面的具体细节，性能要求，设计或实现的约束条件及质量属性。约束，是指对开发人员在软件产品设计和构造上的限制。质量属性是通过多种角度对产品的特点进行描述，从而反映产品功能。多角度描述产品对用户和开发人员都极为重要。值得注意的一点是,需求并未包括设计细节、实现细节、项目计划信息或测试信息。需求与这些没有关系,它关注的是充分说明究竟想开发什么。

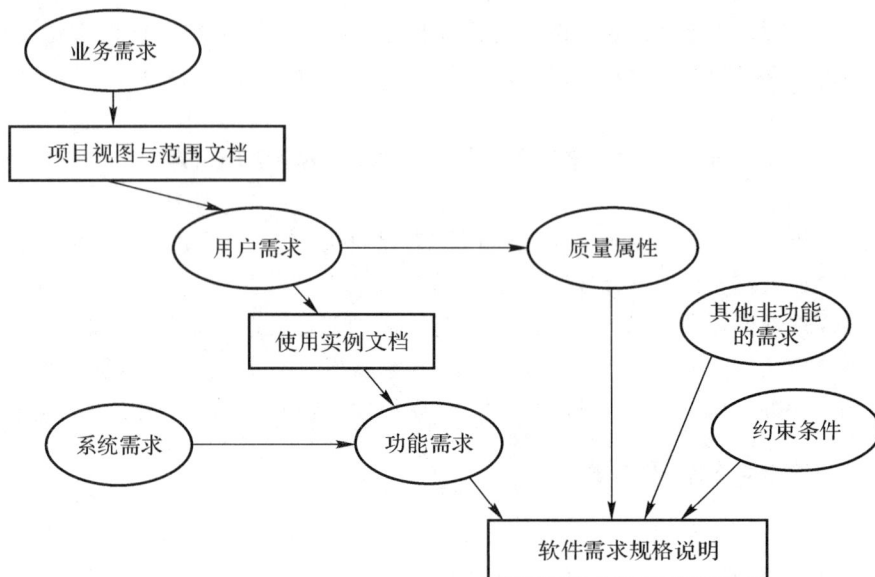

图 3-1　软件需求关系图

3.2.2　结构化分析三大模型

结构化分析的三大模型是数据模型、功能模型和行为模型。这些模型在信息系统开发中起着重要的作用。

1. 数据模型

数据模型是用于描述数据及其关系的模型。它通常包括数据实体、数据属性和数据关系。

实体是首要的数据对象,一个特定的实体被称为实体实例(Entity Instance)。实体用长方形框表示,实体的名称标识在框内。数据实体是现实世界中事物的抽象,例如"客户""订单"或"产品"。

数据属性描述实体的特性,例如客户的姓名、订单的日期或产品的颜色。

数据关系描述实体之间的关联,例如一个客户可以有多个订单,或者一个订单对应一个或多个产品。常用的表述方式为实体关系图(Entity-Relationship Diagram,ERD),用以显示所具有的实体和实体之间的关系以及实体所具有的属性。实体关系图是一种用于数据库设计的结构图,它包含不同的符号和连接器,可以可视化系统范围内的主要实体以及这些实体之间的相互关系。实体关系图常用于信息系统设计,在概要设计阶段用来描述信息需求和(或)要存储在数据库中的信息的类型,如图 3-2 所示。

2. 功能模型

功能模型描述了系统应有的功能和操作。它通常将系统分解为一系列的功能模块,每个模块都有特定的输入和输出。功能模型可以帮助我们理解系统的各个部分如何协同工作,以及它们之间的信息流动。常用的表述方式包括数据字典和数据流图。

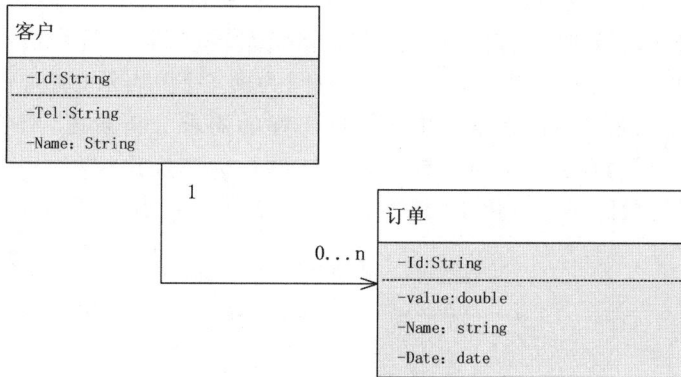

图 3 - 2　实体关系图

　　数据字典是用于描述数据的工具,它是一种用户可以访问的记录数据库和应用程序元数据的目录。数据字典通常用于对数据的数据项、数据结构、数据流、数据存储、处理逻辑等进行定义和描述,其目的是对数据流程图中的各个元素做出详细的说明。它不仅可以帮助开发人员更好地理解数据流和数据结构,还可以作为分析阶段的工具,帮助分析员和用户之间进行有效的沟通和交流。在数据库设计中,数据字典通常用于定义数据库表的结构和关系,以及各个字段的名称、数据类型、长度等信息。通过数据字典,开发人员可以更好地了解数据的结构和关系,从而更好地设计和实现数据库和应用程序。同时,数据字典还可以帮助用户更好地理解系统的功能和流程,从而更好地使用和维护系统。

　　数据流图(Data Flow Diagram,DFD)是用于描述系统数据流程的主要工具。它通过一组符号,如箭头、圆圈等,描绘数据流,包括数据的加工、存储、使用和产生等过程,如图 3 - 3 所示。通常将数据流图分为顶层图、1 层图、2 层图、……、n 层图。顶层图是以外部实体作为加工开始,以外部实体作为加工结束。1 层图则以顶层图的外部实体作为加工开始,以一个或多个外部实体作为加工结束。以后的各层流图都以前一层流图的一个加工作为它的一个加工开始,以前一层流图的加工的输出数据流作为它的加工输入数据流。总的来说,数据流图是一种用于描述和理解系统的数据流程的强大的工具,它可以帮助程序开发人员更好地设计和规划系统。

3. 行为模型

　　行为模型描述了系统在特定情况下如何响应和动作。它通常考虑系统的状态和事件,以及系统如何根据这些状态和事件做出反应。行为模型可以帮助我们理解系统的动态行为,以及如何处理异常情况。常用的表述方式为状态转换图,用以显示系统的状态以及从一个状态转移到另一个状态的事件。

　　状态转换图(State Transition Diagram,STD)是一种描述系统行为和状态转换的图形表示法。它通过描绘系统的状态以及引起状态转换的事件,来表示系统的行为。状态转换图可以用于描述系统的循环运行过程,也可以用于描述系统的单程生命期。在状态转换图中,状态是任何可以被观察到的系统行为模式,一个状态代表系统的一种行为模式。状态规定了系统对事件的响应方式。常见状态包括初态(即初始状态)、终态(即最终状态)和中间状态。一张状态转换图中只能有一个初态,而终态则可以有 0 至多个。事件是在某个特定时刻发生的事情,它是对引起系统做动作或(和)从一个状态转换到另一个状态的外界事件的抽象。事件就是引起系统做动作和(或)转换状态的控制信息。在状态转换图中,符号通常用于表示不同的元素。初态用实心圆表示,终态用一对同心圆(内圆为实心圆)表示,中间状态用圆角矩形表示,如图3-4所示。状态转换图通常发生在软件工程的需求分析阶段,用于描述系统的行为和状态转换。它可以帮助开发人员更好地理解系统的行为和操作流程,从而更好地设计和实现系统。同时,状态转换图还可以用于测试和调试系统,以及与用户进行有效的沟通和交流。

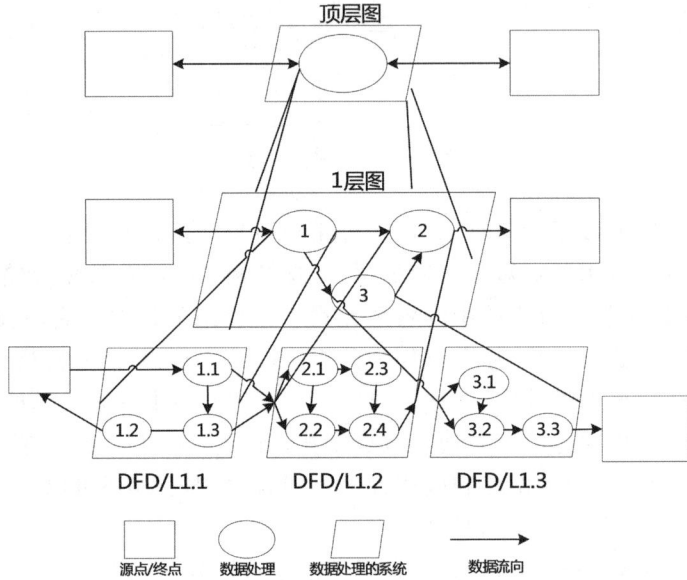

图3-3 数据流图

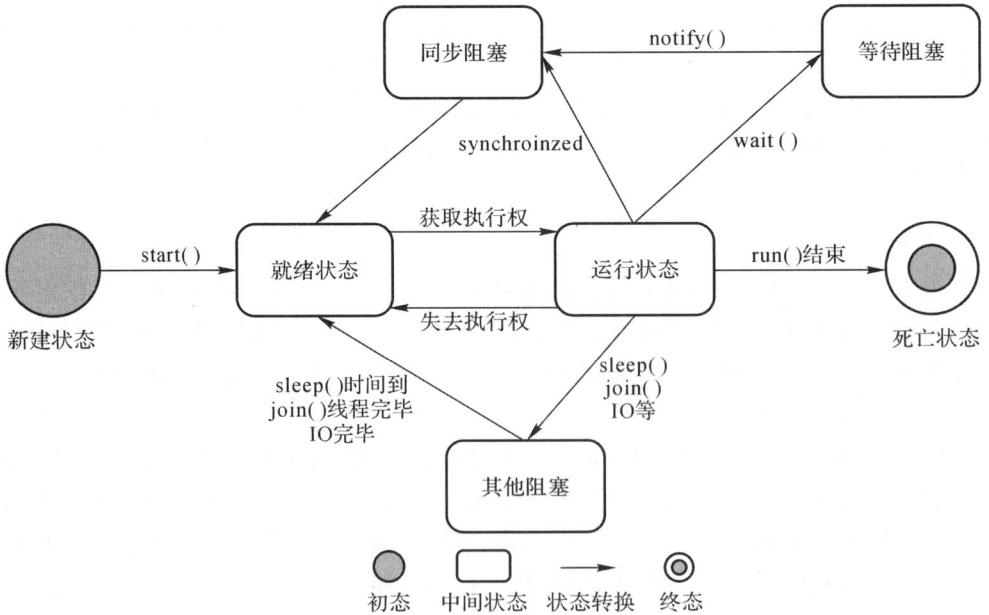

图3-4 状态转换图

这 3 种模型在系统分析和设计中都是非常重要的工具。通过数据模型,我们可以了解系统中都有哪些数据,这些数据是如何相互关联的,以及数据是如何在系统中流动和被处理的;通过功能模型,我们可以了解系统有哪些功能,这些功能是如何工作的,以及它们是如何相互协作以完成系统目标的;通过行为模型,我们可以了解系统在接收到不同的输入时会有怎样的响应,以及系统状态是如何随着时间而变化的。通过使用这 3 种模型,我们可以从不同的角度全面地理解和管理系统,从而更好地进行系统分析和设计。

3.2.3　结构化分析其余模型

除上述三大模型之外,在设计软件时还会用到层次方框图、Warnier 图和 IPO 图。

1. 层次方框图

层次方框图(Hierarchical Box Diagram,HBD)是一种用于描述系统层次结构和模块划分的图形表示法。它通过将系统划分为一系列的子系统、模块和组件,并使用方框和箭头表示它们之间的层次关系和依赖关系,来描述系统的结构和行为。在层次方框图中,每个方框表示一个子系统或模块,方框之间的箭头表示它们之间的依赖关系。通常,顶层的方框表示整个系统,下面的方框表示子系统或模块,子系统或模块下面还可以进一步划分为更小的子系统或模块。层次方框图可以用于描述系统的组织结构、功能结构或流程结构。层次方框图用于系统的需求分析、设计、实现和维护阶段,可以帮助开发人员更好地理解系统的结构和行为,以及各个模块之间的关系和依赖性,如图 3-5 所示。同时,层次方框图还可以用于与用户进行有效的沟通和交流,以及指导系统的测试和调试。

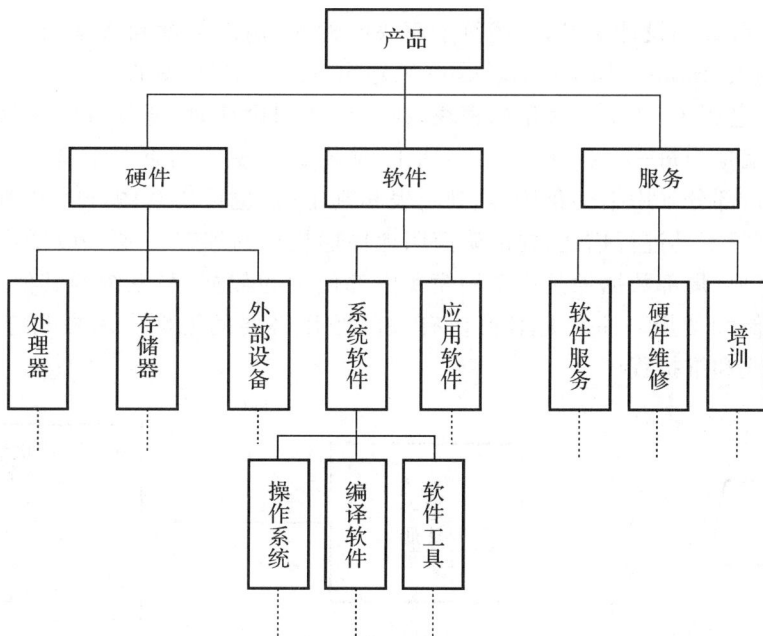

图 3-5　层次方框图

2. Warnier 图

Warnier 图的作用是表示一个系统的组织结构或一个过程的流程。通过 Warnier 图,可以清晰地了解系统的整体架构和运行机制,如图 3-6 所示。Warnier 图是表示数据层次结构的一种图形工具,它用树形结构来描绘数据结构。这种图能够清晰地显示出数据的层次结构,以及数据元素之间的重复关系。同时,它还能指出某一类数据或某一数据元素重复出现的次数,并能指明某一特定数据在某一类数据中是否是有条件地出现。⊕(异或)表明一类信息或一个数据元素在一定条件下才出现,而且这个符号上、下方的两个名字所代表的数据只能出现一次;圆括号中的数字指明了这个名字代表的信息类在这个数据结构中重复出现的次数。

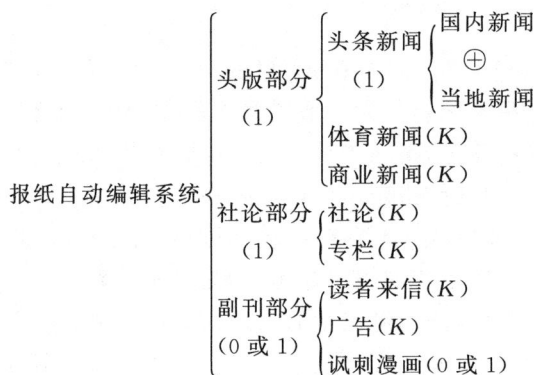

图 3-6　Warnier 图

3. IPO 图

IPO 图是一种详细设计工具,描述每个模块的输入、输出数据和数据加工,是结构化设计中变换结构的输入(Input)、加工(Processing)、输出(Output)图,如图 3-7 所示。在系统的模块结构图形成的过程中,产生了大量的模块,在进行详细设计时,开发者应为每一个模块写一份说明,IPO 图就是为每一个模块的输入、加工、输出进行说明的重要工具。IPO 图的主体是算法说明部分,该部分采用结构化语言、判定表和判定树,也可用盒图(N-S 图)、问题分析图和过程设计语言等工具进行描述,要准确简明地描述执行的细节。在 IPO 图中,输入、输出数据来源于数据字典,局部数据项是指个别模块内部使用的数据,与系统的其他部分无关,仅由本模块定义、存储和使用。注释是对模块有关问题作必要的说明。用户和管理人员可利用IPO 图编写、修改和维护程序。

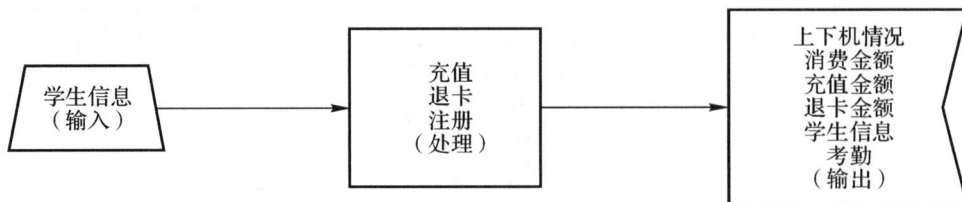

图 3-7　IPO 图

3.3　结构化程序的设计方法

结构化程序设计方法是一种有效的编程方法,它通过自顶向下的设计原则和模块化的思想,将复杂的问题分解为一系列更小、更具体的子问题,并使用明确的控制结构来组织代码。这种设计方法有助于提高代码的可读性、可维护性和可扩展性,是软件开发过程中常用的一种重要方法。结构化程序设计方法包括顺序、选择和循环结构,以及由这些基本结构组成的复合结构。

3.3.1　结构化设计基本原理

结构化设计的基本原理包括模块化、抽象、逐步求精、信息隐藏和局部化以及模块独立等。这些原理是软件设计的核心指导原则,有助于开发出结构良好、易于维护和可扩展的软件系统;它们指导开发者进行有效的软件设计和开发,提高软件的质量和可维护性。在实际应用中,根据项目的具体需求和情况,灵活运用这些原理是关键。

(1)模块化。模块是指把一个待开发的软件分解成若干小的简单的部分,每个模块完成一个特定的子功能。模块化是指解决一个复杂问题时自顶向下逐层把软件系统划分成若干模块的过程,这使得软件开发可以分阶段进行,每个阶段都有明确的责任和目标,有助于提高软件开发的效率和可维护性。

(2)抽象。抽象是认识复杂现象过程中使用的思维工具,即抽出事物本质的共同的特性而暂不考虑它的细节,不考虑其他因素。在软件设计中,抽象有助于我们关注问题的核心,忽略不必要的细节,从而简化问题。抽象的层次从概要设计到详细设计逐步降低。

(3)逐步求精。逐步求精是一种软件开发策略,它强调在设计和实现过程中逐步细化,不断改进和完善。在软件设计中,逐步求精有助于我们通过不断迭代和优化来达到最终的目标。

(4)信息隐藏和局部化。信息隐藏是指在设计和确定模块时,使得一个模块内包含的信息(过程或数据)对于不需要这些信息的其他模块来说是不能访问的。局部化是指把相关的数据和过程集中在一起,以便于维护和修改。信息隐藏和局部化有助于提高软件的可维护性和可重用性。

(5)模块独立性。模块独立性是软件工程中一个重要的概念,它描述了模块之间的相互依赖程度,以及模块内部各元素之间的紧密程度。模块独立性包括两个主要方面:内聚和耦合。内聚性是指一个模块内部各个元素之间的紧密程度。一个高内聚的模块意味着其内部元素紧密相关,共同完成一个特定的功能。耦合性是指模块之间的相互依赖程度。低耦合意味着模块之间的依赖程度较低,彼此独立。高耦合则表示模块之间的依赖程度较高,互相影响较大。

一个好的系统应该做到尽量使用数据耦合,即通过数据参数(不是控制参数、公共数据结构或外部变量)来交换输入、输出信息,这种耦合的实质是在单一接口上选择多功能模块中的某项功能,是最理想的一种耦合形式,因为它的耦合度低,模块独立性最强;少使用控制耦合和特征耦合,即避免一个模块调用另一个模块时,传递控制变量(如开关、标志等),被调模块通过该控制变量的值有选择地执行块内某一功能和两个模块都与同一个数据结构有关的模块发生的耦合。控制耦合对系统的影响较大,它影响接收控制流模块的内部运行。这种模块严格说不是"黑箱"模块,不利于模块的修改与维护。特征耦合由于同时使用同一个数据结构,当数据结构变动时,必然影响这两个模块,从而增加模块间的依赖性,降低模块独立性;不使用内容耦合,即防止两个模块之间直接访问彼此的内部数据,或者一个模块不通过正常入口转到另一个模块的内部。内容耦合很难查出错误的原因,给模块的修改和维护带来了极大的困难。内容耦合的耦合度最大,被视为"病态耦合",因此在设计时应尽量避免这种耦合形式。

在软件设计中,我们通常追求高内聚、低耦合的模块。这样的模块具有更好的可维护性、可重用性和可扩展性。同时,模块的作用域应该在控制域内,这意味着每个模块应该具有清晰的责任和边界,避免跨域操作带来的复杂性和潜在问题。

3.3.2 结构化设计过程

结构化设计过程可以分为两个阶段:系统设计阶段和结构设计阶段。

系统设计阶段是结构化设计过程中的第一步,其主要目标是确定系统的具体实现方案。在这个阶段,我们需要考虑系统的输入、输出、处理过程和数据流程等方面,并设想供选择的方案,然后选取合理的方案。具体来说,系统设计阶段包括以下步骤:需求分析、系统流程图设计、系统模块划分、模块之间关系的确定和系统测试计划制订。

结构设计阶段是结构化设计过程中的第二步,其主要目标是确定每个模块的内部结构和功能实现方法。在这个阶段,我们需要考虑模块的独立性、可维护性和可重用性等方面。具体来说,结构设计阶段包括以下步骤:模块详细设计、模块划分、确定模块接口、编写伪代码和模块测试计划制订。

总之,结构化设计过程是一个逐步细化的过程,从系统级到模块级再到代码级,逐步明确系统的结构和功能需求,并实现每个模块的详细设计和实现。

3.4 概要设计方法和工具

在软件工程中,概要设计是软件开发的重要阶段,它决定了软件的总体结构和功能模块。概要设计的方法和工具对于提高软件的可维护性、可扩展性和可重用性至关重要。

3.4.1 描述软件结构的工具

描述软件结构的工具主要有结构层次图和 HIPO 图两种。

1. 结构层次图

结构层次图是一种用于描述软件系统的模块层次结构的图形工具。它通过将模块以方框的形式表示,并使用箭头指示模块之间的调用关系,从而清晰地展示软件的组成模块及其调用关系。在结构层次图中,通常使用以下符号:

- 模块:用方框表示,方框中写上模块的名字,模块名能反映模块功能。
- 模块的调用关系:两个模块之间用单向箭头或直接连接表示调用关系,一般总是位于上方的模块调用位于下方的模块,所以不用箭头也不会产生二义性。

- 辅助符号:循环调用用弧形箭头表示,菱形表示选择或者条件调用。

2. HIPO 图

HIPO 图是在层次结构图的基础上推出的一种描述系统结构和模块内部处理功能的工具。该图由层次结构图和 IPO 图两部分构成,前者描述整个系统的设计结构以及各类模块之间的关系,后者描述某个特定模块内部的处理过程和输入(输出)关系。HIPO 图一般由一张总的层次化模块结构图和若干张具体模块内部展开的 IPO 图组成。IPO 图上部反映模块基本信息,即该模块在总体系统中的位置、所涉及的编码方案、数据文件/数据库、编程要求、设计者和使用者等信息。IPO 图的下部主要用于在数据流程分析阶段定义的输入、输出数据流的基础上,对给定模块的输入、输出数据流进行详细定义,重点对该模块的内部处理过程进行描述。输入、输出数据流的描述与标识参考数据流程分析,处理过程描述可用结构化描述语言、判断树、判定表和算法描述语言或伪码等,也可以用其他辅助性工具协助 IPO 图的设计。

3.4.2　面向数据流的设计方法

面向数据流的设计方法是一种以数据流为导向的程序设计方法,它强调对数据流的变换和传递。该方法将信息流分为两种类型:变换流和事务流。

变换流是指信息沿输入通路进入系统,由外部形式变换成内部形式,进入系统的信息通过变换中心,经加工处理以后再沿输出通路变换成外部形式离开软件系统,如图 3 - 8 所示。当数据流图具有这些特征时,这种信息流就叫作变换流。在变换分析中,首先需要复查基本系统模型,然后复查并精化数据流图,确定数据流图具有变换特性还是事务特性,接下来确定输入流和输出流的边界,从而孤立出变换中心。对于变换流的情况,数据流图被映射成一个特殊的软件结构,这个结构控制输入、变换和输出等信息处理过程。

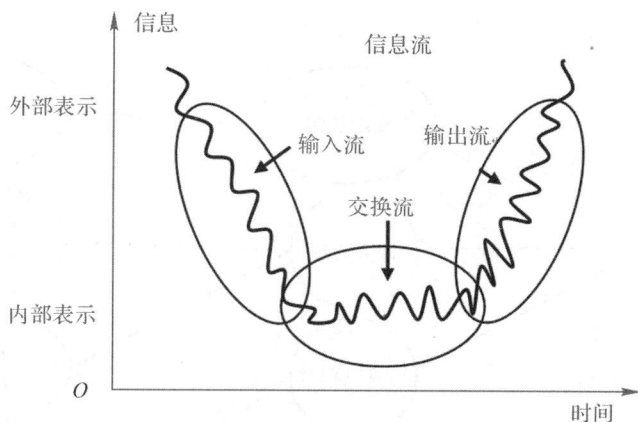

图 3 - 8　变换流

数据沿输入通路到达一个处理 T,这个处理根据输入数据的类型在若干个动作序列中选出一个来执行。这类数据流称为事务流。在事务流中,处理 T 称为事务中心,它完成下述任务:接收输入数据(输入数据又称为事务),分析每个事务以确定它的类型,根据事务类型选取一条活动通路,如图 3 - 9 所示。

这里举一个开发带有微处理器的汽车数字仪表板控制系统的例子。假设系统需要完成功能如下:

(1)通过模/数转换实现传感器和微处理器接口。

(2)在发光二极管面板上显示如下数据:

- 每小时行驶的路程;
- 每升油行驶的路程;
- 汽车是加速或减速行驶;
- 里程。

(3)如果汽车的速度超过 55 km/h 则发出超速警告铃声。

首先要画出系统的数据流图,如图 3 - 10 所示。

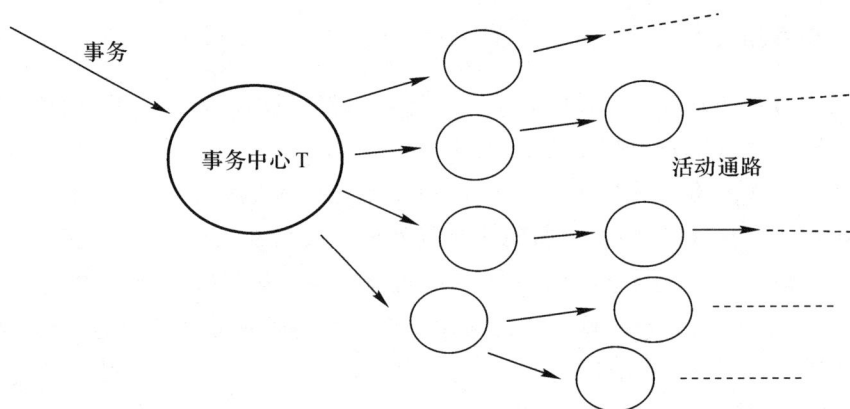

图 3 - 9　事务流

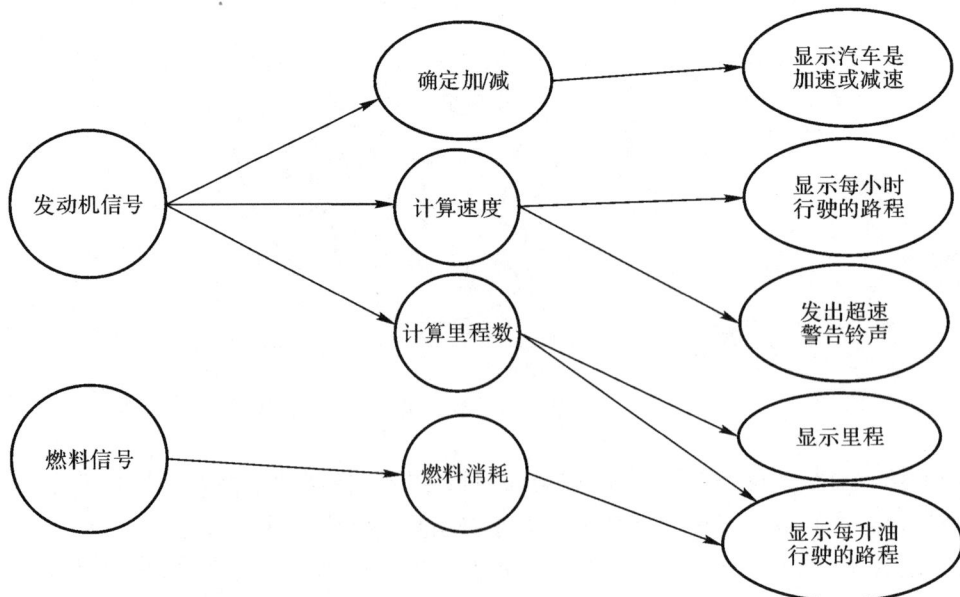

图 3 - 10　数字仪表板控制系统数据流图

显然,这里没有一个事务中心,并且数据有明显的形式变化,所以这属于交换流,我们可以确定交换流边界。

由此可以得出整个系统大概的结构,如图 3-11 所示。更为细致的分解与二级乃至三级的下层模块这里不多赘述,读者掌握面向数据流的设计思想即可。

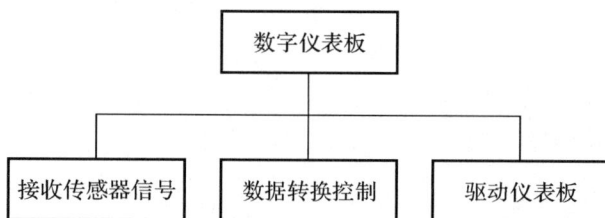

图 3-11 数字仪表板控制系统概要结构

3.5 详细设计方法和工具

在软件工程领域,详细设计是软件开发过程中的关键环节,它连接了概要设计和具体实现之间的鸿沟。为了确保软件的质量和效率,必须使用合适的设计方法和工具。本节将探讨详细设计的重要性和其中的一些核心元素,如控制结构、过程设计工具以及面向数据结构的设计方法。

3.5.1 控制结构

控制结构是程序设计的核心元素之一,它决定了程序执行的顺序和逻辑。在控制结构中,选择结构、顺序结构和循环结构是最基本的 3 种结构,它们的使用和控制方式对于程序的正确性和效率至关重要。

选择结构是一种决策结构,它根据条件的结果选择不同的执行路径。选择结构通常使用条件语句(if-else 语句)来实现,当条件为真时执行 if 语句块,否则执行 else 语句块。选择结构允许我们在程序中实现多种分支逻辑,从而实现复杂的决策过程。

顺序结构是一种最基本的程序结构,它按照代码的顺序执行语句。顺序结构的特点是按照代码出现的顺序依次执行每条语句,没有分支和循环。顺序结构适用于程序中只需要按照一定顺序执行操作的情况。

循环结构是一种重复执行语句的结构,它根据设定的条件重复执行某段代码,直到条件不再满足为止。循环结构通常使用循环语句(如 for、while、do-while)来实现。循环结构可以减少代码的重复编写,提高代码的可读性和可维护性。

这 3 种结构在程序设计中有着广泛的应用,选择结构可以让我们根据不同的条件执行不同的操作,顺序结构可以让我们按照一定的顺序执行操作,循环结构可以让我们重复执行某段代码。在实际的程序设计中,我们需要根据具体的需求和情况选择合适的控制结构,以实现程序的功能和性能要求。

例如,下面的简单伪代码就由上述 3 种结构构成:

1. 初始化变量 sum 为 0

2. 初始化变量 count 为 0

3. 从用户输入获取数字 n

4. while n！＝ －1 时执行以下步骤：

　　将 n 加到 sum 上

　　将 count 加 1

　　从用户输入获取下一个数字 n

5. if count＞ 0,则计算平均值 avg ＝ sum / count

6. 输出平均值 avg

3.5.2　过程设计工具

过程设计工具是帮助软件工程师进行详细设计的重要辅助手段。常用的过程设计工具包括程序流程图、盒图、PAD 图、判定表、判定树和过程设计语言,下面对这几种过程设计工具进行详细的介绍。

(1)程序流程图:也称为程序框图,它使用标准化的符号和线条来表示程序的执行流程。各种符号代表了不同的程序结构,如处理步骤、判断、输入/输出等。这种图形表示方法直观易懂,特别适合描述包含多个条件和循环的复杂程序。

图 3 - 12 为程序流程图图例,图 3 - 13 为判断 A,B,C 中最大数的程序流程图。

(2)盒图:也称为 N－S 图,其特点是使用矩形框(盒子)表示处理步骤,盒子之间通过箭头连接。盒图强调程序的结构,能够清晰地表示出程序的层次结构,有助于理解和修改程序。图 3 - 14 为盒图图例,图 3 - 15 为一个简单的盒图使用范例。

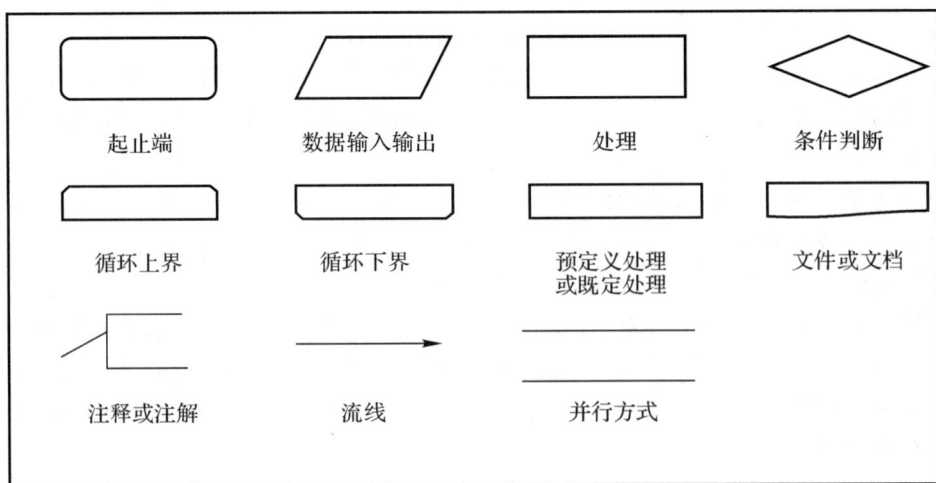

图 3 - 12　程序流程图图例

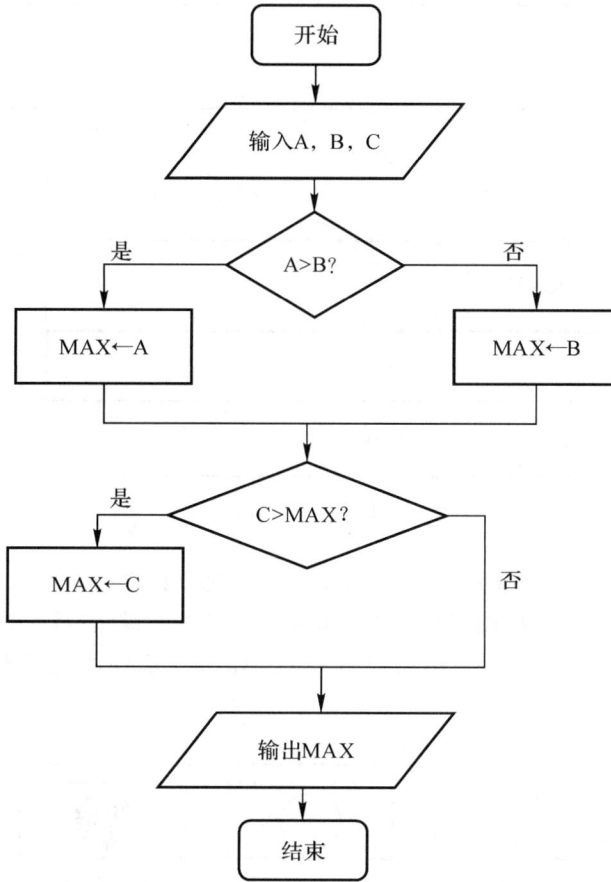

图 3-13　程序流程图

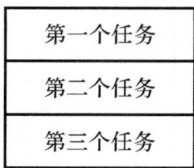

（a）

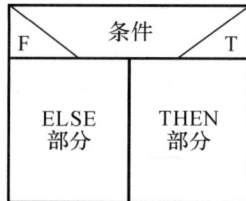

（b）

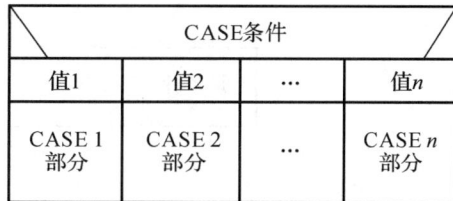

（c）

（d）

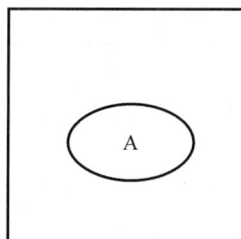

（e）

图 3-14　盒图图例

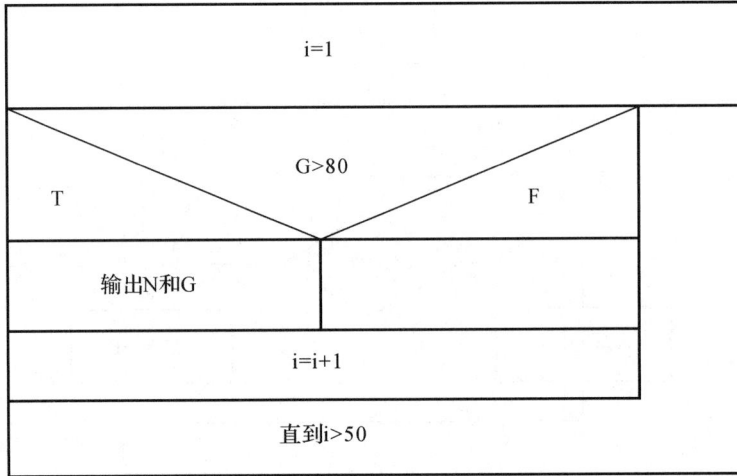

图 3-15　盒图

（3）PAD 图：PAD(Problem Analysis Diagram,问题分析图)图是一种二维树形结构图,用于描述程序的控制流程。PAD 图使用标准化的符号,能够直观地表示出程序的结构和执行流程。PAD 图强调自顶向下、逐步细化的设计思想,有助于软件的模块化设计。图 3-16 为PAD 图图例。

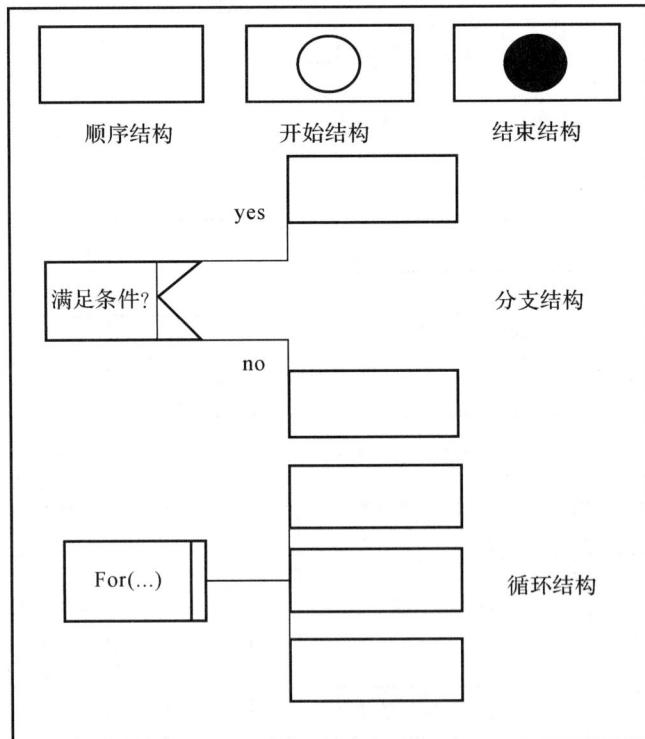

图 3-16　PAD 图图例

例如:某个软件关于学生学号维护的模块,可用图 3-17 所示的 PAD 图表示。

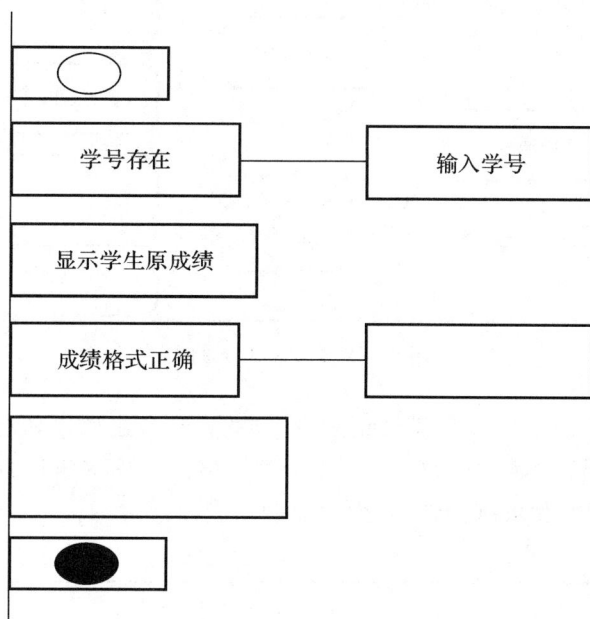

图 3-17　PAD 图

(4)判定表:判定表是一种表格形式的过程设计工具,用于描述程序中复杂的条件组合和对应的操作。判定表的优点是能够清晰地表示出各种条件组合下的处理情况,有助于发现和处理潜在的错误和异常。

图 3-18 为判定表示意图(其中 Y 指 Yes,N 指 No)。

	规则 1	规则 2	规则 3	规则 4
条件 1	Y	Y	N	N
条件 2	Y	—	N	—
条件 3	N	Y	N	—
条件 4	N	Y	N	Y
操作 1	√	√		
操作 2			√	
操作 3				√

图 3-18　判定表示意图

(5)判定树:判定树是一种树形结构的过程设计工具,用于描述程序中包含多个条件和分支的情况。判定树的每个节点代表一个条件或决策,树的分支代表不同的执行路径。判定树能够直观地表示出程序的逻辑结构,有助于理解和修改程序。

例如:快递运费的计算,其判定树示意图见图 3-19。

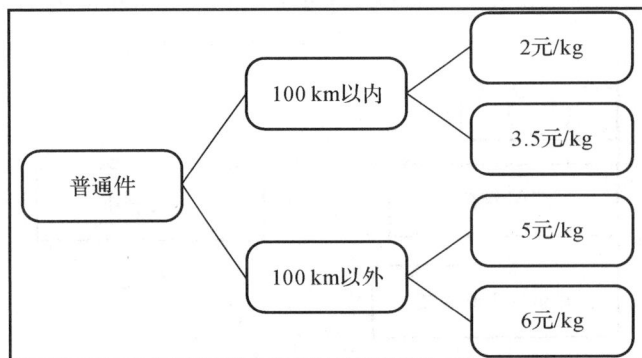

图 3-19 判定树示意图

（6）过程设计语言（PDL）：过程设计语言是一种用于描述程序执行流程的形式化语言。PDL 使用类似于自然语言的语法和语义，能够精确地描述程序的执行过程和处理逻辑。PDL 有助于提高软件的可读性和可维护性，减少潜在的错误和异常。

例如，查找拼错单词的程序：

```
Procedure SPELLCHECK is
Begin
split document into single words
look up words in dictionary
display words which are not in dictionary
treat a new dictionary
end SPELLCHCK
```

在实际的软件工程中，应根据项目的具体需求和特点选择合适的过程设计工具，以提高软件的质量，提升软件的效率。

3.5.3 面向数据结构的设计方法

面向数据结构的设计方法主要关注数据结构的选择和设计，并以此为基础来构建程序。其中，Jackson 方法和 Warnier 方法（Warnier 图如 3.2.3 节所述）是两种重要的面向数据结构的设计方法。

Jackson 方法是一种面向数据结构的程序设计方法，其主要思想是将数据结构作为程序设计的核心，通过对数据结构的分析和设计来确定程序的执行流程。它使用了一种称为 Jackson 图的图形工具来描述程序的数据结构和控制结构。在 Jackson 方法中，数据结构被表示为图中的节点，节点之间的关系表示了数据之间的操作和控制关系。通过对 Jackson 图的分析，可以确定程序的输入、处理和输出过程，从而得到程序的详细设计。Jackson 方法强调数据结构的重要性，通过优化数据结构的设计来提高程序的效率和性能。它适合处理大量数据、需要高效算法的应用场景，如数据库管理系统、编译器等。

假设要求设计一个打印某学校人员一览表的程序，要求表格形式如表 3-1 所示，这里，类别是学生和老师两种。打印状态这一项时,如果类别是教师,则打印出他的工龄,如果类别是学生,则打印出他的年级。

表 3-1　某学校人员一览表

姓名	年龄	类别	状态

对此,我们可以得到 Jackson 图,如图 3-20 所示。

总的来说,Jackson 方法和 Warnier 方法都是面向数据结构的设计方法,它们关注数据结构的选择和设计,并以此为基础来构建程序。这些方法提供了一种系统化、规范化的程序设计过程,能够帮助软件工程师更好地理解和管理复杂的软件系统。

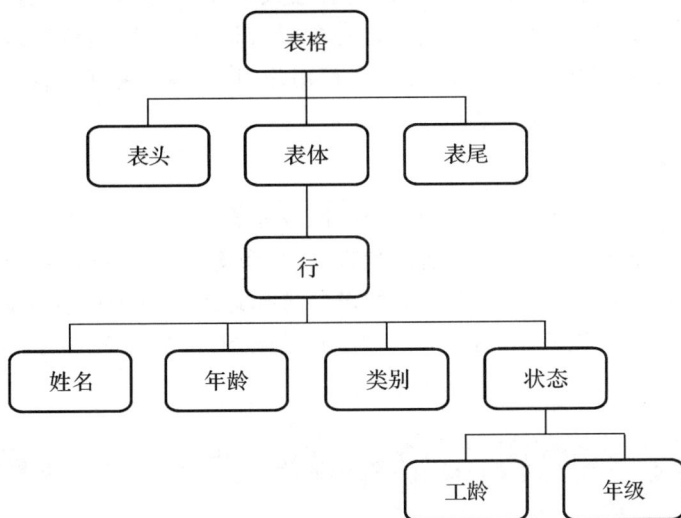

图 3-20　Jackson 图

3.6　结构化程序设计案例

结构化程序设计在大型工业软件中具有重要意义,它可以提高代码质量、降低开发成本、提高软件可靠性、便于维护和升级以及支持团队协作,这些优势使得结构化程序设计成为大型工业软件开发的重要基础。结构化程序设计方法通过明确的需求分析、流程设计、模块设计、数据流设计、测试设计以及详细的模块设计和接口设计,确保了软件系统的稳定性、可维护性和可扩展性,本节将介绍运维管理软件(原型版)的结构化程序设计。运维管理软件(原型版)作为工程支持系统重要组成部分,能够辅助运维管理人员采集、处理与分析工程支持系统和虚拟运行系统运行过程中的各类异常、事件,提供标准化的运维管理流程,保证工程支持系统、虚拟运行系统的平稳运行。

3.6.1 系统设计

1. 需求分析

运维管理软件(原型版)作为工程支持系统重要组成部分,能够辅助运维管理人员采集、处理与分析工程支持系统和虚拟运行系统运行过程中的各类异常、事件,提供标准化的运维管理流程,保证工程支持系统、虚拟运行系统的平稳运行。本项目目标是保障工程支持系统的基础运维服务,辅助运维管理人员采集、处理与分析验证平台运行过程中的各类异常、事件,保证验证平台的稳定、高效运转,能够监视系统的运行情况,对平台运行过程中的异常与事件提供标准化的运维管理。

运维管理软件由系统监控管理和系统运维管理两部分组成。

系统监控管理能够对基础资源占用情况、虚拟运行系统运行状态和工程支持系统运行状态进行监控,支持告警阈值管理以及异常状况自动上报。

系统运维管理提供服务台功能,作为用户、运维人员交互的门户,通过提供标准化运维流程,包括事件与问题管理流程、变更流程、配置发布管理流程、系统配置管理流程,实现对系统中软件运行的维护保障,提供报表管理功能,实现对事件、问题、变更信息的报表展示,提供用户管理功能,实现对系统用户的管理。

2. 系统流程设计

整个系统分为事件管理、问题管理、变更管理、发布管理四部分,每一部分具体介绍如下。

(1)事件管理。普通用户登录系统运维管理软件,新建事件,填写事件信息,提交事件;管理人员登录系统运维管理软件,对用户提交的事件选择运维人员进行事件派发;收到派发事件的运维人员,处理事件。流程如图 3 - 21 所示。原图请查看 https://pan.baidu.com/s/1t1YfglAf3tvep9H1ATG9_A? pwd=rywx。

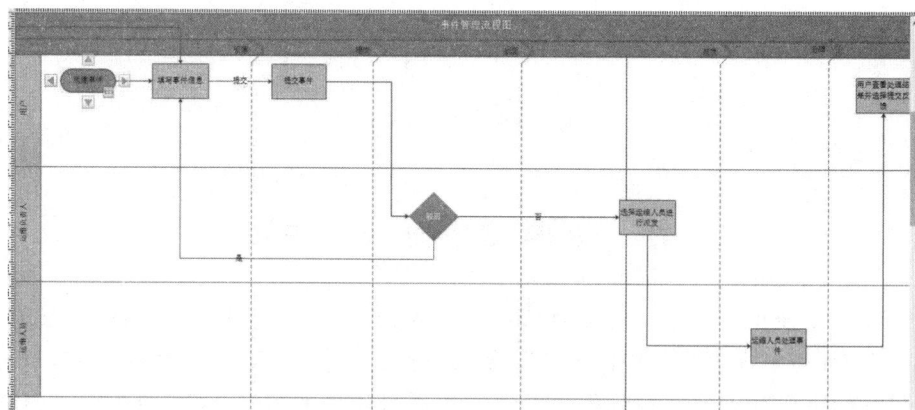

图 3 - 21 事件管理流程图

(2)问题管理。运维人员登录系统运维管理软件,新建问题,填写问题的基本信息,提交问题;管理人员登录系统运维管理软件,收到待派发问题提醒时,选择运维人员进行派发问题;运维人员登录系统运维管理软件,收到待处理问题提醒时,处理问题,填写解决方案和预防措施。

流程如图 3 – 22 所示。原图请查阅 https：//pan. baidu. com/s/15E9T2eBL12WCEjck6jUW bQ? pwd＝rywx。

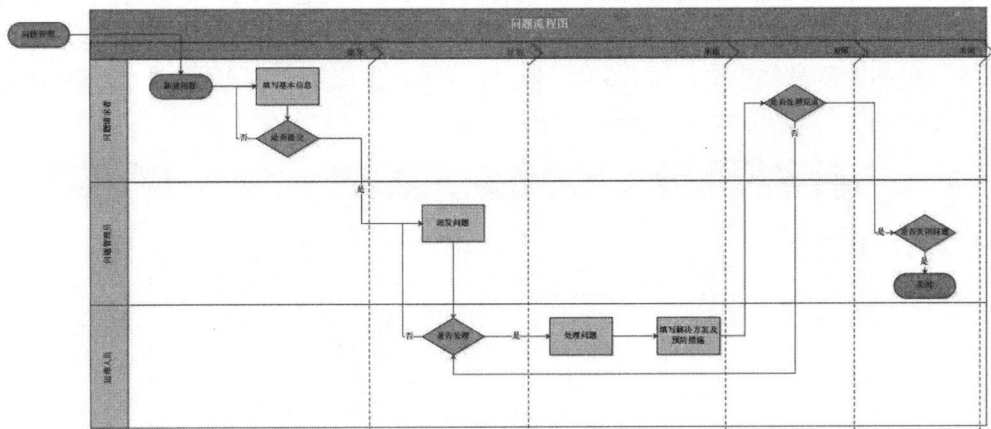

图 3 – 22　问题管理流程图

（3）变更管理。变更请求者登录系统运维管理软件，新建变更，填写变更基本信息，选择模板类别，选择变更所有者（变更主管）进行提交；变更所有者登录系统运维管理软件，根据收到的变更信息制订变更计划，选择变更审批者进行提交；变更审批者登录系统运维管理软件，对变更实的发布进行审批，决定是否接受，接受后，指派实施者；变更实施者填写变更明细，并选择是否发布、是否删除配置项，最后提交实施报告，等待变更审批者复审；变更审批者对变更实施进行复审，决定是否通过，通过后，将配置项信息更新，变更进入关闭状态。选择紧急模板时，跳过变更计划阶段，直接进行审批；选择特级模板时，跳过变更审批阶段，直接进行实施。流程如图 3 – 23 所示。原图请查阅 https：//pan. baidu. com/s/1xgx0nUKo2lBSPLayiqTsEQ? pwd＝rywx。

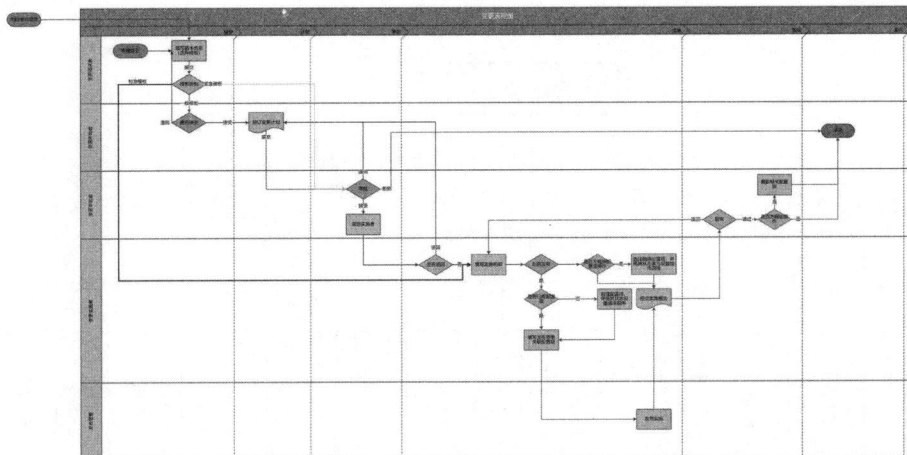

图 3 – 23　变更管理流程图

（4）发布管理。发布请求者登录系统运维管理软件，新建发布，填写发布信息，选择发布实施者进行提交;发布实施者登录系统运维管理软件,根据收到的发布信息制订开发计划、停机计划,选择发布审验者进行提交;发布审验者登录系统运维管理软件,对发布实施者提交的发布进行审验,决定是否通过,通过后,发布实施者填写配置项信息进行部署,选择发布审验者进行复审;发布审验者对部署进行复审,决定是否通过,通过后,将更新的配置项信息发布到配置管理配置项中和服务台公告里。流程如图 3 - 24 所示。原图请查阅 https://pan.baidu.com/s/1dmdsF_D9uwjr5Vphf2yzFA? pwd＝rywx。

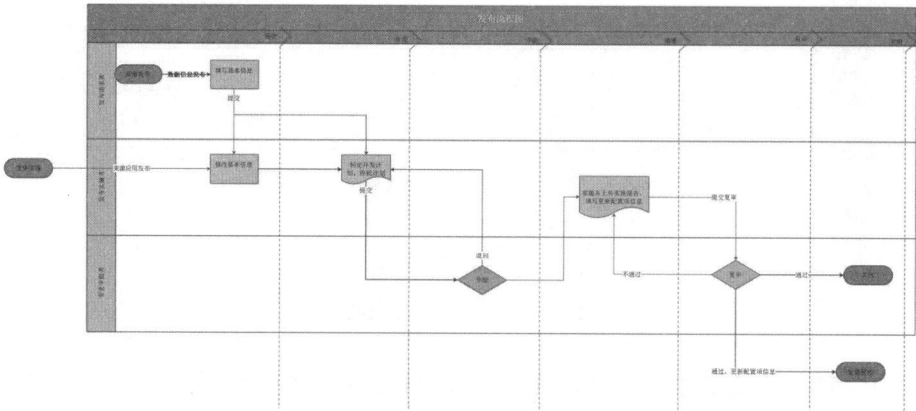

图 3 - 24   发布管理流程图

3. 系统模块设计

系统运维管理软件作为工程支持系统的重要组成部分,能够对基础资源占用情况、虚拟运行系统运行状态和工程支持系统运行状态进行监控,支持告警阈值管理以及异常状况自动上报。提供标准化的运维管理流程,能够根据系统设定的规则,分类处理系统告警信息、用户事件请求,并提供工单的自动派发功能,能够对历史的运维数据进行分类汇总统计分析,辅助运维人员进行系统故障诊断,保证工程支持系统、虚拟运行系统的平稳运行。

系统运维管理软件由系统监控管理和系统运维管理组成,如图 3 - 25 所示。

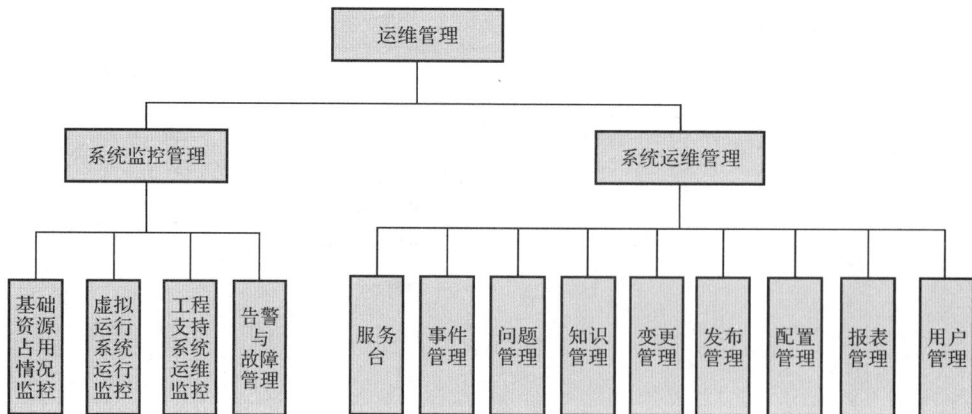

图 3 - 25   系统运维管理软件

（1）系统监控管理。系统监控管理能够对基础资源占用情况、虚拟运行系统运行状态和工程支持系统运行状态进行监控,支持告警阈值管理以及异常状况自动上报。

　　系统监控管理由基础资源占用情况监控、虚拟运行系统运行监控、工程支持系统运行监控、告警与故障管理 4 个模块组成。

　　系统监控管理组成如图 3-26 所示。

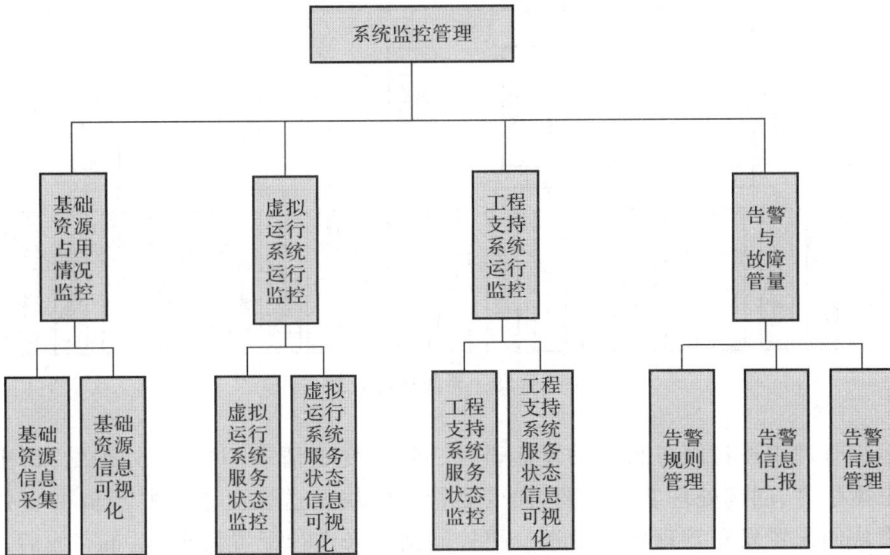

图 3-26　系统监控管理

　　系统监控管理模块监控基础资源占用情况,向告警与故障管理模块上报异常告警信息,包括网络、硬件和数据库的异常告警信息。同时,也会向告警与故障管理模块上报虚拟运行系统中软件、模型的运行异常告警信息以及工程支持系统中软件运行异常告警信息。系统监控管理内部交互关系如图 3-27 所示。

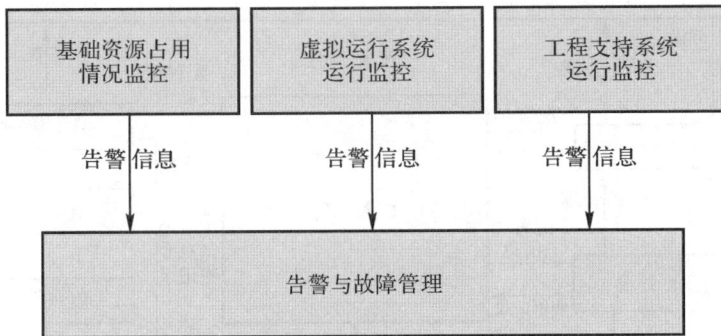

图 3-27　系统监控管理内部交互关系

　　(2)系统运维管理。系统运维管理提供服务台功能,作为用户、运维人员交互的门户,通过提供事件与问题管理、变更管理、配置发布管理、系统配置管理等标准化流程,实现对系统中故障上报问题、用户提报问题处理、软件发布变更的过程控制,提供报表管理功能,实现对事件、问题、变更信息的报表展示,提供用户管理功能,实现对工程支持系统用户的统一管理。系统运维管理由服务台、事件管理、问题管理、知识管理、变更管理、发布管理、配置管理、报表管理和用户管理组成,如图 3-28 所示。

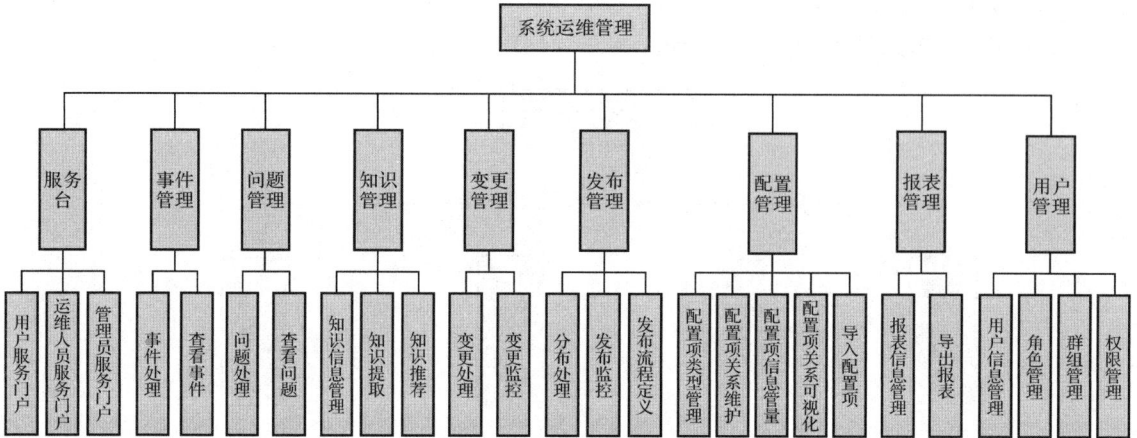

图 3-28 系统运维管理

系统运维管理中通过服务台主动发起事件、问题、变更请求,并获取处理结果;事件、问题管理模块根据事件、问题处理实际需要,向变更管理模块发送变更请求并获取变更处理结果;变更管理模块向配置发布管理模块发送变更控制指令来进行配置发布;发布完成后,配置发布管理模块向系统配置管理发送配置项更新信息来保障系统配置信息及时更新;系统配置管理向事件与问题管理、变更管理提供配置信息并支持通过服务台查询配置信息。系统运维管理中的内部交互关系如图 3-29 所示。

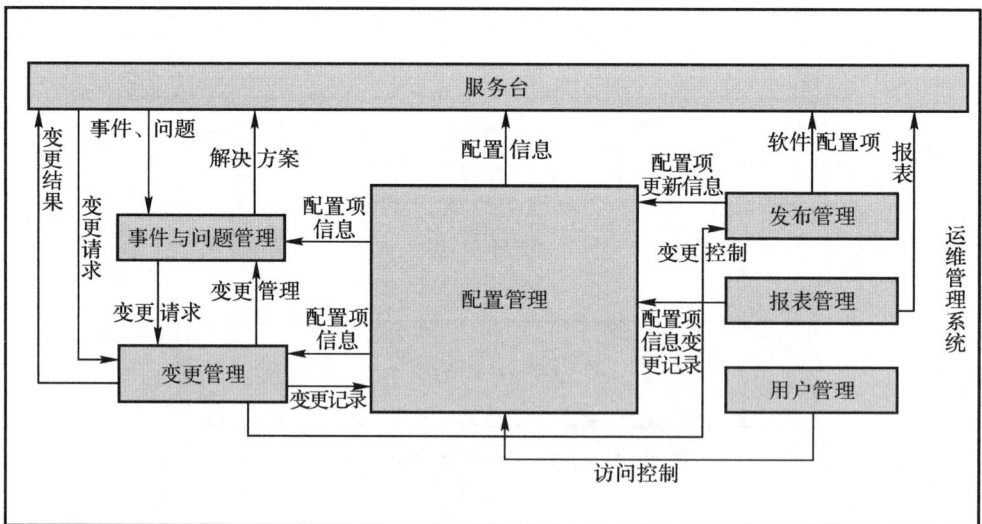

图 3-29 系统运维管理内部交互关系

4.系统数据流设计

(1)系统监控管理数据流(见图 3-30、表 3-2)。

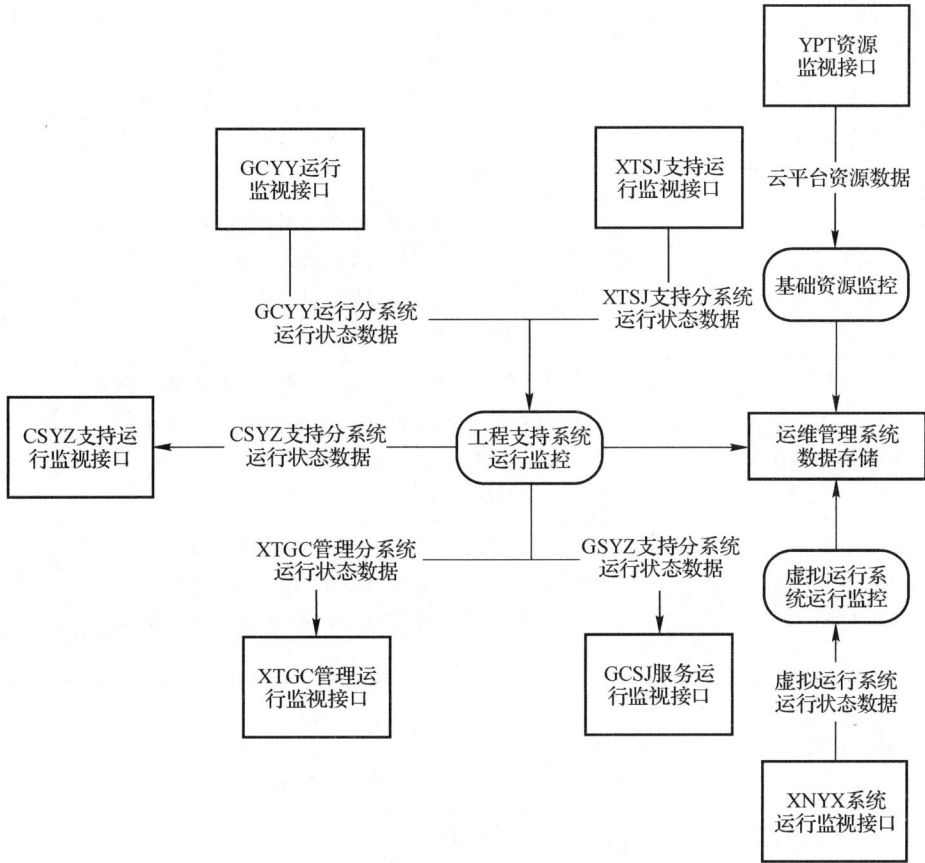

图 3-30　系统监控管理输入/输出数据流图

表 3-2　系统监控管理输入/输出说明

名称	标识符	业务接口	描述	遵循标准
XNYX 系统运行监视接口	XNYXXT - EI - XTJKGL	数据接口	运维管理分系统通过 XNYX 系统运行监视接口,获取各模拟软件/平台模型的运行状态、事件告警机制产生的关联和上报信息,实现对 XNYX 系统运行状态的监视	SLB 18D - 2016、SLB 123B - 2016、HZB 0014 - 2013
YPT 资源监视接口	YPT - EI - XTJKGL	数据接口	运维管理分系统通过该接口获取 YPT 基础资源信息,实现对 YPT 的实时监控。	SLB 18D - 2016、SLB 123B - 2016、HZB 0014 - 2013
GCYY 运行监视接口	GCYY - EI - XTJKGL	数据接口	通过获取系统运行状态数据,包括基础资源配置信息、系统实时负载信息、日志、服务运行状态、进程信息等,实现对 GCYY 分系统运行状态的监控。	SLB 18D - 2016、SLB 123B - 2016、HZB 0014 - 2013

续表

名称	标识符	业务接口	描述	遵循标准
XTSJ 支持运行监视接口	XTSJZC - EI - XTJKGL	数据接口	通过获取系统运行状态数据,包括基础资源配置信息、系统实时负载信息、日志、服务运行状态、进程信息等,实现对 XTSJ 支持分系统运行状态的监控。	SLB 18D - 2016、SLB 123B - 2016、HZB 0014 - 2013
CSYZ 支持运行监视接口	CSYZZC - EI - XTJKGL	数据接口	通过获取系统运行状态数据,包括基础资源配置信息、系统实时负载信息、日志、服务运行状态、进程信息等,实现对 CSYZ 支持分系统运行状态的监控	SLB 18D - 2016、SLB 123B - 2016、HZB 0014 - 2013
XTGC 管理运行监视接口	XTGCGL - EI - XTJKGL	数据接口	通过获取系统运行状态数据,包括基础资源配置信息、系统实时负载信息、日志、服务运行状态、进程信息等,实现对 XTGC 管理分系统运行状态的监控	SLB 18D - 2016、SLB 123B - 2016、HZB 0014 - 2013
GCSJ 服务运行监视接口	GCSJFW - EI - XTJKGL	数据接口	通过获取系统运行状态数据,包括基础资源配置信息、系统实时负载信息、日志、服务运行状态、进程信息等,实现对 GCSJ 服务分系统运行状态的监控	SLB 18D - 2016、SLB 123B - 2016、HZB 0014 - 2013

(2)系统运维管理数据流(见图 3 - 31、表 3 - 3)。

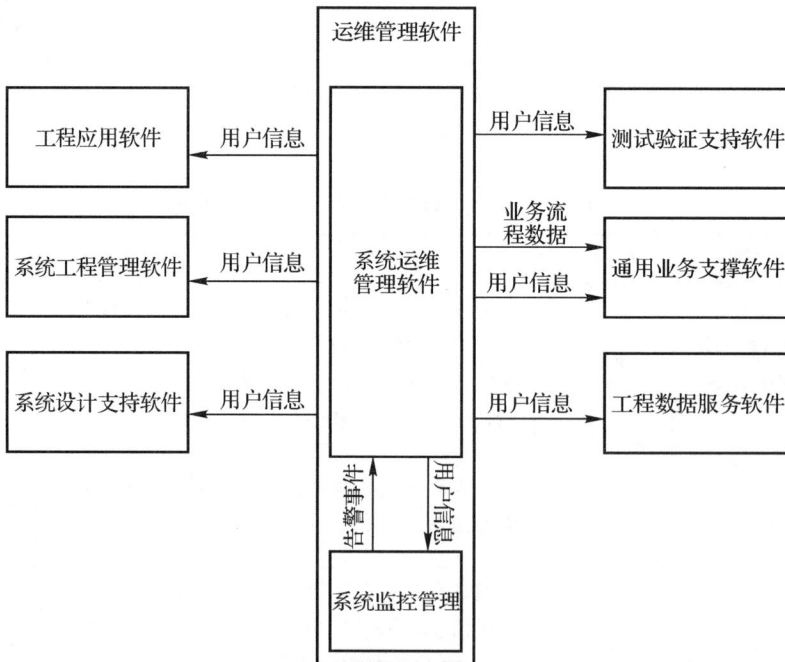

图 3 - 31　系统运维管理输入/输出数据流图

表 3 - 3　系统运维管理软件(原型版)输入/输出说明

名称	标识符	业务接口	描述	遵循标准
系统监控管理与系统运维管理事件接口	XTJK - IF - XTYW	数据接口	系统监控管理向系统运维管理上报	SLB 18D - 2016、SLB 123B - 2016、HZB 0014 - 2013
系统运维管理与系统监控管理用户接口	XTYW - IF - XTJK	数据接口	系统运维管理向系统监控管理发送用户信息	SLB 18D - 2016、SLB 123B - 2016、HZB 0014 - 2013
系统运维管理与通用业务支撑流程接口	XTYW - IF - TYYW01	数据接口	通过该接口业务流程的管理,支撑系统运维管理流程的运行	SLB 18D - 2016、SLB 123B - 2016、HZB 0014 - 2013
系统运维管理与通用业务支撑用户接口	XTYW - IF - TYYW02	数据接口	系统运维管理软件(原型版)向通用业务支撑发送用户数据	SLB 18D - 2016、SLB 123B - 2016、HZB 0014 - 2013
系统运维管理与工程应用用户接口	XTYW - IF - GCYY	数据接口	系统运维管理软件(原型版)向工程应用发送用户数据	SLB 18D - 2016、SLB 123B - 2016、HZB 0014 - 2013
系统运维管理与系统工程管理用户接口	XTYW - IF - XTGC	数据接口	系统运维管理软件(原型版)向系统工程管理发送用户数据	SLB 18D - 2016、SLB 123B - 2016、HZB 0014 - 2013
系统运维管理与系统设计支持用户接口	XTYW - IF - XTSJ	数据接口	系统运维管理软件(原型版)向系统设计支持发送用户数据	SLB 18D - 2016、SLB 123B - 2016、HZB 0014 - 2013
系统运维管理与测试验证支持用户接口	XTYW - IF - CSYZ	数据接口	系统运维管理软件(原型版)向测试验证支持发送用户数据	SLB 18D - 2016、SLB 123B - 2016、HZB 0014 - 2013
系统运维管理与工程数据服务用户接口	XTYW - IF - GCSJ	数据接口	系统运维管理软件(原型版)向工程数据服务发送用户数据	SLB 18D - 2016、SLB 123B - 2016、HZB 0014 - 2013

5. 系统测试计划

系统测试计划包括单元测试、配置项测试和集成测试。通过这 3 个阶段的测试,系统测试计划能够全面覆盖软件系统的各个方面,从而确保软件的质量和稳定性,有助于在软件发布之前发现并修复潜在的问题,从而提高用户的满意度和信任度。

(1)单元测试。依据 GJB 2547A—2012 装备测试性工作通用要求进行功能测试、性能测试、接口测试,验证软件是否满足需求规格说明书中的各项功能和性能要求。单元测试测试用例见表 3 - 4。

表 3 - 4　单元测试测试用例

序号	测试项标识	测试项名称	测试充分性要求
1	GN - YWGL - JCZYJK - YJ	基础资源监控测试	功能点覆盖率达到 100%
2	GN - YWGL - JCZYJK - ZJSC	基础资源监控硬件测试	功能点覆盖率达到 100%
3	GN - YWGL - JCZY - SJKTJ	基础资源主机删除	功能点覆盖率达到 100%
4	GN - YWGL - JCZY - SJKPZ	工程支持系统的数据库添加	功能点覆盖率达到 100%
5	GN - YWGL - JCZY - SJKCK	工程支持系统的数据库配置	功能点覆盖率达到 100%
6	GN - YWGL - JCZY - SJKSC	工程支持系统的数据库信息查看	功能点覆盖率达到 100%
7	GN - YWGL - XNYXJK - CK	工程支持系统的数据库删除	功能点覆盖率达到 100%
8	GN - YWGL - XNYXJK - CK	虚拟运行系统资源监控测试	功能点覆盖率达到 100%
9	XN - YWGL - XNYXJK - YCFW	虚拟运行系统获取各模型的运行状态响应时间测试	单用户访问响应时间小于 3 s,多用户访问响应时间小于 5 s
10	XN - YWGL - GCZC - CK	虚拟运行系统移除服务的响应时间的测试	单用户访问响应时间小于 3 s,多用户访问响应时间小于 5 s
11	XN - YWGL - GCZC - FW	工程支持系统资源监控获取信息的响应时间测试	准确接口获取数据
12	XN - YWGL - GCZC - YCFW	工程支持系统获取服务状态的响应时间测试	准确接口获取数据
…	…	…	…

(2)配置项测试。具体请看 3.6.2 小节模块测试设计部分。

（3）集成测试。发现在数据可视化展示中存在中英混合字样、提交告警规则的频率选择等问题，分析问题出现的原因，并修改代码，对遗留问题进行回归测试，最终完善运维管理软件。

3.6.2　结构设计

1. 模块详细设计

因篇幅有限，本部分仅以基础资源占用情况监控模块的"服务器主机监控"为例进行介绍。

通过在 Windows、Linux 等目标操作系统的物理主机、虚拟机、云计算主机等主机资源安装指标探针 Exporter 程序，实时抓取服务器主机有关于 CPU、内存、硬盘存储等指标数据信息，并暴露相关的指标数据端口。node_exporter 是 Prometheus 官方提供的采集类 Linux 的探针程序，用于收集系统的各类指标数据，包括系统运行时长、内存总量、CPU 使用率、内存使用率、最大分区使用率、交换分区使用率、各分区可用空间、打开的文件描述符、每秒上下文切换次数、系统平均负载、处理器使用率、网络流量（包括上行和下行流量）、分时磁盘使用率、内存信息（包括总内存量、剩余内存量、已用内存量）、每秒读写耗时时间（每 1 自然秒内花费在读写操作上的时间）、分时磁盘使用率、磁盘的读写速率、每秒内的磁盘平均读写速度、每次磁盘读写的耗时、网络连接信息（包括网络的当前状态为建立连接或断开连接的传输控制连接数、等待关闭的连接套接字数、正在使用的用户数据包套接字数、已分配的传输控制套接字数），将收集到的指标数据以 Prometheus 格式暴露在一个 http 端口上（默认为 9100），Prometheus 会定期向 node_exporter 的 http 端口发送请求，并抓取其中的指标。Prometheus 将抓取到的指标数据存储在自己的时间序列数据库中，并提供一个 web 界面供用户查询和展示这些指标数据。用户可以使用 PromQL 语言（Prometheus Query Language）查询和分析指标数据。

服务状态是通过监控主机上的指标数据来显示的，采用 Prometheus 和 node_exporter 实现，详细描述如下。

node_exporter 是一个采集监控数据并通过 Prometheus 监控系统对外提供数据的组件，它负责从目标系统搜集数据，并将其转化为 Prometheus 支持的格式，作用流程如图 3 - 32 所示。node_exporter 是使用 go 语言开发的用于收集 * NIX 内核公开的硬件指标和操作系统指标，它的收集方式包括：

（1）系统调用：node_exporter 使用系统调用来获取有关操作系统状态和性能的信息。例如，它可以使用 sysinfo()系统调用来获取系统总体信息，使用 getloadavg()系统调用来获取负载平均值，以及使用 getrusage()系统调用来获取进程资源使用情况等。

（2）/proc 文件系统：在 Linux 系统上，/proc 文件系统提供了关于运行中进程和系统状态的信息。node_exporter 可以读取/proc 目录下的文件来获取有关 CPU 使用率、内存使用情况、文件系统信息、网络统计等指标。

（3）sysfs 和 udev：node_exporter 可以通过 sysfs 和 udev 接口获取关于硬件设备和驱动程序的信息。它可以读取/sys 和/sys/class 目录下的文件，以获取有关 CPU、内存、磁盘、网络接口等硬件指标。

（4）SNMP：SNMP 是一种用于监控和管理网络设备的协议。node_exporter 可以通过 SNMP 协议与网络设备通信，并收集有关网络设备的指标数据，如网络流量、接口状态等。

（5）Exporter 插件：使用 cAdvisor 插件来收集有关容器的信息，使用 Textfile Collector 插件来读取指标数据的文本文件等。

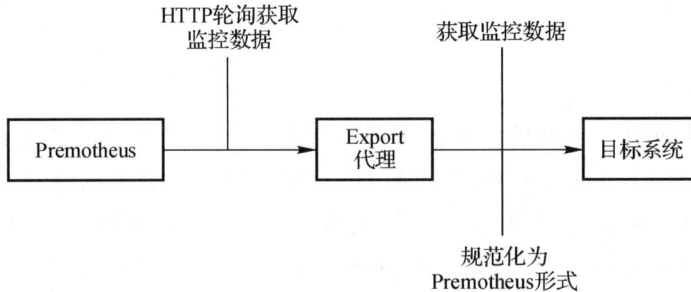

图 3-32　Exporter 的流程图

node_exporter 程序主要包含 3 个功能：

（1）封装功能模块获取监控系统内部的统计信息。

（2）将返回数据进行规范化映射，使其成为符合 Premotheus 要求的格式化数据。

（3）Collect 模块负责存储规范化后的数据，当 Premotheus 定时从 Exporter 提取数据时，Exporter 就将 Collector 收集的数据通过 HTTP 的形式在/metrics 端点进行暴露。

部分监控数据如图 3-33 所示。

```
# HELP go_gc_duration_seconds A summary of the pause duration of garbage collection cycles.
# TYPE go_gc_duration_seconds summary
go_gc_duration_seconds{quantile="0"} 9.553e-06
go_gc_duration_seconds{quantile="0.25"} 2.2428e-05
go_gc_duration_seconds{quantile="0.5"} 2.6142e-05
go_gc_duration_seconds{quantile="0.75"} 5.7843e-05
go_gc_duration_seconds{quantile="1"} 0.000114434
go_gc_duration_seconds_sum 5.705893908
go_gc_duration_seconds_count 64456
# HELP go_goroutines Number of goroutines that currently exist.
# TYPE go_goroutines gauge
go_goroutines 10
# HELP go_info Information about the Go environment.
# TYPE go_info gauge
go_info{version="go1.19.3"} 1
# HELP go_memstats_alloc_bytes Number of bytes allocated and still in use.
# TYPE go_memstats_alloc_bytes gauge
go_memstats_alloc_bytes 2.826928e+06
# HELP go_memstats_alloc_bytes_total Total number of bytes allocated, even if freed.
# TYPE go_memstats_alloc_bytes_total counter
go_memstats_alloc_bytes_total 1.16817504056e+11
# HELP go_memstats_buck_hash_sys_bytes Number of bytes used by the profiling bucket hash table.
# TYPE go_memstats_buck_hash_sys_bytes gauge
go_memstats_buck_hash_sys_bytes 2.069075e+06
# HELP go_memstats_frees_total Total number of frees.
# TYPE go_memstats_frees_total counter
go_memstats_frees_total 9.32638018e+08
```

图 3-33　抓取的监控数据

撰写 node_exporter 的执行脚本 start.sh 如下：

```
#！/bin/bash
nohup ./node_exporter ——collector.cpu.info &>> nohup.out &
```

执行上述 start.sh 脚本启动 node_exporter 探针，并在 http://ip:9100/metrics 地址查询 node_exporter 给出的指标数据。

在 Prometheus 配置文件 Prometheus.yml 中配置安装了 node_exporter 的系统：

```
— job_name：'gc_host'
    static_configs：
        — targets：[10.68.61.129:9100]
    metrics_path：'/metrics'
```

在 http://ip:9090/graph 地址即可查看到所有的被监控设备。

node_exporter 采集信息流程如图 3 - 34 所示。

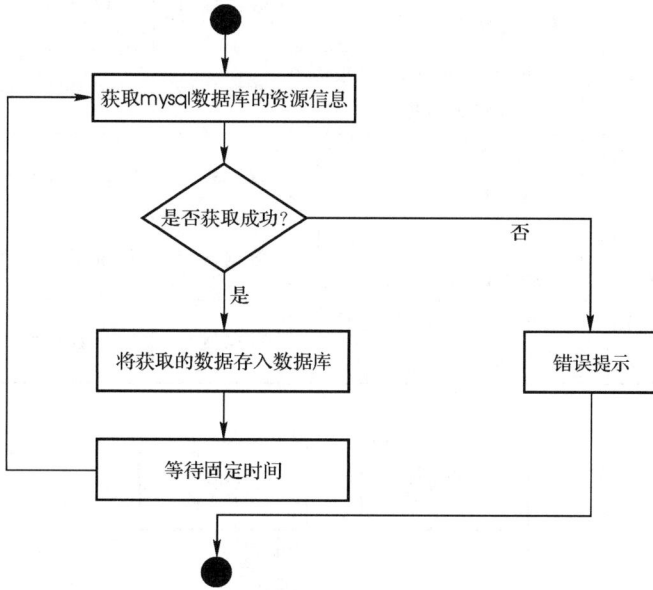

图 3 - 34　node_exporter 采集信息流程图

2. 模块接口设计

因篇幅有限，本部分仅以系统监控管理的外部接口为例进行介绍，接口示意图如图 3 - 35 所示。

系统监控管理软件的外部接口描述见表 3 - 5。

表 3 - 5　系统监控管理软件的外部接口描述

接口名称	标识	需求描述	接口类型	发送方	接收方
系统运维管理接口	XTJKGL - EI - XTYWGL	系统监控管理将异常事件信息向系统运维管理进行上报	数据接口	系统监控管理	系统监控管理
业务流程管理接口	YWLCGL - EI - XTYWGL	业务流程管理将业务的实时信息向系统监控管理进行上报	数据接口	业务流程管理	系统监控管理

续表

接口名称	标识	需求描述	接口类型	发送方	接收方
云平台接口	XTJKGL－EI－YPT	通过该接口获取云平台基础资源信息,实现对云平台的实时监控	数据接口	云平台	系统监控管理
虚拟运行系统接口	XTJKGL－EI－XNYX	通过该接口获取虚拟运行系统模型软件运行状态及告警信息	数据接口	虚拟运行系统	系统监控管理
工程应用接口	XTJKGL－EI－GCYY	工程应用支持上报系统运行状态数据	数据接口	工程应用	系统监控管理
系统设计支持接口	XTJKGL－EI－XTSJZC	系统设计支持上报系统运行状态数据	数据接口	系统设计支持	系统监控管理
测试验证支持接口	XTJKGL－EI－CSYZZC	测试验证支持上报系统运行状态数据	数据接口	测试验证支持	系统监控管理
系统工程管理接口	XTJKGL－EI－XTGCGL	系统工程管理支持上报系统运行状态数据	数据接口	系统工程管理	系统监控管理
工程数据服务接口	XTJKGL－EI－GCSJFW	工程数据服务支持上报系统运行状态数据	数据接口	工程数据服务	系统监控管理

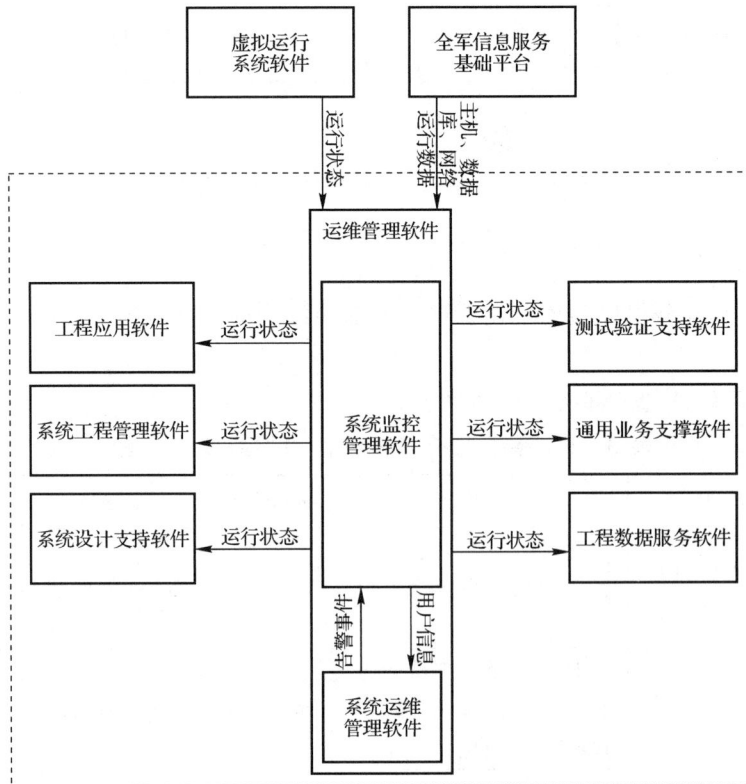

图 3－35 系统监控管理软件的外部接口示意图

接口细节如下：

(1)注册 GC 服务接口。

1)接口地址：/api/gcxn - monitor/register - gc - service。

2)方法类型：POST 方法。

3)请求参数,见表 3 - 6。

表 3 - 6 请求参数列表

字段名称	是否必填	属性	描述
systemName	是	string	服务名称
ip	是	string	服务所在主机 IP
port	是	Integer	服务运行所在端口号

4)请求参数示例：

```
{"systemName"："测试系统",
 "ip"："172.0.0.1",
 "port"：9999}
```

5)成功返回数据示例：

```
{"code"：200,
 "message"："成功",
 "data"："注册服务成功"}
```

(2)注册主机设备接口。

1)接口地址：/api/gcxn - monitor/register - host - device。

2)方法类型：POST 方法。

3)请求参数：见表 3 - 7。

表 3 - 7 请求参数列表

字段名称	是否必填	属性	描述
ip	是	string	主机 IP
osVersion	是	string	操作系统版本
cpuVersion	是	string	CPU 型号
cpuCoreNumber	是	integer	CPU 核数
memorySize	是	long	内存容量
fileSystem	是	[object]	文件系统

续表

字段名称	是否必填	属性	描述
name	是	string	文件系统名称
type	是	string	文件系统类型,如 Fixed-drive,CD-ROM
mount	是	string	挂载路径
size	是	long	文件系统容量(Byte)
used	是	long	已用容量(Byte)

4)请求参数示例:

```
{"ip":"172.100.0.1",
"osVersion":"Microsoft Windows 10 (Home) build 20230913",
"cpuVersion":"Intel(R) Core(TM) i5-10400 CPU @ 2.90GHz",
"cpuCoreNumber":6,
"memorySize":16989270016,
"fileSystem":[
{"name":"本地固定磁盘",
"type":"Fixed drive",
"mount":"C:\\",
"size":511986245632,
"used":301291823104
}]}
```

5)成功返回数据示例:

```
{"code":200,
"message":"成功",
"data":"注册主机设备成功"}
```

(3)注册主机资源接口。

1)接口地址:/api/gcxn-monitor/register-host-resource。

2)方法类型:POST 方法。

3)请求参数:见表 3-8。

表 3-8　请求参数列表

字段名称	是否必填	属性	描述
ip	是	string	主机 IP
cpuPercentage	是	double	主机 CPU 占用率(%)
memoryUsed	是	long	已使用内存容量(Byte)
downloadRate	是	long	下载速率(b/s)
uploadRate	是	integer	上传速率(b/s)

4)请求参数示例：

```
{"ip"："172.0.0.1"，
"cpuPercentage"：2.399063779988297，
"memoryUsed"：301291823104，
"downloadRate"：7247，
"uploadRate"：2136}
```

5)成功返回数据示例：

```
{"code"：200，
"message"："成功"，
"data"："注册主机资源成功"}
```

(4)注册进程资源接口。

1)接口地址：/api/gcxn - monitor/register - process - resource。

2)请求参数：见表 3 - 9。

表 3 - 9　请求参数列表

字段名称	是否必填	属性	描述
ip	是	string	主机 IP
port	是	integer	端口号
cpuPercentage	是	double	进程 CPU 占用率(%)
memoryUsed	是	long	进程占用内存(Byte)

3)请求参数示例：

```
{"ip"："172.0.0.1"，
"port"：9999，
"cpuPercentage"：5.225632863487304，
"memoryUsed"：6406828032}
```

4)成功返回数据示例：

```
{"code"：200，
"message"："成功"，
"data"："注册进程资源成功"}
```

3. 模块测试设计

对每一个模块进行功能测试、性能测试、余量测试、容量测试、强度测试和接口测试。这些模块包括系统监控管理软件(原型版)的基础资源占用情况监控、工程支持系统运行监控、告警与故障管理和系统运维管理软件(原型版)的服务台、事件管理、问题管理、变更管理、知识管理、配置管理、报表管理、发布管理以及用户管理。测试方法主要采用黑盒测试方法,包括功能分解、等价类划分、边界值分析和猜错法等。

简要列举几项测试用例,见表 3 - 10～表 3 - 13。

表 3 - 10 基础资源占用情况监控功能测试项

测试项名称	基础资源占用情况监控
测试项标识	GN - YWGL - JCZYJK
测试内容及测试要求	测试软件能够通过提供基础资源监控功能,支持对平台网络、硬件、数据库的实时监控,并向用户提供可视化界面显示
测试约束条件	按测试环境连接各测试设备,各软件正常运行
测试终止条件	正常终止:该测试项的所有测试用例都正常终止。 异常终止:除正常终止的测试用例外,其他未完成的测试用例都满足测试用例异常终止条件

表 3 - 11 运行监视能力测试项

测试项名称	运行监视能力
测试项标识	XN - YWGL - YXJS
测试内容及测试要求	测试系统可支持不少于 100 台设备的运行监控
测试约束条件	按测试环境连接各测试设备,各软件正常运行
测试终止条件	正常终止:该测试项的所有测试用例都正常终止。 异常终止:除正常终止的测试用例外,其他未完成的测试用例都满足测试用例异常终止条件

表 3 - 12 支持用户数测试项

测试项名称	支持用户数
测试项标识	RL - YWGL - ZCYHS
测试内容及测试要求	测试系统在最大并发用户数不少于 120 人,最大在线用户数不少于 1200 人的基础上,按 10％性能指标逐步新增,直至开始丢包/页面响应时间过长并记录实测值、内存、CPU 占用
测试约束条件	按测试环境连接各测试设备,各软件正常运行
测试终止条件	正常终止:该测试项的所有测试用例都正常终止。 异常终止:除正常终止的测试用例外,其他未完成的测试用例都满足测试用例异常终止条件

表 3 - 13　工程应用与系统监控接口测试项

测试项名称	工程应用与系统监控接口
测试项标识	JK - GCYY - EI - YWGLXT
测试内容及测试要求	测试工程应用能够上报系统运行状态数据,能够获取系统运行状态数据,包括基础资源配置信息、服务运行状态、进程信息等
测试约束条件	按测试环境连接各测试设备,各软件正常运行
测试终止条件	正常终止:该测试项的所有测试用例都正常终止。 异常终止:除正常终止的测试用例外,其他未完成的测试用例都满足测试用例异常终止条件

3.7　小　　结

本章对面向结构化程序设计的软件工程技术进行了介绍和说明。虽然面向对象软件设计的软件工程技术已成为当今的主流技术,但在一定条件下,面向结构化程序的设计技术与方法还有着重要的意义。圭端桌正,培养软件工程师做软件开发时严谨认真的态度。作为面向对象软件工程技术的基础,了解和学习传统的结构化软件工程技术与方法,也是后续学习的必要保证。

作业与练习

1. 结构化程序设计基本要求是什么?
2. 结构化分析与结构化设计的区别是什么?
3. 结构化方法及其手段有哪些?
4. 结构化分析方法建立的系统模型包括什么? 请具体说明。
5. 不论项目采用什么样的软件生存周期过程,其基本特征是什么?
6. 软件开发模型与软件开发学之间的关系是什么?
7. 参考你曾经参与过的或者现在正在进行的或者网上开源的某个项目,绘制相应的数据流图、实体关系图、Warnier 图、IPO 图、PAD 图等。
8. 结构化分析方法的数据流图(DFD)在系统设计中有何作用?
9. 结构化分析方法中的实体关系图(ERD)与数据库设计有何关联?
10. 你在某个项目中应用过的结构化方法工具或技术有哪些? 它们如何促进项目的成功?

第4章　面向对象的软件工程

面向对象软件开发过程一般分为 3 个阶段：首先是面向对象的分析（Object Oriented Analysis，OOA），它的任务是了解问题域内该问题所涉及的对象和对象间的关系，建立该问题的模型。然后进行面向对象的设计（Object Oriented Design，OOD），它的任务是调整、完善和充实由 OOA 建立的模型。最后是面向对象的程序设计（Object Oriented Programming，OOP），它的任务是用面向对象的语言实现 OOD 提出的模型。

在本章中，首先介绍面向对象的基本概念，然后说明面向对象分析方法，以面向对象分析阶段所产生的原始类模型和动态模型，作为面向对象设计的输入，然后介绍面向对象设计的原则，并讨论面向对象设计中用到的现代化技术与实现。

4.1　基　本　概　念

面向对象技术中涉及的基本概念主要分为 3 部分：什么是对象，什么是面向对象以及面向对象程序的特点，以下内容为对以上 3 个问题的详细阐释。模形铸范，旨在让大家挖掘事物本质，铸造出标准化的模型或者模板。

4.1.1　对象

在学习软件对象的概念之前，可以先来看看现实世界中对象的概念。在现实世界中的任何有属性的单个实体或概念，都可看作是对象。对象可以是有形的，例如：学生张三可以是一个对象，他具有姓名、学号、成绩等属性；顾客李某某也可以是一个对象，他具有姓名、账户等属性。对象也可以是无形的（即概念对象），例如：一个银行账户可以是一个对象，它具有用户名、余额等属性；一个订单也可以是一个对象，它具有货品名、单价、数量等属性。在客观世界描述的问题域中，往往要对对象实体进行操作，例如：打印学生张三的姓名、学号和成绩，查询顾客李某某的账户余额，打印订单的价格等。对对象属性的操作，描述了对象的动态特征，而属性则是对对象静态特征的描述。

在用面向对象技术搭建软件的过程中，可以将客观世界描述的问题域中的对象抽象为具体的软件对象，通过一系列软件对象以及它们之间的互操作来完成用户要求的功能。如图 4-1 所示，一个软件对象是一个软件结构，它封装了一组属性和对属性进行的一组操作，它是对用户需求中描述的对象实体的一个抽象。因此，软件对象其实就是现实世界中对象模型的自然延伸，将软件对象简称为对象。

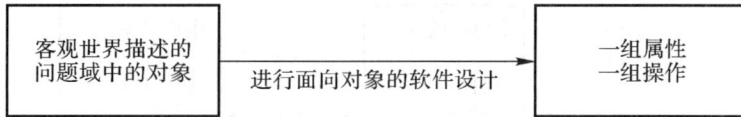

图 4-1　对象的概念

4.1.2　面向对象

面向对象（Object Orientation）是一种软件开发方法，包括利用对象进行抽象、封装的类、通过消息进行通信、对象生命周期、类层次结构和多态等技术[11]。对象是核心概念，对象之间通过消息进行通信来完成相应的功能。对象是真实世界中实体或概念的软件模型，图 4-2 表示了对象之间的联系。

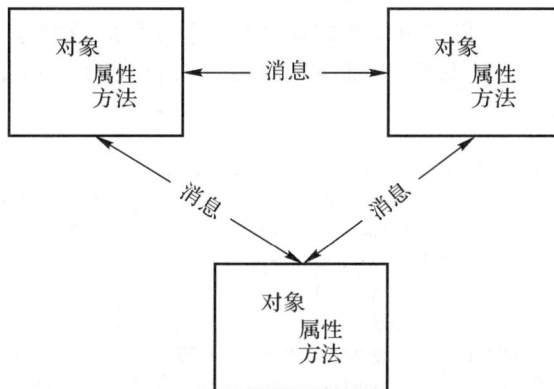

图 4-2　面向对象技术

通过面向对象的技术，可以较容易地实现一个真实世界中问题域的抽象模型。下面以银行业务员为顾客实现存款和取款的服务操作为例，来了解面向对象的概念。

在这个例子中，为了实现顾客存款和取款的操作，银行业务员需要知道顾客账户的详细信息，以便确定顾客是否有支取一定金额的权利，例如，需要确认顾客的用户名、密码和账户余额等。

如果使用面向对象的技术建立软件模型，那么对于问题域中出现的顾客和账户，都可以看作是对象，因为它们都是有属性的实体或概念。顾客的属性包括用户名、身份证号和密码等；账户的属性包括卡号、账户余额等。从需求抽取的对象模型如图 4-3 所示，顾客对象和账户对象通过消息进行通信，银行业务员可以很方便地访问顾客的账户信息，以便完成顾客存款和取款等操作。

从上例可以看出，面向对象技术可以提供更符合客观现实的模型，系统中各对象之间的交互活动是符合需求描述中实体或概念的本来面貌的。

面向对象技术是以对象为中心、以消息为驱动的软件建模技术，它将需求域中出现的实体或概念以及它们之间的关系抽象为对象及消息，对象之间通过消息进行通信，来完成相应的行为。

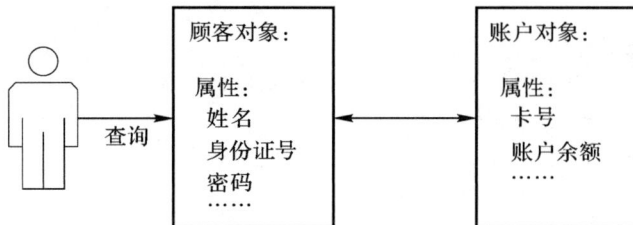

图 4 - 3　访问顾客账户信息的面向对象技术

1. 类与对象

几乎所有现实世界中的东西,都可以在软件中通过建模的方法成为对象。例如:可以构建一台电视机模型,使它成为一个对象;在更抽象的环境中,可以构建一个二维"点"模型,使它成为一个对象;或者更一般地,需求中描述的所有拥有属性的实体或概念,都可以通过建模成为一个对象。每个对象都有一组和它相关联的属性(又称为数据或状态)。例如,电视机的属性包括型号、频道和指示开关的状态等;二维"点"的属性包括 x 坐标和 y 坐标等。图 4 - 4 给出了 3 个二维"点"对象。

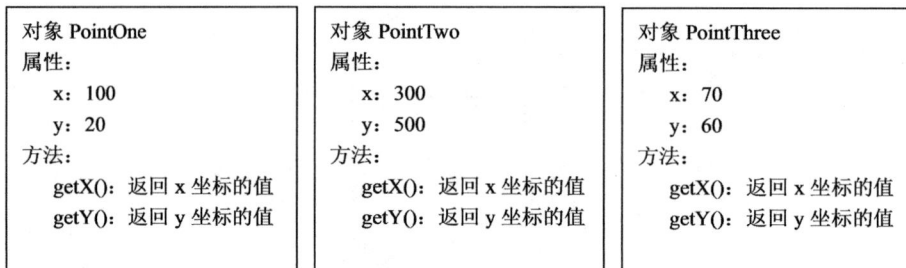

图 4 - 4　二维点对象举例

对象除了拥有属性之外,还拥有建立在属性之上的方法,提供操作属性的方法是对象的职责。电视机可能需要提供访问其型号的方法以及修改其状态的方法,二维"点"可能需要提供访问其 x 坐标值和 y 坐标值的方法。当然,对象提供哪些方法,要依据具体的系统需求,通常对象都提供了访问和修改其属性的方法。一个对象被使用时,最重要的是它提供了哪些可以调用的方法。

对象包含信息(即描述对象的属性)和用于处理对象的方法,任何对象都可包含其他对象,称为子对象,这些子对象又可包含其他子对象,直到问题域中最基本的对象被揭示出来。例如,一辆汽车可被看成一个对象,它包含许多组件,其中之一就是发动机。发动机可以被看成一个子对象,它也可能包含其他子对象。至于对象要细化到哪一级,则取决于真实世界中系统的需求。

在现实世界中,任何实体都可归属于某类事物,任何对象都是某一类事物的实例。所以可以将所有二维"点"对象的共性抽取出来,形成类 Point。类 Point 是对所有二维"点"对象特征的描述或定义,所有的二维点都有 x 坐标和 y 坐标的属性,都有建立在该属性之上的操作 getX()和 getY(),这里假设 x、y 的数据类型为浮点型 float。类 Point 如图 4 - 5 所示。

```
类 Point
属性:
    x: float
    y: float
操作:
    getX(): 返回 x 坐标的值
    getY(): 返回 y 坐标的值
```

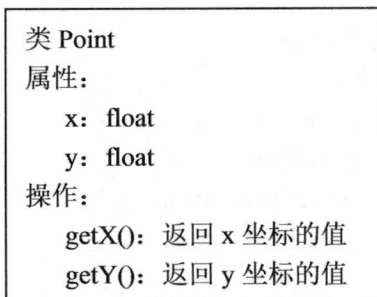

图 4 - 5　类 Point 图示

类就是一个创建对象的空模板(即属性没有具体的值),它定义了通用于一个特定种类的所有对象的属性和方法;对象是类的实例,对象提供了模板中属性的值,即给类中的属性赋予确定的取值,便得到该类的一个对象,例如对象 PointOne、PointTwo 和 PointThree 都是类 Point 的实例。

在面向对象系统中,每个对象都属于一个类,属于某个特定类的对象称为该类的实例。因此,常常把对象和实例当作同义词,实例是从某类创建的一个对象。

从程序设计的角度看,类是面向对象程序设计中最基本的程序单元。类定义的是一种数据类型,这种数据类型就是对象类型。例如上述类 Point 就是对象类型,所以可以使用类名称 Point 来声明对象变量;PointOne、PointTwo 和 PointThree 都是对象类型的变量。当程序在内存中运行时,对象被创建并存在,在某一时刻,一个类中可能只有一个对象存在,也可以有任意多个对象存在。在编写程序时考虑的是类,但程序运行时处理的是分配了内存空间的对象。

对象(Object)是面向对象的基本单位,对象是一个拥有属性、行为和标识符的实体。对象是类的实例,对象的属性和行为在类定义中定义。

类(Class)是一组对象的描述,这一组对象有共同的属性和行为。在概念上,类与非面向对象程序设计语言中的抽象数据类型比较相似,但是由于类同时包括数据结构和行为,所以它更为全面。类的定义描述了这个类的所有对象的属性,也描述了实现该类对象的行为——类的方法。

2. 属性

在面向对象的思想中,通常用属性(Attribute)来描述对象的特征,在具体的应用环境中,属性有其确切的对应值。例如,用来表示二维"点"PointOne、PointTwo 和 PointThree 特征的 x 坐标和 y 坐标就是属性。

对象的属性用于保持对象的状态信息,可以简单到只是一个布尔型变量,记录"开"或"关"状态;也可以是一个复杂的结构,甚至包含多个其他类对象。例如,图 4 - 6 种的类 Triangle,它包含 5 个属性,前 3 个属性 pointOne、pointTwo 和 pointThree 是对象类型(即 Point 类型的),后两个属性 perimeter 和 area 是浮点型(即简单的基本数据类型)。

在面向对象的编程语言里,这一组从属于某类对象的属性,用变量来表示,称为类的成员变量。

```
类 Triangle
属性:
    pointOne: Point
    pointTwo: Point
    pointThree: Point
    perimeter: Float
    area: Float
操作:
    getPerimeter (): 返回三角形周长
    getArea(): 返回三角形面积
```

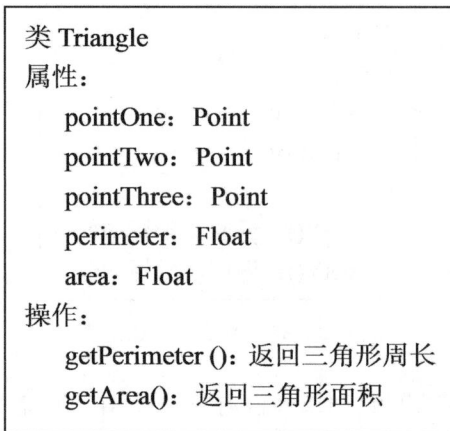

图 4-6　类 Triangle 图示

3. 方法、操作、服务与行为

对象内部所包含的属性,仅仅只是对象的一部分。对象还需要提供一些对这些属性进行操作的方法,方法是操作的实现,用来实现对象的行为。对象的方法可以用来改变对象的属性,或者用来接收来自其他对象的信息以及向其他对象发送消息,通常作为类的一部分进行定义。

通常,人们更多关注的是一个对象能够提供的方法,例如,一个二维"点"Point 对象提供了访问其二维坐标的方法。使用 Point 对象的外部对象 Triangle,关心的是 Point 对象提供了哪些方法。更一般地来说,人们在使用面向对象的思想编程时,只关心一个对象提供了哪些方法,如果知道了一个对象提供的方法,就可以使用该对象的一些功能。因此,方法是一个对象允许其他对象与之交互的方式。

对象的方法是建立在对象的属性之上的操作的实现,方法有多种类型,包括向属性赋值的方法、获取属性值的方法,以及以某种方式处理属性并返回一个计算结果的方法等。在一些描述面向对象开发技术的著作中,也将方法(Method)称为行为(Behavior)、操作(Operation)、服务(Service)、函数(Function)等[13]。在面向对象的 UML 建模的一些著作中,通常行为、操作和方法是有区别的。行为是外界可见的对象活动,它包括对象如何通过改变内部状态,或向其他对象返回状态信息来响应消息[14]。操作是类的特征,用来定义如何激活对象的行为。服务和操作只是名称上的区别,方法是操作的实现,用来实现对象的行为,所以在 UML 类图中,将属性和操作作为类定义的特征。

4. 消息机制

为了实现相关功能,对象需要与其他对象进行互操作,互操作可能发生在同一个类的不同对象或者是不同类的对象之间。通过发送消息(Message)给其他对象,对象之间的互操作得到处理(在 Java 中,这是通过方法调用完成的)。例如,若一个用户按下鼠标键,选择了屏幕上对话框里的一个命令按钮,一条消息就被发给了对话框对象,通知该按钮被按下了。

对象之间通过发送消息进行交互,消息激活已公布的方法,用来改变对象的状态或请求该对象完成一个动作。在对象的操作中,当一个消息发送给某个对象时,消息包含接收对象去执行某种操作的信息。发送一条消息至少要包括说明接收消息的对象名、发送给该对象的消息名(即对象名、方法名),一般还要对参数加以说明,参数可以是该消息的对象所知道的变量名,或者是所有对象都知道的全局变量名。例如,对象 pointOne 提供一个方法 getX( ),可以发送消息 pointOne.getX( )来获取对象 pointOne 的 x 坐标。

从面向对象的角度来思考问题时,一般会说一个对象向另一个对象传递了一个消息。Java 程序中的消息,实际上是对类的一些方法的调用,方法通过返回值来响应消息。虽然可以说是在调用类的方法,但最好是从消息传递的角度来思考,表达成 A 类传递了一个消息给 B 类。从具体的程序设计角度来讲,发送消息是通过调用某个类的方法来实现的,接收消息是通过其他对象调用本对象的类的方法来实现的。

4.1.3　面向对象程序的特点

面向对象程序的主要特点是封装(Encapsulation)、继承(Inherit)和多态(Polymorphism)。重用(Reuse)也是面向对象的一个非常重要的特性。下面讨论面向对象程序的 4 个特点:封装性、继承性、多态性和重用性。

1. 封装性

在结构化程序设计中,例如 C 程序设计,函数能够不受限制地访问全局性数据,如图 4-7 所示。这样会导致函数和数据之间缺乏联系,大量的函数对全局变量的访问,导致程序结构不清晰,程序难以维护和修改。

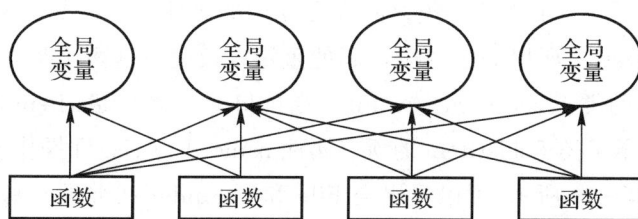

图 4-7　结构化程序设计

面向对象程序设计将属性及对属性的操作方法封装在一起,形成一个相互依存、不可分离的整体——对象。对系统的其他部分来说,属性和操作的内部实现被隐藏起来了,这就是面向对象的封装性。可以说,对象是支持封装的手段,是封装的基本单位。

面向对象的思想始于封装这个基本概念,即现实世界可以被描绘成一系列完全自治、封装的对象,这些对象通过一个受保护的公共接口访问其他对象。

Java 语言的封装性较强,因为 Java 语言没有脱离类之外的全局变量和全局函数。在 Java 中,绝大部分成员是对象,只有简单的数字类型、字符类型和布尔类型除外。对于这些简单的基本数据类型,Java 也提供了相应的对象类型以便与其他对象交互操作。

在面向对象的思想中,每个类越独立越好,每个类都尽量不要对它的任何内部属性提供直接的访问。例如,在 Java 程序设计中,一般将属性的访问权限设为私有的,即只有对象内部的方法可以访问该对象的私有属性。类应该向外界提供能实现其功能的最少数量的方法。向外界提供的公共接口,应该尽量少地受到类内部设计变化的影响,即将所有类的封装最大化。

封装保证了对象内部的数据信息细节被隐藏起来,不被其他对象所发现,也保证了每个对象的状态只能通过定义良好的公共消息才能改变。

2．继承性

继承是面向对象设计中很重要的一个概念,现实世界中很多实体都有继承的含义,在软件建模中也将有继承含义的两个实体,建模为继承关系的两个类。如果两个类有继承关系,一个类自动拥有另一个类的所有数据和操作,那么被继承的类称为父类或超类,继承了父类或超类的所有数据和操作的类,称为子类。子类可以在继承的基础上进行扩展,即添加自己新的操作。子类也可以覆写父类中的操作,使得其操作的行为有别于父类。正是通过这两种方式,体现出子类虽然继承了父类的数据和操作,但它是既具有父类特点,又具有自身特殊性的一种新对象类型。

现实世界中很多实体都有继承的含义,例如,若把学生看成一个实体,则它可以分成多个子实体,如小学生、中学生和大学生等。这些子实体都具有学生的特性,学生是它们的"父亲"(共有属性),这些子实体则是学生的"孩子"(各有各自的特殊性)。在面向对象的设计中,可以创建如下 4 个类:类 Student、类 Elementary、类 Middle、类 University。其中类 Elementary,类 Middle 和类 University 分别继承类 Student,即它们自动拥有 Student 类的所有属性和方法。

面向对象的设计中,如果发现类 B 和类 C 存在同样的代码,因此可以设计一个类 A,用于存放通用的代码,再让类 B 和类 C 继承类 A。通过继承,类 B 和类 C 可以重用类 A 的代码。

例如,在一个文件系统的应用中,根据需求规格说明需要创建两个类——File 和 Folder,如图 4-8 和图 4-9 所示。由于两个类之间存在相同的属性 name、date、size 和操作 getName( )、getDate( )、getSize( ),所以为了便于代码的重用以及表述这两个类之间的共性,可以再设计一个存放通用代码的类 FolderItem。类 File、类 Folder 与类 FolderItem 就是继承的关系,类 File、类 Folder 自动继承了类 FolderItem 的所有属性 name、date、size 和操作 getName( )、getDate( )、getSize( ),如图 4-10 所示,可以看出类 File 和类 Folder 在继承的基础上进行了扩展,分别添加了自己新的操作 getExtension( ) 和 addFolderItem( )、removeFolderItem( )、getFolderItem( )等。

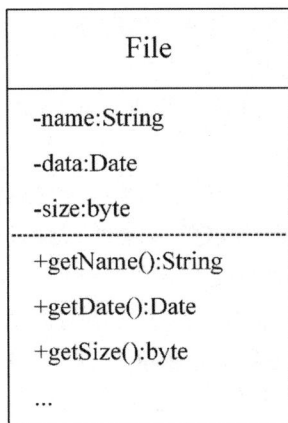

File
-name:String
-data:Date
-size:byte
+getName():String
+getDate():Date
+getSize():byte
...

图 4-8　类 File

Folder
-name:String
-data:Date
-size:byte
+getName():String
+getDate():Date
+getSize():byte
...

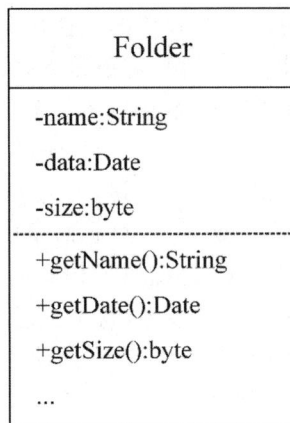

图 4-9　类 Folder

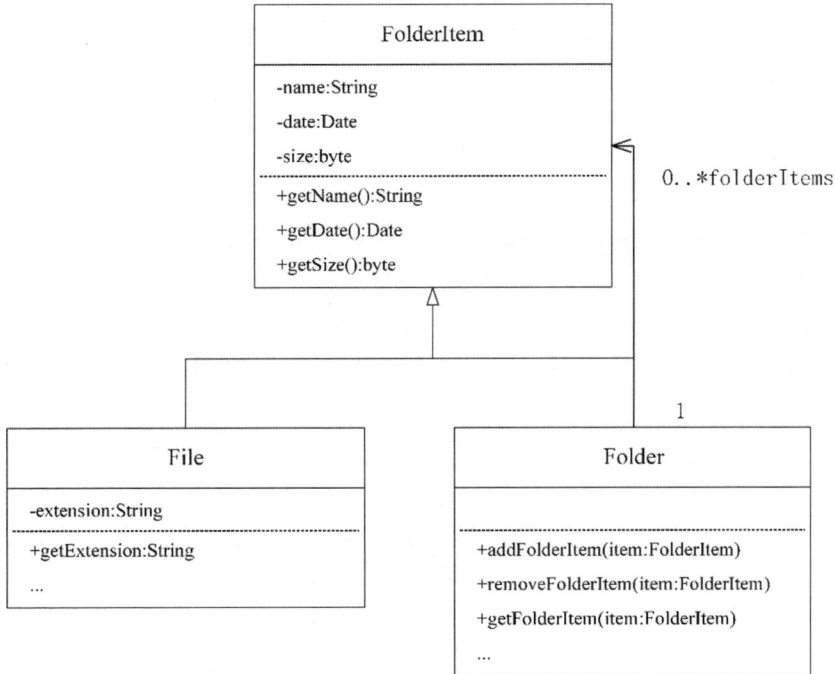

图 4 - 10　继承关系

上述继承是基于现实生活中的语义进行说明的,表现了 is - a 的关系。在面向对象的程序设计中,采用继承的方式来组织设计系统中的类,可以提高程序的抽象程度,更接近人的思维方式,使程序结构更清晰,并减少编码和维护的工作量。继承具有如下的特点和优点:

(1)一类对象拥有另外一类对象的所有属性与方法。

(2)便于代码的重用。

(3)使得程序结构清晰,降低编码和维护的工作量。

(4)使得开发人员能够集中精力于他们要解决的问题。

在 Java 语言程序设计类头定义中,用 extends 表明子类和父类的继承关系。另外,继承还分为单继承和多继承,单继承是指一个类只有单一的父类,其结构可以用单纯的树状结构来表示;多重继承是指一个类可以有一个以上的父类,它的静态数据属性和操作从所有这些父类中继承,其结构应以复杂的网状结构来表示。Java 语言中仅支持单继承,而多重继承是通过接口来实现的。

3. 多态性

下面以 Java 中的程序为例,从变量的多态性和方法的多态性两个方面,来理解面向对象的多态性。

如图 4 - 11 所示,类 Shape 表示可以被绘制、擦拭、移动和着色的一类几何形状。类 Circle、类 Square 和类 Triangle 分别继承类 Shape,它们分别代表可以被绘制、擦拭、移动和着色的特定的几何形状:圆形、正方形和三角形。

(1)变量的多态性。

由于面向对象的继承性允许将子类的对象作为父类的对象来用,所以可以写出如下的

Java 代码段：

　　Shape shape；

　　shape = new Shape()；

　　shape = new Circle()；

　　shape = new Square()；

　　shape = new Triangle()；

　　类 Circle、Square 和 Triangle 的对象 new Circle( )、new Square( )和 new Triangle( )可以赋给 Shape 类型的变量 shape，Shape 类型的变量 shape 不但可以指向自身类型的对象 new Shape( )，还可以指向其子类型的对象 new Circle( )、new Square( )和 new Triangle( )。从这个角度来说，父类 Shape 类型的变量 shape 是多态的，这就是变量的多态性，或者说 shape 是个多态的变量。

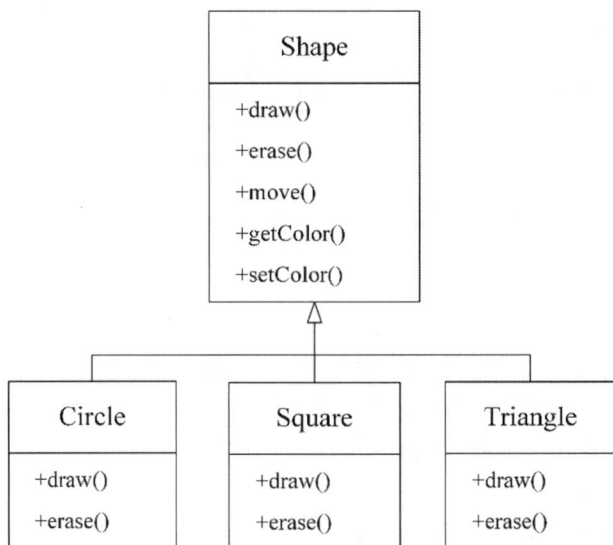

图 4 - 11　多态举例

　　(2)方法的多态性。

　　下面来看方法调用 shape.draw()。由于变量 shape 是多态的变量，即 shape 可以指向其自身类型的对象，还可以指向其子类型的对象，由图 4 - 11 可以看出，Shape 类型的对象和其子类型的对象都有方法 draw()，那么，方法 shape.draw()的调用和哪一个方法体进行绑定呢？

　　程序员无须考虑变量 shape 到底指向什么类型的对象，程序运行的时候，会执行一个动态绑定，即根据变量 shape 指向的具体对象类型，方法 shape.draw()的调用和相应的对象类型中的方法体进行绑定。如果 shape 指向 Square 类型的对象，方法 shape.draw()的调用就会去执行类 Square 中的方法体。同理，如果 shape 指向 Circle 类型的对象，方法 shape.draw()的调用就会去执行类 Circle 中的方法体。

　　通常，术语“多态”是指属于不同类的两个或多个对象，可以用不同的方式响应同一个消息（方法调用）的能力，即方法的多态性。例如，属于不同类的对象 new Circle()、new Square() 和 new Triangle()，用不同的方法体响应同一个方法调用 shape.draw()并获得不同的结果。

面向对象的多态机制,可以使大部分的程序代码都只操作基本类型的变量。例如,基于图
4-11 给出的例子,可以写出下面的 Java 类 shapes.java:

```
1class Shape {
2
3   void draw() {}
4   void erase() {}
5}
6class Circle extends Shape {
7
8   void draw() {
9
10      System.out.println("Circle.draw()");
11   }
12   void erase() {
13
14      System.out.println("Circle.erase()");
15   }
16}

17class Square extends Shape {
18
19   void draw() {
20
21      System.out.println("Square.draw()");
22   }
23   void erase() {
24
25S     ystem.out.println("Square.erase()");
26   }
27}
28
29class Triangle extends Shape {
30
31   void draw() {
32
33      System.out.println("Triangle.draw()");
34   }
35   void erase() {
36
```

```
37      System.out.println("Triangle.erase()");
38    }
39}
40
41public class Shapes {
42
43    public static Shape randShape() {
44
45      switch((int)(Math.random() * 3)) {
46        default:
47        case 0: return new Circle();
48        case 1: return new Square();
49        case 2: return new Triangle();
50      }
51    }
52
53    public static void main(String[] args) {
54
55      Shape[] s = new Shape[9];
56
57      // Fill up the array with shapes:
58      for(int i = 0; i < s.length; i++){
59        s[i] = randShape();
60      }
61
62      // Make polymorphic method calls:
63      for(int i = 0; i < s.length; i++){
64        s[i].draw();
65      }
66    }
67} ///:~
```

该程序的某次执行结果为:

Circle.draw()

Square.draw()

Circle.draw()

Circle.draw()

Square.draw()

Triangle.draw()

Circle.draw()

Square.draw()

Circle.draw()

大部分程序代码不需要知道和对象类型息息相关的信息,只要处理整个族系的共同表达方式即可,这在一定程度上提高了程序的可复用性和可维护性。

4. 重用性

每个对象都有自己的属性及方法,是一个相对独立的个体,因此,将它从一个软件项目转移到另一个软件项目中时可以直接使用,或者是可以在一个软件项目中的不同地方反复用到,而不需要作太多的修改。单独的一个自定义函数也具有一定的重用性,但是,类的重用性要比单个函数的重用性重要许多,因为类定义中包含了更多的内容,更像是一个函数和参数的集合,其中还可以包含其他的类。所以,从形式到内容,对象的重用性都要比函数更高级一些。

在面向对象的程序设计中,重用是一种基本的思路,面向对象程序提供了两种基本的重用机制——继承和模板。

继承机制使得子类可以重用父类的代码和接口,如果两个类有继承关系,那么一个类自动拥有另一个类的所有数据和操作。

继承实现了子类型的多态性,模板则实现了参数的多态性,两者都是抽象机制的重要组成部分。两者能够在一定程度上相互替代,在 C++的标准模板库中,模板就被大量地使用。但是,模板的思路和继承的思路仍有一定的差别,继承往往代表了不同的算法,而模板往往代表了相同的算法,不同的参数类型。这就是为什么标准模板库(Standard Template Library,STL)中大量使用模板的原因,因为算法是类似的。例如,由于 STL 的 sort( )排序函数是完全通用的,可以用来操作几乎任何数据集合,包括链表、容器和数组,即函数 sort( )本身与它们操作的数据的结构和类型无关,因此可以在从简单数组到高度复杂容器的任何数据结构上使用,数据结构和算法的分离是 STL 的一个重要特点。STL 提供了大量的模板类和函数,可以在面向对象编程和常规编程中使用。

继承和模板是两种方向上的重用技术,继承提供类型的纵向扩展,而模板提供类型的横向抽象,两种技术都能够提供优秀的重用性。对于软件工程师来说,关键的问题仍然在于如何在开发过程中引入这些技术。

面向对象技术的出现和应用,大大提高了软件的重用率和软件的质量。面向对象的编程模式,也比以往的各种编程模式要简单和高效,但涉及的技术与技巧也更多。一个良好的设计,应该既具有对问题的针对性,也充分考虑到对将来问题和需求有足够的适应性。应用面向对象技术的目的之一,就是提高软件的重用性,而对设计模式、设计方案的重用,则从更高的层次上体现了重用的意义和本质。

4.2　面向对象分析

面向对象技术,已经成为当今软件系统研发的主流技术,它从需求分析、系统设计、编码实现到测试,有着一系列与传统结构化程序设计不同的技术和方法。如果一个软件系统准备采用面向对象技术来实现的话,那么一系列具体的面向对象技术就会被运用到该系统的分析和设计之中。本节将介绍面向对象分析的各种技术和方法,包括分析和定义用户的需求(用例模型),系统中数据的定义(静态模型),以及控制流(动态模型)分析。

4.2.1　基本原理与概念

面向对象分析(Object Oriented Analysis，OOA)是抽取和整理用户需求，并建立问题域精确模型的过程。面向对象分析的关键，是识别出问题域内的对象，并分析它们相互间的关系，最终建立问题域的简洁、精确、可理解的正确模型。

根据 Coda 和 Yourdon 的面向对象分析和设计技术，面向对象分析模型的 5 个层次分别如下：

(1)对象-类层(Class&Object Layer)，表示待开发系统的基本构造块。

(2)属性层(Attribute Layer)，对象所存储(或容纳)的数据。

(3)服务层(Service Layer)，对象所做的"工作"，加上对象实例间的通信。

(4)结构层(Structure Layer)，负责捕捉特定应用论域中的结构关系。

(5)主题层(Subject Layer)，可以将众多的对象归类到几个子模型或子系统，即各个主题。

OOA 的实现方法有多种，大多数分析结果可以被归结到如下方面：

(1)对象模型：对象模型描述现实世界中的"类和对象"以及它们之间的关系，表示目标系统的静态数据结构。

(2)动态模型：动态模型描述系统的动态结构和系统对象之间的交互。

(3)功能模型：通过用例描述来表达系统的详细需求，为软件的进一步分析和设计打下基础。

4.2.2　面向对象分析方法

面向对象分析是一种软件开发方法，通过识别和描述系统中的对象及它们之间的关系来分析问题，它侧重于抽象概念的建模，强调对象的属性和行为。面向对象分析有助于理解系统的需求，提供了一种将复杂问题分解为可管理部分的方法，利用类、对象和其交互来设计系统。这种方法注重模块化、可维护性和可扩展性，为软件设计提供了结构化的方法论。这其中主要包括了需求陈述、面向对象建模和定义服务。

1. 需求陈述

需求陈述的内容包括问题范围、功能需求、性能需求、应用环境及假设条件等。需求陈述应该阐明"做什么"，而不是"怎样做"，描述用户的需求但不需要提出解决问题、实现需求的具体方法。需求陈述需要指出系统必要的性质与任选的性质，避免对设计策略施加过多的约束，描述系统性能及系统与外界环境交互协议，描述采用的模块构造准则、软件工程标准、可扩充性以及可维护性要求等方面。

需求陈述也需要书写规范，做到语法正确，而且应该慎重选用名词、动词、形容词和同义词，必须把需求与实现策略区分开，实现策略不是问题域的本质。需求陈述可简可繁，同时需要避免出现具有二义性的、不完整的、不一致的内容。

2. 面向对象建模

面向对象建模是将现实世界中的事物抽象为对象，并描述它们的属性、行为和关系的过程。这种建模方法基于面向对象的原则，使用类、对象、继承、多态等概念来组织和表示系统。面向对象建模利用统一建模语言(Unified Modeling Language，UML)等工具，帮助开发者可视化、设计和分析系统。通过建立对象之间的交互和关联,面向对象建模有助于更清晰地理解问题领域,并为软件开发提供了可重用性、灵活性和可扩展性。

(1)功能模型的建立。

该阶段的目标是获得对问题论域的清晰、精确的定义,产生描述系统功能和问题论域基本特征的综合文档。论域分析是抽取和整理用户需求并建立问题域精确模型的过程,主要任务是充分理解专业领域的业务问题和投资者及用户的需求,提出高层次的问题解决方案。应具体分析应用领域的业务范围、业务规则和业务处理过程,确定系统范围、功能、性能,完善细化用户需求,抽象出目标系统的本质属性,建立问题论域模型。在分析过程中,需建立详细的用例模型图。

用例是一组相关的成功和失败场景,描述了一个参与者使用系统来支持一个目标。用例模型描述的是外部执行者,如用户所理解的系统功能,它描述的只是一个系统"做什么",而不是"怎么做",用例不关心系统设计。建立用例模型图主要分为四步:

1)定义系统。

2)确定执行者和用例。

3)描述执行者和用例关系。

4)确认模型。

定义系统,首先要确定此软件系统的名称和需要完成的功能,为用例模型搭建一个基础系统框架,接下来的任务都是围绕系统展开的。

确定执行者需要考虑多方面的因素,包括需要确定系统主要功能的使用者,需要确定从系统获得日常工作的支持与服务的参与者,需要确定维护管理系统日常运作的副执行者,需要确定系统控制的硬件设备,需要确定与系统交互的其他系统,还需要考虑使用系统产生结果值的参与者。识别用例主要考虑与系统实现有关的主要问题与功能,系统需要的输入输出,执行者需要系统提供的功能,也可以从执行者对系统信息的要求方面考虑系统需要什么用例。

执行者与用例的关系主要包括使用关系和扩展关系,当一个用例包含另一个用例的时候,此用例需要使用到另一个用例,于是这两个用例之间构成了使用关系;若向一个用例中加入一些新的动作与行为,构成一个新用例,则这两个用例之间构成了扩展关系,扩展关系和使用关系都是单向的。

在确认执行者和用例,确认执行者和用例关系的步骤都结束,对模型再无添加、删除、修改的必要之后,就可以确认模型。

(2)对象模型的建立。

对象是一个包含一些描述其属性的数据和一些可以对这些数据施加的操作(即服务)的独立单元,对象模型有表示静态的、结构化的系统的数据性质,它能够对模拟客观世界实体的对象以及这些对象彼此间的关系进行映射,描述了系统的静态结构,对象模型提供了实质性的框架,为后续建立动态模型和功能模型打好基础。为建立完整的对象模型,既要确定类中应该定义的属性,又要确定类中应该定义的服务。基本上为了处理各类问题,都需要从客观世界实体及实体间相互关系中抽象出非常有价值的对象模型,对象与类的信息体现在类模型图中。在分析过程中,由软件分析师来确定所需要的类的集合和它们的属性,以及类与类之间的关系。对象服务的确定可以放在设计阶段。这一步骤完全等同于面向数据的技术。

复杂问题或大型系统的对象模型一般由 5 个层次组成:

1）主题层（也称为范畴层）。

2）类与对象层。

3）结构层。

4）属性层。

5）服务层。

经过划分主题，可以把一个大型、复杂的对象模型分解成几个不同的概念范畴，每个主题都有一个名称和一个标识它的编号。在描绘对象模型的图中把属于同一个主题的那些类和对象整合到一个框中，并在框的四角标上这个主题的编号。

在对象模型的建立阶段，软件分析师借助用例图和用例脚本以获得关于该软件后续设计阶段中，所要创建的对象类的最原始信息，包括分析为创建一个用例图已经写出的用例脚本的描述性文字，其实，这也是实体关系图的另一种形式。工作步骤如下：

1）确定对象类和关联。

2）进一步划分出若干主题。

3）为类和关联增添属性。

4）利用适当的继承关系进一步合并和组织类。

5）确定类中的服务（等到建立了动态模型和功能模型之后）。

需要注意的是，在识别继承和组合时，可以使用两种不同的方式建立继承关系。自底向上的方式抽象出现有类的共同性质泛化得到对应的父类，模拟了人类的归纳思维过程。自顶向下的方式把现有类细化成更具体的子类，模拟了人类的演绎思维过程。从应用域中常常能明显看出应该做的自顶向下的具体化工作。例如，带有形容词修饰的名词词组往往暗示了一些具体类。但是，在分析阶段应该避免过度细化。

组合也是一种特殊的关联关系，事务和更新之间是组合关系。通常，一个事务包含对账户的若干次更新，这里所说的更新是指对账户所做的一个动作（取款、存款或查询）。更新虽然代表一个动作，但是它有自己的属性（类型、金额等），应该独立存在，所以应该把它作为类。在关联的识别过程中，大部分组合关系已被识别，在这里再次列出是为了进一步发现遗漏的组合关系。

（3）动态模型的建立。

动态模型有能表示瞬时的、行为化的系统的"控制"性质，它规定了对象模型中对象的合法变化序列。一个软件按照特定行为顺序运行，这些行为会产生特定的分支，这些信息都会在状态转换图中展示。状态转换图通过描述系统的状态和引起系统状态转换的事件，来表示系统的行为，指出作为特定事件的结果将执行具体的动作（例如处理数据等）。动态模型建模的目标，是要创建一个描述软件在运行过程中，所有可能进入的不同状态的状态装换图。从这个角度来说，状态转换图与用来说明在结构分析的建模过程中建立的一个有限状态机（FSM）类似。一个状态转换图可以定义成如下的公式：

当前状态＋事件＋断言⟹下一个状态

实际中，为了更清晰地表示出状态转换之间的关系，状态转换图通常以图形的方式表现。在开发交互式系统时，动态模型起着重要的作用。动态模型的建立通常有以下几步：

1）编写典型交互行为的脚本。

2）从脚本中提取出事件，确定触发每个事件的动作对象以及接受事件的目标对象。

3) 排列事件发生的次序,确定每个对象可能有的状态及状态间的转换关系,并用状态图描绘它们。

4) 比较各个对象的状态图,检查它们之间的一致性,确保事件之间的匹配。

基本系统模型由若干个数据源点/终点及一个处理框组成,这个处理框代表了系统加工、变换数据的整体功能。由数据源点输入的数据和输出到数据终点的数据,构成了系统与外部世界之间交互事件的参数。

(4) 模型间关系。

对象模型是必须建立的,是核心模型之一。对象模型描述了对象的静态结构以及互相关系,描述了系统的数据结构,定义了做事情的实体。功能模型或用例模型指明了系统应该做什么,而不需要指出完成系统要求功能的具体实现方法。动态模型通过用例模型图或数据流图明确规定了什么时候做(即在何种状态下接受了什么事件的触发),描述了系统各种行为的先后顺序或流程,表现为一种控制结构。在面向对象方法学中,对象模型是最基本最重要的,它为其他两种模型奠定了基础,人们依靠对象模型完成 3 种模型的集成。

3. 定义服务

对象是将属性及对数据施加的操作(即服务)封装在一起构成的独立单元。服务在建立了动态模型和功能模型基础之上确定。

在确定类中服务时应考虑以下几个方面:

(1) 常规行为:类中定义的每个属性都是可访问的,即都定义了读、写该类每个属性的操作(服务)。但这些常规操作一般不在类图中显示,只需要设计时考虑到即可。

(2) 从事件导出的操作:状态图中的对象必须包含由消息选择符指定的操作,修改对象状态(即属性值)并启动相应的服务,也就是对该对象接收到的信息进行操作。

(3) 与数据流图中处理框对应的操作:数据流图中的每个处理框都与对象的操作相对应。应该仔细对照状态图和数据流图,以便正确地确定对象应该提供的服务。

(4) 利用继承减少冗余操作:应该尽量抽取出相似类的公共属性和操作,以建立这些类的新父类,并在类等级的不同层次中正确地定义,利用继承机制以减少所需的服务数目。

4.3　面向对象设计

面向对象分析阶段所产生的原始类模型和动态模型,是面向对象设计(Object Oriented Design,OOD)的输入。在 OOD 阶段,原始类模型在详细类图中得到精确化,而且精确的系统动态行为也在一系列的交互图中被指定。在结构设计中,系统行为被分成一些模块(对象和方法);在细化设计中,对各个对象和方法的细节进行详细说明。设计过程的最后必须进行设计回顾,它用来检验设计是否内部一致,以及它是否反映了分析规格说明书中的全部系统需求。

4.3.1　基本原理与概念

OOD 阶段,对在 OOA 中得到的结果进行改进和增补,根据需求的变化,对 OOA 产生的模型中的某些类与对象、结构、属性及服务进行组合与分解,调整继承关系,等等。OOD 的任务包括:

(1) 调整需求。

（2）重用设计(类)。

（3）组合问题域相关的类。

（4）增添一般化类来建立类间协议。

（5）调整继承层次（多继承、单继承）。

（6）改进性能与加入较低层的构件等。

OOD 的主要目标如下：

（1）提高生产率。OOD 是一种系统设计活动，它通过重用类的机制来改进效率，类库是这种结构的主要组成部分。使用 OOD 最多能使整个软件生产率提高 20％左右。

（2）提高质量。OOA 和 OOD 过程能够减少开发后期发现的错误，并大大提高系统的质量。

（3）提高可维护性。面向对象方法开发的系统中，最稳定的是类，系统可变的是服务，服务的复杂程度也是变化的，外部接口也是最可能变化的部分。为提高可维护性，要把系统中稳定的部分和易变的部分分离开来。

设计模型是系统需求和系统之间的桥梁，是设计构造本身的一个重要部分。面向对象设计模型是系统中包含的对象或对象类，以及它们之间的不同类型关系的描述。为避免模型之间可能包含相互冲突的需求，通常可在不同细节层次，使用不同的模型。选择什么样的设计模型和设计模型的细节层次取决于所开发的系统类型，尽量减少对模型使用的数量，降低设计的成本和缩短完成设计的时间。

实现软件设计的两种传统方法是面向操作的设计和面向数据的设计。在面向操作的方法中，重点是分析处理步骤，并把它们分割为一系列具有高内聚性和低耦合性的动作(模块)。对于使用系统中的数据流观察软件操作的情况，面向数据的设计方法是最适当的(如数据库)。而基于规则的和事务处理的系统关心的主要是操作方法。

在面向对象的设计中，系统中的数据和动作都被给予了同样的重视，特别是系统的设计围绕着定义一组对象，这组对象代表了面向对象分析阶段中确定的类。如果使用 Java 这种支持高内聚和低耦合的语言中的对象定义，那么在模块设计中使用面向对象方法就会得到"与生俱来"对所需要特性的支持。

面向对象的设计是系统设计者从事物角度，而不是从操作或功能角度来思考问题时得到的设计策略。运行的系统由一组彼此交互的对象组成，这些对象维护自己的局部状态并提供对这些状态信息的操作，它们隐藏了状态表示的信息，因而对访问这些状态做了限制。面向对象的设计过程包括设计对象类和这些类之间的关系，当设计作为一个可执行程序实现的时候，就要根据对象类的定义来动态创建所需要的对象。

扩展 OOA 模型就得到 OOD 模型，这样做有利于将分析转化成设计(有时这种转化工作很繁重)。在 OOD 阶段，原始类模型在详细类图中得到精确化，而且精确的系统动态行为也在一系列的交互图中被指定。面向对象设计可再细分为系统设计和对象设计，系统设计确定实现系统的策略和目标系统的高层结构；对象设计确定解空间中的类、关联、接口形式及实现服务的算法。在 OOD 中，创建的抽象不依赖于任何细节，而细节则高度依赖于上面的抽象，这正是 OOD 和传统技术之间根本的差异，也正是 OOD 思想的精华所在。

面向对象的设计一般包括静态模型和动态模型。静态模型通过系统对象类及其之间的关系来描述系统的静态结构。动态模型描述系统的动态结构和系统对象之间的交互。在设计阶段,除了类模型及动态模型以外还包括域类模型和包模型。

OOD 模型和 OOA 模型一样,包含 5 个层次,但同时它又引进了 4 个部件。这些部件分别是:

(1)主题部件,指那些执行基本应用功能的对象。

(2)任务管理部件,指定了那些创建系统时必须建立的操作系统部分。

(3)用户界面部件,指用于系统的某个特定界面的实现技术。

(4)数据管理部件,定义了与所用数据库接口的对象。

如图 4-12 所示,这 4 个部件构成了 OOD 设计的详细框架。

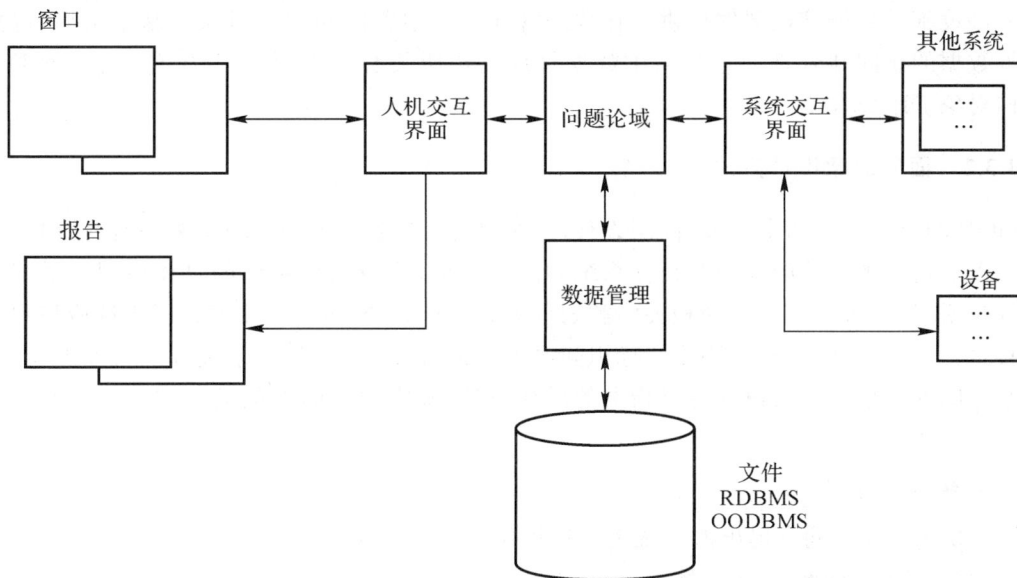

图 4-12　OOD 模型的个部件

1. 主题部件

主题部件就是指问题域部件,OOD 在很大程度上受具体实现环境的约束。通常进行问题域部件设计只需从实现的角度,对通过分析所建立的问题域模型作一些修改和补充,例如对类、对象、结构、属性及服务进行增加、修改或完善。主题部件是构造应用软件的总体模型(结构),是标识和定义模块的过程。模块可以是单个类,也可以是由一些类组合成的子系统。主题部件设计阶段,需要标识在计算机环境中进行问题解决时所需要的概念,并增加一批需要的类,主要是可使应用软件与系统的外部世界交互的类。这个阶段的输出是适合应用要求的类、类间的关系、应用的子系统视图和规格说明等。

2. 任务管理部件

任务管理部件的设计是要确定各种类型的任务,并把任务分配到硬件或软件上去执行。为了划分任务,首先要分析并发性。通过 OOA 建立的动态模型,是分析并发性的主要依据。通常把多个任务的并发执行称为多任务,常见的任务有事件驱动型任务、时钟驱动型任务、优先任务、关键任务和协调任务等。

3. 用户界面部件

用户界面部件的好坏对用户情绪和工作效率产生重要影响：好的设计会使系统对用户产生吸引力，用户在使用系统的过程中能够激发创造力，提高工作效率；不好的设计会使用户在使用过程中感到不方便、不习惯，甚至会产生厌烦和恼怒的情绪。在设计阶段必须根据在OOA 阶段给出的需求把交互细节加入用户界面设计中，包括人机交互所必需的实际显示和输入。

4. 数据管理部件

数据管理包括两个不同的关注区域：对应用本身关键的数据管理，创建用于对象存储和检索的基础设施。数据管理部件提供了在数据管理系统中存储和检索对象的基本结构，包括对永久性数据的访问和管理。它分离了数据管理机构所关心的事项，包括文件、关系型 DBMS 或面向对象 DBMS 等。

4.3.2　面向对象设计方法

OOD 的过程分为两个阶段：高层设计（系统设计）阶段和低层设计（对象设计）阶段。系统设计阶段确定实现系统的策略和目标系统的高层结构，构造软件系统的总体模型。系统设计的任务包括：将分析模型中紧密相关的类划分为若干子系统（也称为主题），子系统应该具有良好的接口，子系统中的类相互协作。标识问题本身的并发性，将各子系统分配给处理器，建立子系统之间的通信。对象设计主要指类的详细设计，确定解空间中的类、关联、接口形式及实现服务的算法。

1. 系统设计过程

Rambaugh 及其同事提出的系统设计过程包含以下步骤：

(1)将分析模型划分为子系统。

(2)标志问题本身的并发性。

(3)将子系统分配到处理器和任务。

(4)选择实现数据管理的基本策略。

(5)标志全局资源及访问它们所需的控制机制。

(6)为系统定义合适的控制机制。

(7)考虑边界条件应该如何处理。

(8)复审并考虑权衡。

下面逐步介绍这一过程中的活动。

(1)划分分析模型。

划分分析模型是为了定义类、关系和行为的内聚集合，这些设计元素被包装为子系统。子系统的所有元素通常共享某些公共的性质，它们可能涉及完成相同的功能、驻留在相同的产品硬件中或管理相同的类和资源。一个子系统可以通过由它所提供的服务来标志。服务是指完成特定功能的一组操作。在设计子系统时，应该遵从以下设计标准：

1)子系统应该具有良好定义的接口，通过接口和系统的其余部分通信。

2)除了少数的同性能类，子系统中的类应该只和该子系统中的其他类协作。

3)子系统数量不应太多。

4)可以在子系统内部划分以降低复杂性。

子系统划分也是问题域的划分,也是设计主题部件的开始。主题部件设计的任务,是设计包括与应用问题直接有关的所有类和对象。对 OOA 模型中的某些类与对象、结构、属性、操作进行组合与分解,进而进行改进和增补。设计过程中要考虑对时间与空间的折中、内存管理、开发人员的变更以及类的调整等。主题部件设计和类设计这两个阶段是相对封闭的,又是相互连接的。每个子系统都可以被当作一个类来实现,这个类聚集它的部件并提供一组操作。类和子系统的结构是正交的,单个类的实例可能是多个子系统的一部分。通常,设计问题域部件时可采用以下方法:

1)利用重用设计加入现有类:现有类是指面向对象的程序设计语言所提供的类库中的类,通过将其中所需要的类加入到问题域部件中并指出现有类中不需要的属性及操作可以简化问题域部件的设计。

2)引入一个根类,将专门的问题域类组合在一起;或引入一个附加的抽象类,以便为大量的具体类定义一个相似的服务集合并建立一个协议。

3)调整继承的支持层次:如果分析模型中包括多重继承,而使用的程序设计语言中没有多重继承机制,那么可使用化为单一层次的方法将多重继承化为单重继承。

(2)并发性和子系统分配。

系统的动态模型提供了对象间(或子系统间)的并发性指标,如果对象(或子系统)不是同时活动的,那么意味着对象(或子系统)可以在同一个处理器(硬件)上实现,不需要并发处理。如果对象(或子系统)必须同时异步地作用于事件,那么它们被视为并发的。对于并发子系统,通常有以下两种分配方案:

1)将每个子系统分配到独立的处理器。

2)将子系统分配到相同的处理器,并通过操作系统特性提供并发支持。

通过检查每个对象的状态图来定义并发任务。如果事件和转换流指明在任何时刻只有单个对象是活动的,那么只建立一个控制线程。如果一个对象向另一个对象发送消息后继续处理,那么控制线程分叉。在面向对象系统中,通过分离线程来设计任务。例如,安全系统在监控其传感器的同时,也需要拨号到中心监控站以验证连接情况。因为涉及这两个行为的对象是同时活动的,所以必须以独立的线程来实现并且被定义为独立的任务。在方案选择时,设计者必须考虑性能需求,成本和处理器间通信所带来的花销。

(3)任务管理部件设计。

Coad 和 Yourdon 建议采用如下的设计管理并发任务的对象策略:

1)确定任务的特征(如事件驱动、时钟驱动等)。

2)定义协调者的任务和关联的对象。

3)集成协调者和其他任务。

两种最常见的任务是事件驱动任务和时钟驱动任务:事件驱动任务是指可由事件来激发的任务,如一些负责与硬件设备通信的任务;时钟驱动任务是指以固定的时间间隔激发某种事件的任务。由于某些人机界面、子系统、任务、处理机或与其他系统需要周期性地通信,所以产生了时钟驱动任务。

可以根据处理的优先级别来安排各个任务。高优先级的任务必须能够立即访问系统资源,高关键性的任务即使在资源可用性减少或系统处于退化状态下时,也必须能够继续运行。

一旦任务的特征确定,就定义为完成和其他任务的协调和通信所需的属性和操作。下面为一个基本的任务模板:

任务名:对象的名字。

描述:对对象目的的叙述。

优先级:任务优先级。

服务:一组作为对象任务的操作。

由…协调:对象行为被激活的方式。

通过…通信:和任务相关的数据输入和输出数据值。

(4)数据管理部件设计。

数据管理通常采用层次的设计模式,其思想是分离操纵数据结构的低层需求和处理系统需求的高层需求。

数据管理方法有文件管理、关系数据库管理和面向对象库数据管理,其中,文件管理提供基本的文件处理能力,关系数据库管理系统使用若干表格来管理数据,面向对象数据库管理系统则以扩充关系数据库管理系统(Relational Database Management System,RDBMS)和面向对象程序设计语言(Object Oriented Programming Language,OOPL)的方法实现。扩充RDBMS主要对RDBMS扩充了抽象数据类型和继承性,再加一些一般用途的操作创建和操纵类与对象;扩充OOPL在面向对象程序设计语言中嵌入了在数据库中长期管理存储对象的语法和功能。

数据管理部件的设计要点是:

1)增加对象服务类,用于通知保存对象自身、检索已储存的对象以及查找、读值、创建、初始化对象,方便其他子系统使用这些对象。例如,在ATM系统中,唯一的永久性数据存放在分行计算机中,因此必须保持数据的一致性和完整性。因为存在许多并发操作,所以应该使用RDBMS方式进行数据管理,主要存储对象:账户类对象。设计"对象服务",该类提供以下服务:所有账户类对象接到"存储自己"的消息时,向RDBMS发送信息(SQL),保存对象自身或保存需长期保存的对象的状态。

2)检索已存储的对象使之复活,在ATM系统中,账号、工作人员等信息的存储,都需要数据库的支持,几乎所有事务都需要访问数据库才能完成。因此,需要专门的数据管理部件来完成数据库事务。

(5)用户界面部件设计。

用户界面部件的质量,将对用户情绪和工作效率产生重要影响。用户界面部件设计主要由以下几个方面组成:

1)用户分类。应按照各种标准对用户进行分类,如按技能层次分类可以分为外行、初学者、熟练者和专家,按组织层次分类可以分为行政人员、管理人员、专业技术人员和其他办事员,按职能分类可以分为顾客和职员。

2)描述人及其任务的脚本。对上一步定义的每一类用户,列出对以下问题做出的考虑:什么人、目的、特点、成功的关键因素、熟练程度以及任务脚本。如在开发面向对象分析辅助工具的过程中,采用如下的分析方式:

负责人——分析师。

目的——要求一个工具来辅助分析以摆脱繁重的画图和检查图的工作。

特点——年龄为 42 岁;教育水平为大学;限制为不要微型打印,打印字体不能小于 9 磅。

成功的关键因素——工具应当使分析工作顺利进行,工具不应与分析工作冲突,应能及时给出模型各个部分的文档,这与给出需求同等重要。

3)设计命令层。研究现行的人机交互活动的内容和准则。这些准则可以是非形式的,如输入时眼睛不易疲劳,也可以是正式规定的。建立一个初始的命令层可有多种形式,如一系列菜单,或一个窗口,或一系列图标。

对命令层的细化需要考虑以下几个问题:

①排列命令层次。把使用最频繁的操作放在前面,按照用户工作步骤排列。

②通过逐步分解,找到整体-局部模式,以帮助在命令层中对操作分块。根据人们短期记忆的特点,把深度尽量限制在 3 层之内。

③减少操作步骤:把点击、拖动和键盘操作减到最少。

4)设计详细的交互。用户界面设计有若干原则:

①一致性:采用一致的术语、步骤和活动。

②操作步骤少:减少敲键和鼠标点取的次数,减少完成某件事所需的下拉菜单的距离。

③不哑播放:每当用户等待系统完成一个活动时,要给出一些反馈信息。

④可回滚:在操作出现错误时,要恢复或部分恢复原来的状态。

⑤减少人脑的记忆负担:不应在一个窗口使用在另一个窗口中记忆或写下的信息,需要人按特定次序记忆的东西应当组织得容易记忆。

⑥注重学习的时间和效果:提供联机的帮助信息。

⑦趣味性:尽量采取图形界面,符合人类习惯。

5)继续做原型。用户界面原型是用户界面设计的重要工作。使用快速原型工具或应用构造器,对各种命令方式,如菜单、弹出、填充以及快捷命令,做出原型让用户使用,通过用户反馈、修改、演示的迭代,使界面越来越有效。

6)设计人机交互(CHI)类。首先设计组织窗口和部件的用户界面。窗口分为类窗口、条件窗口、检查窗口、文档窗口、画图窗口、过滤器窗口、模型控制窗口、运行策略窗口、模板窗口等,每个类包括窗口的菜单条、下拉菜单、弹出菜单。此外,还要定义用于创建菜单、加亮选择项、引用相应响应的操作。

(6)子系统间通信设计。

定义了每个子系统后,还需要定义子系统间的协作关系并确定存在于子系统间的合约。合约提供了一个子系统和另一个子系统交互的方式,可运用下面的步骤来为子系统确定合约:

1)列出可以被子系统的协作者提出的每个请求,按子系统组织这些请求,并在一个或多个合约中定义,确定已标注了从超类继承的合约。

2)对每个合约,标注实现该合约蕴含的责任所需的操作,确定将操作和子系统内的特定类相关联。

3)一次考虑一个合约,对每份合约,创建如下表项:类型、协作者、类、操作、消息格式。对于子系统的每一个交互,草拟一份合适的消息描述。

4)如果子系统间的交互模式比较复杂,那么可以创建子系统协作图。

2. 对象设计过程

对象设计过程通过识别对象、定义类、建立关系,以及确定方法和属性,实现系统功能和结构设计,并进行进一步测试,得到最终的设计结果。

(1)对象描述。对象的设计描述一般可采用以下两种形式:

一是协议描述,通过定义对象可以接收的每个消息和当对象接收到消息后完成的相关操作,来建立对象的接口。这种描述仅仅是一组消息和对消息的注释,如描述对象Motionsensor读传感器Sensor所需的消息为:

MESSAGE(Motionsensor)≤read:RETURNS sensor ID, sensor status;

对有很多消息的大型系统,一般创建消息类别,如一般安全监控系统的消息类别可能包括系统配置信息、监控消息、事件消息等。

二是实现描述,显示由传送给对象的消息所蕴含的每个操作的实现细节。实现细节包括对象私有部分的信息,即关于描述对象属性的数据结构的内部细节及描述操作的过程细节。实现描述包含对象的名字的定义、类的引用、指明数据项和类型的私有数据结构的定义以及每个操作的过程描述和指向这个过程描述的指针等。

(2)程序构件和接口设计。

模块性是软件设计质量的一个重要方面,面向对象的设计方法中,仅定义对象和操作是不够的。在设计过程中,还必须标识存在于对象间的接口和对象的整体结构。

为对象设计接口,首先要识别出系统的职责并将它们分配到各个对象。职责体现着一个对象在系统中的责任和地位,一个对象的职责是为它支持的所有契约提供所有服务。如果把一项职责分配给一个类,那么认为该类的每个实例都有这些职责。

职责只表示公共可用的服务,即类中必需的公共接口。在确定了系统中的所有接口以后,需要从需求说明及上下文关系中查找线索,把每种职责分配给这种职责逻辑上应该属于的类。一般按以下原则进行职责划分:

1)均匀分配系统智力:系统中的智力指的是系统能够执行的行为以及与它有交互的其他系统的影响。设计时根据一个类的执行能力与相关工作量以及它能够影响多少其他类来决定加入智力的量。

2)通俗易懂的叙述职责:用普通的术语叙述职责有助于在类之间发现共享的公共职责。

3)保留行为的相关信息:如果一个对象负责维护某些信息,那么在逻辑上也把对这些信息执行的必要操作分配给该对象。

4)保留有关某件事情的信息使用一个副本:维护具体信息的职责一般不共享。

5)相关的对象间共享职责:例如,画图编辑器在任何时候都需要显示当前的画图状态,这意味着画图的职责可以被编辑。

6)检查类之间的关系:如果类之间是继承关系,那么可能存在继承职责。同类之间也可能有相似的职责。

(3)设计算法和数据结构。

在OOD过程中,因为操作总是要操纵类的属性,所以数据结构往往需要和算法并行的设计。操作类型一般分为以下3类:

1)以某种方式操作数据的操作,如添加、修改、读取、删除等;

2)执行计算的操作;

3)为控制事件出现监控对象的操作。

设计者考虑每个在结构设计中建立的模块,并建立下面的具体化规范:

1)模块接口:详细描述所有模块的名字、参数及参数类型。一个面向对象系统包括对详细类图中每个类的详细说明以及对类的构造及其他成员方法特征的详细说明。

2)模块算法:正确描述模块中使用的算法。算法可以使用自然语言描述,但是因为自然语言是不准确的,所以最好使用半正式的语言或伪代码描述。面向对象系统中包括为系统中每个对象和对象的构造器和成员函数描述算法。

3)模块数据结构:如果一个模块要求临时存储任何类型的内部数据结构,它就必须被具体地描述出来,包括为每一个内部变量或数据结构定义名字、类型和内部变量。在一个面向对象系统中,描述要包括所有对于特定类的类变量,以及所有函数内部的变量和数据结构。

创建了基本对象模型后,应该对其进行优化。Rambaugh 及其同事建议采用 OOD 优化的 3 个切入点:

1)复审对象-关系模型,保证已实现的设计可高效使用资源并容易实现,必要时可加入冗余。

2)修订属性数据结构和对应的操作算法,以提高处理效率。

3)创建新的属性以存放导出的信息,以避免重复计算。

3. 设计测试

设计测试有两个主要目标,包括验证是否满足需求分析阶段的功能描述要求和确保设计的正确性。

把每个在分析阶段确定的处理步骤(如数据流图)与在结构设计中详细描述的模块连接是可行的。在面向对象设计实例中,所有确定的用例都必须与系统中模块提供的某个动作顺序相一致。如果可能,使用的设计原理要和与之对应的需求分析互相参照。在面向对象设计实例中,这种映射是很有效的,而且这种利用初始类和详细类图之间关系来优化设计的方法很有效。类图的任何改动必须记录在文档中,并且必须校验在分析阶段所定义含有详细类图和设计支持的用例方案。

4. 正式设计审查

设计过程的重点是正式设计审查,全部的产品设计(包括序列图、协作图、详细类图、客户-对象图、模块接口说明书和详细设计说明书)将会被审查,它们彼此间的一致性和它们同设计阶段的最初功能需求之间的一致性都要一同被审查。

在正式设计审查中,设计者应该同从实现这些产品的程序员中挑选出来代表,以及完成最初需求分析说明书的工程师一起共同进行,审查一般是当所有相关说明书文档和图表已经全部分发给参与者之后开始的。设计审查的重点应该放在下面的活动上:

(1)让设计匹配需求:所有面向对象分析中的用例和用例说明都要被审查,来验证最终设计包含相应类和消息。可以通过手工跟踪序列图和/或协作图来实现让设计匹配需求。

(2)检验详细类图和详细设计的完整性:在设计审查过程中,验证类图和详细设计的完整性是很重要的,不要忽略任何方法包括类的变量的 get 和 set 方法。审查序列/协作图中的动作是否关联到正确的类,是否遵从了消息隐藏、减少冗余和责任驱动设计原则,详细设计中的算法描述是否完善、精确和明确。程序员应该参与设计审查,并且验证详细设计是否包含所有可以开始实现的信息。

(3)评估体系结构设计:检查提炼的模块的聚合度和耦合度是否正确,是否可以重新设计一些耦合情况,来避免不必要的普通耦合、控制耦合或标记耦合。

一旦正式设计审查完成,设计说明书正式移交给实现团队,就意味着在完成一个详细的彻底的审查上使用了足够的时间。设计审查使得实现团队和设计团队为完善设计在共同工作。

4.3.3 面向对象设计原则

设计过程中应使用简单的已有的协议,使用简单的服务,设计简单的类,减少消息模式的数目,避免模糊的定义,把设计变动减至最小。设计结果应该清晰易懂,用词一致,一般与特殊结构的深度应适当。面向对象设计中常用设计准则包括下面 7 种:

1. 开闭原则

开闭原则(Open Close Principle,OCP)由勃兰特·梅耶(Bertrand Meyer)在 1988 年提出,是指软件实体(类、模块、方法等)应当对扩展开放,对修改关闭。遵循开闭原则设计出的模块具有两大特点:当软件的需求发生变动时,模块的行为可以扩展,以满足新的需求;对模块进行扩展的同时,没有必要则不改变模块的源代码或二进制代码。实现开闭原则的关键在于在实际面向对象分析设计阶段中实现抽象化,例如,Java 中针对单个领域类或多个领域类使用接口与抽象类,当使用抽象类时,将各个拥有相同的功能的相似类进行抽象化处理,将这些相同的功能整合到一个抽象类中,将相似类中剩余的不同行为方法封装在子类中。这样,对系统进行扩展的时候,可以依据已有的抽象类方法,只需实现新的子类属性与子类方法即可。在扩展的子类中,既可以使用继承的抽象类的属性与方法,又可以使用自定义的子类属性与方法。当使用接口时,每个扩展子类都实现接口所定义的方法,通过封装变化点,将需要发生改变的内容抽象出来形成接口,也实现了对修改关闭,对扩展开放。开闭原则是面向对象设计的核心所在,遵循这个原则可以带来灵活性、可重用性和可维护性。

2. 里氏替换原则

里氏替换原则(Liskov Substitution Principle,LSP)是指继承必须确保超类所拥有的性质在子类中仍然成立。也就是说,子类在继承父类的功能并对其扩展时,尽可能不重写父类的方法,不能改变父类原有的功能。如果通过重写父类的方法来完成新的功能,这样的操作虽然简单,但会造成整个继承体系的可复用性下降。特别是运用多态比较频繁时,程序运行出错的概率会明显增加。里氏替换原则保证了动作正确性,克服了继承父类重写父类方法造成可复用性差的缺点,是开闭原则的重要方式之一。

3. 依赖倒置原则

依赖倒置原则(Dependence Inversion Principle,DIP)是指设计代码结构时,高层模块不应该依赖低层模块,二者都应该依赖其抽象。相比于以细节为基准搭建起来的架构,以抽象为基准搭建的架构通过依赖倒置,可以降低类与类之间的耦合度,使系统更加稳定,提高代码的可读性和可维护性,并且能够有效减少修改程序所造成的不良后果。

4. 合成复用原则

合成复用原则(Composite Reuse Principle,CRP)又叫组合/聚合复用原则(Composition/Aggregate Reuse Principle,CARP),它要求在软件复用时,对类图关系的处理要尽量先使用组合或者聚合等关联关系来实现,其次才考虑使用继承关系来实现。采用组合/聚合复用维持了类的封装性,隐藏对象的内部细节,通过接口连接的方式使新旧类之间的耦合度降低,同时提高了复用的灵活度,这种方式可以使复用在运行时动态进行。

5. 接口隔离原则

接口隔离原则(Interface Segregation Principle,ISP)是指客户不应该依赖他们用不到的方法,只给每个客户所需要的接口。换句话说,就是不能强迫用户去依赖那些不使用的接口。为了使接口中的方法没有浪费,不能把接口设计得太"胖",导致让用户实现自己不需要的方法,要按照功能和用户的需要去调整接口的大小,也不能分割过多接口,导致用户需要实现很多接口,造成不必要的麻烦。为了使代码灵活性和可维护性更强,在设计接口时尽量做到特定用户使用特定接口。

6. 迪米特法则

迪米特法则(Law of Demeter,LOD)又称为"最少知识原则",它的定义为:一个软件实体应当尽可能少地与其他实体发生相互作用。当一个模块修改时,就会尽量少地影响其他的模块,扩展会相对容易。迪米特法则限制了软件实体间的通信,规定了软件通信的宽度与深度,非常有利于软件的扩展。

7. 单一职责原则

单一职责原则(Single Responsibility Principle,SRP)规定一个类应该有且仅有一个引起它变化的原因,否则类应该被拆分。当一个对象承担了多个职责时,若其中一个职责发生变化,此对象实现其他职责的能力就会受到影响。此外,当客户端需要调用此对象中的某一个职责时,会把其他不需要的职责包含其中,造成代码冗余或代码浪费。单一职责原则的核心就是要控制类的粒度大小,将对象解耦,提高其内聚性。单一职责原则同样适用于方法,一个方法最好也只做一件事情,同时把握好方法能力的大小,有利于方法重用。

4.3.4　现代面向对象设计方法

1. 契约式设计

(1)契约式设计的产生。

面向对象设计中类的职责分配和协作关系的确定是一个核心问题,也是分解和抽象原则的具体体现。这种基于类的设计分解,既要使不同类的开发者可以在明确类职责的基础上独立进行开发,又要保证不同的类分别开发完成后能够顺利集成并正确实现整体的系统设计要求。因此,面向对象设计方案需要明确不同类之间的接口定义,确保不同类的开发者按照接口约定分别实现后能顺利集成。

在传统的面向对象软件设计及实现中,类之间的接口约定主要是通过接口方法的语法声明,包括参数及其类型、返回值类型、抛出的异常等。然而,这种语法声明不足以精确定义类之间的接口语义,从而可能导致接口理解不一致的问题。

由此,契约式设计(Design by Contract,DBC)的思想应运而生。契约式设计的思想最早是由面向对象软件大师 Bertrand Meyer 提出的一种软件构造方法。它无论是在形式化的数学证明中还是在实践运用中,都被证明是大幅提高软件工程质量的有效手段。该方法在他所发明的 Eiffel 编程语言中得到了实现。

(2)契约式设计机制。

契约式设计就是建立不同类(或者模块)之间的契约关系,以一种可检查的方式明确定义接口的实现方和调用方各自应当承担的"权利"和"义务"。

契约式设计中的契约应当明确定义并且可以进行验证。常见的契约形式是对程序运行状态的断言,即关于输入参数、返回值、内部属性取值范围及其关系的布尔表达式。一般的契约内容包括以下 3 个方面。

1)前置条件(Precondition):调用一个方法之前应当满足的条件。

2)后置条件(Postcondition):一个方法执行完成后应当满足的条件。

3)不变式(Invariant):一个软件元素(例如类)在任何方法执行前后都应当一直满足的条件。

在契约式设计中,前置条件是方法的调用方需要确保的。它们只能在某个方法的前置条件满足的情况下才能对其进行调用,否则出错责任在于调用方。后置条件是方法的实现方需要保证的[15]。它们的前置条件在调用之前是满足的,那么在调用结束后它们的后置条件应该成立,否则出错责任在于被调用方。不变式则是一个软件元素所有方法的实现方都应当确保的,任何方法的执行都不应当破坏不变式中的条件。

(3)契约式设计应用举例。

图 4-13 所示是一个包含契约式声明的堆栈类的一部分,其中的 invariant、require、ensure 分别表示不变式、前置条件和后置条件。每个条件声明冒号之前和之后分别是条件名称和条件内容,而条件内容中的 Result 和 old 关键字分别表示方法返回值和方法执行之前的取值。通过这些契约条件可以看到,堆栈的栈顶位置(topIndex)总是处于 -1 与(数组长度 -1)之间(这两个取值分别表示栈空和栈满)。创建堆栈对象时(即构造方法执行之前)所提供的容量(capability)必须是正整数,而创建成功之后内部的数组长度等于容量。查询堆栈是否为空的方法(isEmpty)的执行没有任何前置条件,而执行完之后确保返回值等于栈顶位置是否小于 0 的布尔结果。出栈方法(pop)执行之前堆栈不能为空,而执行之后将返回原来栈顶的元素,同时栈顶位置减 1。可以看出,这些契约条件可以帮助程序员更加精确地定义接口,明确调用方和实现方的责任。例如,出栈方法的前置条件明确了调用方应当确保在堆栈不为空的情况下进行调用,而该方法本身无须对堆栈是否为空进行判断。

2. 云原生设计

(1)云原生的产生。

随着云计算技术的广泛应用,应用的规模和复杂度也在不断增加,这就需要更加高效和灵活的应用开发和管理方式,云原生(Cloud Native)的概念应运而生。云原生技术的发展历史可以说是一个不断演进和创新的过程。随着云计算和应用程序的需求不断演变,云原生技术不断发展和完善,以应对现代应用程序的复杂性、可伸缩性、灵活性和可维护性等挑战。同时,云原生技术还可能与其他新兴技术如边缘计算、区块链等相结合,形成更加综合和全面的解决方案。

(2)云原生的概念。

云原生就是一套全新的理念,背后涵盖了一系列全新的技术,例如容器、微服务、服务网格等。云原生无处不在,它基于 DevOps、微服务、容器编排、服务网格等技术和设计思想构建。云原生应用是一类技术的统称,通过云原生技术,可以构建出更易于弹性扩展的应用程序。除了构建用户应用以外,云原生的设计思想也广泛用在 PaaS 和 IaaS 的产品设计里面。这些应用可以被运行在不同的环境当中,比如说私有云、公有云、混合云,还有多云的场景。

```
public class IntStack{
  private int[ ] elements;
  private int topIndex;
  invariant//不变式
    topIndex_within_capability: topIndex>=-1&&topIndex<elements.length;

  public IntStack(int capability);
  require//前置条件
    capability_be_positive: capability>0;

  ensure//后置条件
    elements_length_equalTo_capability: elements.length==capability;

  public boolean isEmpty();
  ensure//后置条件
    negative_topIndex_Indicate_Empty: Result==(topIndex<0);

  public int pop();
  require//前置条件
    not_empty: isEmpty()==false;

  ensure//后置条件
    return top: Result==elements[old topIndex];
    topIndex_decrease:topIndex==old topIndex-1;
  …
}
```

图 4-13　堆栈类中的契约声明

从狭义上来讲,云原生包含以容器、微服务、持续集成和持续发布(Continuous Integration/Continuous Delivery,CICD)为代表的云原生技术,使用一种全新的方式来构建、部署、运维应用。它不但可以很好地支持互联网应用,也在深刻影响着新的 IT 架构和应用架构。

从广义上来讲,云原生完全基于分布式云架构来设计开发应用系统,是全面使用云服务的构建软件。随着云计算技术的不断发展和丰富,很多用户对云的使用,不再是早期简单地租用云厂商基础设施(计算、存储、网络)等资源。

(3)云原生的体系架构。

图 4-14 是 Pivotal 公司对云原生的体系架构图,它把云原生定义为四大组件:微服务、容器、持续集成、DevOps。

1)SpringCloud 微服务。

2014 年,Martin Fowler 和 James Lewis 共同提出了微服务的概念。他们定义微服务是由小型服务组成的单一应用程序,每个服务都有自己的进程和轻量级处理过程,按照业务功能进行设计,并且可以通过全自动方式进行部署,使用 HTTP API 进行服务间通信。微服务使用最小的集中管理能力(例如 Docker),可以使用不同的编程语言和数据库等组件进行实现。

在实现微服务体系结构时,需要解决许多问题。Netflix 公司开发了一个微服务框架来支持他们的内部应用程序,并将该框架的许多源码进行了开源。其中很多功能已经在 Spring 框架中得到推广,并在 Spring Cloud 项目的保护下重新实现为基于 Spring 的工具。其中:Spring Cloud 是基于 Spring Boot 开发的,后者为单个服务的快速开发提供了支持;Apache Dubbo 则提供了面向接口代理的高性能 RPC(远程过程调用)调用功能,可以用于实现服务间交互。此外,Apache Service Comb 也是一个开源的微服务全栈开发框架。下面以 Spring Cloud 为例介绍几个主要的与微服务开发相关的组件,如图 4-15 所示。

图 4-14 云原生的体系架构图

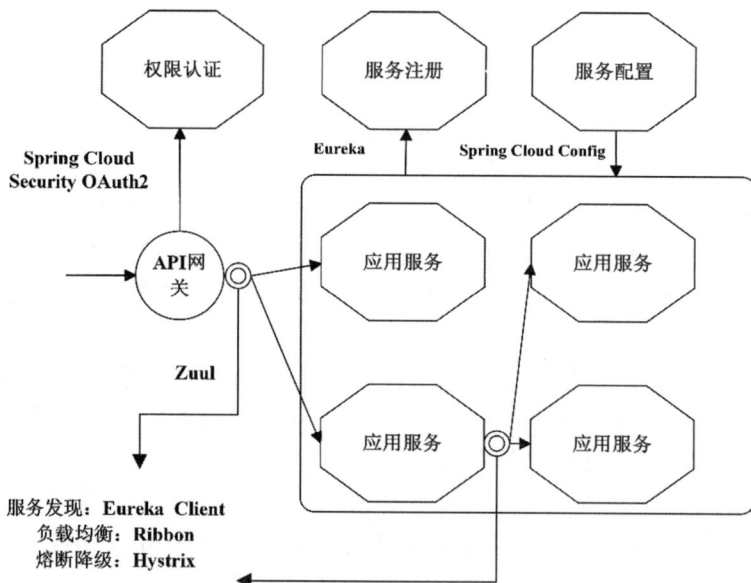

图 4-15 Spring Cloud 微服务开发相关组件示意图

服务网关(Zuul)是一种用于构建微服务架构中的边缘服务的组件,它作为整个微服务系统的入口点,负责接收外部请求并将其路由到相应的微服务实例。服务注册(Eureka)是一种在微服务架构中,用于注册和发现微服务实例的机制。Eureka 是 Netflix 开发的一款用于实现服务注册和发现的工具,它充当了微服务系统中的服务注册中心,负责管理和维护微服务实例的注册信息。

服务配置(Spring Cloud Config)是 Spring Cloud 生态系统中的一个模块,用于集中管理和配置微服务应用程序的配置信息。它提供了一种可扩展的方式,可以将配置信息存储在版本控制系统(如 Git、SVN 等)中,从而实现了配置的集中管理和版本控制。

负载均衡(Ribbon)是指将请求平均地分配到多个服务器上,从而实现多个服务器之间的负载均衡,提高系统的可靠性、可扩展性和性能。

熔断降级(Hystrix)是一种在微服务架构中处理故障和异常情况的模式,用于保护系统免受服务调用失败和资源耗尽等问题的影响。Hystrix 是 Spring Cloud 生态系统中的一个熔断降级模块,它提供了一种强大的容错机制,用于处理分布式系统中的故障情况。

权限认证(Spring Cloud Security OAuth2)是 Spring Cloud 生态系统中的一个模块,用于实现授权认证和安全保护的功能。它基于 OAuth2 协议,提供了一套完整的授权认证解决方案,用于保护分布式系统中的资源和服务,确保只有授权的用户或客户端才能够访问受保护的资源。

2)Docker 容器技术。

容器技术的不断发展推动了云原生的诞生,而云原生生态的持续完善也使容器技术体系更加完备。虚拟容器技术是一种操作系统层虚拟化技术。它可以让容器共享宿主机内核,同时提供相互隔离的空间,使得在容器中安装、配置以及运行应用程序就像在宿主机上一样。但是分配给容器的资源仅对自己可见,容器之间不能获取对方的资源。当需配置大量具有相同内核的操作系统时,容器技术的优势就显而易见了。

如图 4-16 所示,将一个计算机系统抽象为底层物理资源中操作系统以及上层应用,它们之间通过约定好的物理接口进行通信交互。为了充分利用有限的底层物理资源,提高效率,虚拟化容器技术在中层和上层之间引入一个新的虚拟化层,通过对下层实际物理资源的管理以及对上层应用所需资源的重新分配,实现了既能扩大计算机系统存储容量又能简化软件配置的目标。

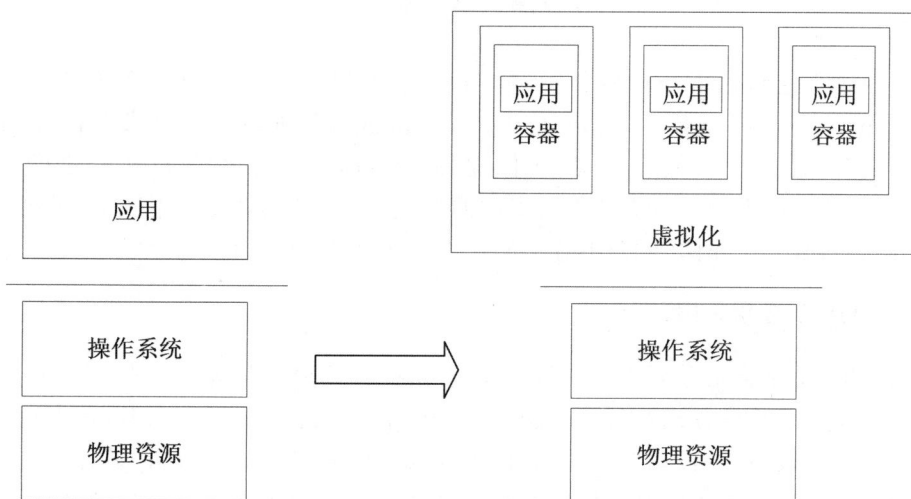

图 4-16　容器技术原理图

随着 Namespace、Cgroups、Capability、Seccomp 等机制陆续出现在 Linux 操作系统中,容

器技术得以快速发展。常见的虚拟容器技术有 Docker、LXC、runC、containerd 等,其中 Docker 是容器技术的典型代表。

Docker 生命周期主要由三部分组成:镜像(Images)、容器(Container)、仓库(Registry)。镜像是容器的运行基础,由一系列的指令构建而成,包含容器运行所需的环境变量、库和配置文件等。容器是镜像的运行实例,能够运行和隔离应用程序,容器之间都是互不可见、彼此隔离的。仓库是集中存放和分配镜像的场所,其中包含许多应用不同版本的镜像,并可以通过标签对每个版本进行标注。仓库包括私有和公有两种:私有仓库是由用户通过仓库镜像启动容器搭建的本地镜像仓库,存储本地镜像;公有仓库中存放着许多公司的官方镜像和用户们的自定义镜像,同时用户可以将本地镜像推送到公有仓库中,也可以拉取镜像下载使用。

3)自动化工具和流程。

在云原生领域中自动化工具和流程常常使用 CI/CD 方式。CI/CD 是持续集成和持续交付(Continuous Integration and Continuous Delivery)的英文缩写。持续集成(Continuous Integration,CI)是指在软件开发过程中,频繁地将代码集成到共享的代码仓库,并通过自动化的构建、测试和验证流程来确保代码的质量和稳定性。持续集成的目标是尽早地发现和修复代码中的错误,以减少集成问题和提高团队的开发效率。持续交付(Continuous Delivery,CD)是指通过自动化的方式,将经过集成和验证的软件持续地交付给生产环境或其他预定的环境。持续交付的目标是确保软件随时都是可发布的状态,以便能够随时根据需求进行部署,从而实现快速、稳定的软件发布。

通过 CI/CD 的实践,可以加速软件开发和发布过程,减少人为错误和集成问题,提高软件质量和稳定性,从而实现更快速、高效、可靠的软件交付。CI/CD 中有许多常用的工具,用于实现持续集成、持续交付和自动化部署等过程,其中主要包括 Jenkins,GitLab CI/CD,Docker,Kubernetes,Ansible 等。

4.4 UML

自从对象管理组织(Object Management Group,OMG)1997 年正式发布 UML(Unified Modeling Language,统一建模语言),目前 UML 已经成为面向对象的需求分析、设计的首要标准建模语言。它不仅仅是应用在软件建模,还可以广泛地用于商业建模(Business Modeling)。本节介绍 UML 的特点并以实例的形式,详细说明 UML 用例图、类图、对象图、状态图、包图、序列图、协作图、活动图等 UML 图示模型的功能与建立方法。

4.4.1 UML 及应用范围

UML 是用来为面向对象开发系统的产品进行说明、可视化和编制文档的手段。

面向对象是一种思维方式,当然需要用一种语言来表达与交流。UML 是表达面向对象的标准化语言。经过多年的发展,UML 目前已经成为面向对象需求分析、设计的首选标准建模语言。要在团队中开展面向对象软件的开发,掌握 UML 进行可视化建模是必不可少的。

自 1997 年,OMG 采纳 UML 作为基于面向对象技术的标准建模语言,UML 已发展到 UML 2.0 版本。然而由于 UML 2.0 语法过于精细,有些开发商认为 UML 2.0 对开发人员的用处有限,所以 UML 2.0 还没有得到软件开发商的广泛支持。下面介绍被广泛支持和使用的

UML 1.4 版本。

UML 支持面向对象的各种概念,提供了丰富模型元素,每个模型元素都有其符号化的表示。图 4－17 给出了类、对象、状态、节点、包和组件等模型元素的符号化表示。

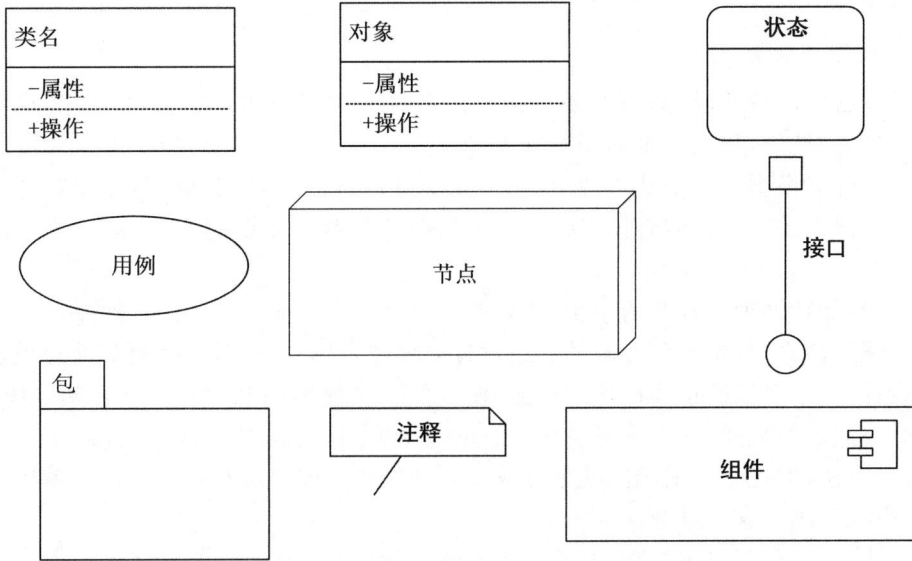

图 4－17　模型元素的符号示例

模型元素与模型元素之间的连接关系也是模型元素,常见的关系有关联(Association)、通用化(Generalization)、依赖(Dependency)和聚合(Aggregation),其中聚合是关联的一种特殊形式。

这些关系的符号化表示如图 4－18 所示。

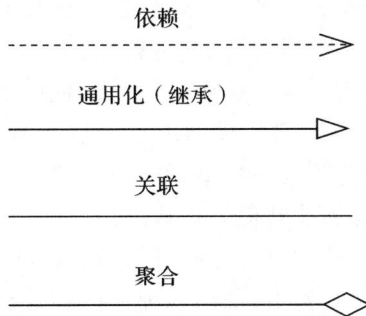

图 4－18　关系的图示符号化

按照规定的语法使用 UML 模型元素的符号化表示,可以建立系统模型的图形化表示。从不同的目的出发,可以为系统建立多个类型的图形化表示模型,也称为模型图。UML 主要包含以下几种类型的模型图:用例图、类图、对象图、状态图、序列图、协作图、活动图和组件图。

UML 是一种定义良好、易于表达、功能强大的建模语言。UML 的目标是以面向对象图的方式来描述任何类型的系统,具有很宽的应用领域。最常用的是使用 UML 为软件系统建立模型,但它同样可以用于描述非软件领域的系统,如机械系统、企业机构或业务过程,以及处理复杂数据的信息系统、具有实时要求的工业系统或工业过程等。总之,UML 是一个通用的标准建模语言,可以对任何具有静态结构和动态行为的系统进行建模。

4.4.2 UML 与面向对象的分析与设计

1. 建立模型的必要性

模型是什么?简单地说,模型提供了系统的蓝图。它既可以是结构性的,强调系统的组织,也可以是行为性的,强调系统的动态方面。

为什么要建立模型?一个基本理由是,建立模型是为了能够让用户和开发者更好地理解将要开发的系统的需求。模型有助于按照实际情况或按照所需要的样式,对系统进行可视化描述。

建立模型,能帮助理解复杂的系统,更好地解决问题。人们对复杂问题的理解,如果仅仅依靠大脑的记忆能力,总是十分有限的。通过建立模型,可以帮助开发者更好地对系统计划进行可视化设计,并指导他们正确地进行构造,使开发工作能够顺利进行。通过建立模型,可以缩小所要研究问题的范围,一次只着重研究它的一个方面,这就是 Edsger Dijkstra 讲的"分而治之"的基本方法,即把一个困难问题划分成一系列能够被解决的小规模问题。解决了这些小规模问题,也就解决了这个难题。

如果不建立模型,项目越复杂,对系统的理解和认识就越困难。缺少了统一、有效、易于理解的系统描述,就有可能造成软件开发的失败或者构建出错误的东西。而有了系统模型,就可以通过先对模型进行测试,及早发现系统设计中可能存在的问题,避免出现颠覆性的错误,以此来降低开发代价。

作曲家会将闪现在其头脑中的优美旋律谱成乐曲,建筑师会将其头脑中构想的建筑物画成设计蓝图,这些乐曲、蓝图就是模型(Model)。构建这些模型的过程,就称为建立模型(Modeling),简称建模。软件开发过程与音乐谱曲及建筑设计有相似之处,在其开发过程中,也必须将需求、分析、设计、实现、布署等各项工作流程的构想与结果,通过易于理解、交流,并符合一定格式标准的形式予以记录和呈现,这就是软件系统的建模。

软件开发者可能会在一块黑板上或草稿纸上勾画出他的想法,以便对正在开发的项目系统进行可视化表示。使用自己随手写出的模型表示方法本身并没有什么错。如果它能行得通,当然就可以使用。然而,这些非正规的模型,经常是太简单或太随意了,用于自我记忆和分析是可行的,但它没有提供一种容易让其他人理解的共同语言。对于别人而言,也许就像是无法理解的天书。建筑业、电机工程业和自动控制系统都有标准的建模语言,以便于在工程师之间进行沟通和交流。因此,在软件开发中,使用一种共同的建模语言进行软件的建模,显然是十分必要的。

软件开发的难点在于,一个项目的参与人员中既包括具有专业技术的领域专家、软件设计开发人员,也包括可能对技术一无所知的客户以及用户。他们之间交流的难题,往往成为软件开发的最大困难。专家与技术人员对系统与功能的描述,往往会选择技术性很强的专业词汇,以便尽量给予系统一个准确的描述,而客户却难以理解。客户对系统的需求和要求,又往往因为对技术的不了解而难以进行准确的描述。如何寻找一种描述方法,既能展现专家和技术人员对系统的准确设计,又能够直观地被客户所理解,就成为众多软件工程师所关心的问题。

UML 定义了一些可视化的图形表示符以及它们的意义,它为上述两种不同领域的人们提供了统一的交流标准,有效地促进了客户与软件设计、开发和测试人员的相互理解。无论分析、设计还是开发人员采取何种不同的技术方法或过程,他们所提交的产品,都是使用 UML 来描述的。这就保证了描述的一致性,并有力地促进了与客户的交流和沟通。

2. UML 在面向对象软件开发不同阶段的应用

UML 可以用来为面向对象软件系统开发中的不同阶段进行建模。

在需求分析阶段,可以通过用例来捕获用户需求。通过用例建模描述对系统感兴趣的外部角色及其对系统的功能要求。当划分系统功能时,用例是强有力的分析工具。

分析阶段,主要关心问题域中的主要概念(如类和对象等),即在用例图的基础上抽象出系统的类以及它们之间的关系并以适当的粒度用 UML 类图来描述。为了实现系统功能,类之间需要协调工作,可以用 UML 动态模型来描述。在分析阶段,只对问题域的对象(现实世界的概念)建模,并考虑与用例图的相互迭代,而不考虑定义软件系统中技术细节的类(如处理用户接口、数据库、通信和并行性等问题的类)。

在设计阶段,把分析阶段的结果扩展成技术解决方案。例如,通过加入新的类,来提供技术细节——用户接口、数据库操作等。设计阶段为构造阶段提供了更详细的规格说明。

编程是一个独立的阶段,其任务是使用面向对象的编程语言,将来自设计阶段的类模型转换成实际的程序代码。

UML 模型还可作为测试阶段的依据。系统通常需要经过单元测试、集成测试、系统测试和验收测试。不同的测试小组可以使用不同的 UML 图作为测试的依据。单元测试使用类图和类规格说明或以包为单位进行单元测试。集成测试使用组件图和协作图。系统测试使用用例图来验证系统的行为。验收测试由用户进行,以验证系统测试的结果是否满足在分析阶段确定的需求。

包的概念对测试特别有用。虽然可以通过以类为单位来进行测试,但有时以包为单位进行单元测试更为方便和自然。每个包应包含一个或多个测试类来测试包的行为。

4.4.3　面向对象软件开发中的 UML 基础建模

UML 是面向对象软件开发中的基础建模工具,用于描述、可视化和通信软件系统的设计。它提供了一系列图形符号和规范,包括用例图、类图、时序图、活动图等,帮助开发人员理解和展现系统的结构、行为和交互。UML 基础建模涉及将概念抽象成对象、类、关系,并描述它们之间的交互作用。这种建模方式能够促进团队间的沟通、协作,使开发者更清晰地定义系统需求、设计架构,并为软件开发提供指导和依据。UML 基础建模有助于捕获和传达系统的设计思想,提高开发效率和软件质量。

1. 用例图和用例描述

用户并不想了解软件系统的内部结构和设计,他们所关心的是系统所能提供的服务(或系统所完成的功能),即被开发出来的系统将是如何被使用的,这就是设计 UML 用例图的基本思想。

在面向对象软件开发的需求分析阶段,需要通过用例建模来表达系统的功能性需求或行为,才能使用户对软件功能有一个直观的了解。用例图由参与者(Actor)、用例(Use Case)、系统边界、箭头等图元组成。

对于用例图中的每个用例都可以对其进行详细的说明，即通过用例描述来表达系统的详细需求，为软件的进一步分析和设计打下基础。用例描述首先用文本形式的文档来表述。下面针对用例图和用例描述给出较详细的阐述。

（1）用例图。

用例图是用来描述希望系统所能实现的功能。通过用例图可以看出系统具有哪些功能。用例图包括参与者、用例和系统边界（一个矩形）这三种模型元素。在画用例图时既要画出三种模型元素，同时还要画出各个元素之间的多种关系。模型之间的关系包括参与者和用例之间的关联、用例之间的关系以及参与者的泛化关系。

下面以一个网上在线订购乐器的原型系统为例来理解用例图的各种模型元素以及它们之间的关系。在线订购乐器系统为前台客户提供了如下的功能：

1）用户用合法的用户名和密码登录系统。

2）系统为用户提供在线产品信息，包括每个产品的名字、零售价格、产品信息描述、有关产品图片信息的超链接以及产品的托运方式和价格等。

3）在用户浏览商品期间，可以将自己感兴趣的商品放入购物篮或从购物篮中删除产品项，并在线显示购物篮中商品清单及其详细信息。

4）允许用户就购物篮中的商品提交订单，并显示订单价格。

5）允许用户查看自己订单历史的详细信息。

（2）参与者。

用例图中的参与者是指系统以外的，在使用系统的某个功能或与系统交互中所扮演的角色。只要使用用例与系统交互（向系统发送消息或从系统中接收消息）的人或事物都是参与者，它可以是人、事物、时间或其他系统等等，它们代表的是系统的使用者或使用环境。参与者在画图中用简笔人物来表示，人物下面附上参与者的名称。

如图4-19所示，在线订购乐器的前台客户系统有登录、提交定单、显示购物篮信息等功能。启动这些功能的是购买乐器的客户（Customer）。对于提交订单和查看客户的历史订单记录等功能，则要向后台数据库服务器发送消息，将订单信息入库以及从库中取出历史订单信息。对于网上在线订购乐器的前台客户系统而言，购买乐器的客户和后台数据库服务器都是参与者。

另外，参与者之间可以有泛化关系，即把某些参与者的共同行为抽取出来将其表示成通用行为，把它们描述为父类。例如，上例中客户可细分为两类客户——个人客户和团体客户，它们之间的泛化关系如图4-20所示。

（3）用例。

用例代表的是一个外部可见的完整的系统功能，这些功能由系统所提供，并通过与参与者之间消息的交换来表达。用例的用途是在不揭示系统内部构造的情况下定义行为序列，它把系统当作一个黑箱，表达整个系统对外部用户可见的行为。

关于对用例的命名，通常可以取一个简单、描述性的名称，一般为带有动作性的词。用例在画图时用椭圆来表示，椭圆下面附上用例的名称。

图4-19所示的在线订购乐器的前台客户系统，提供的用例有客户登录、查看产品目录、将产品项添加到购物篮、从购物篮删除产品项、清空购物篮、提交订单、查看自己的订单历史以

及数据库连接用例等。

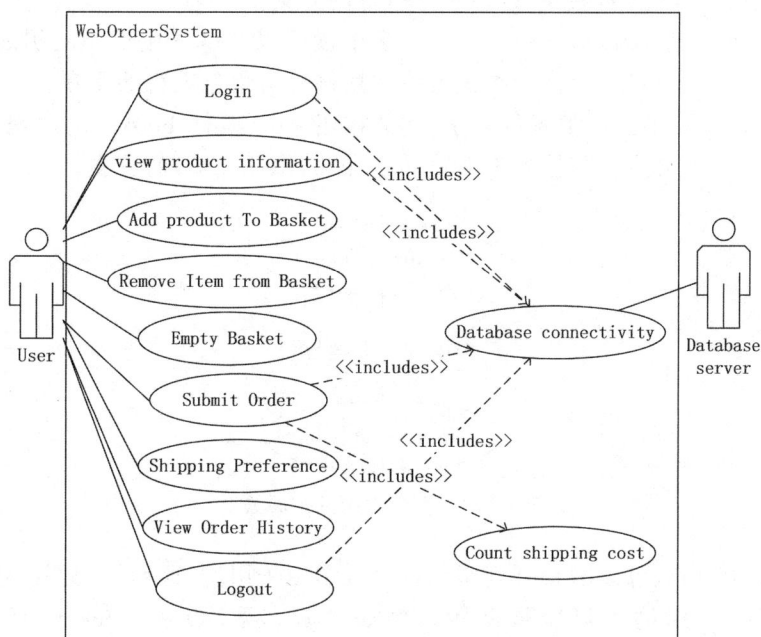

图 4 - 19　在线订购乐器的前台客户系统的用例

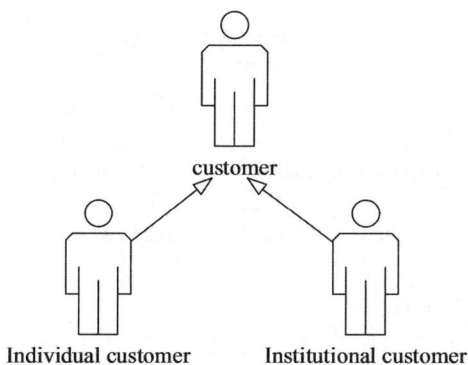

图 4 - 20　参与者之间的泛化关系

（4）用例之间的关系。

用例之间可以存在包含、扩展和泛化关系。

用例可以简单地包含其他用例具有的行为，并把它所包含的用例行为作为自身行为的一部分，这被称作包含关系。一般情况下，当相似的动作跨越几个用例而又不想重复描述该动作时，便要用到包含关系。例如，在线订购乐器的前台客户系统中的客户登录、查看产品目录，查看自己的订单历史等用例，它们与数据库连接用例之间的关系就是包含关系。

扩展关系是从扩展用例到基本用例的关系，它说明为扩展用例定义的行为，如何插入到为基本用例定义的行为中。在以下几种情况中，可使用扩展用例：

1）表明用例的某一部分是可选的系统行为。这样，就可以将模型中的可选行为和必选行为分开。

2)表明只在特定条件(如例外条件)下才执行的分支。

3)表明可能有一组行为段,其中的一个或多个段可以在基本用例中的扩展点处插入。所插入的行为段和插入的顺序,取决于在执行基本用例时与角色进行的交互。

图4-21给出了一个扩展关系的例子,例如在还书(Return books)的过程中,只有在读者遗失书籍的情况下,才会执行赔偿遗失书籍(Compensate books)的分支。

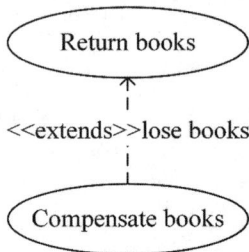

图4-21 用例之间的扩展关系

在泛化关系中,用例可以被特别列举为一个或多个子用例,这称作用例泛化。当父用例能够被使用时,任何子用例也可以被使用。例如订购车票(Order ticket)是电话订购车票(Telephone order ticket)和网上订购车票(On-line order ticket)的抽象。图4-22给出了这三个用例之间的泛化关系。

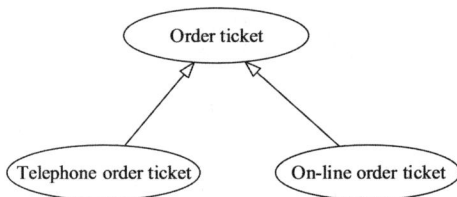

图4-22 用例之间的泛化关系

(5)用例和参与者之间的关系。

用例和参与者之间有连接关系,属于关联(Association),又称作通信关联(Communication Association)。这种关联表明哪种参与者能与该用例通信。关联关系是双向的一对一关系,即参与者可以与用例通信,用例也可以与参与者通信。

(6)系统边界。

系统边界是用来表示正在建模系统的边界。边界内表示系统的组成部分,边界外表示系统外部。系统边界在画图中用方框来表示,同时附上系统的名称,参与者画在边界的外面,用例画在边界里面。

(7)用例描述。

用例图主要描述系统应具有哪些功能,每个功能的含义和具体实现步骤,则必须使用用例描述。用例描述是从用户的角度,以文本形式描述系统的行为需求。描述的行为是用户可见的,不是系统隐藏的机制。

图形化表示的用例本身,并不能提供该用例所具有的全部信息,因此还必须描述用例不能反映在图形上的信息。通常需要用文字来描述用例的这些信息。用例描述其实是一个关于角色与系统如何交互的规格说明,该规格说明必须清晰准确且没有二义性。描述用例时应着重描述系统从外界看来会有什么样的行为,而不需要考虑该行为在系统内部是如何具体实现的,即只考虑外部功能,不考虑内部实现细节。

用例描述的内容虽然没有硬性规定的格式,但用例描述一般需要包括简要描述(说明)、前置(前提)条件、基本事件流、其他事件流、异常事件流、后置(事后)条件等。

1)简要描述:对用例的角色、目的等进行简要的说明。

2)前置条件:执行用例之前,系统必须要处于的状态,或者需要满足的条件。

3)基本事件流:描述该用例的基本流程,指每个流程都"正常"运作时所发生的事件,没有任何备选流和异常流。

4)其他事件流:表示这个行为或流程是可选的或备选的,并不是总要执行它们。

5)异常事件流:表示当发生了某些异常时,所要执行的流程。

6)后置条件:表示用例执行完成后,系统所处的状态。

对于用例描述,下面给出了在线订购乐器的前台客户系统中,客户登录用例的描述,如表4-1所示。

表 4 - 1　客户登录用例描述

Use Case Name	Login
Created By	Author
Date Created	10 04，2006
Actors	CustomeOne
Description	CustomeOne must fill out the login form that includes user name and password
Preconditions	CustomeOne has accessed WebOrder and entered the registration form
Post conditions	CustomeOne is registered for login account to WebOrder
Normal	CustomeOne requests to register for log – in profile by accessing the registration form. WebOrder displays logininterface CustomeOne input user name and password. CustomeOne clicks Login
Exceptions or abnormal	CustomeOne is not eligible to Register for Log – in Account 1. System informs CustomeOne that he is not eligible to Register. 2. System terminates use case. CustomeOne is already Registered for Log – in Account 1. System informs CustomeOne that he is already registered. 2. System terminates use case

2．类图和对象图

(1)类图。

类图(Class Diagram)主要用在面向对象软件开发的分析和设计阶段,它用来描述系统的静态结构。类图显示了所构建系统的所有实体、实体的内部结构以及实体之间的关系,即从用户的客观世界模型中抽象出来的类、类的内部结构和类与类之间的关系。类图是构建其他模型图的基础,没有类图,就没有状态图、协作图等其他 UML 模型图,也就无法表示系统的动态行为。

图 4-23 给出了一个简单的图书馆系统的静态类图的建模方案。下面以该类图为例,来了解有关 UML 类图的详细内容。

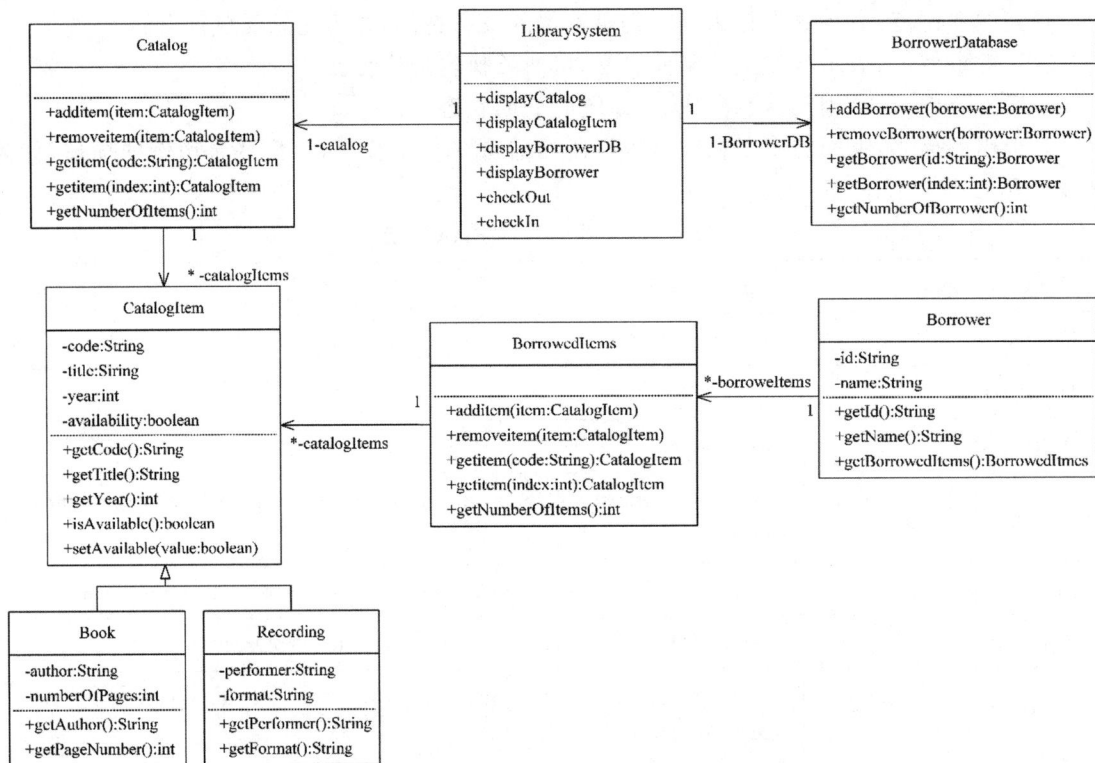

图 4-23 一个简单图书馆系统的类图

1)类。在类图中,类用长方形表示。长方形分成上、中、下 3 个区域,上面的区域内标示类的名字,中间区域内标示类的属性列表,最下面的区域标示类的方法列表。图 4-23 给出了类 LibrarySystem、Catalog、BorrowerDatabase、CatalogItem、Book、Recording、BorrowedItems、Borrower 的说明。在程序实现时,类可以用面向对象语言中的类结构描述。

类的属性列表中的每个属性信息占据一行,每行属性信息的格式如下:

访问权限控制　属性名:属性类型

例如:类 CatalogItem 中的属性:

— code：String

访问权限控制的表示参见表 4-2。

表 4-2　类的属性和方法的访问权限控制的可见性表示

符号	说明
＋	代表 public
＃	代表 protected
－	代表 private
～	代表 package,即 friendly

每个操作的信息在类的方法列表中也单独占据一行,每行方法信息的格式如下:

访问权限控制 方法名(参数列表):返回值的类型

2)类与类之间的关系。

①继承关系。继承是面向对象设计中很重要的一个概念。由于现实世界中很多实体都有继承的含义,所以在软件建模中将含有继承含义的两个实体,建模为有继承关系的两个类。

由面向对象的继承性可得,如果两个类有继承关系,那么一个类自动继承另一个类的所有数据和操作。被继承的类称为父类或超类,继承了父类或超类的所有数据和操作的类称为子类。子类可以在继承的基础上进行扩展,即添加自己新的操作,子类也可以覆写父类中的操作,使得其新的操作行为有别于父类中的同名操作。

在 UML 类图中,为了建模类之间的继承关系,从子类画一条实线引向父类,在线的末端,画一个带空心的三角形指向父类,如图 4-23 所示。类 Book 和类 Recording 都继承自类 CatalogItem。可以看出,类 Book 和类 Recording 除了继承父类 CatalogItem 的所有属性和方法外,都添加了自己新的操作方法。

父类中公有的成员,在被继承的子类中仍然是公有的,而且可以在子类中随意使用。父类中的私有成员在子类中也是私有的,子类的对象不能存取父类中的私有成员。一个类中的私有成员,都不允许外界对其做任何操作,这就达到了保护数据的目的。

如果既需要保护父类的成员(相当于私有的),又需要让其子类也能存取父类的成员,那么父类成员的可见性应设为保护的。拥有保护可见性的成员,只能被具有继承关系的类存取和操作。具有保护可见性的成员名字前面通常加一个 ＃ 号。

②关联关系。当对一个软件系统建模的时候,特定的对象之间可能彼此关联。这些关联关系需要在类图中表示清楚。

(a)单向关联关系。类 A 与类 B 是单向关联关系,是指类 A 包含类 B 对象的引用,但是类 B 并不包含类 A 对象的引用。单向关联关系在类图中通过带箭头的单向矢线来表示,箭头的方向指向类 B。

在类图中还应该进一步表示出类与类之间关联的数量,即和类 B 的一个实例关联的类 A 对象的数量,同时在关联数量的旁边需要写出关联对象的属性名。

例如客户拥有一个银行账户,银行账户并不拥有客户的信息,那么客户和账户就是单向关联关系,如图 4-24 所示。

对于图 4-24 所示的类图,和类 Client 的一个实例关联的类 BankAccount 对象的数量是 1 个,关联的属性名为 account。

关联的属性在编程实现时,通常转化为类的私有属性。例如,针对图 4 - 24 的类图,用 Java 语言编程实现时,account 作为类 Client 的私有属性。

```
class Client {

    private BankAccount account;
    ...
}
```

类 Client 包含类 BankAccount 的一个引用,引用名为 account,其数据类型是 BankAccount 类型的。

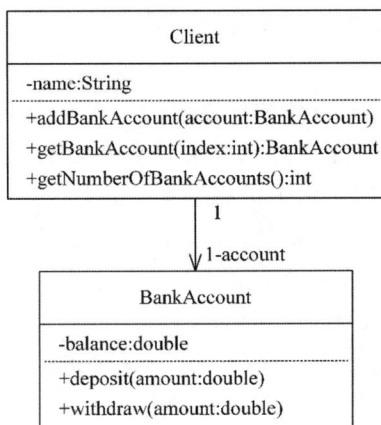

图 4 - 24　单向关联关系

类与类之间常用的关联数量表示及其含义有以下几种:
- 具体数字:比如上述表示的 1。
- ＊或 0..＊:0 到任意多个。
- 0..1:0 个或 1 个。
- 1..＊:1 到任意多个。

图 4 - 23 所示的图书馆系统的类图中,类 BorrowedItems 和类 CatalogItem 的关系是一对多的单向关联关系,即和一个类 BorrowedItems 实例关联的类 CatalogItem 对象的数量是 0 到任意多个,关联的属性为 catalogItems。对于这种一对多的关联关系,在 Java 中是通过容器来实现的,即通过容器来维护多个类 CatalogItem 对象。

```
class BorrowedItems {
    private Vector catalogItems;
    ...
}
```

(b)双向关联关系。两个类之间如果有双向关联关系,那么在编码实现时彼此会包含对方的一个引用。例如,在一个需求描述中,一个学生可以选修 6 门课程,一门课程可以被任意多个学生选修。在面向对象的软件建模中,将需求中的实体学生和课程分别建模为类,并通过类图表明学生和课程这两个类之间有双向关联关系,它们彼此包含对方的引用。在类图中,用一条直线连接两个类来表示它们之间的双向关联关系,同时表示出学生类和课程类的关联的数量及关联的属性,如图 4 - 25 所示。

图 4 - 25 表示,和类 Course 的一个实例关联的类 Student 的对象的数量为 0 到任意多个,和类 Student 的一个实例关联的类 Course 的对象的数量为 6 个。

在面向对象软件开发的分析和设计阶段,通过建立类图来描述软件系统的对象类型以及它们之间的关系,为进一步软件的编码实现提供足够的信息。同时,开发人员通过类图也可以查看编码的详细信息,如软件系统的实现由哪些类构成,每个类有哪些属性和方法,以及类之间的源码依赖关系。

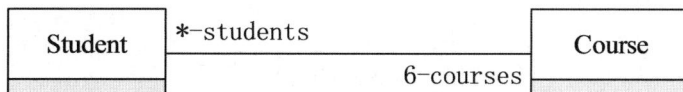

图 4 - 25　双向关联关系

(2)对象图。

对象图(Object Diagram)显示某时刻一组对象、对象之间的关系以及该时刻对象的属性值。对象图是类图的实例,几乎使用与类图完全相同的标识。它们的不同点在于,对象图显示类的多个对象实例,而不是实际的类,即对象的属性是有值的。对象图也可用于显示类图中的对象在某一时间点的连接关系。

对象的图示方式与类的图示方式几乎是一样的,主要差别在于对象的名字下面要加下画线。对象图有下列三种表示格式:

第一种格式:对象名:类名

第二种格式:类名

第三种格式:对象名

图 4 - 26 给出了图 4 - 24 所示类图的对象图。对象图与类图的关系就是对象与类的关系。

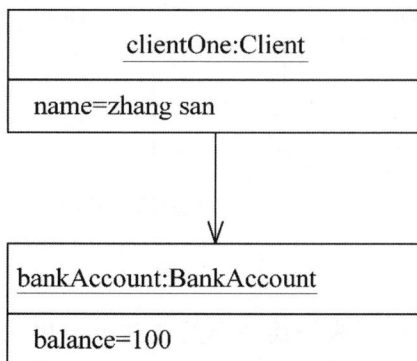

图 4 - 26　对象图

3. 包图(Packages Diagram)

在 UML 中包的最简单的表示方法如图 4 - 27 所示,类似于文件夹的样子。包是类的集合。包图所显示的是类的包以及这些包之间的依赖关系。

也可以列出包中的所有类，如图 4 - 28 所示。

在 Java 中包名对应于文件目录，包 com. bruceeckel. simple 对应于文件夹目录 com\bruceeckel\simple。

若两个包中的任意两个类之间存在依赖关系，则这两个包之间存在依赖关系。例如，包 mcy. shape 中的 Triangle 类用到了包 com. bruceeckel. simple 中的 Vector 类，则两个包 shape 和 com. bruceeckel. simple 有依赖关系，如图 4 - 29 所示。

在大型软件系统开发中，包图是一种重要工具，如果不能将整个系统的类图压缩到一张 A4 纸上，就可以考虑使用包图。

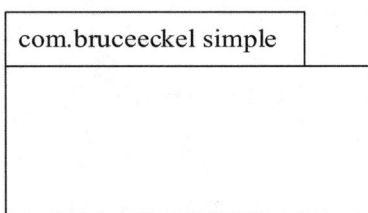

图 4 - 27　包的图示(一)

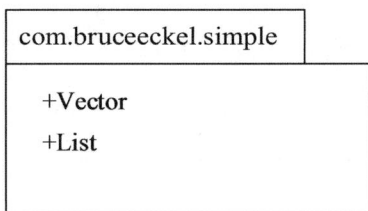

图 4 - 28　包的图示(二)

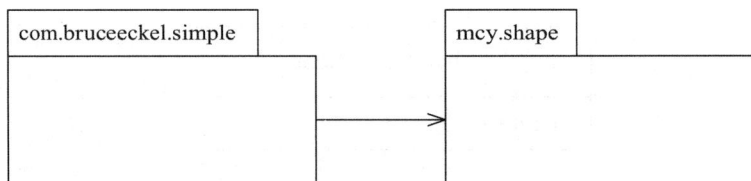

图 4 - 29　包与包之间的依赖关系图示

4. 状态图

状态图(State Diagram)可被用来描述一个类或整个应用系统的外部可见行为。对象或系统在给定的时间点处于某种状态，它将保持这种状态直到响应另一个事件(Event)发生，并使它改变状态。

由于不是所有的类都有按事件顺序排列的明显行为，所以状态转换图只适用于那些有可标记的状态和复杂的行为的类。所以状态图可看作是对类的一种补充描述，它展示了此类对象所具有的可能的状态，以及某些事件发生时状态的转移情况。通过状态图，可以了解到对象所能达到的所有状态,以及对象所收到的事件对对象状态产生的影响等。

还可以将整个应用系统按事件顺序排列的行为,作为一个整体的状态转换图,以便在分析时指出系统的动态行为。

状态图可以有一个起点(起始状态)和多个终点(终止状态)。起点用一个黑圆点表示,终点用黑圆点外加一个圆表示,如图 4-30 所示。

(1)状态。

状态图中的状态用一个圆角矩形表示。一个状态一般包含两个部分,如图 4-31 所示。第一部分为状态的名称,一个最简单的状态也可以只有这一部分。第二部分为可选的状态内部的活动列表。一个活动代表由系统完成的功能或操作,其语法格式如下:

label / activity expression

label 表示活动何时执行的标签。entry、exit 和 do 是 UML 保留的标准活动标签,它们的含义如下:

entry/activity expression:进入某一状态时启动的活动。

exit/activity expression:离开某一状态时执行的操作。

do/activity expression:当在状态中时执行的一个活动。

activity expression 是可选的,用来指定应该做何种动作(如操作调用、增加数性值等)。activity expression 可以用伪代码描述,也可以用自然语言描述。

图 4-30　状态图中的起点和终点

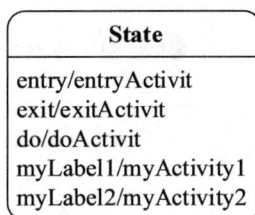

图 4-31　状态表示

由图 4-32 可以看出,用户也可以自己定义自己需要的活动标签及相应的活动表达式。

在任何一个时间点上,对象的状态由该对象的属性(该类中定义的属性)值和与其他对象的关联属性(该类中包含的其他类对象)值来确定。

例如,对于简单图书馆系统,CatalogItem 对象的状态图如图 4-33 所示。当书还没有借出时,它是可用的(Available)。如果有学生借阅了该书,那么它的状态就是无效的(Unavailable)。由于类 CatalogItem 对象没有包含其他类对象,因此它的状态仅是由它自身的属性 Availability 确定的。

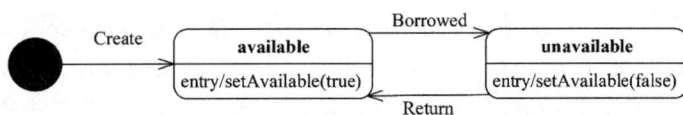

图 4-32　CatalogItem 对象的状态图

（2）状态转换。

状态的改变称作状态转换，状态转换用一条带箭头的线表示，箭头旁可以标出转换发生的条件。状态转换可以伴随有某个动作，它表明当转换发生时，系统要做什么。状态转换的语法表示如下：

trigger［guard］/ effect

触发器（trigger）表示转换发生的条件。通常其语法表示为：

事件名｛可选的参数列表｝

其中参数列表的格式为：

参数名 1：类型表达式，参数名 2：类型表达式，…

守卫条件（guard）是状态转移中的一个布尔表达式。当触发器事件发生时，只有当守卫条件为真时，状态转移才发生。

操作（effect）是指转换发生时执行的动作。它可以是由对象的操作和属性组成的动作表达式，也可以是由事件说明中的参数组成的动作表达式。

案例：画一个 UML 状态转换图，实现一个便携式的 CD 唱机的控制程序建模。CD 唱机包括三个状态：stopped，playing 和 paused。在任何一种状态下，包括三个可能发生的事件：pause_is_pressed，stop_is_pressed 和 play_is_pressed。CD 唱机的状态转换图如图 4-33 所示。

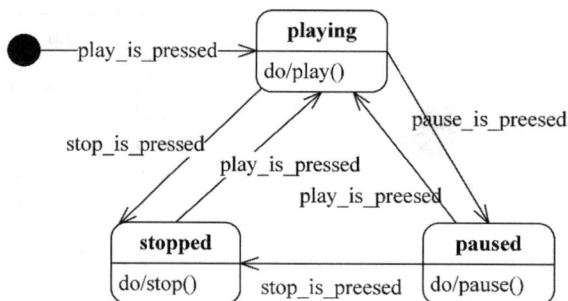

图 4-33　CD 唱机的状态转换图

状态图对于编写软件是个非常有用的工具，它还可以用来描述用例、协作和方法的动态行为，如果想要描述跨越多个用例的单个对象的行为，应当使用状态图。

虽然状态图的应用很广泛，但并不是所有的建模过程都需要画出状态图。只有当行为的改变和状态有关时，才需要创建状态图。

5. 序列图

序列图（Sequence Diagram）描述了对象之间动态的交互关系，着重体现对象之间消息传递的时间顺序。对于图 4-23 描述的简单图书馆系统的静态类图，显示图书馆系统维护的所有目录项（CatalogItem）的 code、title 和 availability 信息的对象交互序列图如图 4-34 所示。

参与者 user 激活了类 LibrarySystem 的 displayCatalog 方法，该方法实现的功能是显示图书馆数据库中所存目录项的信息。方法 displayCatalog 的方法体首先调用类 Catalog 的 getNumberOfItems 方法返回数据库中所存的目录项的个数，然后通过索引调用类 Catalog 的 getItem 方法获取每个目录项对象，最后针对每一个目录项调用 CatalogItem 类的 getTitle、 getCode 和 getAvailable 方法,获取每个目录项的详细信息。

(1)对象、消息和活动。

序列图由一组协作的对象构成,对象的图示与对象图中的表示一样。每个对象分别带有一条竖线,称作对象的生命线,它代表时间轴。时间沿竖线向下延伸,表示一个对象在一个特定时间内的存在。序列图描述了这些对象随着时间的推移,相互之间交换消息的过程。例如图 4 - 34 中涉及的交互对象有 LibrarySystem 对象、Catalog 对象和 CatalogItem 对象。

每个消息显示为一个从发送消息的对象的生命线到接收消息的对象的生命线的水平箭头。在箭头相对空白处给出消息的说明,内容包括消息名和参数,也可以包括返回值,返回值表示一个操作调用的结果。

item := getItem(index:int)

变量 item 表示函数 getItem(index:int)的返回值。可以看到 CatalogItem 对象的变量名也命名为 item。它们表示的是同一个变量,即 getItem(index:int)返回的是 CatalogItem 类型的对象。

消息的返回也可被显示成一个带虚线的箭头,指明消息返回值的类型和数值等。例如图 4 - 34 中的消息 getTitle()有返回值 title:String。

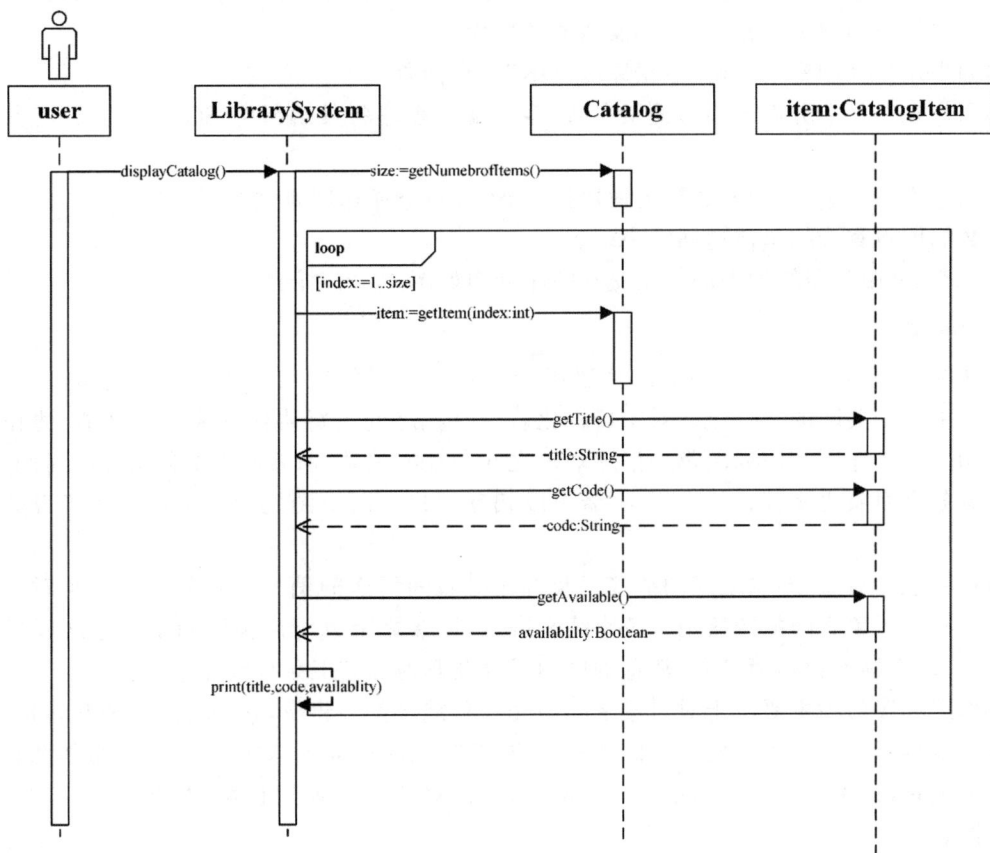

图 4 - 34　显示目录项的对象交互的序列图

对象生命线上的各个小矩形表示活动(Activation)。对象收到一条消息后活动就开始,它代表函数执行的时间段。例如,LibrarySystem 对象生命线上的小矩形表示函数 displayCatalog()运行的时间。活动是可选的,序列图中也可以不画出活动。

(2)循环和条件。

围绕循环执行的消息序列可以画一个矩形框来表示一个简单的循环语句。例如图 4 - 34 中表示的消息循环。循环框的左上角用 loop 关键词标记,其中[index=1..size]表示循环执行的条件。

消息也可以有条件,表示只有条件为真时,才可以发送和接收消息。可以在消息名前面加上[条件],来表示该消息发送或接收的条件。

序列图用来描述对象交互的时间顺序,比较适合交互规模较小的可视化图解。但是如果对象很多而且交互又很频繁,那将使序列图变得复杂起来,这是顺序图的一个弱点。

可以用序列图完整地描述一个算法。但不应该画成千上百个序列图,对所有的算法都面面俱到。因为那样可读性太差,也没有人愿意去读。这只会浪费时间。相反,可以画一个相对较小的序列图,只要该序列图能够捕获所要表达的核心思想即可[16]。

案例:画一个 UML 序列图,对下面描述的三层客户-服务器结构中的对象交互进行建模。

1)客户端(Applet)向数据库(Servlet)发送连接请求,数据库响应并返回一个密码请求。

2)用户提供用户名和密码,将其发送回数据库。

3)如果用户名和密码正确,数据库以"OK"消息回复。

4)用户在客户端界面中输入搜索参数,客户端小程序将其解析为 SQL 查询,并将其发送到数据库。

5)数据库将 SQL 查询发送到远程数据库,远程数据库返回查询结果。

6)数据库将查询结果传递回客户端。

三层客户-服务器结构中的对象交互的序列图如图 4 - 35 所示。

6. 协作图

协作图(Collaboration Diagram)主要用于对对象之间的交互和链接关系建模,一条链接就是类图中一个关联的实例化。对于可视化若干对象之间进行协作完成一个功能,协作图是非常有用的。协作图和序列图都是描述对象之间交互的关系,前者侧重描述交互的时间顺序,后者强调各个对象之间存在的交互,二者可以相互转换。两个图之间的选择依赖于设计者的意图。

协作图包括对象、对象之间的链接以及链接对象间发送的消息。对象的图示与对象图中的表示一样。对象之间的链接用一条直线来表示,链接之上方可以标注两个对象之间发送的消息标签,消息标签包括消息名、消息的序列号以及其他的守卫条件和循环条件。

协作图和序列图主要用于对对象之间的交互和链接关系建模,它们之间可相互转化,只是描述的侧重点不一样。为了便于更好地理解协作图,同时也为了掌握静态类图、协作图和序列图之间的关系,这里给出一个简单类图的例子,并在此基础上画出建模对象之间交互的序列图和协作图。

图 4 - 36 给出了一个类图,该图中涉及两个类 TreeMap 和 TreeMapNode。类 TreeMap 和 TreeMapNode 之间的关系是一对一的关联关系,即类 TreeMap 拥有类 TreeMapNode 的一个引用,引用的变量名为 topNode。类 TreeMapNode 是个自包含的类,它包含两个自身类

型的引用,这两个引用存储在名为 nodes 的容器中。类 TreeMap 有 public 方法 add 和 get,类 TreeMapNode 有两个 public 方法 add 和 find。

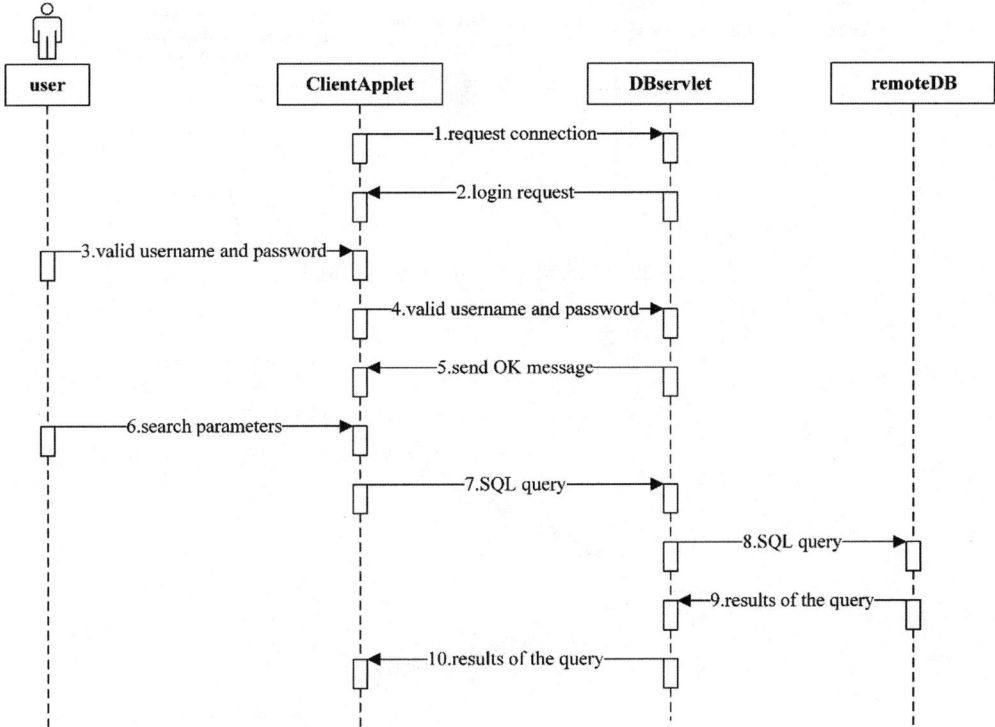

图 4 - 35 对象交互的序列图示例

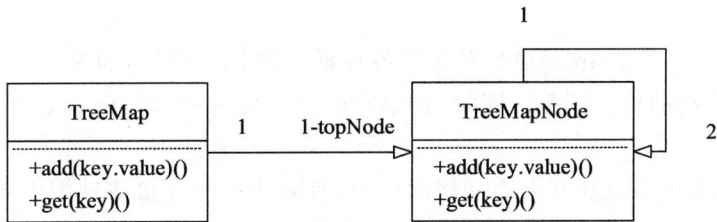

图 4 - 36 TreeMap 的类图

TreeMap 的 add 方法实现的序列图如图 4 - 37 所示。参与者代表一个未知的激活 add 方法的对象。如果 topNode = null,那么 TreeMap 就调用 TreeMapNode 的构造函数 TreeMapNode(key,value),创建一个新的 TreeMapNode 对象赋予 topNode,否则 TreeMap 就激活 TreeMapNode 的 add 方法。

与图 4 - 37 相对应的 TreeMap 的 add 方法实现的协作图如图 4 - 38 所示。

在建模中,如果要描述在一个用例中的几个对象协同工作的行为,交互图(序列图或协作图)是一种有力的工具。交互图擅长显示对象之间的合作关系,尽管它并不对这些对象的行为进行精确的定义。

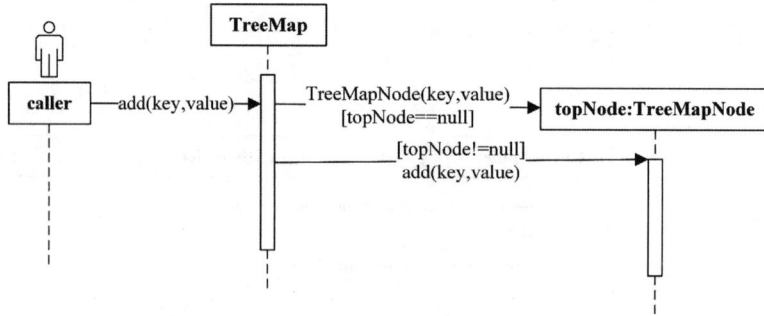

图 4 - 37　TreeMap 的 add 方法的序列图

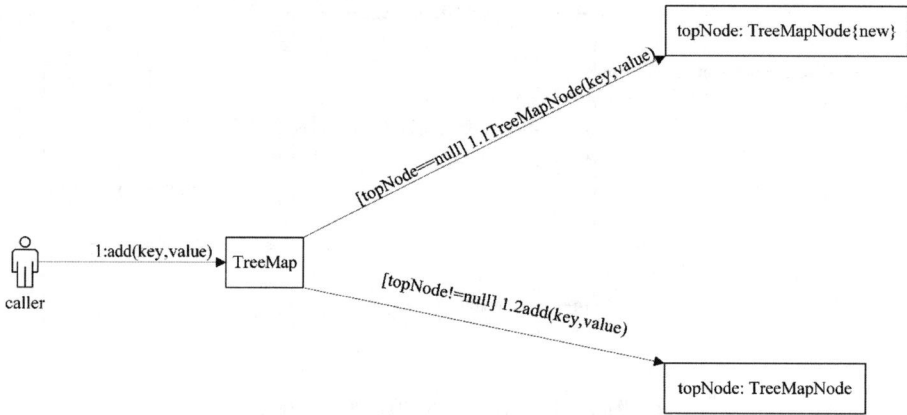

图 4 - 38　TreeMap 的 add 方法的协作图

7. 活动图

活动图（Activity Diagrams）描述系统中各种活动的执行顺序，通常用于描述一个操作中所要进行的各项活动的执行流程。同时，它也常被用来描述一个用例的处理流程或者某种交互流程。

UML 活动图是由节点和有向边连接而成的，有向边用来连接活动图中各个节点，有向边尾部连接的节点称为有向边的源节点，有向边头部连接的节点称为有向边的目标节点。UML 活动图记录单个操作或方法的逻辑流程、单个用例或商业过程的逻辑流程。在很多方面，活动图是结构化开发中流程图和数据流程图的面向对象等同体。图 4 - 39 所示为构建活动图的模型元素。

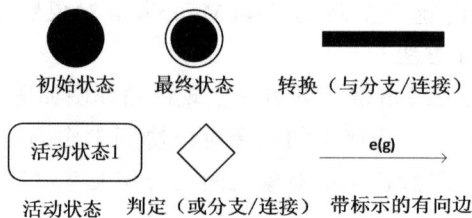

图 4 - 39　活动图的模型元素

其中：

(1)实心圆表示活动图的起点。

(2)带边框的实心圆表示终点。

(3)如果有一条有向边输入,有多条有向边输出,条状节点则表示分支节点;如果有多条有向边输入,有且仅有一条有向边输出,条状节点则表示分支连接节点。

(4)圆角矩形表示执行的过程或活动。

(5)菱形表示判定点,如果有一条有向边输入,有多条有向边输出,则菱形节点表示决定节点;如果有多条有向边输入,有且仅有一条有向边输出,则菱形节点表示汇合节点。

(6)带标示的有向边表示活动之间的转换,各种活动之间的流动次序,为了更好地描述工作流模型,有向边用 e[g] 表示,e 为事件表达式,[g]为布尔数据,表示守卫条件(Guard - condition),e 和[g]都是可选的,没有表达式时,表示 e 是空事件,g 的布尔值为真。

活动图的基本结构有顺序结构、并发结构、选择结构、循环结构,如图 4 - 40 所示。

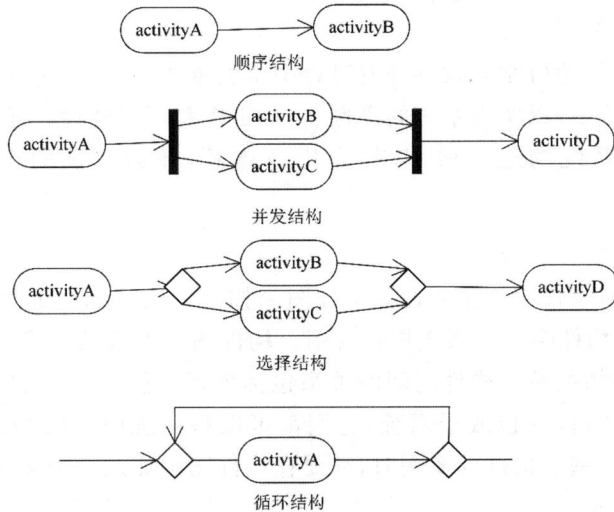

图 4 - 40　活动图的基本结构

确认顾客订单的活动图如图 4 - 41 所示。在收到用户订单的活动完成之后,核实库存中是否有订单中的产品以及验证客户的信用卡是否有效这两个活动可以是并发的过程。这两个并发的活动执行完毕后,就可以接收客户订单。

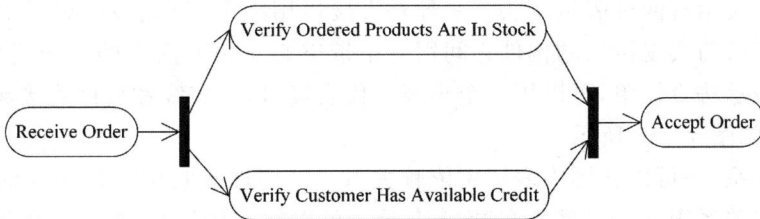

图 4 - 41　确认顾客订单的活动图

活动图最适合描述并行行为,是支持工作流建模的最好工具。在建模过程中,如果想要描述跨越多个用例或多个线程的多个对象的复杂行为,则需考虑使用活动图。但是,活动图很难清楚地描述动作与对象之间的关系。

4.4.4 面向对象软件开发中的描述物理架构的机制

在面向对象软件开发中,描述物理架构的机制是指如何将软件系统的各个组成部分和模块映射到物理资源上的方法和策略。这一机制涉及将软件设计和结构转化为可以在硬件或者网络等物理环境中运行的实际布局和部署方式。

物理架构的描述包括以下两个方面:

构件配置:物理架构考虑了软件系统在硬件上的部署方式,包括服务器、计算机、存储设备等的配置。这涉及如何将软件的不同模块分配到不同的硬件设备上,以实现最佳的性能和资源利用率。

部署拓扑:描述物理架构的机制包括系统在网络拓扑中的部署方式。这方面考虑了不同模块之间的通信和交互方式,以及它们在网络中的位置布局,包括集中式部署、分布式部署、云端部署等。

总之,描述物理架构的机制是软件开发过程中至关重要的一环,它涉及将抽象的软件设计映射到现实的物理环境中,以实现系统的高性能、稳定性和可扩展性。通过合理的物理架构设计,可以有效地优化系统的运行效率,提高用户体验,并为系统的未来发展提供良好的基础[17]。

1. 构件配置

构建配置在面向对象技术中主要通过构件图来描述。构件图中通常包含构件、接口和依赖关系。在 UML 中,构件图属于系统构件视图。构件图是点和弧的集合,在内容上通常包括构件、接口和构件之间的关系。构件之间的关系包括依赖、泛化、关联和实现。构件图中可以包含注释和约束,也可以包含包或子系统,它们都可以将系统中的模型元素组织成较大的构件。当需要可视化一个基于构件的实例时,需要在构件图中加入一个实例。

(1)构件的图符表示。

在 UML 中,软件构件是由一个矩形方框和嵌在左边方框上的两个小矩形框组成的。每一个构件必有一个有别于其他构件的名称,名称是一个字符串。只有单独一个名称的称为简单名,在简单名前加上构件所在包的名称叫作路径名。构件中可以包含类,类可以有实例。同样构件也可以有实例。构件的图符如图 4-42 所示。

(2)构件的接口表示法。

构件的接口表示有两种表示方法。一种是将接口用一个矩形表示,矩形中包含了与接口有关的信息。接口与实现接口的构件之间用一条带空心三角形箭头的虚线连接,箭头指向接口。另外一种表示法更简单,可以用一个小圆圈代表接口,用实线和构件连接起来。实线代表的是实现关系,如图 4-43 所示。

除了实现关系,还可以在图中表示出依赖关系——构件和它用来访问其他构件的接口之间的关系。依赖关系用一条带箭头的虚线表示。可以在一张图中同时表示出实现和依赖关系,如图 4-44 所示。这里的"球窝"符号中"球"代表了提供的接口,"窝"代表了所需的接口。

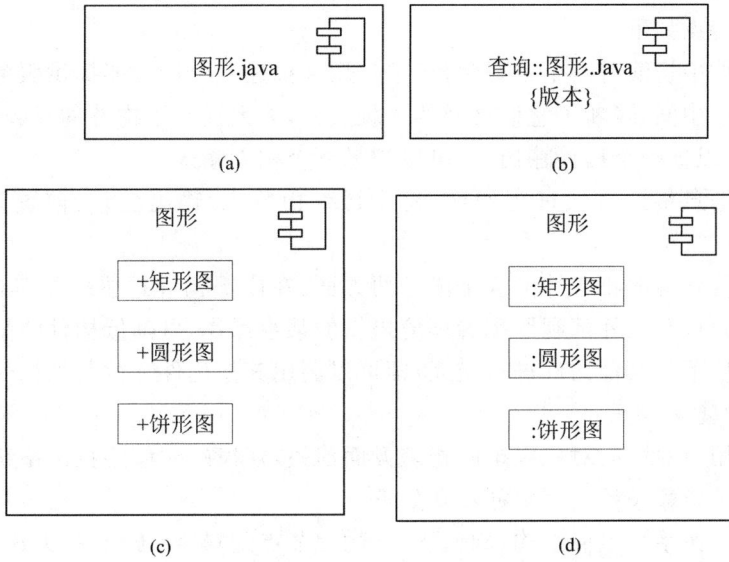

图 4－42　构件的图符

(a)简单名；(b)路径名；(c)长式图符；(d)构件实例

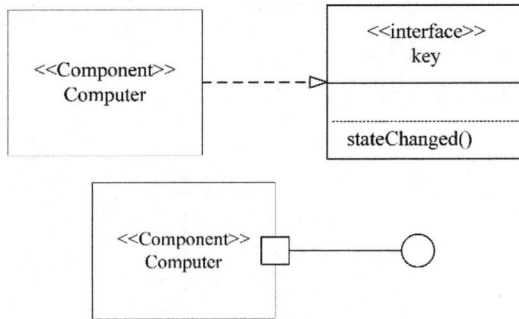

图 4－43　接口表示法

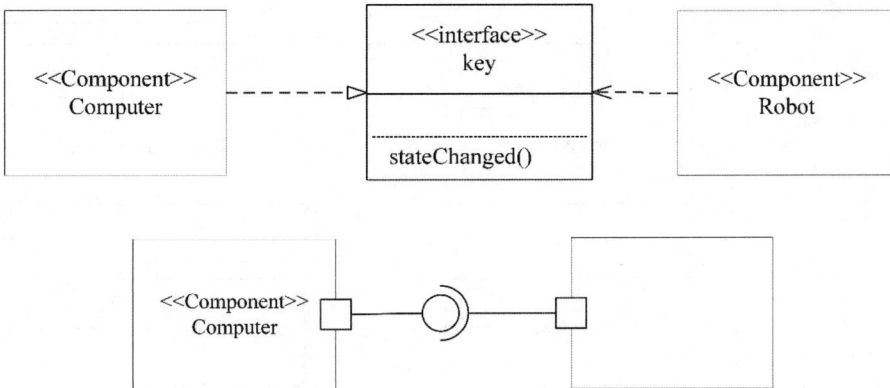

图 4－44　实现和依赖的表示

（3）软件构件的特点。

软件构件的特点如下：

1）接口在构件中扮演着一个重要角色，接口用来描述一个构件能提供服务的操作的集合。接口位于两个构件中间，隔断了它们之间的依赖关系，大大提升了构件的封装性。对于一个给定的接口，它既可以被一个构件输出，也可以被另一个构件输入。

2）构件通过消息传递方式进行操作，每个操作由输入/输出变量、前置条件和后置条件决定。

3）构件在配置环境的相容性上满足内外两方面：在内部构件提供一组其配置环境需要的操作，达到亲和的目的；在外部利用配置环境提供的某组操作，可降低构件的复杂程度。

4）能与同环境下的其他构件进行交互，即可以调用其他构件和被其他构件发现和使用。

（4）构件图的建模步骤。

构件图一般用于对面向对象系统的物理方面建模，建模的时候要找出系统中存在的构件、接口和构件之间的依赖关系。大致的步骤如下：

1）确定构件。按系统组成结构、软件复用、物理节点配置、系统归并、为每个构件找出并确定相关的对象类和各种接口等几方面分析系统，从中寻找和确定构件。

2）说明构件。利用适当的构造型说明构件的性质。

3）对组件之间的依赖关系建模。

4）对于复杂的大系统，采用包的形式组织构件，形成清晰的结构层次图。

5）对建模的结果进行精化和细化。

一个简单的系统构件图实例如图 4 - 45 所示。

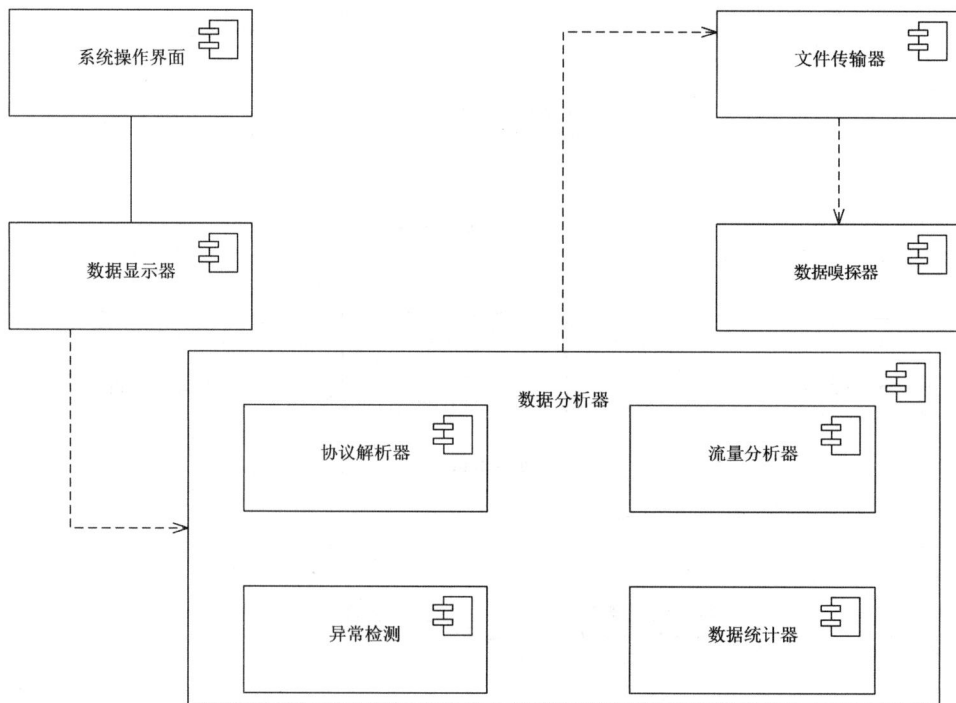

图 4 - 45　构件图实例

2. 部署拓扑

硬件系统体系结构模型涉及系统的详细描述(根据系统所包含的硬件和软件)。它显示硬件的结构,包括不同的节点和这些节点之间如何连接。此外,它还用图形展示了代码模块的物理结构和依赖关系,并展示了对进程、程序、构件等软件在运行时的物理分配。

在面向对象的系统分析和设计中,硬件系统体系结构模型的作用有这些方面:

- 指出系统中的类和对象涉及的具体程序或进程。
- 标明系统中配置的计算机和其他硬件设备。
- 指明系统中各种计算机和硬件设备如何进行相互连接。
- 明确不同代码文件之间的相互依赖关系。
- 如果修改某个代码文件,标明哪些相关的代码文件需要重新进行编译。

一个面向对象系统模型包括软件和硬件两方面,经过开发得到的软件系统的构件和重用模块,必须部署在某些硬件上才能执行。在 UML 中,硬件系统体系结构模型由部署图建模。

部署图也称配置图或者实施图。部署图展示了工件如何在系统硬件上部署和各个硬件部件如何相互连接。部署图对系统的物理架构进行建模,它展示了系统软件和硬件构件之间的关系,以及这些组件在物理上的处理。一个系统只有一个部署图,部署图常常用于帮助理解分布式系统。

部署图一般在开发的实现阶段开始准备,它展示了在分布式系统中所有的物理节点在每个节点上保存的工件和组件,以及别的元素等。

(1)节点。

节点是存在于运行时的代表计算资源的物理元素,它表示某种计算资源的物理(硬件)对象,包括计算机、外部设备(打印机、读卡机、通信设备等)。节点一般都具有内存,而且常常具有处理能力。

在 UML 中,节点用一个立方体来表示,如图 4-46 所示。

每一个节点都必须有一个区别于其他节点的名称。节点的名称是一个字符串,位于节点图标的内部。在实际应用中,节点名称通常是从现实的词汇表中抽取出来的短名词或名词短语。节点的名称有两种:简单名和路径名。路径名是在简单名的前面加上节点所在包的名称。

UML 图中的节点只显示其名称,但也可以用标记值或表示节点细节的附加栏加以修饰。节点上还可以附加如≪Printer≫≪Router≫≪Carcontroller≫等表示特定的设备类型,如图 4-47所示。

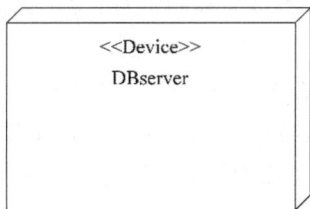

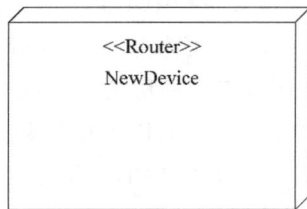

图 4-48　节点的表示　　　　　　　　图 4-49　带有构造型的节点

部署图中的节点分为处理机和设备。处理机是可以执行程序的硬件构件。在部署图中，可以说明处理机中有哪些进程、进程的优先级与进程的调度方式等。进程调度方式分为抢占式、非抢占式、循环式、算法控制方式和外部用户控制方式等。设备是无计算能力的硬件构件，如调制解调器、终端等。

部署图可以显示配置和配置之间的依赖关系，但每个配置必须存在于某些节点上。部署图可以将节点和配置结合起来，以处理资源和软件实现之间的关系。当配置驻留某个节点时，可以将它建模在该节点的内部。为显示配置之间的逻辑通信，需要添加一条表示依赖关系的虚线箭头，如图 4－48 所示。

将部署图标置于节点内部可以清楚地表示节点对配置的包容关系，也可以在节点和配置之间添加一条表示依赖关系的虚线箭头并使用构造型来表示。

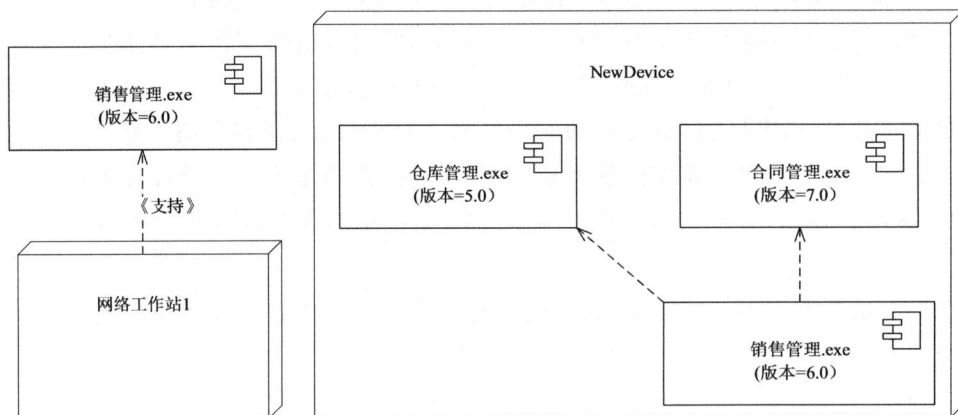

图 4－48　节点中的配置

（2）节点之间的关联。

部署图中的节点和节点之间通过物理连接发生联系，以便从硬件方面保证系统各节点之间的协同运行。节点之间、节点和构件之间的联系包括通信关联、依赖关联等。部署图用关联关系表示各节点之间的通信路径。在 UML 中，部署图中的关联关系的表示方法与类图中关联关系相同，都是一条实线，如图 4－49 所示。关联关系一般不使用名称而使用构造型，如≪Ethernet≫≪parallel≫和≪TCP≫等。

前面介绍了节点和节点之间的通信关联，下面介绍节点和构件之间的依赖关联。

节点和构件之间，驻留在某一个节点上的构件或对象与另一个节点上的构件或对象之间也可以发生联系，这种联系称为依赖。依赖分两种，一种是同一节点上构件与节点的支持依赖，另一种是分布式系统中不同节点上驻留构件或对象之间迁移的依赖，使用虚箭头表示。

在 UML 中，支持依赖联系以构造型≪支持≫表示，如图 4－49 的左图所示。描述一个分布式系统中不同节点上驻留的构件或对象之间迁移的依赖关系用构造型≪becomes≫声明。

一个工件为另一个工件提供参数，一个部署说明本质上就是一个配置文件。例如，一个 XML 文档或者一个文本文档，它里面定义了一个工件是怎么部署在节点上的，如图 4－50 所示。

（3）部署图的建模步骤。

在实际应用中并不是所有的软件开发项目都需要绘制部署图。如果要开发的软件系统只需要运行在一台计算机上,且只使用此计算机上已经由操作系统管理的标准设备,如键盘、鼠标、显示器等,那么就没有必要绘制部署图。如果要开发的软件系统需要使用操作系统之外的设备,如扫描仪、打印机等,或者系统中的设备分布在多个处理器上,这时就必须绘制部署图,以帮助开发人员理解系统中软件和硬件之间的映射关系。

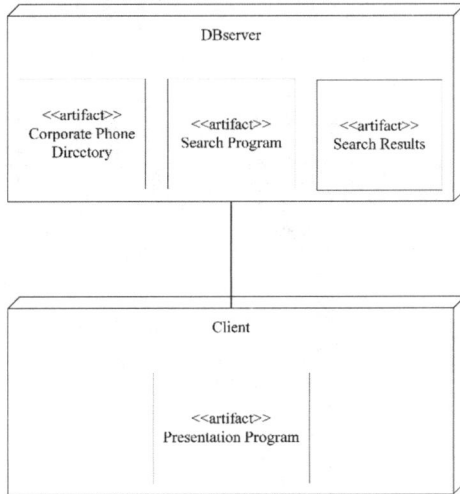

图 4 - 49　节点间的连接

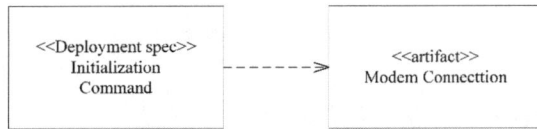

图 4 - 50　工件之间参数传递

　　部署图一般用于对系统的实现视图建模,建模的时候要找出系统中的节点和节点之间的关联关系。具体的步骤如下。

　　1)对系统中的节点建模。根据硬件设备和软件体系结构的功能要求统一考虑系统的节点。根据硬件设备的配置如系统使用的服务器、工作站、交换机、输入/输出设备等确定节点。因为计算机能处理信息和执行构件,所以一般将一台计算机作为一个节点,一个设备也作为一个节点。设备一般不能执行构件,但它是系统与外界交互的接口。描述节点的属性——系统各节点计算机的性能指标。

　　2)确定驻留构件。根据软件体系结构和系统功能要求分配相应构件驻留到节点上。

　　3)注明节点性质。用 UML 标准的或自定义的构造型描述节点的性质。在使用时要谨慎地使用构造型化元素,为项目或组织选择少量通用图标,并在使用它们时保持一致。

　　4)确定节点之间的联系。如果是简单通信联系,就用关联连接描述节点之间的联系,可在关联线上标明使用的通信协议或网络类型。对于分布式系统,应当注意各节点驻留的构件或对象之间迁移的依赖关系。

　　5)绘制部署图。对于一个复杂的大系统,可以采用打包的方式对系统的众多节点进行组织和分配,形成结构清晰、具有层次的部署图。同时要注意,每个包中节点名称要具有唯一性,还要注意包与包之间的联系,摆放元素时尽量避免线的交叉。

以上就是绘制部署图的具体步骤,在绘制过程中还要掌握一些技巧,一个简单的部署图如图 4-51 所示。当在 UML 中创建部署图时,记住每一个部署图只是系统静态视图的一个图形表示,这意味着系统所有的部署图一起表示了系统的完整的静态实施视图。每一个部署图只反映系统实施视图的一方面。

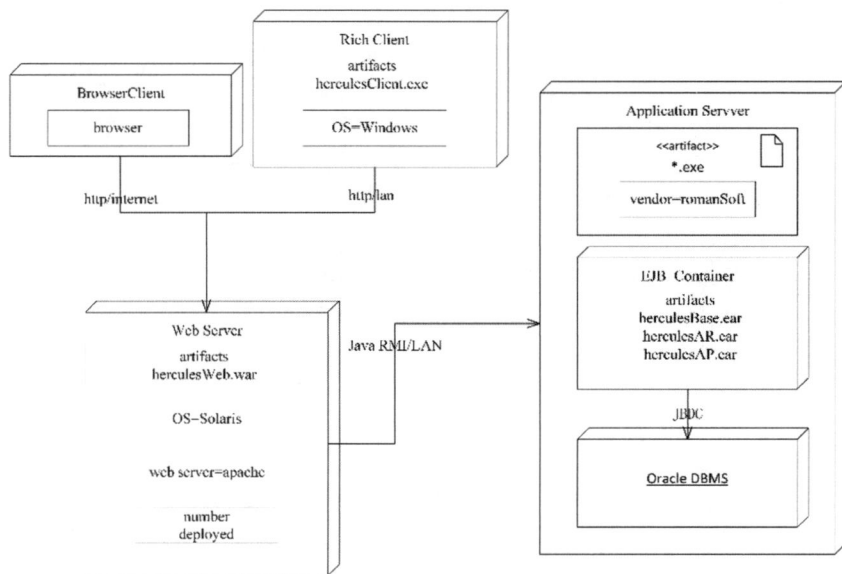

图 4-51　部署图实例

4.4.5　UML 建模工具

为了提高工作效率,更好、更快地掌握 UML 语言,选择成熟的 UML 建模工具往往能起到事半功倍的效果。下面对常见的 UML 建模工具进行简单的介绍。应用最广泛的 UML 建模工具,是 Enterprise Architect、Visual Paradigm、Rational Rose 以及 Microsoft Visio 2023。当然,还有其他一些 UML 建模工具如 Visual Paradigm、StarUML、PowerDesigner、Eclipse UML、Violet 等。

Enterprise Architect 是一个功能丰富的建模工具,支持多种 UML 图表和其他建模标准。它提供了广泛的功能,包括需求管理、版本控制、模拟等,并支持与其他工具的集成。这个工具在企业级应用和大型项目中被广泛采用。

Visual Paradigm 是另一个受欢迎的 UML 建模工具,它提供了用户友好的界面和丰富的建模功能。它支持各种 UML 图表、需求管理、团队协作等功能,并且被广泛用于敏捷开发和项目管理。

Rational Rose 是一种使用最广泛的基于 UML 的建模工具。在面向对象应用程序开发领域,Rational Rose 甚至是影响面向对象技术发展的一个重要因素。Rational Rose 自推出以来就受到了业界的瞩目。Rational Rose 用于大型项目开发的分析、建模与设计等方面。从使用者的角度分析,Rational Rose 易于使用,支持使用多种构件和多种语言的复杂系统建模,利用双向工程技术可以实现迭代式开发,团队管理特性支持大型、复杂的项目,并且对队员分散在各个不同地方的分布式软件开发团队十分适用。同时,Rational Rose 与微软 Visual Studio 系列工具中 GUI 的完美结合所带来的方便性,使得它成为绝大多数开发人员首选的建模工具。Rational Rose 还是市场上第一个提供对基于 UML 的数据建模和 Web 建模支持的工具。此外,Rational Rose 还为其他一些领域提供了建模的技术支持,如用户定制和产品性能改进分析等方面。

Microsoft Visio 2023 提供的图表解决方案,可以帮助商务专业人员以可视化的方式归档和共享意见及信息。从人员管理、项目规划直至过程的可视化管理,Microsoft Visio 2023 都可以提供合适的图表。它也支持软件的 UML 模型建模。

PowerDesigner 是大家熟悉的数据库建模工具,具体的说明与介绍请参看 http://www.uml.org.cn/UMLTools/powerDesigner/powerDesignerToolIntroduction.htm。

在 UML 中国官方网站(http://www.uml.org.cn)中,有很多关于 UML 建模和建模工具的介绍,有兴趣的读者可以从中得到更详细的资料。

4.5　面向对象分析案例

大型工业软件往往涉及复杂的业务逻辑和系统结构,面向对象分析通过对象、类、封装、继承和多态等核心概念,能够更自然地描述现实世界中的实体和它们之间的关系,从而简化复杂工业软件系统的理解和设计。在面向对象分析中,可以通过类和对象的继承和重用,实现代码和功能的复用,这不仅可以减少代码量,提高开发效率,还能降低维护成本。面向对象分析强调封装和抽象,将数据和操作封装在对象中,隐藏内部实现细节,只通过接口与外界交互,这种封装性使得代码更易于理解和维护,同时也增强了系统的安全性,这些优势使得面向对象分析成为大型工业软件设计和开发的重要方法。本部分仅以系统监控管理部分为例进行面向对象分析。首先对软件的需求进行分析,确定该软件的功能需求和非功能需求,然后根据需求分析的结果进行建模,包括功能模型、对象模型和动态模型的建立,根据建立好的模型来对该软件的服务进行定义,本节将介绍运维管理软件(原型版)的面向对象分析过程。运维管理软件(原型版)详细文档和代码,请在 https://pan.baidu.com/s/1LasagJAMwJcEntcMaDRWFA?pwd=rywx 处下载。

4.5.1　需求陈述

见 5.4 节部分。

4.5.2　面向对象建模

1. 功能模型

监控模块需要实现对系统基础资源占用情况、对虚拟运行系统的运行、对工程支持系统的运行进行监控,并对告警与故障信息进行管理。

与系统监控管理相关的需求有:

(1)对基础资源的占用情况的监控包括基础资源信息的采集和基础资源信息的可视化,采集的信息包括各节点的 CPU 占有率、内存使用率、磁盘使用率等基础资源使用信息,获取运行平台网络状态信息、硬件状态信息(硬件报警、报错信息)、数据库运行信息(错误报警信息、存储器空间信息、负载信息)等,采集完成后展示节点的各种信息,直观反映各节点的运行情况。

(2)对虚拟运行系统的运行监控包括对虚拟运行系统服务状态监控和对虚拟运行系统服务状态信息可视化。

(3)对工程支持系统运行监控包括对工程支持系统服务状态监控和对工程支持系统服务状态信息可视化。

(4)进行告警与故障信息管理,主要包括告警规则管理、告警信息上报和告警信息管理。规则管理设计对 CPU 使用率和内存使用率的告警规则,主要有对阈值规则的增加、删除、修改、筛选,告警信息管理包括对告警信息的忽略、筛选与升级。

2.对象模型

(1)基础资源监控实体关系图。基础资源监控模块的实体关系如图 4-52 所示。应用于软件配置项:基础资源监控。

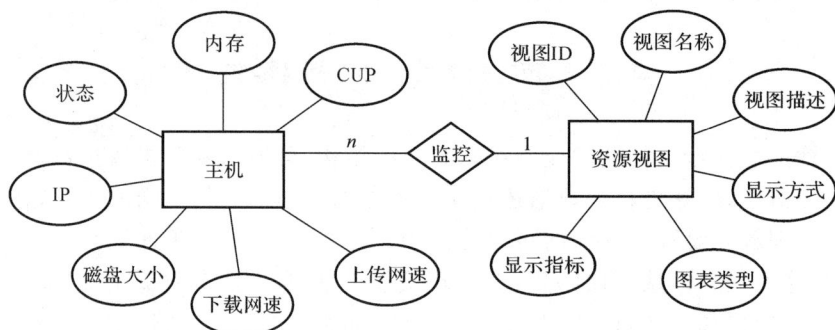

图 4-52　基础资源监控实体关系

(2)工程支持系统运行监控实体关系图。工程支持系统运行监控的实体关系如图 4-53 所示。应用于软件配置项:工程支持系统运行监控。

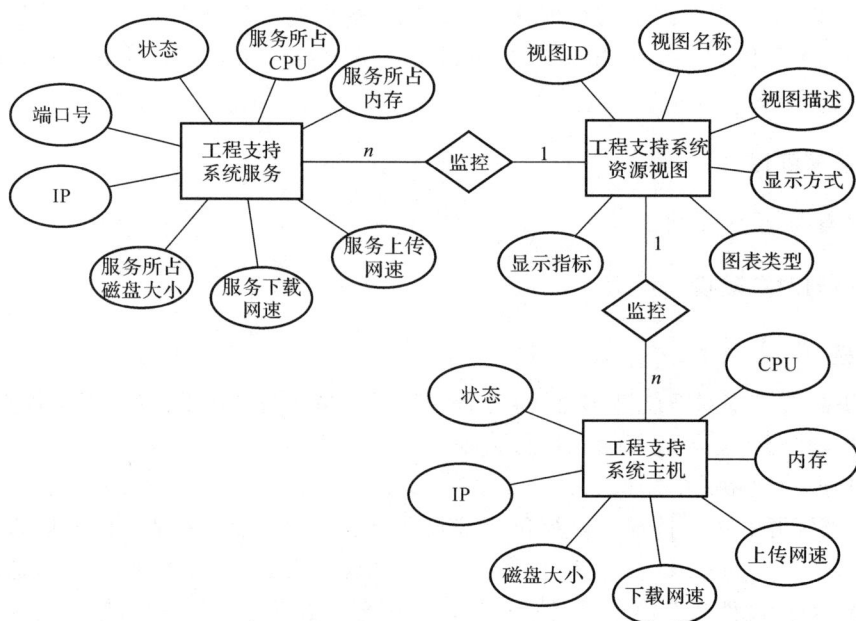

图 4-53　工程支持系统运行监控实体关系

（3）虚拟运行系统运行监控实体关系图。虚拟运行系统运行监控的实体关系如图 4 - 54 所示。应用于软件配置项：虚拟运行系统运行监控。

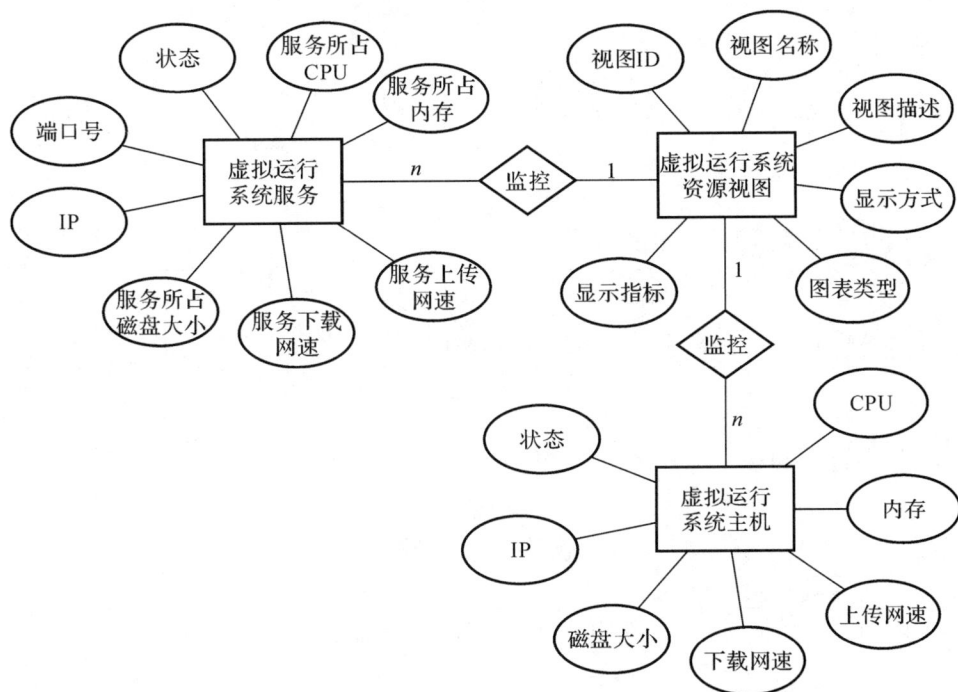

图 4 - 54　虚拟运行系统运行监控实体关系

（4）故障与告警管理实体关系图。故障与告警管理模块的实体关系如图 4 - 55 所示。

3. 动态模型的建立（"告警与故障管理"模块为例）

告警与故障管理技术的核心目标是及时发现系统故障和异常，并通知相关人员进行处理。它基于一系列预定义的规则和阈值，对目标系统的各种指标和参数进行实时监控，如 CPU 利用率、内存使用情况等资源指标。本系统中的故障类型分为基于资源类型的 CPU 最大使用率、内存最大使用率、CPU 平均使用率、内存平均使用率、基于机器状态类型的机器正常和异常阈值规则，设定当指标超过规则的设定阈值时即认为系统存在故障，系统将发出告警信息，通知运维管理人员。

（1）阈值规则管理。

通过设定规则的类别、生效目标、阈值计算规则、阈值指标以及其他必要信息，作为一个阈值规则条目存储至后端数据库中。用户根据对阈值规则列表的修改、新增、删除以及筛选完成对阈值规则的设定和管理。

1）新建阈值规则（见图 4 - 56）：运维人员可自定义设置监控阈值和时间窗口，新建规则成功后，在阈值规则触发后，会产生告警信息提示用户。例如，可以在目标系统工程支持系统下设置关于 CPU 利用率超过 80%或内存使用量低于 20%等自定义的阈值条件，时间窗口设置为每 10 min 进行监控。

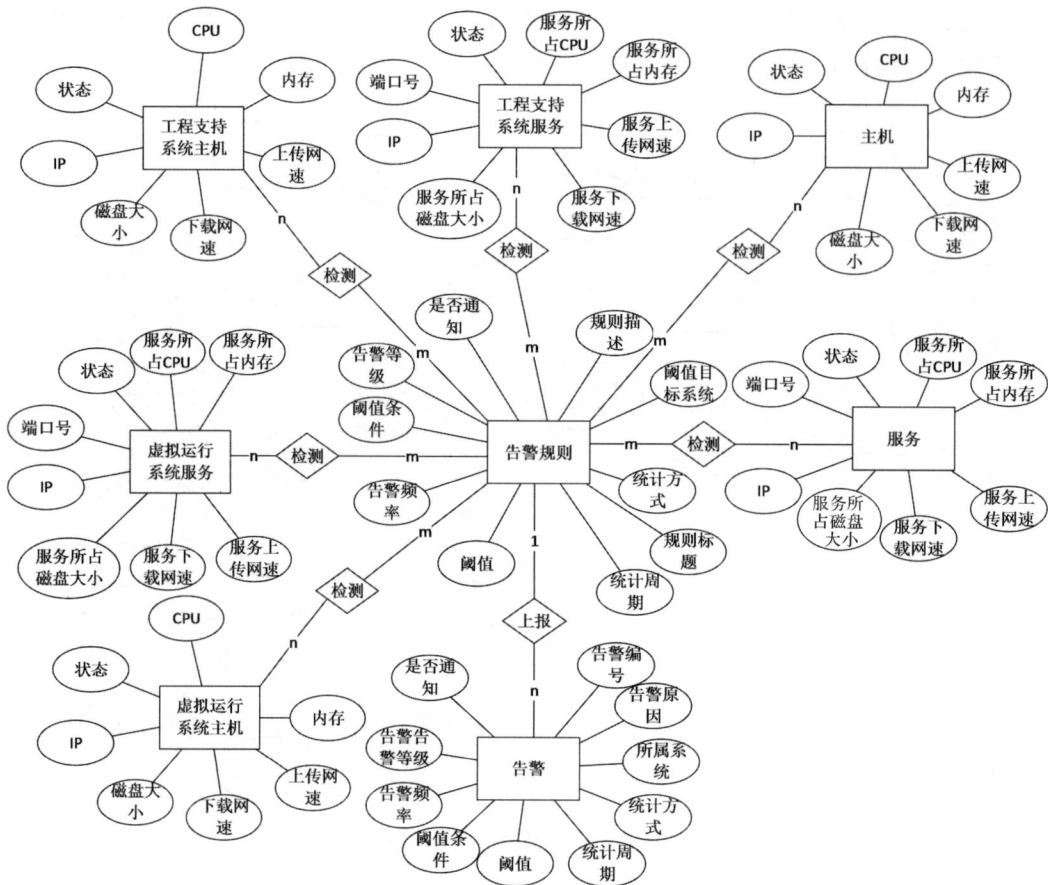

图 4-55　故障与告警管理实体关系

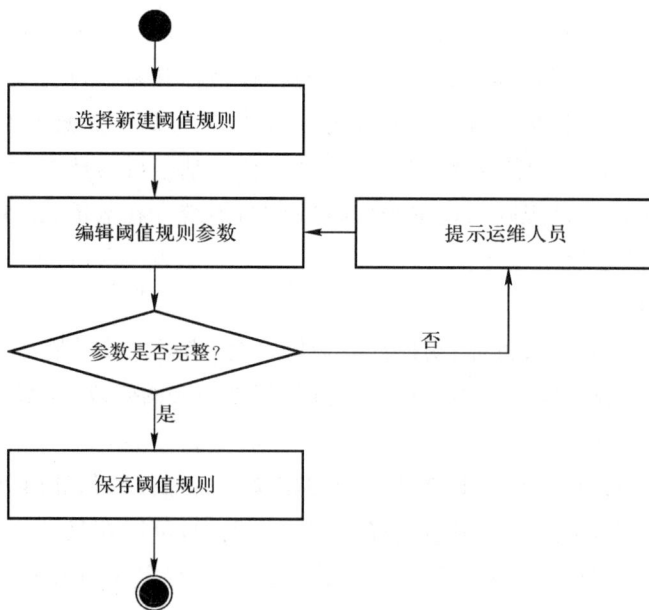

图 4-56　新建阈值规则流程图

2)修改阈值规则(见图 4-57):运维人员能够对已有的阈值规则进行修改,能够编辑阈值规则的名称、描述、目标系统、阈值监控范围、时间窗口和是否发送通知等参数。

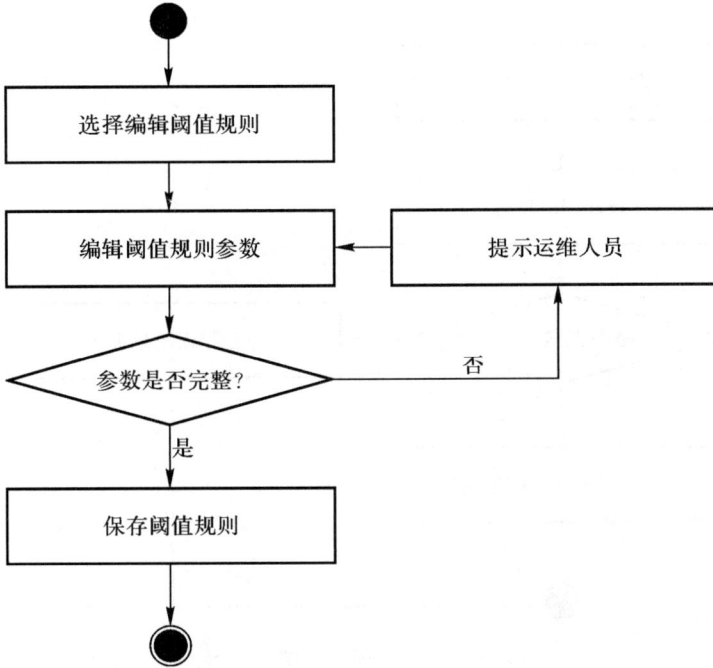

图 4-57　修改阈值规则流程图

3)删除阈值规则(见图 4-58):运维人员可以删除已有的阈值规则。

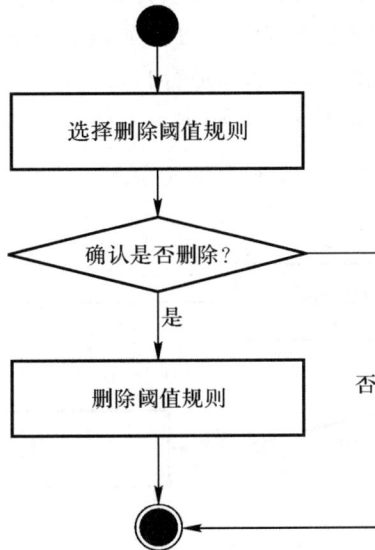

图 4-58　删除阈值规则流程图

4)筛选阈值规则(见图 4-59):运维人员可以根据阈值告警等级、阈值告警频率等筛选条件对已有的阈值规则进行筛选。

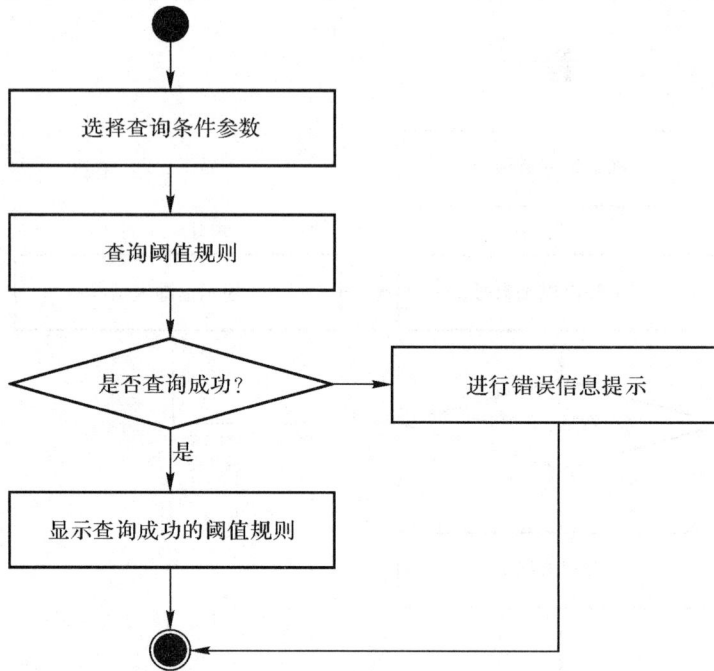

图 4-59　筛选阈值规则流程图

（2）告警的产生与上报。

后端程序定期获取所有生效的阈值规则，并依次根据规则的信息和指定的资源范围获取相关监控数据。通过对相关的监控数据进行处理、计算和对比，从而判断是否满足对应阈值规则设定的条件，若是，则产生相关的告警条目。可以通过多种方式进行告警通知，如服务台告警提示、邮件、短信通知等方式，用户可以选择适合自己需求的通知方式，确保告警能够及时被感知和处理。告警信息上报流程如图 4-60 所示。

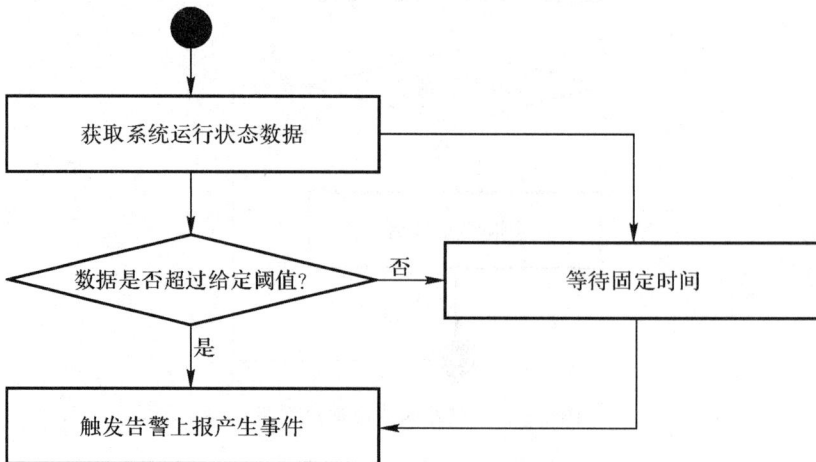

图 4-60　告警信息上报流程图

(3)告警抑制。

告警抑制是指在一定条件下对告警进行处理和控制,以减少冗余的告警通知和处理负担,提高告警处理的效率和准确性。告警抑制主要包括告警去重、告警合并和告警确认等操作。对于某些异常服务,可能会在后端程序定期告警——故障扫描中被重复触发,从而产生大量重复的告警条目。后端程序将根据设定的告警时间区间大小,保证重复的服务实例或资源实例在设定的告警时间区间中至多出现一次,从而在保证减少告警风暴的同时,避免忽略某些重复出现的重要问题。

1)告警去重(见图 4-61):系统在接收到重复的告警时进行去重处理,合并相同的告警信息,减少重复的告警通知和处理负担。

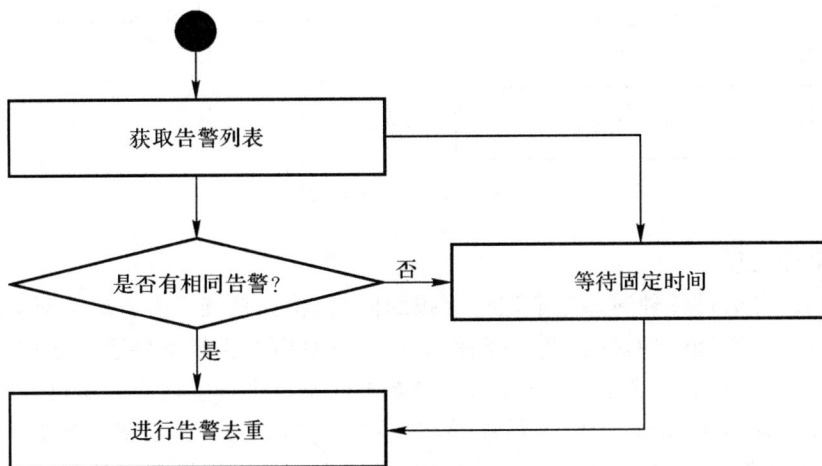

图 4-61　告警去重流程图

2)告警合并(见图 4-62):对于相同类型的告警,系统可以将其合并为一个告警事件,以减少告警的数量和冗余信息,简化告警处理过程。

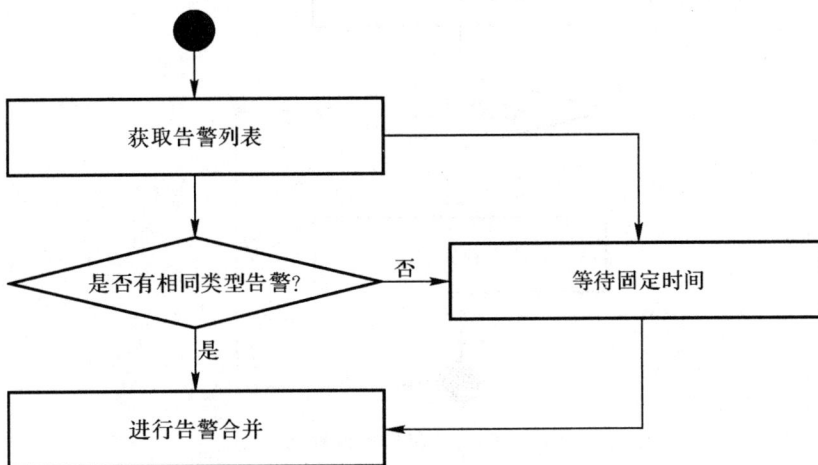

图 4-62　告警合并流程图

3)告警确认(见图4-63):在进行故障修复期间,系统可以对告警进行确认,暂时停止额外的告警通知,以避免给操作人员带来干扰。一旦故障修复完成,系统会自动解除告警确认状态。

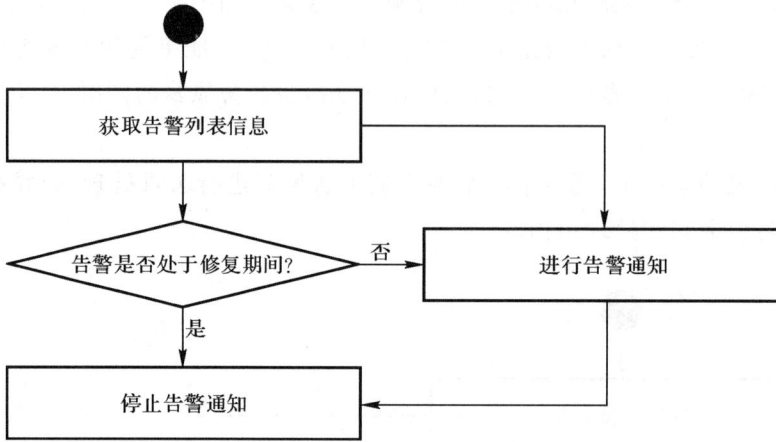

图4-63 告警确认流程图

(4)告警事件处理。

告警产生后,在通过各种通知渠道进行上报的同时,将在系统平台上产生对应的告警事件条目。用户可以对告警事件的列表进行查看、查询以及对新的告警事件进行处理,根据告警事件的严重程度或问题解决的进度,用户可以对告警事件条目进行忽略或者做已处理的标记。

1)告警忽略(见图4-64):运维人员能够将一些已知的、无关紧要的告警进行忽略,避免出现过多的无用告警,从而减轻管理人员的负担,提高告警的可用性和有效性。

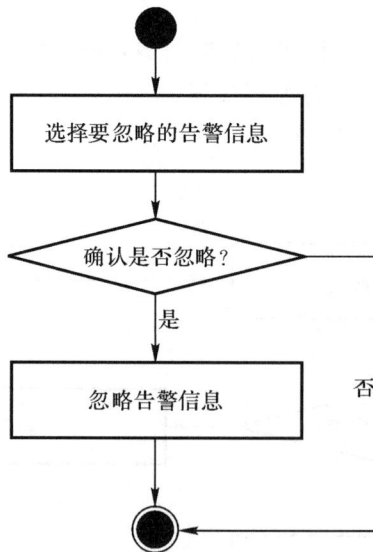

图4-64 忽略告警流程图

2)告警升级(见图4-65):为了确保重要的告警能够被及时察觉和妥善处理,减少潜在系统故障或问题,可以将告警升级为事件进行处理。

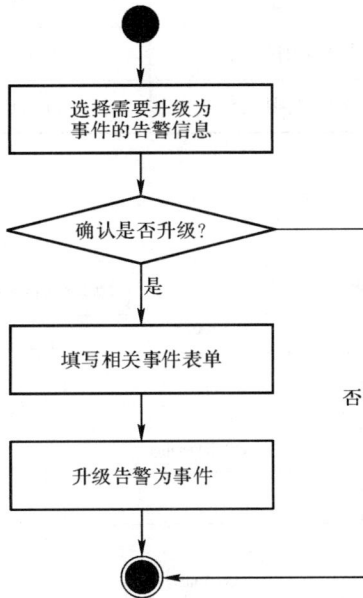

图 4 - 65　告警升级流程图

4.5.3　定义服务

1."阈值规则管理"类

"阈值规则管理"类图见图 4 - 66。

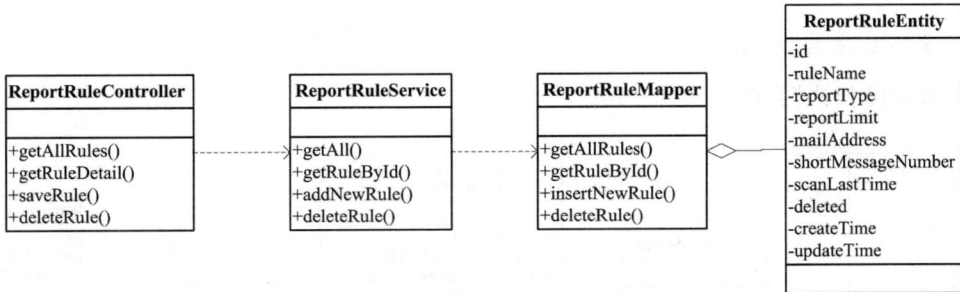

图 4 - 66　"阈值规则管理"类图

"阈值规则管理"类说明见表 4 - 2。

表 4 - 2　"阈值规则管理"类说明

类名称	用途	实现的程序名称	备注
ReportRuleController	提供阈值规则管理	ReportRuleController.java	
ReportRuleService	阈值规则服务层	ReportRuleService.java	—

续表

类名称	用途	实现的程序名称	备注
ReportRuleMapper	阈值规则持久层	ReportRuleMapper.java	
ReportRuleEntity	阈值规则实体	ReportRuleEntity.java	

阈值规则管理时序图见图 4 - 67。

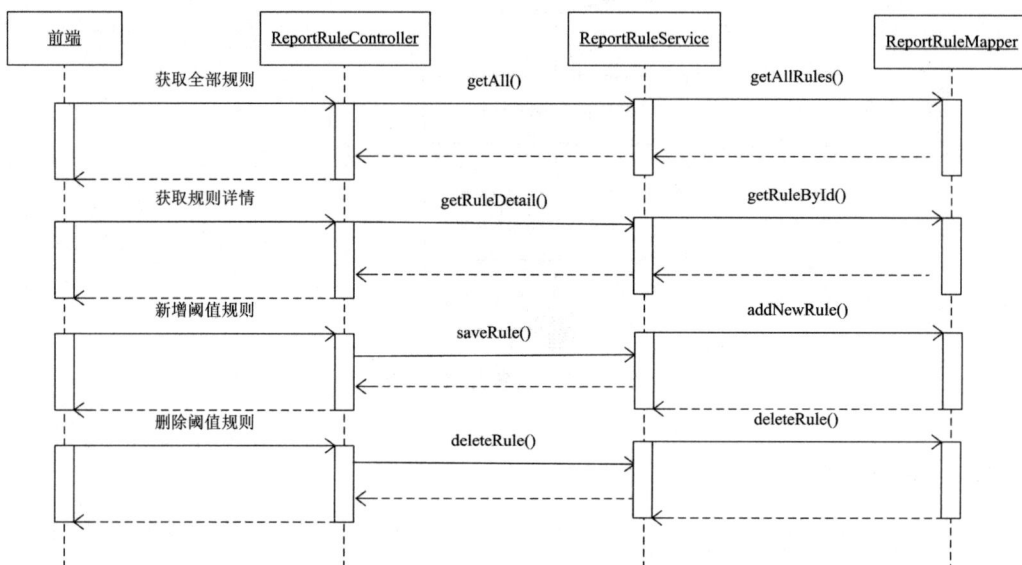

图 4 - 67 阈值规则管理时序图

2. "资源故障扫描"类

"资源故障扫描"类图见图 4 - 68。

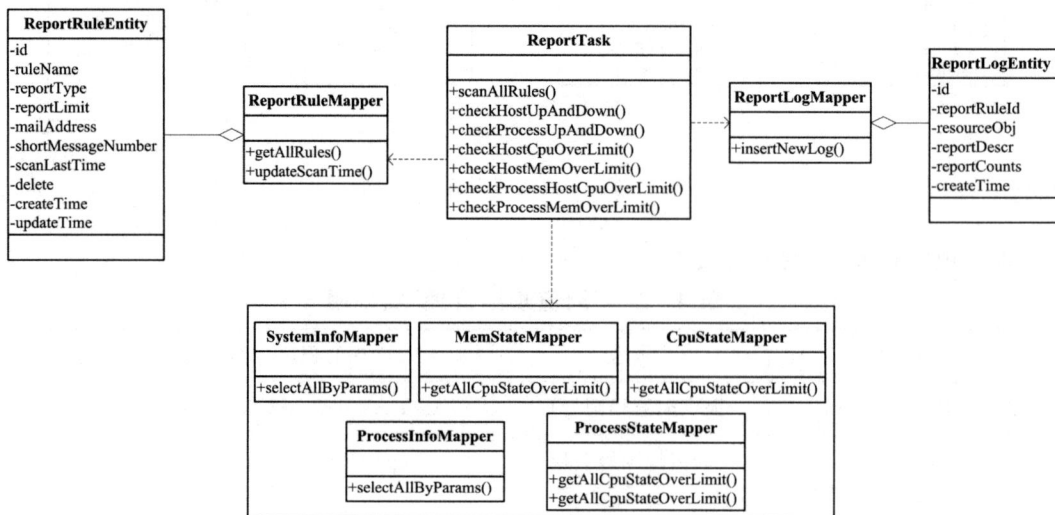

图 4 - 68 "资源故障扫描"类图

"资源故障扫描"类说明见表 4 - 3。

表 4 - 3　"资源故障扫描"类说明

类名称	用途	实现的程序名称	备注
ReportTask	提供阈值规则管理	ReportTask.java	定时任务
ReportRuleMapper	阈值规则持久层	ReportRuleMapper.java	
ReportRuleEntity	阈值规则实体	ReportRuleEntity.java	
ReportLogMapper	事件记录持久层	ReportLogMapper.java	
ReportLogEntity	事件记录实体	ReportLogEntity.java	
SystemInfoMapper	查找主机资源状态	SystemInfoMapper.java	
MemStateMapper	查找主机内存资源状态	MemStateMapper.java	
CpuStateMapper	查找主机 CPU 资源状态	CpuStateMapper.java	
ProcessInfoMapper	查找进程资源状态	ProcessInfoMapper.java	
ProcessStateMapper	查找进程 CPU 和内存资源状态	ProcessStateMapper.java	

资源故障扫描时序图见图 4 - 69。

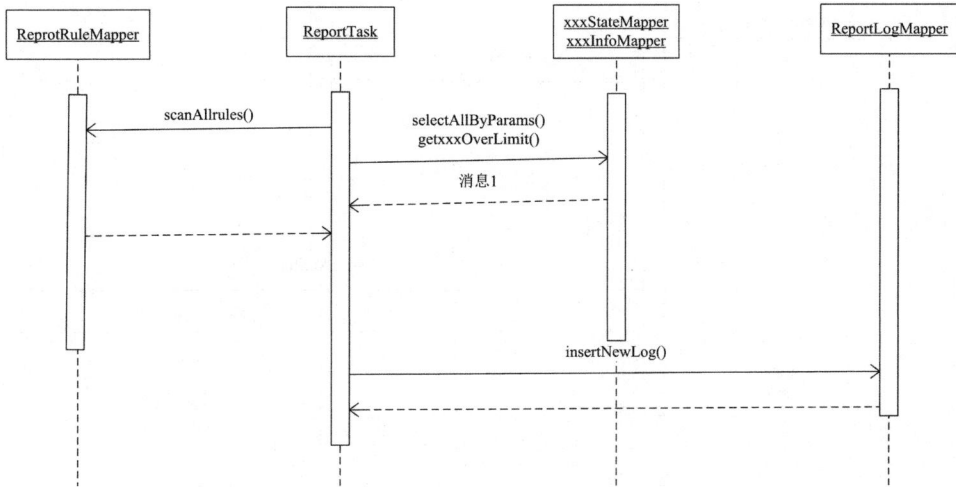

图 4 - 69　资源故障扫描时序图

3."告警事件产生与上报"类

"告警事件产生与上报"类图见图 4 - 70。

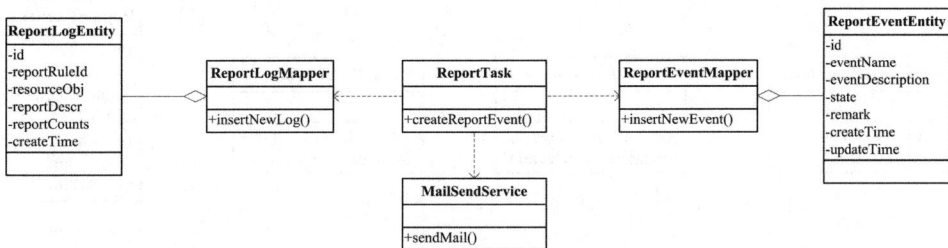

图 4 - 70　"告警事件产生与上报"类图

"告警事件产生与上报"类说明见表4-4。

表4-4 "告警事件产生与上报"类说明

类名称	用途	实现的程序名称	备注
ReportTask	提供阈值规则管理	ReportTask.java	定时任务
ReportLogMapper	事件记录持久层	ReportLogMapper.java	
ReportLogEntity	事件记录实体	ReportLogEntity.java	
ReportEventMapper	告警事件持久层	ReportEventMapper.java	
ReportEventEntity	告警事件实体	ReportEventEntity.java	
MailSendService	邮件发送服务	MailSendService.java	

告警事件产生与上报时序图见图4-71。

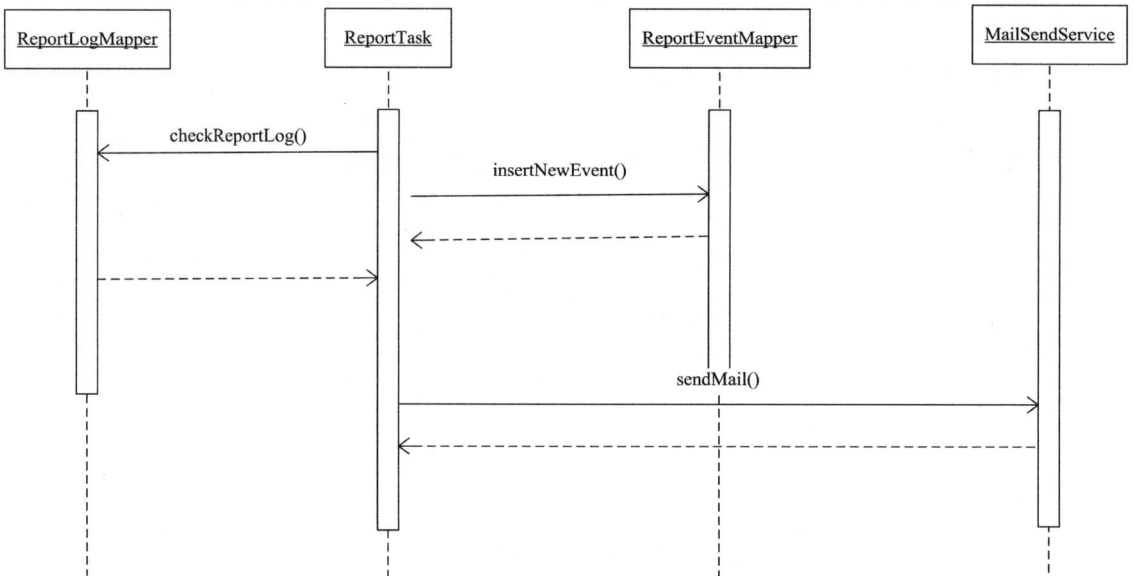

图4-71 告警事件产生与上报时序图

4. "告警事件处理"类

"告警事件处理"类图见图4-72。

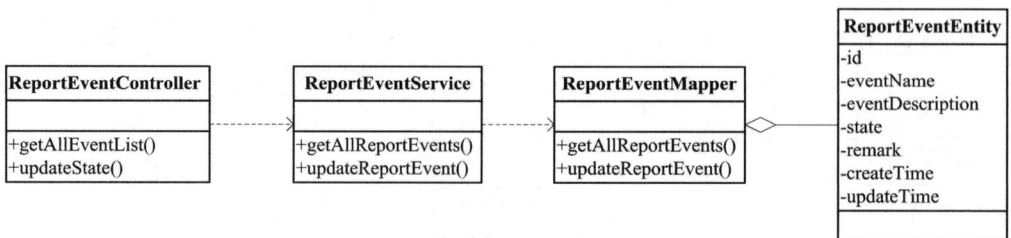

图4-72 "告警事件处理"类图

"告警事件处理"类说明见表 4 - 5。

表 4 - 5　"告警事件处理"类说明

类名称	用途	实现的程序名称	备注
ReportEventController	提供阈值规则管理	ReportEventController.java	
ReportEventService	事件记录 service 服务层	ReportEventService.java	
ReportEventMapper	事件记录持久层	ReportEventMapper.java	
ReportEventEntity	告警事件实体	ReportEventEntity.java	

告警事件处理时序图见图 4 - 73。

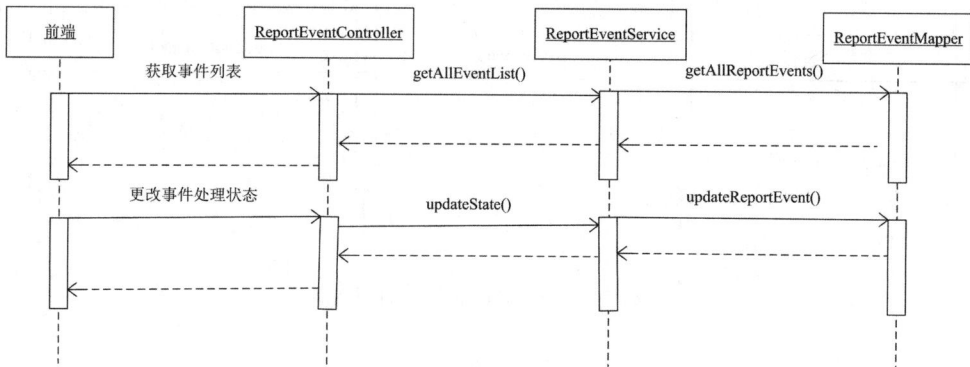

图 4 - 73　告警事件处理时序图

5. "RSS 订阅告警事件"类

"RSS 订阅告警事件"类图见图 4 - 74。

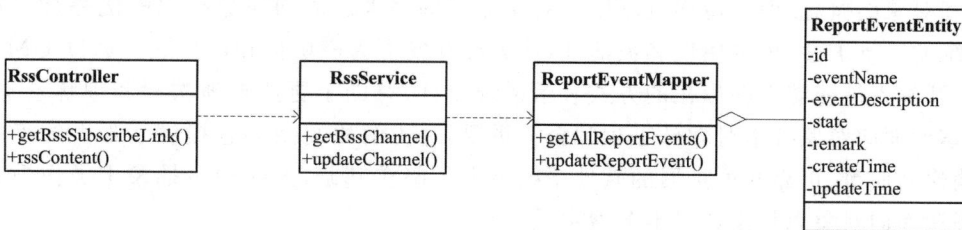

图 4 - 74　"RSS 订阅告警事件"类图

"RSS 订阅告警事件"类说明见表 4 - 6。

表 4 - 6　"RSS 订阅告警事件"类说明

类名称	用途	实现的程序名称	备注
RssController	提供 RSS 订阅和内容接口	RssController.java	
RssService	rssXML 生成	RssService.java	定时任务

续 表

类名称	用途	实现的程序名称	备注
ReportEventMapper	事件记录持久层	ReportEventMapper.java	
ReportEventEntity	告警事件实体	ReportEventEntity.java	

RSS 订阅告警事件交互图见图 4 - 75。

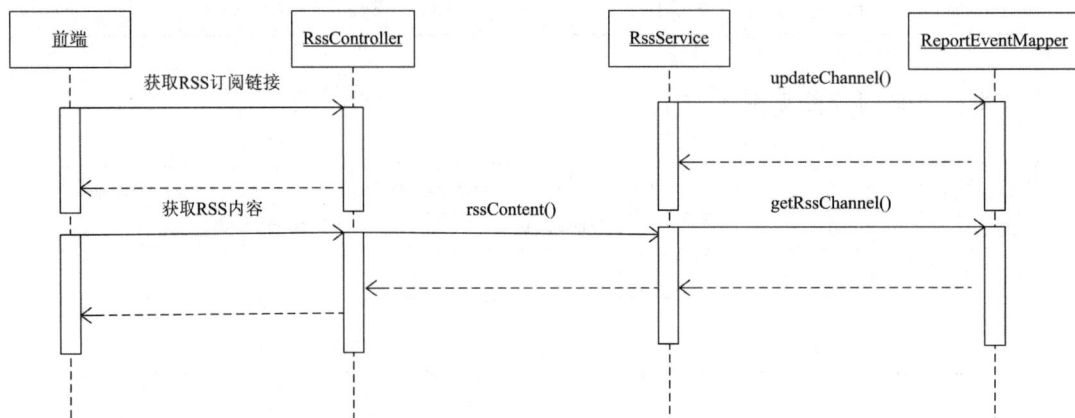

图 4 - 75　RSS 订阅告警事件交互图

4.6　小　　结

"面向对象技术"是软件工程领域中至关重要的内容。它强调以对象为中心,通过抽象、封装、继承和多态等概念来组织和管理软件系统。本章深入探讨了面向对象的基本原则和特征,包括类和对象的概念、消息传递机制以及对象之间的关系。面向对象技术的优势在于其能够提高系统的可维护性、可重用性和灵活性,使软件开发更为模块化和可扩展。通过 UML 等建模工具,开发人员能够以图形化的方式表示系统设计,有助于更清晰地沟通和理解系统架构。理解和掌握面向对象技术对软件工程师至关重要,它为解决复杂问题提供了强大的工具和方法,为构建高质量、可靠和可扩展的软件系统奠定了坚实基础,同时通过抽象出类作为对象的模板,强调面向对象思想是透过事务看本质。

作业与练习

1. 从下面这些不同应用场合的观点出发对人进行抽象时,哪方面的特征对抽象更加重要?
- 作为购买商品的顾客。
- 作为教学的老师。
- 作为在校学习的学生。

- 作为公司的职员。
- 作为公司的领导。

2. 给出下面简化的 Java 代码程序段：

```java
class Shape {
  void draw() {}
  void erase() {}
}
class Circle extends Shape {
    void draw() {
    System.out.println("Circle.draw()");
  }
  void erase() {
    System.out.println("Circle.erase()");
  }
}


class Square extends Shape {
  void draw() {
    System.out.println("Square.draw()");
  }
  void erase() {
    System.out.println("Square.erase()");
  }
}


class Triangle extends Shape {

  void draw() {
    System.out.println("Triangle.draw()");
  }
  void erase() {
    System.out.println("Triangle.erase()");
  }
}
```

以下客户代码会打印出哪些信息？

```java
Shape s;
s= new Shape();
s.darw();
s= new Circle();
s.darw();
s= new Square();
s.darw();
```

```
s= new Triangle();
s.darw();
```

3. WebOrder 的实体-关系模型

在这个练习中，要求利用所选择的数据管理系统（MySQL/PostgreSQL/Microsoft Access）创建数据库，并且设计表。

(1)逻辑数据建模。

根据以下步骤建立实体-关系模型：

1）发掘实体；

2）发掘实体之间的关系；

3）发掘属性；

4）为每个实体选择主键（如果需要的话，选出候选键）。

(2)物理数据库设计。

通过以下步骤，写出物理表定义：

1）通过利用将实体-关系模型映射到相关模型的映射算法，定义物理数据库中的表和对其关系进行规格化。

2）在物理数据库中属性作为列被保存，依据所选择的数据库所支持的数据类型为每个列选择合适的数据类型（如果选择的是 MySQL，请参考 MySQL tutorial 获取更多消息）。

3）主键是唯一的。

4）关系将由外键来描述。

5）将实体实现为表。

(3)创建表：为 WebOrder 系统创建所有的表。

1）创建数据库（如果选择的是 MySQL，请参考 Appendix A. Course Project 中的 MySQL Reference Manual）。

2）为数据库中的表写表创建语句。

3）用表创建语句创建数据库表。

4. 下面是音响商店租赁软件系统的简单需求：

通过各个商店将契约磁盘销售或出租给用户。一个用户从商店租借契约磁盘，前提是必须成为该商店的会员。成为会员只需要几分钟的时间。

任何人购买磁盘是不需要成为会员的。会员可以在其所要租借的磁盘的所有备份都已出借时，留下需求。当其中有备份返回时，商店会及时电话通知该会员，并为其保留最多 3 天的时间，超过 3 天时间其需求将被自动取消，除非有再次声明。

只有有限的契约磁盘是用来销售的，但是会员可以通过订购来购买。一个商店可以从上线公司订购和获得契约磁盘的备份。上线公司提供契约磁盘的目录和价格，这对所有的商店都是统一的。

每个商店保留目录的一个子集用于出租和销售，而且可以设置自己的本地出租价格。

• 请给出该系统恰当的参与者。

• 请列出任何你觉得对系统的预期用户来说是值得探究的用例，并给出每个用例的描述。

• 最终给出描述该简单系统需求的用例图。

5. 什么是对象模型？建立对象模型时主要使用哪些符号？这些符号的含义是什么？

6. 什么是动态模型？建立动态模型时主要使用哪些符号？这些符号的含义是什么？

7. 什么是功能模型？建立功能模型时主要使用哪些符号？这些符号的含义是什么？

8. 一个软件公司有开发部门和管理部门。每个开发部门开发多个软件产品。每个部门由部门名字唯一确定。该公司有许多员工,员工分为经理、一般工作人员和开发人员。开发部门有经理和开发人员,管理部门有经理和工作人员。每个开发人员可参加多个开发项目,每个开发项目需要多个开发人员,开发人员使用语言开发项目。每位经理可主持多个开发项目。试建立该公司的对象模型。

9. 在温室管理系统中,有一个环境控制器类,当没有种植作物时其处于空闲状态。一旦种上作物,就要进行温度控制,定义气候,即在什么时期应达到什么温度。当处于夜晚时,由于温度下降,要调用调节温度过程,以便保持温度;当日出时,系统进入白天状态,由于温度升高,要调用调节温度过程,保持要求的温度;当日落时,系统进入夜晚状态;当收获作物时,终止气候的控制,系统进入空闲状态。试建立环境控制器类的状态图。

第5章 需求分析与描述

用户需求是软件开发的依据,是产品验收的标准。不仅要充分了解用户的需求,还要能够进行准确的描述。软件开发中,许多问题源于需求处理过程的失误,如信息不全、功能模糊、交流欠佳和文档缺失,需求分析阶段即埋下了 $40\%\sim60\%$ 的问题隐患。

软件需求是决定软件开发成功的一个关键因素,它的错误将会给整个软件开发工作带来极大的损害,并给以后的软件维护带来极大的困难。因此,开发人员应当学会正确地理解软件需求,强调以用户为中心的设计理念,体现出一名软件工程师的社会责任感和服务意识。

本章主要介绍软件需求的有关概念和需求工程的所有过程,包括需求获取、需求分析及方法、需求规格说明、需求验证和需求管理等,并说明这些过程之间的关系和需要产生的文档,以此达到有效了解并获得用户的需求,清晰描述用户需求,最终形成高质量软件需求规格说明文档的目标。

5.1 软 件 需 求

客户和开发人员对软件需求这个术语缺乏统一的描述,客户所说的需求在开发人员看来是一个较高层次的产品概念,而开发人员所说的需求在用户看来又像是详细设计。不同的人从不同的角度和不同的程度反映着各自的要求,形成了不同层次的需求。

IEEE 软件工程标准给出软件需求的定义:

(1)用户解决问题或达到目标所需的条件或能力。

(2)系统或系统部件要满足合同、标准、规范或其他正式规定文档所需具有的条件或能力。

(3)一种反映上面(1)或(2)所描述的条件或能力的文档说明。

在 IEEE 的定义中,需求的概念涵盖了用户角度(系统的外部行为)和开发人员角度(系统的内部特性)两个方面,其中的关键在于需求一定要文档化。

通常,软件需求可以划分为业务需求、用户需求、系统需求、功能需求和非功能需求等类型,它们之间的相互关系如图 5-1 所示。业务需求定义了项目的远景和范围,用户需求反映了用户使用该系统需要完成的任务,功能需求说明了需要开发实现的功能。非功能需求是功能需求的补充,说明了系统在设计和开发方面的约束。需要说明的是,软件功能需求必须根据用户需求来考虑,而且应该与业务需求定义的目标一致。

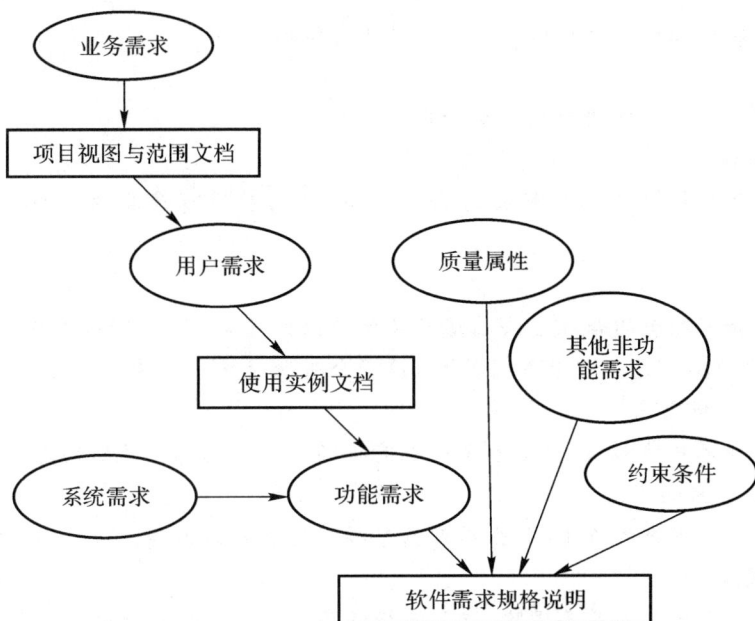

图 5-1 不同层次的软件需求及其关系

5.1.1 业务需求

业务需求是组织或客户对于系统的高层次目标要求,定义了项目的远景和范围,即确定软件产品的发展方向、功能范围、目标客户和价值来源。通常,业务需求应该涵盖以下内容:

(1)业务:产品属于哪类业务范畴? 应该完成什么功能? 需要为什么服务?

(2)客户:产品为谁服务? 目标客户是谁?

(3)特性:产品区别于其他竞争产品的特性是什么?

(4)价值:产品的价值体现在什么方面?

(5)优先级:产品功能特性的优先级次序是什么?

下面是一些关于图书资料管理系统的业务需求实例:

(1)该系统使用计算机实现图书资料的日常管理,提高工作效率和服务质量;

(2)该系统可以让用户在网络上查询和浏览一些电子资料,改变原有的借阅模式;

(3)由于版权的限制,某些电子资料只能让用户浏览和打印而不能下载。

业务需求代表了项目参与者在产品所满足的业务需要和产品所提供的利益上的统一共识,清楚地界定了产品应该包括什么和不应该包括什么,为后续详细功能需求的确定和需求变更的决策等提供了参考。

项目的远景和范围应该以文档形式描述出来。这种文档一般比较简短,可能只有 1~5页,它主要包括业务机会、项目目标、产品适用范围、客户特点、项目优先级和项目成功因素等。下面给出了该文档的一种模板:

1. 业务需求

描述项目开发的理由以及将给开发者和购买者带来的利益。

1.1　背景

一般性地描述产品开发的历史背景和当前形势。

1.2　业务机遇

描述现有的市场机遇或正在解决的业务问题,包括对现有产品的一个简要评价和解决方案。

1.3　业务目标

用一个定量和可测量的合理方法总结产品所带来的重要商业利润,这里的重点在业务的价值上,与收入预算或节省开支有关,影响到投资分析和最终产品的交付日期。

1.4　客户或市场需求

描述一些典型客户的需求,包括不满足现有市场产品或信息系统的需求。

1.5　提供给客户的价值

确定产品给客户带来的价值,并指明产品怎样满足客户的需要。

1.6　业务风险

总结开发该产品的主要业务风险,诸如市场竞争、交付时间、用户的接受程度、实现问题或对业务可能带来的消极影响等。预测风险的严重性,说明可能采取的降低风险策略。

2. 项目远景

这一部分描述一个长远的项目远景,指明业务目标。

2.1　项目远景描述

简要论述一个长远目标以及有关开发新产品的目的。

2.2　主要特性

给出新产品将提供的主要特性和用户性能列表。

2.3　假设和依赖环境

列举出影响项目远景描述的假设因素,以及项目对外部因素存在的依赖。

3. 范围和局限性

项目范围定义了所提出的解决方案的概念和使用领域,局限性说明产品所不包括的某些性能。

3.1　首次发布的范围

总结首次发布的产品所具有的性能,这里描述了产品的质量特性,它使产品可以为不同的客户群提供预期的成果。

3.2　随后发布的范围

说明哪些主要特性在随后的版本中发布以及发布的日期。

3.3　局限性和专用性

明确定义包括和不包括的特性和功能的界限。

4. 业务环境

这一部分总结项目的一些业务问题,包括主要的客户分类和项目的管理优先级。

4.1　客户概貌

明确产品的不同类型客户的一般本质特点。

4.2　项目的优先级

5.产品成功的因素

明确产品的成功如何定义和度量,说明影响产品成功的主要因素。

5.1.2　用户需求

用户需求是从用户角度描述的系统功能需求和非功能需求,通常只涉及系统的外部行为,而不涉及系统的内部特性。用户需求的描述应该易于用户的理解,一般不采用技术性很强的语言,而通常是采用自然语言和直观图形相结合的方式进行描述。

下面的实例是用户对于图书资料管理系统提出的需求描述:

用户可以通过 Internet 随时查询图书信息和个人借阅情况,并可以快捷地查找和浏览所需要的电子资料。

这个描述存在什么问题呢? 首先,这个描述显然包含了 3 个不同的需求:

(1)用户可以通过 Internet 随时查询图书信息。

(2)用户可以通过 Internet 随时查询个人借阅情况。

(3)用户可以通过 Internet 快捷地查找和浏览所需要的电子资料。

其次,这个描述中的"随时"和"快捷"是对系统功能的约束,但十分模糊,不同的人会对它们产生不同的理解。

上面的实例说明,使用自然语言进行需求描述容易产生含糊不清和不准确的问题,而且多个不同的需求往往容易被混合成一个需求提出。因此,清晰的文档结构和适当的语言表达对于用户需求的描述是十分重要的。

5.1.3　功能需求和非功能需求

功能需求描述系统应该提供的功能或服务,通常涉及用户或外部系统与该系统之间的交互,一般不考虑系统的实现细节。

下面是一些关于图书资料管理系统的功能需求实例:

(1)用户可以从图书资料库中查询或者选择其中的一个子集;

(2)系统可以提供适当的浏览器供用户阅读馆藏文献;

(3)用户每次借阅图书应该对应一个唯一标识号,它被记录到用户的账户之中。

以上的需求描述中,第二个需求存在着含糊不清的问题。在用户看来,这个需求意味着浏览器可以支持所有格式的文档。但是,由于开发进度的压力,开发人员可能只实现一种支持文本格式的浏览器。

非功能需求是从各个角度对系统的约束和限制,反映了应用对软件系统质量和特性的额外要求,例如响应时间、数据精度、可靠性等。如图 5-2 所示,非功能需求包括过程需求、产品需求和外部需求等类型。其中,过程需求包含交付、实现方法和标准等方面的需求,产品需求包含性能、可用性、实用性、可靠性、可移植性、安全性、容错性等方面的需求,外部需求有法规、成本、互操作性等需求。

非功能需求的常见问题是检验起来非常困难,对于这个问题一般需要采用一些可度量的特性进行描述,表 5-1 给出了一些常用的非功能特性的度量。

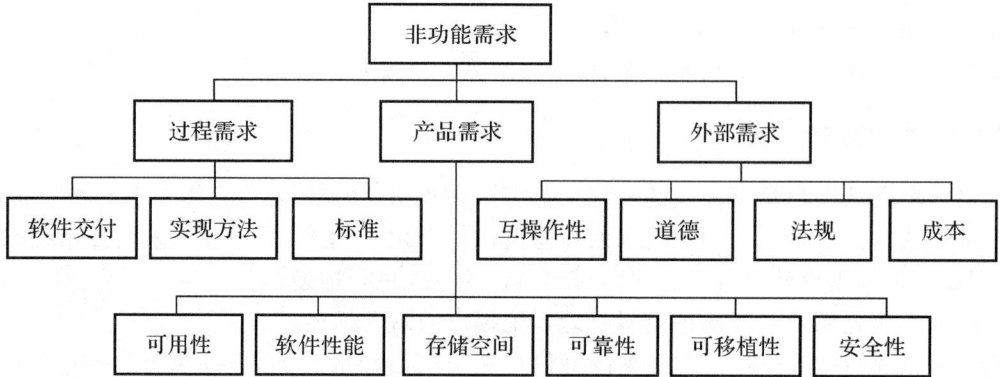

图 5-2　非功能需求的类型

表 5-1　非功能需求的度量

特性	度量指标
速度	每秒处理的事务数量 对用户操作或业务功能的响应时间要求 屏幕的刷新时间
存储空间	软件运行中占用的内外存空间
可用性	培训时间 联机帮助页面的详尽程度(用页面数量表示)
可靠性	平均失败时间 系统无效的概率 失败发生率
容错性	失败后的重启次数 事件引起失败的比例 失败时数据崩溃的可能性

下面是一些关于图书资料管理系统的非功能需求实例:

- 系统应在 20 s 之内响应所有的用户请求。
- 系统应该每周 7 天、每天 24 h 都可使用。
- 对于一个没有经验的用户而言,经过 2 h 的培训,就可以使用系统的所有功能。

5.1.4　系统需求

系统需求是更加详细地描述系统应该做什么,通常包括许多分析模型,如对象模型、数据模型、状态模型等。系统需求主要是面向开发人员进行描述,是开发人员进行软件设计的基础。

由于用自然语言进行需求描述容易产生含糊不清和不准确等问题,所以需要采用适当的方法形成一致的、完备的和无二义性的系统需求描述。通常,系统需求模型的描述有 3 种

方法:

1. 结构化语言

这是一种介于自然语言和形式语言之间的半形式语言,它试图把自然语言的非形式化性与程序设计语言的严格语法和控制结构结合起来。

2. 可视化模型

使用图形化符号辅之以文本注释定义系统模型,如数据流图、实体关系图等。

3. 形式化方法

基于状态机或集合等数学概念描述系统模型,如 Z 语言、Petri Net 等。

5.2　需求工程过程

需求工程是应用已证实有效的原理和方法,使用合适的工具和符号,系统地描述出待开发系统及其行为特征和相关约束。在需求工程过程中,开发人员需要收集和分析来自用户、市场等各方面的需求,编写规格说明文档,并采用评审和商议等有效手段对其进行验证,最终形成一个需求基线。由于软件开发过程中经常发生需求变更的情况,所以必须有效地管理和控制这些变更。

图 5-3 显示了需求工程的所有过程,包括需求获取、需求分析、需求规格说明、需求验证和需求管理等,并说明了这些过程之间的关系和需要产生的文档。

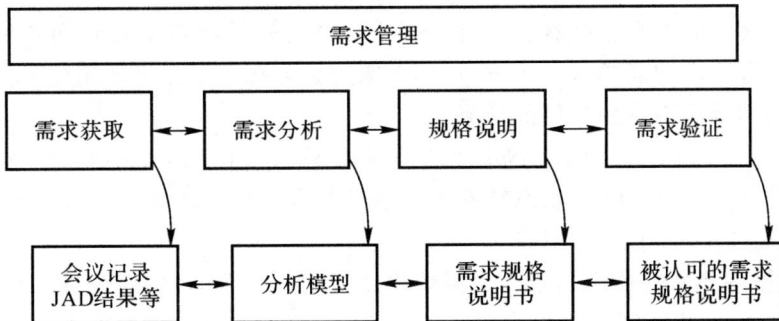

图 5-3　需求工程过程

5.2.1　需求获取

需求获取是在问题及其最终解决方案之间架设桥梁的第一步。获取需求的一个目标是对项目中描述的客户需求的普遍理解。一旦理解了需求,开发人员和客户就能探索出描述这些需求的多种解决方案。

需求获取应该集中在用户任务上而不是集中在用户接口上,其主要工作内容包括:

(1)聆听用户的需求。开发人员应该与各种层次的客户进行充分的交流和沟通,包括决策管理层、使用部门经理、具体使用人员、系统维护人员等,尽量清楚地理解用户的问题和要求。

(2)分析和整理所获取的信息。对于用户提供的各种问题和要求,开发人员需要对其进行归纳和整理,借助一些工具和方法,从用户一般性的陈述中提取用户的真正需求,并由此确定软件的功能、性能、接口关系、约束条件等。

（3）形成文档化的描述。不论是用户提出的问题,还是最终获取的需求,都应该形成文档化的描述,这种描述需要各种人员的认同。

5.2.2 需求分析

需求分析主要是对收集到的需求进行提炼、分析和认真审查,以确保所有的项目相关人员都明白其含义,并找出其中的错误、遗漏或其他不足的地方,形成完整的分析模型。需求分析的目的在于得出高质量的和详细的需求分析模型,从而支持项目估算、软件设计、软件开发和软件测试。

需求分析的主要工作内容包括:

（1）定义系统的边界。建立系统与其外部实体间的界限和接口的简单模型,明确接口处的信息流。

（2）建立软件原型。当开发人员或用户遇到需求不确定的问题时,开发软件原型是一种最好的解决方法,它将许多概念和可能发生的事情直观地显示出来。用户通过评价原型,使得项目参与人员能够进一步理解问题,同时找出需求文档与软件原型之间的矛盾。

（3）分析需求可行性。在项目成本和性能要求允许的情况下,分析每一个需求实现的可行性,确定与需求实现相联系的开发风险,诸如与其他需求的冲突、对外界因素的依赖和技术障碍等。

（4）确定需求优先级。开发人员通过分析来确定产品特性或每一个需求实现的优先级,并以此为基础确定产品版本将包括哪些特性或需求。由于软件项目受到时间和资源的限制,一般情况下无法实现软件功能的每一个细节,因此需求优先级有助于开发组织和版本规划,以保证在规定的时间和预算内达到最好的效果。

（5）建立需求分析模型。建立分析模型是需求分析的核心工作,它通过建立需求的多种视图,例如数据流图、实体-关系图、状态转换图、类图等,揭示出需求的不正确、不一致、遗漏和冗余等更深的问题。

（6）创建数据字典。数据字典定义了系统中使用的所有数据项及其结构,确保客户和开发人员使用一致的定义和术语。

5.2.3 需求规格说明

软件需求规格说明（Software Requirement Specification,SRS）是需求开发的结果,它精确地阐述一个软件系统必须提供的功能和性能以及它所要考虑的限制条件。

软件需求规格说明具有广泛的使用范围,并成为用户、分析人员和设计人员之间进行理解和交流的手段。用户通过需求规格说明文档指定需求,检查需求描述是否满足原来的期望;设计人员通过需求规格说明文档了解软件需要开发的内容,将其作为软件设计的基本出发点;测试人员根据软件需求规格说明中对产品行为的描述,制订测试计划、测试用例和测试过程;产品发布人员根据软件需求规格说明和用户界面设计,编写用户手册和帮助信息等。

软件需求规格说明在整个开发过程中具有重要的作用,项目管理人员可以利用它规划软件开发过程,更加准确地估计开发进度和成本,控制需求的变更过程,并将其作为最后验收目标系统的可测试标准。

5.2.4　需求验证

需求验证是为了确保需求说明准确并完整地表达必要的需求。一般认为软件需求规格说明文档中的需求描述是正确的,但在现实中并非如此。在使用需求规格说明编写测试用例时,开发人员有可能发现二义性和不可验证的问题。需求验证是通过评审的方式,发现需求规格说明中存在的错误或缺陷。开发人员应及时进行更改和补充,并对修改后的需求规格说明文档进行再评审。

需求验证是对那些已编写成文档的需求进行验证,而对于那些存在于用户或开发人员思维中的没有表露的、含蓄的需求,则无法予以验证。

一般来说,需求评审由不同代表(如分析人员,客户,设计人员,测试人员)组成的评审小组以会议形式进行。在评审会议上,分析人员说明软件产品的总体目标、主要功能和性能指标等,评审小组对照需求规格说明文档及其相关模型进行检查和评价,并讨论软件验收的可测试指标。

需求验证主要围绕需求规格说明的质量特性展开,这些质量特性包括正确性、无二义性、完整性、可验证性、一致性、可修改性和可跟踪性等。

1. 正确性

正确性是指需求规格说明对系统功能、行为、性能等的描述必须与用户的期望相吻合,代表了用户的真正需求。

审查需求的正确性应该考虑以下几方面的问题:

(1)用户参与需求过程的程度如何?

(2)每一个需求描述是否准确地反映了用户的需要?

(3)系统用户是否已经认真考虑了每一项描述?

(4)需求可以追溯到来源吗?

举例:下面的需求描述正确吗?

系统在用户每次存钱时将进行信用检查。

2. 无二义性

无二义性是指需求规格说明中的描述对所有人都只能有一种明确统一的解释。由于自然语言极易导致二义性,所以应尽量把每项需求用简洁明了的用户语言表达出来。

审查需求的无二义性应该考虑以下几方面的问题:

(1)需求规格说明是否有术语词汇表?

(2)具有多重含义或未知含义的术语是否已经定义?

(3)需求描述是否可量化和可验证?

(4)每一项需求都有测试准则吗?

举例:下面的需求描述是无歧义的吗?

如果用户试图透支,系统将采取适当的行动。

3. 完整性

完整性是指需求规格说明应该包括软件要完成的全部任务,不能遗漏任何必要的需求信息，注重用户的任务而不是系统的功能将有助于避免不完整性。

审查需求的完整性应该考虑以下几方面的问题：

(1)是否存在遗漏的功能或业务过程？

(2)在每个定义的功能之间是否有接口？

(3)是否有信息或消息在所定义的功能之间传递？

(4)是否定义了功能的使用者？

(5)是否已经清楚地定义了用户与功能之间的交互？

(6)是否定义了与外部过程和系统之间的接口？

(7)所描述的功能是否可以映射到业务过程中？

(8)文档中是否存在待确定的需求引用？

(9)文档中是否存在未定义的术语和引用？

(10)文档的各个部分都完整吗？

(11)需求包括非功能属性的说明吗？

4. 可验证性

可验证性是指需求规格说明中描述的需求都可以运用一些可行的手段对其进行验证和确认。

审查需求的可验证性应该考虑以下几方面的问题：

(1)在需求文档中是否存在不可验证的描述，诸如"用户界面友好""容易""简单""快速""健壮""最新技术"等？

(2)所有描述都是具体的和可测量的吗？

举例：下面两个需求描述中哪一个难以验证？

(1)系统将在 20 s 内响应所有有效的请求。

(2)如果用户试图透支，系统将采取适当的行动。

5. 一致性

一致性是指需求规格说明对各种需求的描述不能存在矛盾，如术语使用冲突、功能和行为特性方面的矛盾以及时序上的不一致等。

审查需求的一致性应该考虑以下几方面的问题：

(1)文档的组织形式是否易于一致？

(2)不同功能的描述之间是否存在矛盾？

(3)是否存在有矛盾的需求描述或术语？

(4)是否存在矛盾的术语定义？

(5)文档中是否存在时序上的不一致？

举例：下面两个需求描述是否有矛盾？

(1)系统允许立即使用所存资金。

(2)只有在手工验证所存资金后，系统才能允许使用。

6. 可修改性

可修改性是指需求规格说明的格式和组织方式应保证后续的修改比较容易进行和协调一致。可以使用软件工具或者目录表、索引和相互参照列表等方法，使软件需求规格说明更容易修改。

审查需求的可修改性应该考虑以下几方面的问题：

(1)是否存在明显的需求交叉引用？

(2)是否有内容列表和索引？

(3)是否存在冗余需求，即同一个需求的描述出现在文档的不同地方？ 如果存在，它们是交叉引用吗？

7. 可跟踪性

可跟踪性是指每一项需求都能与其对应的来源、设计、源代码和测试用例联系起来。一方面，每一项需求都可以在早期的文档中追溯到其来源，例如备忘录、法规、会议记录等；另一方面，每一项需求都有唯一的名称或索引号，与后期的实现结果对应。

举例：下面的需求描述记录了早期的文档来源。

系统将在 20 s 内响应所有有效的请求。

[来自与用户的面谈，备忘录编号♯1234]

5.2.5　需求管理

软件需求的最大问题在于难以清楚确定以及不断发生变化，这也是软件开发之所以困难的主要根源，因此有效地管理需求是项目成功的基础。在软件过程能力成熟度模型中，需求管理被作为 CMM 二级所应达到的目标能力之一，其目的在于为软件需求建立一个供软件工程和管理使用的基线，并使软件计划、产品和活动与其保持一致。

软件需求规格说明通过评审后，就形成了开发工作的需求基线，这个基线在客户和开发人员之间构筑了计划产品功能需求和非功能需求的一个约定。需求管理的任务是分析变更影响并控制变更过程，主要包括变更控制、版本控制和需求跟踪等活动，如图 5-4 所示。

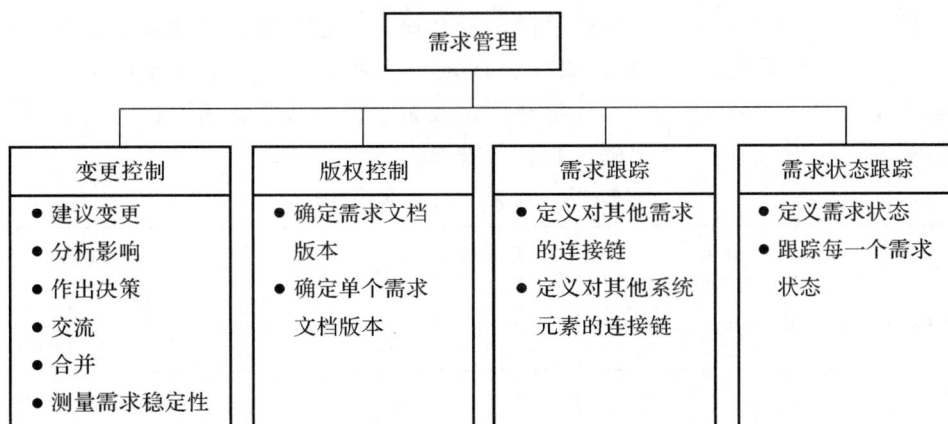

图 5-4　需求管理的活动

1. 需求变更控制

对许多项目来说，一些需求的改进是合理且不可避免的。瞬息万变的市场机会、竞争性的产品、新的开发技术和项目目标的调整等，都可能产生需求的变更。但是如果不控制这种变更将会导致项目陷入混乱、不能按进度执行或软件质量低劣等问题。因此,应该评估每一项变更建议,将它与项目的视图和范围进行比较,最终决定是否应该采纳它。

变更控制是在一定的程序下有效地实施整个变更过程,应该包括以下几部分:

(1)仔细评估已建议的变更。

(2)挑选合适的人选对变更做出决定。

(3)变更应及时通知所有涉及的人员。

(4)项目要按一定的程序实施需求变更。

2. 版本控制

版本控制是管理需求的一个必要方面,它保证在需求文档中记录和反映所有的需求变化。需求文档的每一个版本都必须统一确定,组内每个成员必须能够得到需求的当前版本,需求变更应该及时通知到项目开发所涉及的人员。每一个公布的需求文档应该包括一个修正版本的历史情况,包括变更内容、变更日期、变更人姓名以及变更原因等。在实际的软件开发管理中,商业需求管理工具是最有力的版本控制方法。这些工具可以跟踪和报告每个需求的变动历史,特别是当需要恢复早期的需求时非常有意义。此外,在添加、变动、删除、拒绝一个需求后,附加一些评语描述变更的原因对后续的讨论非常有用。CVS[18]、source safe[14]等一批版本控制工具软件提供了强有力的支持。

3. 需求跟踪

需求跟踪帮助人们全面地分析变更带来的影响,以便做出正确的变更决策。需求跟踪包括编制每个需求同系统元素之间的联系文档,从而建立了需求的跟踪联系链。系统元素包括其他需求、体系结构、其他设计部件、源代码模块、测试、帮助文件、文档等。当需求发生变化时,使用需求跟踪可以确保不忽略每个受到影响的系统元素,需求变更的正确实施,可以降低由此带给项目的风险。

表示需求和别的系统元素之间的联系链的最普遍方式是使用需求跟踪能力矩阵。例如,表5-2显示了某应用系统的一个需求跟踪能力矩阵,说明了每个功能性需求向后连接一个特定的用例,向前连接一个或多个设计、代码和测试元素。需求联系链需要由开发人员确定,但大量的需求跟踪信息可以使用特定的工具进行管理。

表 5-2 需求跟踪矩阵示例

使用实例	功能需求	设计元素	代 码	测试实例
UC-1	Catalog.query.sort	Class catalog	catalog.sort()	test1 test2
UC-2	Catalog.update	Class catalog	catalog.update() catalog.validate()	Test7 Test8 Test9

处理需求变更申请的一个重要环节,是对这种变更产生的影响进行分析,这也是需求管理的一个重要组成部分。影响分析可以提供对建议的变更的准确理解,帮助做出信息量充分的变更批准决策。通过对变更内容的检验,确定对现有的系统做出是修改或抛弃的决定,还是创

建新系统,同时评估每个任务的工作量。需求跟踪的好坏依赖于跟踪能力数据的质量和完整性。

4. 需求管理工具

手工进行需求管理很难保持文档和现实的一致,且无法跟踪需求的每个状态,特别是对大项目而言。因此,选用合适的需求管理工具可以在整个开发期间有效地管理需求的变动,并使用需求作为设计、测试和项目管理的基础。

表 5 - 3 列出了一些商业需求管理工具,主要包括以数据库为核心和以文档为核心两类。

表 5 - 3 主要商业需求管理工具

工具	所属公司	工具类型
Codebeamer	Intland Software https://www.ptc.com/en/about/intland—software	以数据库为核心
ReQtest	ReQtest AB https://reqtest.com/	以数据库为核心
JamaConnect	Jama Software http://www.qssrequireit.com	以数据库为核心
ReqSuite	OSSENO Software GmbH https://www.osseno.com/en/requirements-management-tool/	以数据库为核心
Modern Requirements	InCycle Software https://www.incyclesoftware.com	以数据库为核心

以数据库为核心的产品将所有的需求、属性和跟踪能力信息存储在数据库中,有些工具可以把每个需求与外部文件相联系(如微软的 Word 文件、Excel 文件、图形文件等),以补充需求说明。

以文档为核心的工具使用 Word 或 Adobe 公司的 FrameMaker 等字处理程序制作和存储文档。以 Requisite 为例,这种工具通过允许选择文档作为离散需求存储在数据库中,以加强以文档为核心的处理方法的能力,同时提供一些机制同步数据库和文档的内容。

5.2.6 现代软件工程需求分析方法

随着技术的不断发展和用户需求的日益多样化,传统的需求分析方法越来越难以应对复杂的软件系统需求。为了应对这一挑战,现代软件工程领域涌现出了一系列创新的需求分析方法,其中两个重要的方法是基于领域的敏捷需求分析和人工智能与需求分析。

1. 基于领域的敏捷需求分析

基于领域的敏捷需求分析是一种软件需求分析方法,它具有高效、灵活、用户导向的特点。该方法能够在软件开发过程中深入了解用户实际需求,避免过度依赖技术和工具,更加符合业务需求和用户实际需求。此外,基于领域的敏捷需求分析还具有迭代、循序渐进的特点,能够更好地适应需求变更的情况,并在迭代过程中不断完善需求分析工作,从而提高软件开发的质量和效率。综上所述,基于领域的敏捷需求分析是一种非常有价值的软件需求分析方法。

与传统的软件需求分析方法相比,基于领域的敏捷需求分析具有以下几个显著的优点:

首先,基于领域的敏捷需求分析更加注重用户需求的理解和把握。该方法鼓励开发团队与用户紧密协作,深入了解用户业务需求,确保软件开发过程中的需求分析工作更加符合用户实际需求。在实践中,该方法能够提高软件开发过程中的开发效率和用户满意度,使软件更好地满足用户的需求。此外,该方法强调及时反馈和迭代,可以在软件开发的早期阶段发现和解决问题,从而降低软件开发的风险和成本。因此,基于领域的敏捷需求分析被广泛应用于各类软件开发项目中,是提高软件开发效率和质量的重要方法之一。

其次,基于领域的敏捷需求分析强调基于业务领域的知识和专业领域的专业知识进行分析和设计,避免了软件开发过程中过度依赖技术和工具的情况,更加符合业务需求和用户实际需求。通过开展领域建模和领域驱动设计,可以对用户的业务流程和业务规则进行深入挖掘,有利于软件系统的高质量开发。此外,该方法还可以促进开发团队的学习和进步,提高团队的专业素养和技术能力,从而更好地服务于用户。

最后,基于领域的敏捷需求分析具有迭代、循序渐进的特点。在软件开发过程中,需求变更是难以避免的,因此基于领域的敏捷需求分析采用迭代方式进行需求分析和设计,每个迭代周期内重点关注某一部分需求,逐步完善和修正需求。这种方式可以更好地应对需求变更的情况,避免了需求变更对整个项目造成过大影响的情况。同时,迭代过程中,开发团队可以及时根据用户反馈和需求变更进行调整和优化,不断提高软件开发的质量和效率。因此,基于领域的敏捷需求分析能够帮助开发团队更好地控制需求变更的风险,提高项目的成功率和软件的质量。

综上所述,基于领域的敏捷需求分析方法注重于深入了解用户的需求,并与用户紧密合作,从而更好地理解和把握用户实际需求。同时,该方法也重视业务领域的知识和专业领域的专业知识,以避免软件开发过程中过度依赖技术和工具的情况。另外,该方法具有迭代、循序渐进的特点,可以更好地适应软件开发过程中的需求变更,并在迭代过程中不断完善和修正需求分析工作,从而提高软件开发的质量和效率。综上所述,基于领域的敏捷需求分析是一种高效、灵活、用户导向的软件需求分析方法,能够更好地满足用户实际需求,提高软件开发效率和质量。

在实际工作过程中,敏捷需求通常与软件开发的敏捷过程紧密相连。假设有一个项目,该项目的目标是开发一个用于订购披萨的移动应用程序。以下是在这个情况下进行敏捷需求分析的一种可能的方式:

(1)需求收集:需要与项目的利益相关者(包括最终用户和项目赞助人)进行沟通,了解他们的需求和期望。例如,用户可能希望能够通过移动应用程序查看披萨菜单,选择配料,下订单,支付费用,并跟踪订单的进度。

(2)需求澄清:在这个阶段,需要确保理解了所有的需求和细节。例如,如果用户希望可以选择配料,那么需要知道这包括哪些具体的配料,用户可以选择多少配料,是否可以选择同一种配料的数量等。

(3)需求排序和优先级设定:在收集和澄清需求后,需要设定需求的优先级。例如,可能查看菜单和下订单的功能被视为最高优先级的需求,因为没有这些功能,应用程序就无法运作。

(4)需求文档化和确认:将所有的需求和细节记录下来,创建需求文档,并与所有的利益相关者确认,确保理解的需求是准确的。

(5)创建用户故事和验收标准:对于每个需求,创建一个用户故事,描述用户如何使用该功能,并设定验收标准,明确该功能完成时应满足的条件。例如,对于下订单的功能,用户故事可能是"作为用户,我希望能选择披萨,添加到购物车,然后支付订单,以便购买我想要的披萨"。验收标准可能包括用户可以浏览菜单、选择披萨、添加到购物车、查看购物车、修改购物车、支付订单等。

(6)反馈和迭代:在开发过程中,定期与利益相关者进行反馈会议,根据他们的反馈对需求进行调整,并根据新的需求进行迭代开发。

这个过程持续进行,直到所有的需求都被满足,应用程序被完全开发出来。

2. 人工智能与需求分析

人工智能(Artificial Intelligence,AI)作为一种新兴的技术,正在深刻地改变着人们的生活方式和商业模式,其中包括软件需求分析。AI 技术可以通过深度学习等方式生成需求,也可以通过基于人工智能的需求分析软件来帮助需求分析人员更好地理解客户需求。而像 Chat GPT 这样的大型语言模型,也可以帮助加速需求分析过程并提高分析的准确性。

首先,深度学习生成需求是 AI 技术在软件需求分析中的一个应用。深度学习生成需求是一种基于人工智能技术的自动化需求生成方法,它利用深度学习模型对已有的需求数据进行学习和分析,从而生成新的需求。与传统的需求生成方法不同,深度学习生成需求可以处理大规模的数据,并且具有较高的准确率和可靠性。

其中生成需求的主要技术是深度神经网络,它可以对大规模的需求数据进行学习,从中学习到需求的语法、语义和上下文等特征。例如,使用自然语言处理技术将需求文本转换成向量表示,然后将这些向量作为输入,使用神经网络进行训练。训练后,神经网络可以自动生成新的需求文本,这些文本与原始需求数据具有相似的语法和语义特征。

在上述基础上,深度学习生成需求可以帮助开发人员更快地生成、评估和更新需求,从而加快软件开发的速度。它可以自动处理大量的需求数据,提取其中的有用信息,并生成新的需求。此外,深度学习生成需求还可以自动检测和修复需求中的错误和缺陷,提高需求的质量和可靠性。

尽管深度学习生成需求在实际应用中具有一定的局限性,例如需要大量的数据和高质量的训练模型,但它已经成为软件开发领域中的一个研究热点。未来,随着深度学习技术的不断发展和完善,深度学习生成需求将会越来越广泛地应用于软件开发领域,为软件开发人员提供更加高效和准确的需求生成方法。然而,虽然深度学习模型可以根据历史需求数据和相关领域知识进行训练,并生成新的需求,大大减少人工编写需求的工作量,并能够自动生成高质量的需求,但由于深度学习模型的复杂性和不可解释性,需要对生成的需求进行人工审核,以确保生成的需求符合客户需求和业务规则。

其次,基于人工智能的需求分析软件是另一种应用 AI 技术的方式,是指利用人工智能技术来辅助需求工程师进行需求分析和管理的软件。该软件采用了多种人工智能技术,包括自然语言处理、机器学习和深度学习等,可以自动识别、提取和分析需求文本中的重要信息,帮助需求工程师更好地理解用户需求,同时提高需求文档的质量和准确性。目前国内涉及该类功能的软件包括 GrowingIO 全域全场景分析云、帆软超大数据量自助分析、Ping Code 多级需求管理工具等。

其中 GrowingIO 全域全场景分析云通过实时 ID Mapping 技术,将同一个用户在不同时间、不同设备的不同行为连接在一起,实现统一身份、打通权益。"流批图一体"技术,让 ID Mapping 能实时处理企业千亿级海量数据,精准高效地进行用户识别,为需求分析提供可视化的基础模型。

这类软件的主要功能包括需求文档的自动化处理、需求分类和归纳、需求可追踪性的管理以及需求变更的跟踪和分析等。在需求文档的自动化处理方面，该软件可以将大量的需求文档进行自动化的分析和整理，提取出其中的关键信息和要求，并将其转化为可视化的需求图表和报告。在需求分类和归纳方面，该软件可以通过机器学习技术来对需求文档进行分类和归纳，将相似的需求进行归类，从而更好地理解和把握用户需求。

需求分析软件还可以对需求的可追踪性进行管理。该软件可以将需求文档中的各项要求进行跟踪和管理，保证需求的可追溯性和一致性。此外，在需求变更的跟踪和分析方面，该软件可以根据需求变更历史记录和用户反馈，分析和评估不同的需求变更方案，提供相应的优化建议和决策支持，从而帮助需求工程师更好地适应不断变化的用户需求。

该类软件在软件开发过程中有着广泛的应用，尤其是在大型软件开发项目中更是不可或缺，可以提高软件开发的效率和质量，降低人力成本和错误率，同时帮助软件开发团队更好地理解用户需求和反馈，从而设计出更加符合用户期望的产品。随着人工智能技术的不断发展，基于人工智能的需求分析软件也将在未来得到更加广泛和深入的应用。

最后，像 Chat GPT 这样的大型语言模型也可以用于软件需求分析中。Chat GPT 是一种基于人工智能技术的自然语言处理模型，具有极高的语言理解能力和生成能力，可以模拟人类对于自然语言的理解和生成。在需求分析中，Chat GPT 可以扮演多种角色，发挥重要作用：

（1）Chat GPT 可以用于辅助需求收集。传统的需求收集方法主要是通过面对面的沟通、文档分析等方式获取用户需求，但这种方法存在着诸多局限性，例如信息获取难度大、信息不全面、信息的一致性等问题。而 Chat GPT 可以模拟人类语言理解和生成的过程，能够对用户需求进行自动化收集和分析，通过与用户的对话和文本分析等方式，获取更加全面、准确的用户需求，为后续的需求分析和设计提供更加充分的信息。

（2）Chat GPT 可以用于需求分析中的自动化测试。在软件开发过程中，测试是非常重要的环节，但是传统的测试方法需要耗费大量的人力和时间，并且测试结果可能存在误判的情况。而 Chat GPT 可以通过自动生成测试用例的方式进行测试，大大减少了测试人员的工作量，提高了测试效率和准确性。

（3）Chat GPT 可以用于需求文档的自动生成。在需求分析过程中，编写需求文档是一项重要的任务，但是编写需求文档需要大量的时间和精力，并且难以保证文档的完整性和准确性。而 Chat GPT 可以通过对用户需求的分析和理解，自动生成符合规范的需求文档，从而减少需求文档编写的时间和工作量，并且提高了文档的准确性和一致性。

（4）Chat GPT 可以用于需求变更管理。在需求分析的过程中，用户需求可能随时发生变化，需要进行及时的处理和管理。而 Chat GPT 可以通过对用户需求的理解和分析，快速地适应需求的变化，并且自动进行相应的修改和调整，从而提高了需求变更的效率和准确性。

（5）Chat GPT 在需求分析中具有多种作用，能够有效地提高需求分析的效率和准确性，为软件开发提供更加全面、准确的需求信息。随着人工智能技术的不断发展和应用，Chat GPT 在需求分析中的作用将会越来越重要。

综上所述，AI 技术在软件需求分析中的应用是不可忽视的。深度学习生成需求、基于人工智能的需求分析软件和 Chat GPT 等语言模型都为需求分析带来了新的思路和工具，可以加速需求分析过程，提高需求分析的质量和效率。然而，需要注意的是，AI 技术不能替代需求分析人员的角色,而应该作为一个辅助工具来提高需求分析的准确性。

5.3 需求获取技术

需求获取的关键在于通过与用户的沟通和交流,收集和理解用户的各项要求。为了确定用户的真正需求,避免软件人员与用户之间的交流障碍、需求不全、意见冲突等问题,一方面需要提高分析人员的知识技能,使其不仅具备较高的技术水平和丰富的实践经验,还要具备一定的业务基础知识和较强的人际交往能力,另一方面还要开展大量的调查研究工作,包括用户访谈、现场考察、专家咨询、会议讨论等,并对大量的一手资料进行分析和整理,从而清楚地理解用户需求。

为了更好地理解用户的需求,可以采用多种不同的技术进行需求获取。常见的需求获取技术包括面谈和问卷调查、需求专题讨论会、观察用户工作流程、原型化方法、基于用例的方法等,而选择这些技术需要根据应用类型、开发团队技能、用户性质等因素来决定。

5.3.1 面谈

用户面谈是一种十分重要而直接的需求获取方法,实际上是一种任何情况下都可以使用的简单而直接的方法,其基本要点如下:

(1)事先准备一个合适的与背景无关的提纲,列出一些准备询问的问题,并将其记在笔记本上以便面谈时参考。

(2)面谈前,需要研究一下要面谈的风险承担人或公司的背景资料,避免选择自己能回答的问题打扰被面谈人。

(3)面谈过程中,应该参考事先准备的面谈提纲,以保证提出的问题是正确的。同时,需要建立起和谐的气氛,并将答案记录下来。

(4)面谈之后,分析总结面谈记录,找出主要的用户需求或产品特征。

与背景无关的面谈是通过询问一些与背景无关的问题,使开发人员全面理解用户的真正问题,以便给出一些有效的解决方法。

下面给出一个用户面谈过程的示例[19]。

第一部分:建立客户或用户情况表

- 姓名:
- 公司:
- 行业:
- 职务头衔:

(以上信息一般在面谈前填写好)

第二部分:评估问题

- 询问用户:对哪种"应用类型"问题缺乏好的解决方案?
- 它们是什么?(提示:不断地问"还有吗?")
- 对每个问题:为什么存在这个问题?现在怎么解决它?打算怎么解决它?

第三部分:理解用户环境

- 谁是用户?

- 他们的教育背景如何？
- 他们的计算机背景如何？
- 用户经历过这种类型的应用吗？
- 使用的是哪一种平台？
- 计划将来的平台是什么？
- 有没有用其他与这个应用有关的应用？如果有,请面谈人谈一下有关情况。
- 用户对产品可用性的预期是什么？
- 用户对培训时间的预期是什么？
- 用户需要什么样的用户帮助(例如:硬拷贝和在线文档)？

第四部分:扼要说明理解情况

你刚才告诉我:(用自己的话列出客户描述的问题)

- 这是否足以表达用户现在的解决方案存在的问题？
- 如果有,用户还有什么其他问题？

第五部分:分析人员对客户问题的输入

对每个建议的问题进行以下提问:

- 这是一个实际的问题吗？
- 这个问题产生的原因是什么？
- 当前用户是怎么解决这个问题的？
- 用户希望怎么解决这个问题？
- 和用户提到的其他问题相比,用户把解决这些问题放在什么位置？

第六部分:评估自己的解决方案(如果可行)

- 总结自己建议的解决方案的主要功能。
- 对于这些方案的重要性,自己是如何排序的？

第七部分:评估机会

- 在用户的单位里谁需要这种应用？
- 使用这种应用的用户有多少？
- 用户如何评价一个成功的解决方案？

第八部分:评估可靠性、性能及支持的需要

- 用户对可靠性的预期是什么？
- 用户对性能的预期是什么？
- 是面谈人还是其他人来支持产品？
- 用户对支持有什么特别要求吗？
- 维护及服务如何？
- 安全需求是什么？
- 安装和配置需求是什么？
- 有特殊的许可需求吗？
- 软件分销的方式如何？
- 标签或包装有什么需求吗？

第九部分:其他需求

- 有必须支持的法律、法规、环境需求或标准吗?
- 还能想到其他需求吗?

第十部分:总结性提问

- 还有其他问题要问面谈人吗?
- 如果还要问其他问题,可以打电话给面谈人吗?
- 询问面谈人是否愿意参加需求审阅?

第十一部分:分析人员的总结

- 面谈结束后,及时总结出客户或用户确认的三条最高优先级的需求或问题。

5.3.2　需求专题讨论会

需求专题讨论会也许是需求获取的最有力的技术之一。通过将项目的主要风险承担人在短暂而紧凑的时间段(一般为 1~2 天)内集中在一起,使得与会者可以在应用需求上达成共识,对操作过程尽快取得统一意见。

专题讨论会具有以下优点:

(1)它协助建立一支高效的团队,这个团队的目的是项目的成功;

(2)所有的风险承担人都畅所欲言;

(3)它促进风险承担人和开发团队之间达成共识;

(4)它能够揭露和解决那些妨碍项目成功的行政问题;

(5)能够很快产生初步的系统定义。

1. 专题讨论会的准备

充分的准备是专题讨论会成功的关键。第一,向参加讨论的人员宣传专题讨论会的益处,使其对专题讨论会充满信心;第二,确定真正的风险承担人并保证使其参与;第三,做好后勤保障是十分必要的;第四,在专题讨论会之前分发资料,便于与会者进行准备,可以提高专题讨论会的效率。

2. 安排日程

专题讨论会的议程应建立在具体项目需求和所讨论的开发内容的基础上,大多数会议可以遵循一种比较标准的形式。一个典型的议程示例见表 5-4。

3. 举行专题讨论会

专题讨论会上可能出现行政人员间的责备或冲突,会议主持人应该能够掌握讨论会气氛并控制会场,避免挑起项目相关人员之间的矛盾(过去的、现在的或将来的)。

专题讨论会最重要的部分就是自由讨论阶段,自由讨论非常符合专题讨论会的气氛,并能营造一种创造性的和积极的氛围,同时可以获得所有风险承担人的意见。

在专题讨论会上,主持人应该分配会议时间,记录所有言论。

会议结束后,项目成功的责任就落到开发团队的身上。

表 5-4　专题讨论会议程示例

时间	议程安排	内容描述
8:00-8:30	介绍	议程、设备、规则

续表

时间	议程安排	内容描述
8:30—9:30	情况简介	项目现状、市场需求、用户面谈结果等
9:30—12:00	自由讨论	讨论、分析应用项目特点
12:00—13:30	午餐	
13:30—14:30	自由讨论	继续上午的讨论
14:30—15:30	特征定义	书写详细的特征定义
15:30—16:30	意见汇总和优先顺序讨论	设置特征优先级
16:30—17:00	会议结束	专题会议总结

5.3.3 观察用户工作流程

有时客户可能无法有效地表达或只能片面地表达自己的需求,开发人员很难通过面谈和会议获得完整的信息。这种情况下,观察用户的工作流程是一种比较好的解决方法。

观察用户工作流程有两种形式:

(1)被动观察:开发人员可以在不受干扰或直接干预的情况下观察用户的业务活动,为了避免用户受影响,可以使用摄像机等设备帮助进行观察。

(2)主动观察:开发人员直接参与到用户的业务活动中,有效地成为其中的一部分。

观察用户工作流程需要一段较长的时间,而且需要涉及各种不同的业务阶段。需要说明的是,用户在被观察的过程中,可能表现出与平常不同的行为,从而隐藏了一些现实的工作情况。

5.3.4 原型化方法

软件原型是所开发系统的部分实现,它比开发人员常用的技术术语更易于理解。原型化方法是需求获取过程中一种常用的方法,它通过使系统或者系统一部分可视化,以获得客户的反馈,从而有效地解决在系统开发的早期阶段需求不确定的问题。

在构造原型之前,需要充分与客户交流,结合软件的应用领域、应用复杂性、客户特点和项目特点等因素,决定在评价完原型之后是抛弃掉原型还是将其进化为最终产品的一部分,这里分别将它们称为抛弃式原型和演化式原型。

1. 抛弃式原型

首先选择适当的演示功能并描述相应的用户界面,然后构造软件原型。接下来,请用户对所构造的软件原型进行评估,提出反馈意见。最后,在达到预期目的后,抛弃所建立的原型系统。

2. 演化式原型

与抛弃式原型相对应,在已经清楚地定义了需求的情况下构造的原型并不被抛弃,而是演化成最终系统的一部分,从而为开发渐增式产品提供了基础。

从原型的用途可以看出,建造软件原型不同于最终系统,它需要花最小的代价尽快实现。因此,只要能够体现原型的作用和满足评价的要求,就可以忽略一切暂时不关心的部分。正是由于这种忽略,演化型原型进化为最终系统时需要十分小心,否则会对后期的开发造成很大问题。

5.3.5　基于用例的方法

随着面向对象技术的发展,基于用例的方法在需求获取和建模方面应用得越来越普遍。这种方法以任务和用户为中心,可以使用户更清楚地认识到新系统允许他们做什么。用例有助于开发人员理解用户的业务和应用领域,并可以运用面向对象分析和设计方法将用例转化为对象模型。

在用例模型中,只是关心系统所应实现的功能,而不关心内部的具体实现细节。一般来说,用例模型的建立是由开发者和客户共同协商完成的,通过反复讨论需求的规格说明达成共识,明确系统的基本功能,为后续阶段的工作打下基础。

1. 确定参与者

参与者代表着与系统交互的人或事。通过确认系统功能使用者和维护者以及与系统接口的其他系统或硬件设备等,可以有效地识别出系统的参与者。

2. 确定用例

用例描述了系统完成的动作序列,产生对参与者有价值的结果。一个完整的系统包含若干个用例,每个用例具体说明应完成的功能。识别用例首先要确定系统所能反映的外部事件,并把这些事件与参与的执行者和特定的使用实例联系起来,最终绘制出用例图。

3. 描述用例

单纯地使用用例图不能提供用例所具有的全部信息,所以需要使用文字描述那些不能反映到图形上的信息。用例描述实际上是关于参与者与系统如何交互的规格说明,要求清晰明确,没有二义性。

5.4　需求分析案例

本部分仅以系统监控管理部分为例进行需求分析。

系统监控管理能够对基础资源占用情况、虚拟运行系统运行状态和工程支持系统运行状态进行监控,支持告警阈值管理以及异常状况自动上报。功能包括:

1. 基础资源占用情况监控

提供基础资源监控功能,支持对平台网络、硬件、数据库的实时监控,并向用户提供可视化界面显示。由以下两大功能点组成:

基础资源信息采集:采集各节点的 CPU 占有率、内存使用率、磁盘使用率等基础资源使用信息,获取运行平台网络状态信息、硬件状态信息(硬件报警、报错信息)、数据库运行信息(错误报警信息、存储器空间信息、负载信息)等。

基础资源信息可视化:展示节点的各种信息,直观反映各节点的运行情况。

2. 虚拟运行系统运行监控

提供虚拟运行系统监控功能,支持对虚拟运行系统中服务运行状态,占用 CPU、内存等资源的监视。由以下两大功能点组成:

虚拟运行系统服务状态监控:能够实时对虚拟运行系统各模拟软件/平台模型的运行状态进行监控。

能够可视化地查看虚拟运行系统各模拟软件/平台模型的运行状态。

3. 工程支持系统运行监控

提供工程支持系统监控功能,支持对工程支持系统中服务运行状态,占用 CPU、内存等资源的监视。由以下两大功能点组成:

(1)工程支持系统服务状态监控:能够实时对工程支持系统中各软件的运行状态进行监控。

(2)工程支持系统服务状态信息可视化:能够可视化地查看工程支持系统各软件的运行状态。

4. 告警与故障管理

提供故障告警功能,支持对告警规则的新增、修改、删除、筛选,告警信息的上报,以及告警信息的筛选、忽略和升级。由以下三大功能点组成:

(1)告警规则管理:提供了对告警规则的管理,可以对告警规则进行增加、修改、删除、筛选等操作。

(2)告警信息上报:获取系统运行状态数据,以固定频率在后台实时刷新,包括 CPU 使用率、内存使用率、磁盘利用率等信息,在系统运行状态数据达到或超过给定阈值时,能收到告警提示。

(3)告警信息管理:提供了对告警规则的管理,可以对告警规则进行增加、修改、删除、筛选等操作。

5.4.1 功能需求

1. 基础资源占用情况监控

包括基础资源信息采集、基础资源信息可视化功能。

1)标识:XTJK_JCZYJK。

2)说明:提供基础资源监控功能,支持对平台网络、硬件、数据库的实时监控,并向用户提供可视化界面显示。

3)进入条件:运维人员成功登录。

4)输入:基础资源信息。

5)输出:基础资源使用信息可视化界面。

6)处理:

①基础资源信息采集;

②基础资源信息可视化。

7)性能:支持监控设备不少于 100 台。

8)约束和限制:无。

（1）基础资源信息采集。

1）标识：XTJK_JCZYJK_JCZYCJ。

2）说明：采集各节点的 CPU 占有率、内存使用率、磁盘使用率等基础资源使用信息，获取运行平台网络状态信息、硬件状态信息（硬件报警、报错信息）、数据库运行信息（错误报警信息、存储器空间信息、负载信息）等。

3）进入条件：运维人员成功登录。

4）输入：基础资源信息。

5）输出：基础资源使用信息存入数据库中。

6）处理：

①获取各节点资源使用情况；

②将获取到的资源存入数据库。

7）异常处理：获取各节点基础资源使用信息失败时，进行错误提示。

8）性能：可存储的被监控主机历史运行状态数据不少于一月。

9）约束和限制：无。

10）基础资源信息采集流程如图 5-5 所示。

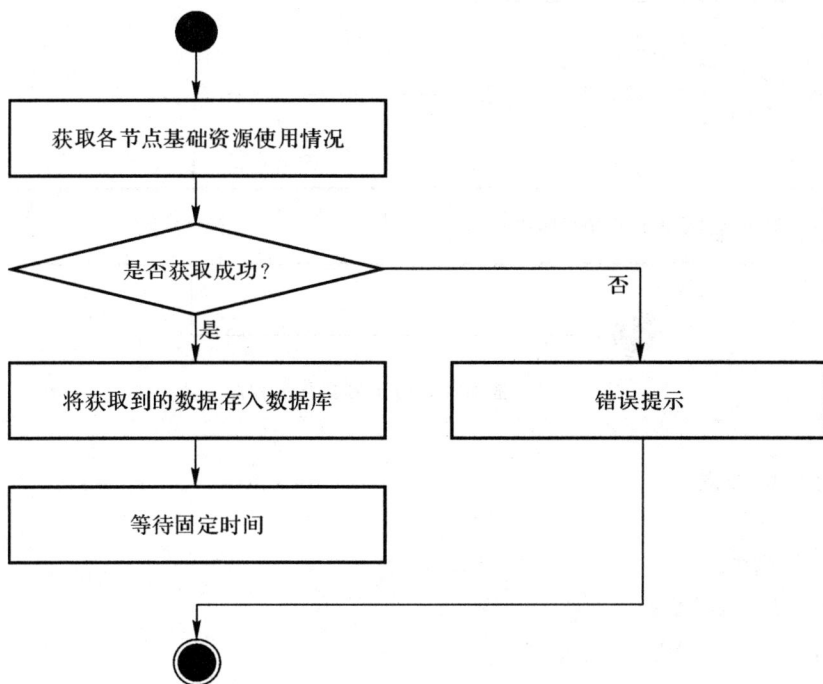

图 5-5　基础资源信息采集流程图

（2）基础资源信息可视化。

1）标识：XTJK_JCZYJK_JCZYKSH。

2）说明：展示节点的各种信息，直观反映各节点的运行情况。

3）进入条件：运维人员成功登录。

4)输入:无。

5)输出:图形展示各节点基础资源的使用情况。

6)处理:

①从数据库获取基础资源的使用情况;

②显示基础资源使用情况曲线图。

7)异常处理:从数据库获取基础资源使用信息失败,进行错误提示。

8)性能:单个人员登录查看基础资源使用情况图表,页面加载时间在1 s以内,100个人员同时请求查看时,页面加载时间在3 s以内。

9)约束和限制:无。

10)基础资源信息可视化流程如图5-6所示。

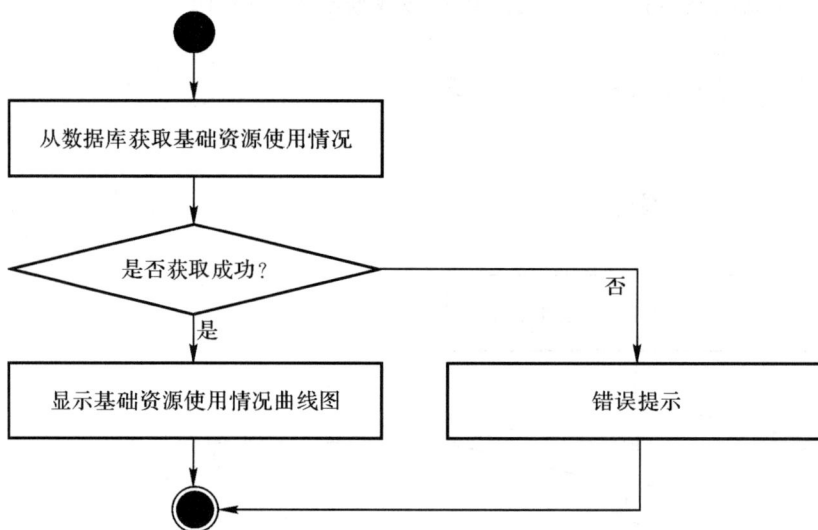

图5-6 基础资源信息可视化流程图

5.4.2 非功能需求

1. 外部接口需求

(1)XTJK - IF - GCYY。

1)接口名称:工程应用与系统监控接口;

2)接口优先级:无;

3)通信协议:HTTP协议;

4)接口描述及性能需求:见表5-5;

5)数据消息:见表5-6;

6)数据元素需求:见表5-7。

表 5 - 5　XTJK - IF - GCYY 接口描述及性能需求

接口名称	接口标识	接口数据		来源	目的地	性能需求	
		名称	标识号			最大允许延迟时间	更新速率
工程应用与系统监控接口	XTJK - IF - GCYY	服务运行状态数据	serviceinfo	工程应用	系统监控管理	—	—

表 5 - 6　XTJK - IF - GCYY 数据消息

接口数据名称	标识号	描述	包含的数据元素	
			名称	标识号
服务运行状态数据	serviceinfo	工程应用向系统监控管理发送服务运行状态数据	配置项 ID	ID
			配置项名称	Name
			CPU 占用率	CPU
			内存占用率	Mem
			网络	Net

表 5 - 7　XTJK - IF - GCYY 接口数据元素需求

数据元素		描述	数据元素格式	数据元素长度	单位	值域	分辨率
接口数据元素名称	标识号						
配置项 ID	ID	配置项 ID	Long	4 字节	—	—	—
配置项名称	Name	配置项名称	string	—	—	—	—
CPU 占用率	CPU	CPU 占用率	Long	4 字节	—	—	—
内存占用率	Mem	内存占用率	Long	4 字节	—	—	—
网络	Net	网络	Long	4 字节	—	—	—

(2)XTJK - IF - XTSJZC。

1)接口名称:系统设计支持与系统监控接口;

2)接口优先级:无;

3)通信协议:HTTP 协议;

4)接口描述及性能需求:见表 5 - 8;

5)数据消息:见表 5 - 9;

6)数据元素需求:见表 5 - 10。

表 5 - 8 XTJK - IF - XTSJZC 接口描述及性能需求

接口名称	接口标识	接口数据		来源	目的地	性能需求	
		名称	标识号			最大允许延迟时间	更新速率
系统设计支持与系统监控接口	XTJK - IF - XTSJZC	服务运行状态数据	serviceinfo	系统设计支持	系统监控管理	—	—

表 5 - 9 XTJK - IF - XTSJZC 数据消息

接口数据名称	标识号	描述	包含的数据元素	
			名称	标识号
服务运行状态数据	serviceinfo	系统设计支持向系统监控管理发送服务运行状态数据	配置项 ID	ID
			配置项名称	Name
			CPU 占用率	CPU
			内存占用率	Mem
			网络	Net

表 5 - 10 XTJK - IF - XTSJZC 接口数据元素需求

数据元素		描述	数据元素格式	数据元素长度	单位	值域	分辨率
接口数据元素名称	标识号						
配置项 ID	ID	配置项 ID	Long	4 字节	—	—	—
配置项名称	Name	配置项名称	string	—	—	—	—
CPU 占用率	CPU	CPU 占用率	Long	4 字节	—	—	—
内存占用率	Mem	内存占用率	Long	4 字节	—	—	—
网络	Net	网络	Long	4 字节	—	—	—

2. 内部接口需求

(1)ZYYCXX - ZYZYJK - GJYGZGL。

1)接口名称:资源异常信息接口;

2)接口优先级:无;

3)通信协议:HTTP 协议;

4)接口描述及性能需求:见表 5 - 11;

5)数据消息:见表 5 - 12;

6）数据元素需求：见表 5 - 13。

表 5 - 11　ZYYCXX - ZYZYJK - GJYGZGL 接口描述及性能需求

接口名称	接口标识	接口数据		来源	目的地	性能需求	
		名称	标识号			最大允许延迟时间	更新速率
资源异常信息接口	ZYYCXX - ZYZYJK - GJYGZGL	运行异常数据	abnormalinfo	工程支持系统运行监控	告警与故障管理	—	—

表 5 - 12　ZYYCXX - ZYZYJK - GJYGZGL 数据消息

接口数据名称	标识号	描述	包含的数据元素	
			名称	标识号
运行异常数据	abnormal info	工程支持系统运行监控向告警与故障管理上报运行异常数据	资源 ID	resourceId
			资源名称	resourceName
			资源类型	resourceType
			资源内容	resourceContent

表 5 - 13　ZYYCXX - ZYZYJK - GJYGZGL 接口数据元素需求

数据元素		描述	数据元素格式	数据元素长度	单位	值域	分辨率
接口数据元素名称	标识号						
资源 ID	resourceId	资源 ID	Long	4 字节	—	—	—
资源名称	resourceName	资源名称	string	—	—	—	—
资源类型	resourceType	资源类型	unsigned char	1 字节	—	—	—
资源内容	resourceContent	资源内容	string	—	—	—	—

（2）XNYCXX - XNXTJK - GJYGZGL。

1）接口名称：虚拟运行系统异常信息接口；

2）接口优先级：无；

3）通信协议：HTTP 协议；

4）接口描述及性能需求：见表 5 - 14；

5）数据消息：见表 5 - 15；

6）数据元素需求：见表 5 - 16。

表 5 - 14 XNYCXX - XNXTJK - GJYGZGL 接口描述及性能需求

接口名称	接口标识	接口数据		来源	目的地	性能需求	
		名称	标识号			最大允许延迟时间	更新速率
虚拟运行系统异常信息接口	XNYCXX - XNXTJK - GJYGZGL	虚拟运行系统异常数据	XNabnormalinfo	虚拟运行系统运行监控	告警与故障管理	—	—

表 5 - 15 XNYCXX - XNXTJK - GJYGZGL 数据消息

接口数据名称	标识号	描述	包含的数据元素	
			名称	标识号
虚拟运行系统运行异常数据	XNabnormalinfo	虚拟运行系统运行监控向告警与故障管理上报运行异常数据	资源 ID	resourceId
			资源名称	resourceName
			资源内容	resourceContent

表 5 - 16 XNYCXX - XNXTJK - GJYGZGL 接口数据元素需求

数据元素		描述	数据元素格式	数据元素长度	单位	值域	分辨率
接口数据元素名称	标识号						
虚拟运行系统异常信息 ID	XNId	虚拟运行系统异常信息 ID	Long	4 字节	—	—	—
虚拟运行系统异常信息名称	XNName	虚拟运行系统异常信息名称	string	255 字节	—	—	—
虚拟运行系统异常信息内容	XNContent	虚拟运行系统异常信息内容	string	255 字节	—	—	—

3. 内部数据需求

CSCI 内部数据应该确保数据在使用过程中的准确性;结构化数据存储在达梦数据库中,数据库中数据应满足范式要求,上传附件存储在软件运行服务器的制定目录下,文件应稳定可靠存储,不因软件故障导致数据文件损坏。

4. 适用性需求

适用性需求包含以下几个方面:

(1)共存性:软件在设计上,必须考虑与其他软件的共存,能适应用户不同的部署、使用要求,软件应易于用户安装,能够根据业务工作需求的变化快速进行功能组配。

（2）适应性：软件设计考虑对硬件环境变化有一定适应能力，各模块在技术允许的范围内应对运行环境的变化有适应能力。

（3）易安装性：软件要易于安装。

（4）遵循性：软件开发遵循国际、国家、军队相关标准，并在此基础上建立公共软件平台标准技术体系，作为各模块研制的依据。

（5）易替换性：软件模块设计要考虑易于替换，能够适应需求技术发展变化后的模块替换。

5. 安全性需求

依据《运维管理软件（原型版）技术方案》和《运维管理软件（原型版）研制任务书》中的要求，对系统监控管理软件（原型版）的安全性提出如下要求：

（1）软件设计应具有容错、排错功能。

（2）软件设置登录密码，避免非法用户的操作。

（3）对人工输入参数进行合法性判断，错误指令不应导致软件退出。

（4）对于不同的操作人员和不同的软件模块，提供不同的页面访问权限。

6. 保密性需求

保密性需求是为了避免敏感数据可能的丢失所作的设计。系统中的敏感数据包括操作系统、数据库系统以及应用软件必需的口令、重要的参数。

7. 环境需求

通过国产化操作系统提供基础的运行环境，支持银河麒麟操作系统。

8. 计算机资源需求

（1）计算机硬件需求。软件开发、调试、测试，需 3 台调试计算机，主要完成软件的编写、编译、下载、调试和测试功能。

调试计算机主要技术指标如下：

1）CPU：飞腾 2000 以上处理器；

2）内存：不小于 16 GB；

3）硬盘：不小于 512 GB；

4）操作系统：银河麒麟 4.0.2；

5）以太网接口：具备 1 路以太网接口，传输速率不低于 100 Mb/s。

软件若采用单机环境运行，运行的环境指标如下：

1）CPU：飞腾 2000 以上处理器；

2）内存：256GB 以上；

3）硬盘：2 * 960GB SSD，6 * 4TB SATA；

4）操作系统：银河麒麟 4.0.2。

（2）计算机硬件资源利用需求。软件运行于云平台 2.0，云平台 2.0 提供软件运行环境，负责软件资源使用调度。为保障软件正常运行，应提供充足 CPU 计算能力，内存、硬盘、网络带宽满足软件运行需要。

（3）计算机软件需求。计算机软件需求见表 5-17。

表 5－17　软件资源需求

序号	名称	配置要求
1	操作系统	银河麒麟 4.0.2
2	开发工具	IntelliJ IDEA 2021
3	数据库管理系统	达梦 7.6
4	测试工具	JUnit4
5	平台框架	全 J 信息服务平台 2.0

（4）计算机通信需求。支持以太网通信，支持通过 HTTP 进行通信。

9. 人员有关的需求

相关人员需求见表 5－18。

表 5－18　相关人员需求

序号	角色	人数	技术级别	涉密级别	备注
1	系统管理员	1	工程师以上	重要	—
2	业务操作人员	1	工程师以上	无	—

10. 培训需求

相关培训需求见表 5－19。

表 5－19　相关培训需求

名称	描述
培训课程	云平台使用方法
培训材料	云平台使用手册

11. 软件保障需求

软件保障性应满足以下几个方面：

（1）计划性：在软件研制过程中，制定各个阶段的任务的计划和时间节点，确保研制过程的每个节点的时效性；

（2）全面性：在软件研制过程中，考虑软件生产研制的各项工作的保障内容，确保研制工作能够正常进行；

（3）软件提供帮助菜单，提供良好的辅助说明，使软件易于学习和操作；

（4）软件培训材料：编写用户手册，描述操作、维护等培训内容。

12. 其他需求

软件的开发和文档的编制遵循 GJB 438C—2021 中"软件需求规格说明"的内容和格式的

要求,以及 GJB 2786A－2009 的要求,并按照中国航空工业集团公司洛阳电光设备研究所的规定执行。

13.人机界面需求

运维管理人机界面采用图形和表格的方式来实现人机交互,遵循以用户为中心、显示信息一致性、易用性等原则,划分意义明确的区域,并对使用用户赋予对应操作权限,便于该用户查看特定信息。

14.验收、交付和包装需求

软件的验收与交付应满足以下要求:

(1)被验收软件已按要求通过测试;

(2)规定的各类文档齐全并通过评审;

(3)被验收软件及其相关软件文档已置于配置管理之下并得到有效控制;

(4)软件应在真实的软、硬件平台上运行并通过系统测试,必须使用具有合格证并在有效期限内的测试设备和其他专用设备,依据验收试验程序进行验收试验,测试结果必须满足验收试验程序的规定要求;

(5)软件的交付内容包括软件文档、软件程序;

(6)软件交付的包装要求:提供软件安装盘,包含系统监控管理软件(原型版)和系统运维管理软件(原型版)。盘面和盒封面应贴上标签,标注密级、系统名称和研制单位等信息。

15.需求的优先顺序和关键程度

系统监控管理软件(原型版)需求的优先顺序和关键程度定义见表 5－20。

表 5－20　需求的优先顺序和关键程度

序号	需求名称	功能标识号	关键程度	优先级
1	基础资源占用情况监控	XTJK－JCZYJK	一般	2
2	虚拟运行系统运行监控	XTJK－XNYXJK	一般	2
3	工程支持系统运行监控	XTJK－GCZCJK	一般	2
4	告警与故障管理	XTJK－GJGZGL	一般	1

注 1:需求关键等级分为关键、重要和一般;

注 2:需求优先级范围:1～5,其中 1 为最高等级,同等优先级标识为同一数字。

5.5　小　　结

本章主要介绍了软件需求的有关概念,包括软件需求的定义、软件需求的类型及其关系,较系统地论述了需求工程过程中的需求获取、需求分析、需求规格文档编写、需求验证和需求管理等子过程的主要工作内容,说明了这些过程之间的关系和每个过程需要产生的文档。为了确保需求规格说明文档的准确、完整和一致,针对需求在形成过程中经常需要变更的特点,简要介绍了需求验证和需求管理的基本概念、方法和主要的需求管理工具。同时还介绍了面谈、需求专题讨论会、观察用户工作流程、原形化方法、基于用例的方法等几种主要的需求获取技术。

作业与练习

1. 软件需求的定义是什么？它包括哪些层次？结合实例说明这些层次之间的关系如何。

2. 需求工程包括哪些基本活动？每一项活动的主要任务是什么？

3. 请比较本章给出的几种主要需求获取技术，说明每种技术的优缺点和适应性。

4. 高质量需求应具有哪些特性？如何编写高质量的需求规格说明书？

5. 你认为哪些情况将会导致好的团队发生不合格的需求说明？

6. 请指出下列需求存在的问题，并作适当修改以满足高质量需求描述要求。

（1）系统用户界面友好。

（2）系统运行时应该占用尽量少的内存。

（3）即使在系统崩溃的情况下，用户数据也不能受到损失。

（4）ATM 系统应该快速响应用户的请求。

（5）ATM 系统需要检验用户存取的合法性。

（6）产品必须在固定的时间间隔内提供状态消息，并且每次时间间隔不得小于 60 s。

（7）产品不应该提供将带来灾难性后果的查询和替换选择。

（8）如果可能的话，应当根据主货物编号列表在线确认所输入的货物编号。

第6章　实现与测试

随着软件技术的发展,从软件设计到软件实现已经有大量的工具提供了支持。在本章中,主要介绍软件实现的关键因素、编程语言的选择、编程原则、现代软件工程开发方法,并重点介绍软件测试的基本概念和方法。

6.1　选择编程语言

在软件实现阶段,尽管可以选择许多合适的软件组件来实现软件的部分功能,但对于一个新软件而言,必然还有许多模块是需要从详细设计变成程序代码的。而程序语言的选择,就成为代码实现过程中的首要问题。从计算机诞生以来,先后出现了数千种编程语言,本节简单地介绍程序语言的发展状况。

6.1.1　编程语言的类型

尽管程序语言有几千种之多,归纳起来,一共可分为五代。

第一代语言是机器语言,即 0、1 代码,也是计算机上直接可以执行的语言。虽然所有的程序最终都被翻译或编译成机器语言才能在计算机上执行,但是直接用机器语言(0、1 组成的序列)编程,却是巨大而艰难的工作。

第二代语言是汇编语言,它将机器指令用简单的助记符表示,但仍然是面向计算机硬件的直接操作,如寄存器、内存、栈、端口、中断等所有的低级操作。汇编语言与机器语言一一对应,所有数据必须放在寄存器中才能运算。如:

Mov　ax,16

表示将数据 16 放入 ax 寄存器。

第三代语言是高级语言。20 世纪六七十年代,以结构化程序设计为代表的编程语言飞速发展。它们以更贴近自然的语言、更规范的结构控制形式和丰富的支持库函数,成为软件编程的主流语言。Fortran、BASIC、C、CCBOL、Pascal 成为它们中的杰出代表。

一条高级语言指令编译后可以形成 5～10 条机器指令,程序源代码有了明显的缩短。

而到了 20 世纪 90 年代,以面向对象为特色的编程语言从结构上改变了软件的设计方法,成为编程语言发展史上一次意义重大的革命。

现在,C++、Java、C♯等面向对象的程序语言,已经成为当今软件设计的主流编程语言。尽管面向对象的程序语言在软件结构和设计方法上有了革命性的进步,但仍然都是面向计算机操作进行设计的语言,还属于第三代语言的范畴。

第四代语言:自从 20 世纪 70 年代起,第四代程序语言(fourth-generation-language, 4GL)的概念就出现了,一条 4GL 语句应该相当于 30 甚至是 50 条机器指令,4GL 不再是面向机器和程序结构的语言,而是面向问题描述的更自然的语言。最著名的 4GL 是 SQL,一种用于关系型数据库存取的语言。它只关心需要存取的内容,而不再关心存取的方式和步骤。

4GL 并没有带来人们期望中的高效率,或者是比较明显的提高效率。一个可能的原因是,一种 4GL 往往仅限制在特定的范围,而且需要获得相关 CASE 工具的支持。就如同 SQL 仅限在关系数据库中,并需要得到数据库系统(如 Oracle、DB2、SQL Server 等)的支持。而一个能够被广泛使用的 4GL,几乎是不可能实现的,因为其支持系统将可能是异常庞大的。另外,虽然 4GL 为最终用户的编程提供了方法,但是却遭到了软件开发者的一致反对。让并不熟悉软件结构、数据库结构和数据库安全要求的最终用户具有对数据库的编程能力,虽然能够更好地解决用户的数据需求,但是由此而带来的对数据库的非正常操作的破坏风险,却是数据库开发者和用户都无法面对的。就如同飞机驾驶员的操作界面已经设计到任何人都可以理解的程度,但却没有一个航空公司会允许不了解飞机结构、性能和安全特性的人去驾驶一架飞机。

第五代语言也称智能化语言。它主要使用在人工智能领域,帮助人们编写推理、演绎程序。

6.1.2 快速原型语言

快速原型与最终的软件产品往往会采用不同的程序语言,这是因为它们有着不同的目标和要求。

快速原型语言,是要在短时间内以直观的方式展现用户的需求。快速原型不要求可靠,不关心结构,甚至根本就不能运行。但是,它往往展现了软件产品的最终表现方式,准确描述了用户的人机界面和数据的格式要求。

对快速原型语言的要求:一是快,如果需要设计、编译、连接、运行、调试的完整过程,往往是难以满足实际的时间要求的;二是直观,为了清楚描述用户的需求,需要多使用图形化的展示,尽可能减少专业词汇的文字描述,否则用户可能根本无法知道你在说什么,而你也并不清楚用户需要的是什么。从这两个特点可以知道,建立原型的目的是为了方便与用户的沟通,而不是软件的设计,因此仅需要描述软件的外部特性而不是内部实现。

具有良好界面设计的语言就成为快速原型设计的选择,随着 GUI(图形用户界面)技术的不断发展,更多的快速界面设计语言和工具不断出现。Power Builder、Java、JavaScript、C♯ 等都成为快速原型设计的可选工具和语言。

6.1.3 选择编程语言的基本准则

在选择编程语言时,应该遵循一些基本的准则:

(1)选择客户熟悉和具有支持工具的语言。

(2)选择适合应用特点的语言。

(3)选择信息内聚性最大的语言。

(4)选择具有最佳成本-效率比的语言。

（5）选择风险最低的语言。

在选择编程语言时,上述的原则并不能保证全部满足。客户熟悉的语言可能是成效差的语言,而成效高的语言可能并不适合应用的特点,风险最小的语言,恰恰客户一无所知。因此实际软件开发中,只能取得相对的平衡,并尽可能遵循上述原则。

随着面向对象技术的迅速发展和普及,选择面向对象的编程语言和工具日益成为主流。根据 2023 年的网络调查,排在前 10 名的编程语言的情况如下:

排名	编程语言	使用占比
1	Python	13.3%
2	C	11.41%
3	C++	10.63%
4	Java	10.33%
5	C#	7.04%
6	JavaScript	3.29%
7	Visual Basic	2.63%
8	SQL	1.53%
9	Assembly language	1.34%
10	PHP	1.27%

这 10 种编程语言占全部软件开发中 62% 的份额。软件编程语言数量众多,发展也十分迅速。

6.2　好的编程风格与原则

确定了编程语言,下一步工作就是把详细设计变成程序代码。当程序员开始编码时,总是关注编码的正确性和完成的编码量,而代码的可阅读性和易于理解性才是编码工作的首要任务。

养成良好的编程风格是每一个程序员的基本素质要求。软件工程师要时刻记住,现在编写的程序,不仅仅是为了实现详细设计的要求,更重要的是在未来容易被维护人员阅读和理解。下面给出编程风格的基本要求。

1. 使用一致的、有意义的变量命名

软件编码离不开变量,变量的命名就需要有明确的规则和方法。一些开发团队会在软件编程之前,对变量的命名规则进行专门的约定。一般而言,变量应该有明确的意义。例如,在一个人事信息管理系统中,有 firName、laName、Family - Address、off - ph 四个变量分别表示一个人的名、姓、家庭地址和办公电话;fir 表示 first,la 表示 last,off 表示 office,如果说这些还能够勉强猜出,而 ph 就不容易被理解为 phone 了。而在平时的编程中,随手起的变量名 x,y,z,xx,yy,zz 等,就更是连编程者自己都会搞糊涂了。因此应该养成尽可能写完整含义变量名的风格,以便为以后的软件维护创造良好的条件。那么,上面四个变量的良好写法应该是 FirstName、LastName、FamilyAddress、OfficePhone。

有时,一个完整含义的变量名也许会很长,但如果还在变量命名的允许长度之内,还是意义完整的更好。XcoordinateOfPositionOfPlane 显然比 Xcoordinate 或 XcoordinateOfPlane 更

易于理解。尽管软件工程师并不太愿意命名太长的变量名,似乎因为这影响了编程的速度,而实际上,他们花费在程序录入上的时间恐怕是所有编程工作中最少的部分了。

2. 注释语句的必要性

虽然软件工程师被要求在代码中提供尽可能多的注释以方便程序的阅读和理解,甚至强制要求注释应该达到代码的50%以上才能被验收,但是他们总是更注重程序的执行语句,而不愿意把时间花费在注释上。

对于正在进行项目开发的软件工程师来说,模块的功能、变量定义、代码算法早已熟记于心。但是,对于项目组外的人员,或者若干年以后编程技术发生了很大变化的软件工程师,或者是仅需要重用某个软件模块的功能和接口而并不了解这个模块代码语言的软件开发人员呢?

序言注释是每个软件模块都需要的。其中应该包括模块功能的说明、编写者的姓名、模块编写的时间、数据的来源、模块参数与变量的列表说明(最好是字母有序的)、读取的外部文件名、修改的外部文件名、模块的输入输出、错误处理能力、模块的测试数据文件和回归测试的数据。如果有修改,还需要包括修改的目的、内容、时间、修改者的姓名以及原错误的描述等。

序言注释对理解软件十分有益,但并不是注释的全部。在序言注释之外,代码间的注释说明也是非常重要的。它不仅帮助阅读者理解程序,也帮助程序员编写出更易于理解的程序代码。

3. 避免模糊、复杂的算法

程序员总是愿意把自己完成的软件模块当作自己的成就,一个具有与众不同算法和高效执行速度的模块往往成为程序员的骄傲。但是,这样的骄傲也许带来确实恰恰相反的结果,程序会因为难以阅读和理解而不得不重写。例如如下的语句:

```
If ((X>>4) & 0x01) {   /* to judge bit 4 of variable X equal 1 or not */
    do some action;
}
```

这是因为变量 X 的第 4 位表示了一种开关量的状态值,比如锅炉的进风口是打开状态还是关闭状态。而一个 16 位的变量 X,可以表示 16 个开关量的状态。为了方便程序的阅读和理解,即使状态确实来自某个传感器变量的第 4 位,也应该将它赋值到一个有明确变量名的变量中,如 WindChannelState。因此,上面的程序改写为:

```
If  (WindChannelState = = OPEN) {
    do some action;
}
```

程序员应记住,编写程序的目标是易于理解和正确。如果你的程序难以阅读,即使效率再高也需要重写。

4. 使用常量

在程序中,有些变量的值在整个程序的运行中是不会改变的。比如数学中的圆周率 $\pi = 3.1415926$,物理中的重力加速度 $G = 9.81$,以及程序的一些约束条件如 MAXNUMBER $= 1000$ 等。那么,使用常量定义就更准确地表达了它们的含义。

```
const float PI = 3.1415926
```

5．学会代码的版面设计

在编写代码时要合理的安排代码的版面，一个模块（不论是函数还是方法）不易太长。不要在一行代码语句中出现太多的变量和运算（超过 5 个运算符），而一个模块最好轻易不超过 50 行。此外，采用缩进格式、适当增加代码间的空格，都会使程序更易于阅读。

6．嵌套的 if 语句

if 语句是软件代码中最常使用的分支控制语句，如果是单独的 if 语句是不难理解的。当出现 if 语句的嵌套使用时，良好的书写风格就是十分重要的。

例如：学生成绩计算，其代码见图 6-1、图 6-2。

```
if (Student[i].Score<90) && (Student[i].Score>75)
    Student[i].grade='B'
else if (Student[i].Score>90)
    Student[i].grade='A'
else if (Student[i].Score>60) && (Student[i].Score<75)
    Student[i].grade='C'
else
    Student[i].grade='F'
```

图 6-1　学生成绩计算代码 1

```
if (Student[i].Score<90)
  { if (Student[i].Score<75)
    { if (Student[i].Score<60)
      Student[i].grade='F'
      else
      Student[i].grade='C'
      }
    else
    Student[i].grade='B'
    }
else
    Student[i].grade='A'
```

图 6-2　学生成绩计算代码 2

因为成绩计算是大家都熟悉的内容，所以不同的人对上面两种格式有不同的看法。如果换成相对陌生的条件判断，图 6-2 的代码会更易于得出分支结构。

代码编写的风格不是一天形成的，良好的代码风格也需要软件技术和软件管理者的不断鼓励、监督和检查。所谓文风如人，希望大家都能写出清晰、易懂、正确和漂亮的代码。

6.3　重　用　性

在当今快节奏的软件开发领域，提高开发效率和降低成本是每个组织追求的目标。为了实现这一目标，软件重用成为一种强大的解决方案。软件重用是指在开发过程中利用已有的软件组件、模块或系统来构建新的应用程序的实践。它可以显著缩短开发时间、降低错误率，并提高软件的质量和可靠性。

6.3.1　重用的概念

在开发一件新的产品时，人们极少会将所有的部件都重新设计制造，往往会直接使用大量的成熟部件，仅在核心技术上进行重新设计和制造。在软件开发中，面临一个新的软件需求时，也可以充分利用已有的软件模块和程序，而不需要全部进行重新设计和实现。被重新使用的软件模块和程序，称为组件（Component）。而在新的软件开发中选用原有组件的方法，就是软件重用（Reuse）。平均而言，软件产品中只有 15% 左右是服务于原始目标的，而 85% 的软件在理论上都是可以标准化并在将来被重新使用的。

软件重用有意外（Accidental）重用和预备（Deliberate）重用两种类型。意外重用软件开发者在开发新软件时,才意识到以前的软件模块能够被使用。预备重用指的是软件开发者在研制软件时,就考虑到了以后可以被重用。为了今后重用而设计的模块,在通用性、接口一致性设计及文档完整性方面都有充分的考虑,所以后一种重用比前一种更有效。

软件重用并不像想象的那么简单,软件模块的重用往往因为应用对象和环境的不同,在实现语言、硬件环境甚至程序结构上都会存在很大的差别。为了能够重用以前的软件模块,有时花费在软件移植上的精力比重新开发还多。

在计算机出现的初期还没有软件重用的概念。所有新软件产品的开发都是从头开始的,包括输入/输出例程、所有的数学计算例程和数据处理例程等。但很快地,人们发现新软件开发中大量的时间和精力都花费在了重复性的工作上。而仅仅是因为应用环境的不同。于是标准接口库开始出现在高级语言中,如 C 语言的"stdio""math""graphics"等。随着面向对象技术的发展,在 C++,Java 语言中,库函数得到了极大的扩充,大量的类和方法被构造成标准组件,软件工程师主要关心如何使用就可以了,而不需要自己再重头设计。最典型的代表有 C++的 Standard Template Library(STL)。

API(Application Programming Interface,应用程序接口)已经成为操作系统与外设调用的主要方式,它可以看成是一个子例程库。而 GUI 技术更是将所有界面元素以控件的形式进行了标准化。

随着组件技术的不断发展,软件重用成为软件开发的主要指标之一。COTS (Commercial - Off - The Shelf,商用现成品)商用组件的出现为软件开发带来了新的模式,而基于组件的软件工程(Component Based Software Engineering,CBSE)也成为软件工程技术研究的热门领域。

尽管软件重用技术得到了迅速发展,但在 85% 理论上可以重用的软件开发中,只有不到 40% 的软件得到了实际应用。为什么开发者们不愿意充分使用重用软件来提高效率和缩短软件开发时间呢?总结原因如下:

(1)太多的软件开发者宁可自己重写一个程序而不愿意重用别人的已有程序,总认为别人的程序不如自己的好,这是因为他们理解别人的程序比重新编写还费劲,而且经常发现别人程序的一些问题。

(2)已有程序缺少在管理上的规范性,当人们开始开发一个新程序时,往往难以找到合适的组件或需要花费太多的时间和精力来选择和测试已有的组件。

(3)软件重用是昂贵的,软件重用包括组件的重用性设计,组件的重用测试和定义与实现一个重用的过程[20],这些工作往往比开发一般软件多花费 60% 以上的时间。

(4)组件的知识产权问题,在使用一个软件组件前,首先需要明确这个组件的使用不会带来侵权问题。

事实上,上述这些问题都是可以克服的,随着组件技术的不断发展,组件软件的可靠性、规范性和一致性接口都得到了极大的提高。虽然开发组件的成本要高一些,但是它为以后的软件维护和新软件的开发节约了大量时间和精力。随着组件技术的不断成熟,基于组件的软件开发与实现,已经成为软件技术发展的必然趋势。

6.3.2　对象与重用

自从软件模块化的概念出现以来,将一个软件划分成独立命名和可独立访问的模块化结构,已经成为软件开发的基本原则。所有功能和代码全部在一个文件中实现的软件是难以维护和更新的。

关于模块的划分原则与方法,在软件设计阶段已经进行了详细的介绍。一般来说,仅完成一个动作的模块是可以重用的。具有功能和数据独立性的模块也是可以重用的。换言之,高度内聚的模块是可以重用的,而低内聚的模块是很难重用的。

面向对象的程序设计,将数据结构及其之上的操作封装起来,对外具有统一的接口定义和数据传递关系。这种模式为软件重用技术的应用带来了极大的便利。面向对象中类的概念及其实现,已成为软件重用的最好范例。当面向对象的软件开发成为主流趋势时,软件重用性便得到了极大的发展和迅速的普及。

6.3.3　软件重用

提到软件重用时最容易想到的是软件模块、数据结构、算法或功能的重用。事实上,代码、组件重用并不是软件重用的唯一内容,软件重用在软件开发的多个阶段都有重要的意义。

1. 软件设计阶段的重用

开发一个新软件时,设计的方法、软件的结构都可以借鉴以前的成功经验。充分利用已有的软件设计、框架和开发模式,是软件工程师必然的选择。在设计阶段的重用可以体现在以下几个板块。

(1)应用架构的重用。应用架构的重用性是显而易见的。如果已经开发了一个超市管理系统软件,当再开发新的超市管理系统软件时,原有的软件架构几乎可以搬来就用。而测试仪表软件的设计更是软件重用的典型代表,Lab View、Lab Windows、HP VEE 等组态控制软件的开发模式充分体现了软件重用的思想。标准的仪表面板与仪表盘控件,统一的通信接口与协议模块,标准的前端采集与控制驱动,加上丰富的自动控制算法使得测试仪表与控制系统的软件开发变成了一个完全的配置过程。

(2)设计模式的重用。不同的软件需求和不同的软件开发团队会采用不同的软件设计模式,而嵌入式软件和网络应用软件的设计模式更是有着极大的差别。对一个团队来说,必然会借鉴和沿用成熟的软件开发和设计模式,来提高软件开发的成功率与可靠性。设计原型系统,设计用户界面,规范所有接口,明确数据流程,最后细化模块实现,这也许是大部分软件团队的设计模式。但事实上,各个团队的设计模式都是不同的,设计原型、选择组件、修改方案、定义接口、原型测试、细分模块也许是另一团队更好的设计模式。

(3)软件架构的重用。软件架构是指软件产品中组件的组织形式、产品级的控制结构、数据通信与一致性同步、数据库与数据获取方式,以及组件的物理分布位置、性能和设计的可选性。面向对象架构、UNIX 的管道与过滤模式、Client/Server、Browser/Server 等都是软件架构的例子。

2. 软件实现阶段的重用

软件实现阶段的重用是软件重用的重点,基于组件的软件开发已经成为现代软件开发的重要模式。选择合适的组件,继承和集成现有的软件模块,已经是软件实现阶段的重要任务。

同时,当设计和实现全新的软件模块时也需要按组件的要求进行,统一的接口设计,开放的结构,可移植性设计,完善的测试,已经成为软件组件化实现的基本要求。

3. 软件维护阶段的重用

由于软件的模块化(组件化)和独立性,软件的维护可以像机械设备的维修一样进行部件(组件)的更换。同时,因为软件部件是不会磨损的,所以需要更换的软件组件要么是有错误,要么是需要升级。例如升级超市管理系统中的数据库平台时,仅需要更换数据库连接组件就可以了,而对于数据的所有计算和处理模块,都将全部保留下来。

如果说一个软件产品成本的33%用于开发,而开发中30%的软件是直接使用的组件,那么软件重用节约的成本约10%。而在67%用于软件维护的成本中,如果仍有30%的软件维护是以组件方式完成(事实上往往高于这个比例),节约的成本约20%。而整个项目因为使用软件重用技术节约的成本将达到30%以上。

6.3.4 软件中间件

在当今复杂且日益发展的软件环境中,软件中间件扮演着不可或缺的角色。软件中间件充当着连接和协调不同组件、服务和系统的桥梁,为开发人员提供了一种简化和标准化的方式来构建、部署和维护复杂的分布式应用。通过提供通信、事务管理、安全性和其他关键功能,软件中间件为软件开发和维护带来了更高的灵活性、可扩展性和可靠性。

中国科学院软件所研究员仲萃豪把中间件定义为"平台+通信"。软件中间件是在软件系统中起连接和协调作用的关键技术,中间件就相当于是应用、数据与用户之间的纽带,它提供了一种在不同软件组件之间进行通信和交互的中间层。

中间件的目标是简化分布式系统的开发和管理,并提供可靠的数据传输和共享。中间件在多种应用领域都有广泛的应用,包括企业应用集成、分布式系统、大规模数据处理和云计算等。通过使用中间件,开发人员能够明晰系统内的不同层级,对接不同的可插拔方式,从而保障软件的质量,也可以快速构建可靠的分布式系统,并实现不同组件之间的高效通信和协作。

从20世纪60年代末开始,中间件就成为了软件工程技术的一部分,并且作为一个类别,可以应用于广泛的现代软件组件。中间件可以包括应用运行时,企业应用集成和各种云服务。数据管理、应用服务、消息传递、身份验证和应用程序接口(Application Programming Interface,API)管理通常都要通过中间件来处理。如今,中间件是现代云原生架构的技术基础。对于具有多云和容器化环境的企业而言,中间件可以帮助企业大规模、经济高效地开发和运行应用。

中间件的功能特点、自身定位决定了其分类的多样性,下面介绍几种常用的中间件。

1. 缓存中间件

缓存最初的含义,是指用于加速中央处理器(Central Processing Unit,CPU)数据交换的随机存取存储器(Random Access Memory,RAM),即随机存取存储器,通常这种存储器使用更昂贵但快速的静态RAM(Static Random Access Memory,SRAM)技术,用以对动态随机存取存储器(Dynamic Random Access Memory,DRAM)进行加速。这是一个狭义缓存的定义。而广义缓存的定义则更宽泛,任何可以用于数据高速交换的存储介质都是缓存,可以是硬件也可以是软件。

缓存中间件是一种特殊类型的软件中间件,用于提供缓存功能,以加速数据访问和提高系统性能。它在应用程序和后端数据存储系统之间充当缓存层,存储经常访问的数据副本,以便快速响应后续的请求。

　　缓存中间件的主要功能是在内存中存储数据,并根据访问模式和策略来管理缓存数据的更新和失效。当应用程序需要访问某个数据时,它首先检查缓存中是否存在该数据,如果存在则直接从缓存中获取,避免了与后端数据存储系统的交互,提高了响应速度和系统吞吐量。图 6 - 3 所示是一种常用的缓存中间件应用架构。

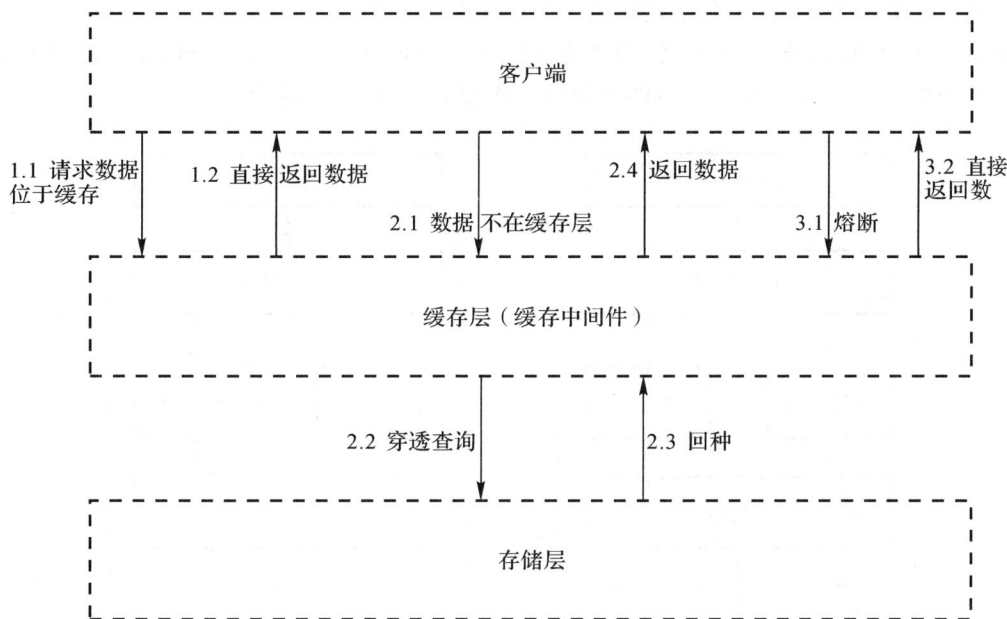

图 6 - 3　缓存中间件应用架构

　　Redis 是一种主流缓存中间件,是一个使用 C 语言编写的、开源的高性能非关系型(Not only SQL,NoSQL)的键值对数据库。Redis 可以存储键和 5 种不同类型的值之间的映射。键的类型只能为字符串,值支持 5 种数据类型:字符串、列表、集合、散列表、有序集合。与传统数据库不同的是,Redis 数据是存在内存中的,所以读写速度非常快,因此 Redis 被广泛应用于缓存方面,每秒可以处理超 10 万次读写操作,是已知性能最快的键值数据库。另外,Redis 也经常用来做分布式锁。除此之外,Redis 支持事务、持久化、LUA 脚本、LRU 驱动事件、多种集群方案。

　　Redis 可以通过复制和分区来实现分布式架构。复制允许创建主从关系,其中主服务器将数据同步到从服务器,从而提高系统的可用性和容错性。分区允许将数据划分为多个分片,分别存储在不同的服务器上,以支持更大规模的数据。它是一个单线程的服务器,这意味着它可以避免由于多线程之间的竞争而导致的复杂性,从而提高性能。它采用了事件驱动模型,能够在保持简单的同时处理大量并发连接。

　　但同样地,它存在一些缺点。由于数据存储在内存中,Redis 对内存的需求较大,这可能导致较大的硬件成本,尤其在处理大规模数据时。采用单线程模型,虽然能够避免多线程竞争的复杂性,但在某些情况下可能成为性能瓶颈。

　　常用的缓存中间件还有 Memcached,CDN 等。考虑缓存中间件为软件构建提供高效数据访问的同时,需要根据具体应用需求权衡其优势和一些潜在的缺点做出选择。

2. 消息中间件

消息队列(Message Queue,MQ)用于在分布式系统中支持异步通信和消息传递。它充当了消息的中转站,使得不同的应用程序或组件可以通过发送和接收消息来进行通信,而不需要直接依赖于彼此的可用性和状态。消息队列也可以称为消息中间件,用高效可靠的消息传递机制进行与平台无关的数据交流,并基于数据通信来进行分布式系统的集成。通过提供消息传递和消息队列模型,可以在分布式环境下扩展进程的通信。

简而言之,互联网场景中经常使用消息中间件进行消息路由、订阅发布、异步处理等操作,来缓解系统的压力。一种消息中间件常用的工作模式如图6-4所示。

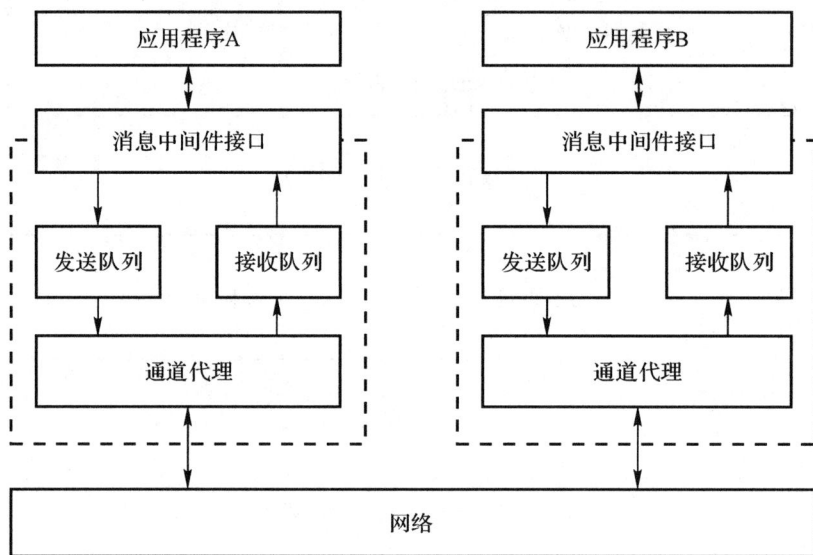

图6-4　消息中间件常用的工作模式

RabbitMQ 于 2007 年发布,是一个在高级消息队列协议(Advanced Message Queuing Protocol,AMQP)基础上完成的,可复用的企业消息系统,是当前主流的消息中间件之一。它支持多种编程语言,如 Java、Python、JavaScript 等,使其更易于集成到不同的应用中,同时提供了一个用户友好的管理界面,方便监控和管理队列、交换机、连接等各种组件。

消息在到达队列前是通过交换机进行路由的。RabbitMQ 为典型的路由逻辑提供了多种内置交换机类型。它通过交换机和队列的灵活组合,支持不同的消息路由策略,例如直接路由、主题路由、广播等。对于性能和可靠性,它也提供了多种机制,包括持久性机制、投递确认、发布者证实和高可用性机制。

常见的消息中间件还有 RocketMQ,Apache Kafka。这些消息中间件可以根据应用需求和场景选择合适的消息传递解决方案,实现异步通信和系统集成。

3. 统一协调管理中间件

统一协调管理中间件是一种软件或服务,用于管理和协调分布式系统中的各种资源、服务和组件。它为构建分布式系统和微服务架构提供了关键的支持,确保系统组件之间的协作、一致性和可靠性,使得开发人员能够更轻松地处理分布式环境中的复杂性。在统一协调管理中间件的帮助下,分布式系统能够更加灵活、可扩展,并具备更好的容错性和可维护性。一种常用的统一协调管理中间件工作模式如图 6-5 所示。

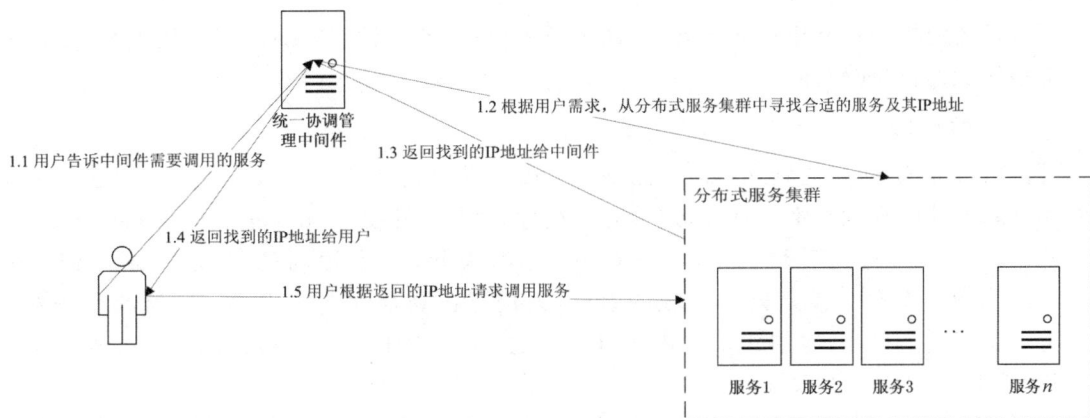

图 6-5　统一协调管理中间件工作模式

Zookeeper 是一个开源的分布式的,为分布式应用提供协调服务的 Apache 项目。Zookeeper 从设计模式角度来理解,是一个基于观察者模式设计的分布式服务管理框架,它负责存储和管理大家都关心的数据,然后接受观察者的注册,一旦这些数据的状态发生变化,Zookeeper 就将负责通知已经在 Zookeeper 上注册的那些观察者做出相应的反应,从而实现集群中类似 Master/Slave 管理模式。

Zookeeper 本质上是一个分布式的小文件存储系统,提供基于类似于文件系统的目录树方式的数据存储,并且可以对树中的节点进行有效管理。

常见的统一协调管理中间件还包含 Apache Mesos,Kubernetes 等,这些统一协调管理中间件可以根据系统的需求选择合适的解决方案,帮助管理和协调分布式系统中的资源和服务,提高系统的可靠性、性能和可伸缩性。

4. 综合中间件

综合中间件提供了广泛的功能和功能集,用于支持和管理复杂的应用程序和系统。综合中间件整合了多个中间件组件和工具,以提供全面的解决方案,满足系统的各种需求和要求。

综合中间件能够集成和协调不同的中间件组件和工具,以实现各种功能的统一管理和协调。它可以整合消息中间件、事务处理、数据访问、安全性等多个方面的中间件功能,为应用程序提供一致的接口和集中的管理方式。其通常具有高度的可扩展性和灵活性。它可以根据应用程序的需求和规模进行水平或垂直扩展,以适应不断变化的业务需求。同时,它也提供了灵活的配置和定制选项,允许开发人员根据具体需求进行调整和定制。

常见的综合中间件包括 IBM WebSphere,Oracle Fusion Middleware,Red Hat JBoss Middleware。综合中间件是应对复杂和多样化系统需求的理想选择,它提供了广泛的功能和工具,帮助开发人员和管理员简化开发、部署和管理任务,提高系统的效率、可靠性和安全性。

6.3.5　开源软件

开源软件是通过开放协作开发和维护的软件,通常免费提供,可供任何人使用、检查、修改和重新分发。这与专有或闭源软件应用程序(如 Microsoft Word、Adobe Illustrator)形成对比,这些应用程序由创建者或版权所有者出售给最终用户,除非版权所有者说明,否则不能对其进行编辑、增强或重新分发。

"开源"还泛指一种基于社区的方法,通过开放协作、包容性、透明度和频繁的公开更新来创建任何知识产权(如软件)。

1. 开源的历史

开源(Open Source)的概念可以追溯到 20 世纪 70 年代晚期,当时,软件开发社区开始尝试利用互联网共同开发和维护软件,这种方式被称为"共同开发"(Cooperative Development)。

到了 1980 年,自由软件(Free Software)运动兴起,这个运动的代表人物是 Richard Stallman,他认为软件应该是公共领域的财产,人们有权利自由地使用、复制、修改和分发软件。为了实现这个目标,他创建了自由软件基金会(Free Software Foundation),并推广了一种叫作 GNU 的自由操作系统。

到了 1990 年,开源软件的概念开始出现,主要是由于互联网的发展和开放源代码软件的兴起。1998 年,Eric S. Raymond 等人在《Open Sources:Voices from the Open Source Revolution》这本书中提出了"开源"这个词,将自由软件和共同开发的概念结合在了一起,提出了一个新的软件开发模式。

1998 年 2 月 3 日,开源软件倡导组织(Open Source Initiative,OSI)成立,该组织的目标是推广开源软件的理念和实践,并认证符合开源定义的软件。从此,开源软件迅速发展,越来越多的软件公司、开发者和组织开始采用开源模式开发软件,其中一些著名的开源软件包括 Linux 操作系统、Apache Web 服务器、MySQL 数据库、PHP 编程语言、WordPress 博客平台等。开源软件的普及也为开发者和用户带来了很多好处,例如可以更快地开发出更好的软件,更好地协作和分享知识,以及更高的安全性和稳定性。

2. 开源软件的定义

开源软件(Open Source Software,OSS)是指可以公开获取其源代码的计算机软件。其著作权持有人通过开放源代码许可协议(例如 GNU 通用公共许可证或 MIT 许可证)来授权其他人自由地学习、使用、复制、修改和分发软件的源代码。这使得开源软件的使用者可以自由地定制和改进软件,并共享他们的改进版本,从而促进了软件创新和共享知识的文化。与此相对的是闭源软件,其源代码是私有的,不能被公开获取。

3. 选择开源软件的原因

开放源码软件对软件市场产生了深远的影响。首先,开放源码软件的出现和发展使得软件市场更加多元化和竞争化。开放源码软件提供了一个完全不同的商业模式,即以服务和支持为主要盈利方式,而不是以软件本身的销售为主。这种商业模式使得开放源码软件可以在与传统商业软件竞争的同时,为用户提供更高效、更稳定、更安全的解决方案。其次,开放源码软件的开放性质也促进了软件市场的创新和发展。由于开放源码软件的源代码可以被任何人查看和修改,开发者可以自由地创造、改进和组合软件,从而推动软件的技术进步和创新。此外,开放源码软件的共同开发模式也促进了软件行业的合作和协作,为各个企业和组织带来更多的机会和收益。

选择开源软件的原因有很多,以下是其中一些常见的原因:

（1）免费使用：许多开源软件是免费的，你可以下载、使用、修改、复制和分发它们，而不必支付任何费用。这使得开源软件比闭源软件更加经济实惠，尤其是对于个人用户、小企业和组织来说，它们可能没有足够的财力购买商业软件。

（2）透明度和安全性：开源软件的源代码是公开可见的，这意味着任何人都可以查看代码，发现潜在的漏洞和安全问题。相比之下，闭源软件的代码是私有的，只有软件的开发者和授权用户才能查看和修改它们。因此，开源软件通常更加透明和安全，可以更快地发现和修复安全漏洞。

（3）灵活性和可定制性：由于开源软件的源代码是公开的，你可以自由地修改它们以满足你的需求。这使得开源软件比闭源软件更加灵活和可定制，可以更好地适应不同的使用场景和需求。

（4）社区支持：许多开源软件有庞大的社区，其中有很多志愿者致力于为软件提供技术支持、解决问题和开发新功能。这些社区通常很活跃，使得你可以更快地得到帮助和支持。

（5）创新和发展：由于开源软件的源代码是公开的，任何人都可以使用它们进行创新和开发新功能。这使得开源软件比闭源软件更容易发展和创新，因为有更多的人可以贡献他们的想法和知识。

开源软件具有许多优点，可以帮助企业和开发者降低成本，提高质量和安全性，增强灵活性和可移植性，并促进软件行业的创新和发展。因此，很多开源社区和组织选择开源软件。

4. 开源软件代码托管平台

开源软件是一种重要的可复用软件制品来源。当前得到广泛复用的许多软件开发框架以及软件组件都是开源软件。了解开源软件复用需要理解代码托管平台、开源社区、三方库管理平台三者之间的关系，如图 6-6 所示[15]。

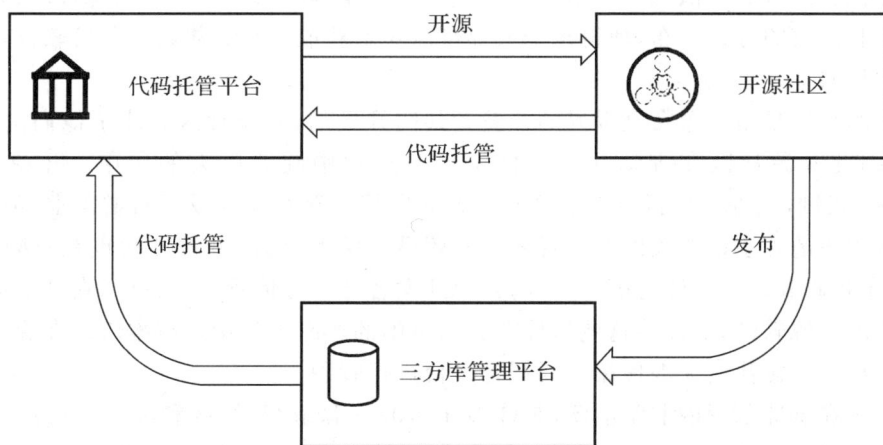

图 6-6　代码托管平台、开源社区、三方库管理平台三者之间的关系

代码托管平台是用于对软件源代码、文档和其他类型软件制品进行存档和版本管理的在线托管工具，支持以公开或私有的方式进行访问。个人开发者或者团队依赖成熟的代码托管平台对自己的软件开发项目进行开发、维护和版本控制。目前主流的代码托管平台见表 6-1。

表 6 - 1　主流代码托管平台

托管平台	概　　述
GitHub	GitHub 是最受欢迎的代码托管平台之一。它是一个基于 Git 的协作平台,支持开源和私有项目。GitHub 提供了一系列工具和功能,包括问题跟踪、代码审查、代码片段和项目维基等
GitLab	GitLab 也是一个基于 Git 的协作平台,类似于 GitHub,但它更加注重企业和团队的使用。GitLab 提供了强大的 CI/CD(持续集成/持续交付)功能,以及集成式的 DevOps 平台
Bitbucket	Bitbucket 是由 Atlassian 提供的一个基于 Web 的版本库托管服务。Bitbucket 一般面向专有软件的专业开发者,能够与 Atlassian 的其他产品(如 Jira,HipChat 等)集成,适用于中小型团队和个人开发者
CodeHub	代码托管(CodeHub)源自华为千亿级代码管理经验,基于 Git,提供企业代码托管的全方位服务,为软件开发者提供基于 Git 的在线代码托管服务,包括代码克隆、下载、提交、推送、比较、合并、分支、代码评审等功能
Gitee	Gitee 又称为"码云",是开源中国社区团队推出的在线代码托管平台,为开发者提供云端软件开发协作能力。码云支持个人、团队、企业实现代码托管、项目管理和协作开发

5. 开源社区

开源社区是由开源软件开发者、用户和支持者组成的社区。这些人积极参与开源软件的开发、测试、推广和维护,分享知识和经验,提供技术支持和建议,共同推动开源软件的发展和应用。开源社区的核心价值观是自由、开放、透明和合作,以公共领域、开放源代码、共享知识、无限制访问和修改的方式发布,使得每个人都可以免费获取、使用、修改和分发软件,促进了技术创新和知识共享。

由于开源软件是由分布在全世界的开发者共同开发的,开源社区就成了他们沟通交流的必要途径,因此开源社区在推动开源软件发展的过程中起着巨大的作用。开源社区提供 pull - request 机制,允许对项目感兴趣的开发者提出其发现的 bug 或者新增需求,项目的管理者会审核这些申请并邀请相关的开发者加入其团队。除此之外,开源社区也在不断提升其能力,包括发布代码静态扫描能力等。另外,其他开发者会充分依赖开源社区,在其中检索、使用并集成其中的开源软件,从而将这些软件在更大范围的产品项目中进行推广。在源代码层面,开源社区中项目的源代码一般使用代码托管平台进行管理。

开源社区在全球范围内非常活跃,有许多知名的开源组织、社区和项目。目前,国际上知名的开源社区包括 Apache、GitHub、GitLab、kernel. org、Sourceforge、OpenSource、OpenOffice、Mozilla 等,国内知名的开源社区包括木兰社区、开源中国社区、Linux 中国、LUPA、共创软件联盟、ChinaUnix. Net、Openharmony、OpenEuler、OpenGauss、TiDB 等。这些开源组织和项目吸引了大量的开发者和用户参与其中,共同创造了丰富的软件资源和生态系统,为全球的技术和社会发展做出了重要贡献[15]。

6.3.6　软件产品线

随着软件应用的普及,企业对软件也越来越重视,软件企业需要面对各种各样的客户,处理共性和个性问题。为了提高企业的竞争力,要求不断提高软件的开发效率,如何保证低成本、高质量、快速上市等要求就成为了企业竞争力的主要表现之一,而产品线工程方法就是支持这种大范围重用的方法。产品线区别于传统的代码重用就是大量的使用重用(可以达到90%),不仅仅是代码,还包括需求、业务等,产品线将基于更大范围的重用进行开发。

软件产品线(Software Product Line, SPL)是由卡耐基梅隆大学的软件工程研究所提出的,它是指一组具有可管理的公共特性的软件密集性系统的集合,这些系统满足特定的市场需求或者任务需求,并且按照预定义的方式从一个公共的核心资产集开发得到。

例如,针对图书馆管理业务领域的软件产品线开发可以在领域共性和可变性需求分析的基础上,设计具有定制和扩展能力的参考体系结构,同时对其中的共性软件组件进行实现,由此形成的领域核心资产可以支持特定的图书馆管理软件应用的快速定制化开发。由此可见,软件产品线不仅实现了组件级和框架级的软件复用,而且复用内容已经深入到了特定的业务领域内,它实现了更高的系统性和全面性的软件复用。

产品线方法与传统的单个项目开发的主要不同在于关注点的转移:从单独的产品到产品线的项目。这个转移暗示了一个策略:从特定的项目开发到特定业务领域产品的愿景。

产品线工程对开发以重用(Development for Reuse)和使用重用来开发(Development With Reuse)有明确的区分。对比传统的重用,产品线基础设施包括产品开发周期的所有资产(如框架、业务模块、开发计划等),而不只是在代码级的重用。这些重用资产都包含明确可变性说明,如需求原型中表明这个功能只在特定子产品中才包括,这对产品业务的理解要求就更高了。

软件产品线工程的框架如图 6-7 所示,主要包括领域工程、应用系统工程和产品线管理三个方面[15]。核心资产开发称为领域工程,领域工程是软件产品线工程中的核心部分,是领域核心资产(包括领域需求模型、产品线体系结构、领域构件等)的生产阶段,体现生产者复用的过程;应用系统工程在领域核心资产的基础上通过定制化的方式实现特定应用开发;产品线管理则从技术和组织两个方面为软件产品线的构建和长期发展提供管理支持。

领域工程主要包括领域分析、领域设计和领域实现这三个阶段。

领域分析是领域级的需求工程活动,得到的产物是领域需求模型。在此基础上,领域设计阶段设计产品线体系结构(Product Line Architecture, PLA)或者称为参考体系结构,这种体系结构是面向产品线范围内各个应用产品开发的通用体系结构。领域实现阶段则将在参考体系结构的指导下,对各种可复用的核心制品进行详细设计、实现和测试,得到一组领域构件。在领域工程中,共性和可变性分析、设计和实现是贯穿整个过程的一条主线。

利用核心资产进行产品开发称为应用工程。应用工程包括应用产品需求分析、应用产品设计和应用产品实现这三个阶段。与一般软件产品开发的不同之处在于应用系统工程并不是从头开始,而是以应用产品的共性和差异性分析为指导,在产品线领域核心制品基础上通过定制、裁剪、应用特定部分扩展和集成获得最终产品。其中,应用产品需求分析根据特定用户需求对领域需求模型进行定制,得到应用产品的需求模型,具体表现为对可选关系的元素确定其是否绑定,对多选一和或关系的元素确定其加入应用产品的子元素。应用产品设计则基于特定应用产品的需求模型,根据其中的可变点绑定决策,对产品线参考体系结构进行定制或扩展,得到应用产品的体系结构。应用产品实现是在应用产品体系结构基础上获取领域构件或开发与特定需求相关的构件,实现应用产品的开发、集成和发布,最后生产出符合特定用户需求的应用产品。

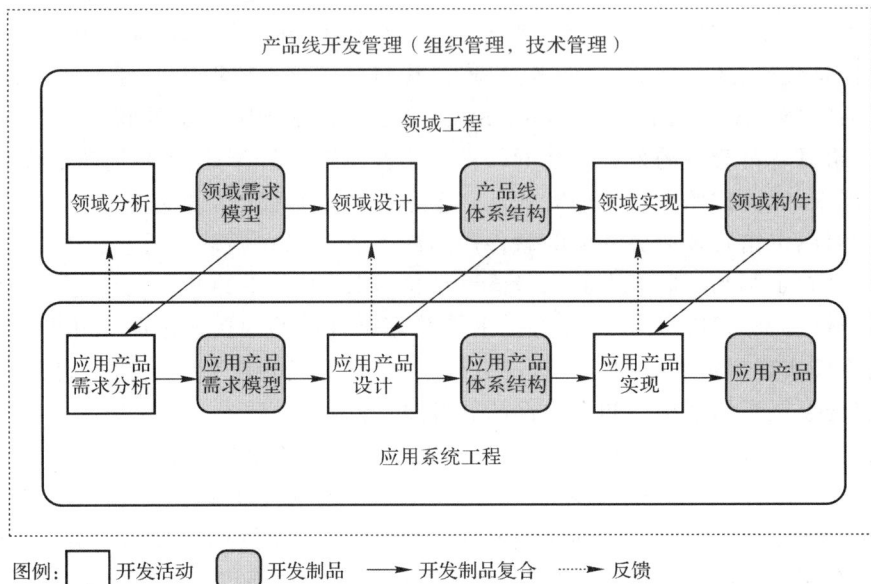

图 6-7 软件产品线工程框架

产品线开发管理从组织管理和技术管理两个方面为领域工程和应用系统工程的开展提供管理支持。其中的组织管理包括团队组织与沟通协调等,而技术管理则包括配置管理等。

从本质上讲,产品线工程的内容包括核心资产的开发以及利用核心资产进行产品个体的开发两部分,二者都贯穿技术管理和组织管理。通常,既可以用核心资产构建新产品,又可以从现有产品中提取核心资产,因此产品的生产和核心资产的构建是彼此相关的。核心资产集中体现为平台,而利用核心资产开发的产品个体,就是产品线中的某个成员。

领域工程和应用工程中的关键活动可归纳为三大基本活动,用图 6-8 来描述三大基本活动之间的关系。图中每个旋转圆圈表示一个基本活动,三者连接在一起并且持续运转,表明三者是必不可少的、紧密连接的、以任何次序出现且反复循环的。

旋转箭头不仅表明核心资产用于开发产品,而且还指出已有核心资产的版本更新,甚至新的核心资产通常是从产品开发中形成的。相互交叠的三个旋转圆圈还形象地表明开展三部分工作的顺序并不重要,在某些情况下,可从现有产品中挖掘出通用资产——需求规格说明、架构或软件构件等,它们均可放入产品线的资产库中。在另一些情况下,可以提前开发或获取核心资产以备未来将它们用于个体产品的生产中[15]。

在核心资产和产品之间,存在着很强的反馈。核心资产在新产品的开发过程中可能会不断更新,这是因为追踪资产的使用情况,将其结果反馈给资产开发活动,以便改善存在缺陷的资产。而且,核心资产的价值也通过基于核心资产开发出的产品体现出来。这种反馈对提高核心资产的价值和通用性起到了关键的作用。

开发和维护核心资产都需要投入资源,因此需要持久的、强有力的和卓有成效的管理。管理能够使软件产品线工程过程贯彻企业战略,并促成企业文化的改变。特别是在开发新产品时,能够保障核心资产得到最大程度的应用。这体现在两个方面:其一,任何新产品必须和现有资产密切结合;其二,资产必须考虑是否更新以满足将要推向市场的新产品的研发需求。迭代是产品线活动所固有的特性,它存在于核心资产和产品的生产中以及两者的协作之中[22]。

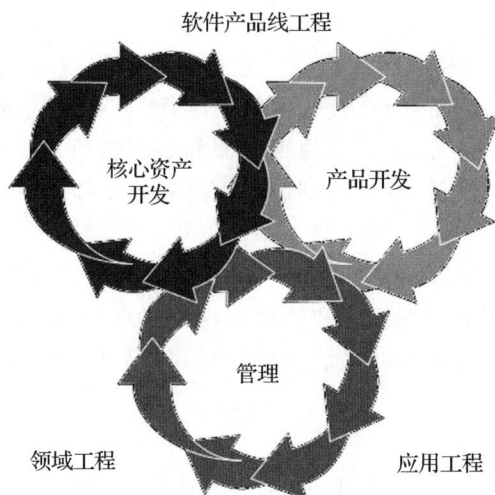

图 6 - 8　软件产品线工程基本活动

以上讨论的三大基本活动每个都很重要,将它们整合起来也很重要。整合这三个活动需要将技术和商业实践结合起来。不同的组织可能在活动中采用不同的执行路线,执行路线反映了它们的生产策略。产品线实践模式是帮助组织制定活动执行路线的一种方法。

产品线实践有两种方法,一种是主动式的方法,即通过开发核心资产来启动产品线。定义产品线范围来确定构成产品线的系统集合。范围定义为设计产品线架构、构件以及其他核心资产提供了一个任务陈述,说明了为覆盖此范围而在这些工件上提供的内建的可变点。在此范围内生产任何产品就变成了将构件和架构上的可变点确定下来的事情,即配置构件和架构,然后装配和测试系统。另外一种是抽取式方法,即将一个或一些已有产品作为起点来启动产品线工程,使用它们生成产品线的核心资产以及新产品。

总体而言,SPL 作为一种基于复用和配置的软件开发方法,可以显著提高开发效率、降低开发成本、缩短上市时间、提高产品质量、增强产品灵活性以及支持产品差异化,从而在大规模、复杂和变化频繁的软件系统开发中具有广泛的应用价值[21]。

6.4　软件开发工具

在软件开发生命周期中,一套完善的软件开发工具是确保项目成功、提升开发效率和维护代码质量的关键要素。本章将重点概述两类核心工具:集成开发环境与版本控制工具,它们共同构建了现代软件工程的强大基石。

6.4.1 集成开发环境

集成开发环境(Integrated Development Environment,IDE)是现代软件开发的核心工具之一。它为程序员提供了一个集成的、一站式的开发环境,使开发过程变得更加高效和便捷。IDE 的出现极大地改变了传统软件开发的方式,使得软件开发变得更加快速、灵活和可靠。

IDE 通过将各种开发工具集成到一个统一的界面中,使得软件工程师可以更加方便地使用这些工具。

在 IDE 中,代码编辑器是核心组件之一。它提供了一个友好的界面,让程序员可以轻松地编写和编辑代码。编辑器通常具有语法高亮、自动缩进、自动完成和错误检查等功能,以提高代码的可读性和准确性。此外,IDE 中的编译器和解释器可以将源代码转换为可执行文件或字节码,以便在计算机上运行。调试器则用于检测和修复程序中的错误,帮助程序员更好地理解程序的执行过程。

除了这些基本工具外,IDE 还提供了许多其他功能,如项目管理工具和版本控制系统。项目管理工具可以帮助程序员更好地组织和管理软件开发项目,包括任务跟踪、代码审查、持续集成和自动化测试等功能。版本控制系统则可以跟踪代码的变更历史,让程序员恢复旧版本或比较不同版本之间的差异。

常见的集成开发环境包括:

(1)Eclipse:一款开源的 Java 开发工具,同时支持多种编程语言,如 C/C++、PHP 等。

(2)IntelliJ IDEA:一款 Java 开发工具,具有高效的代码编写、智能化的代码分析和丰富的插件支持。

(3)Visual Studio:一款微软开发的跨平台集成开发环境,支持多种编程语言,如 C++、C# 等。

(4)Visual Studio Code:一款轻量级的跨平台文本编辑器,支持多种编程语言,如 JavaScript、TypeScript 等。

(5)Xcode:苹果公司的开发工具,主要用于 iOS、macOS 和 watchOS 的开发。

(6)Android Studio:Google 公司的 Android 开发工具,支持 Android 应用程序的开发、测试和调试。

(7)NetBeans:一款开源的 Java 开发工具,同时支持多种编程语言,如 PHP、C++ 等。

6.4.2 版本管理工具

在现代软件开发领域中,版本管理工具犹如一个无形的时间机器,为软件工程师记录和追溯代码历史提供了强大的支持。它不仅关乎代码的安全备份、团队协作效率提升,更是软件开发过程中不可或缺的关键环节。

版本管理工具的核心功能在于对代码库进行有效管理和版本控制。通过创建"版本"这一概念,每个版本都代表了某一特定时刻项目的完整状态,包括所有的源代码文件以及相关的文档资料。每当开发者修改或新增代码时,版本管理工具都会自动保存这些变化,并形成新的版本。这样,开发者就能随时回溯到项目的历史版本,查看和恢复任何阶段的工作成果,大大降低了因错误操作导致数据丢失的风险。

此外,版本管理工具对于解决代码冲突、审查代码质量(Code Review)也发挥着关键作用。

当多人同时修改同一段代码时,工具能够检测出潜在的冲突,并引导开发者进行有效的沟通与协调,确保代码整合的一致性和准确性。而在代码审查环节,版本管理工具则提供了一个直观的平台,让团队成员能够基于代码提交历史进行详细的讨论和反馈。

版本管理工具是现代软件开发生态中的基石之一,通过实现代码版本追踪、协作开发、冲突解决等功能,有力地支撑起高效有序的软件开发流程。无论是大型企业级项目还是小型个人项目,选择合适的版本管理工具,都将极大地推动项目质量和开发效率的提升,成为构建高质量软件产品的重要保障。

常见的版本管理工具包括:

(1)VSS。作为 Microsoft Visual Studio 的一名成员,它主要任务就是负责项目文件的管理,几乎可以适用任何软件项目。Windows 平台下使用 VSS 开发的典型环境是基于 C/S 架构的,即开发小组的每个开发者在各自的 Windows 平台下利用开发工具(比如 VC)开发项目中的各个模块,而配有专门的服务器集中控制开发过程中的文档和代码。服务器和开发人员的客户机分别装有 VSS 的服务器和客户端程序。VSS 没有采用对许可证进行收费的方式,只要安装了 VSS,对用户的数目是没有限制的。因此使用 VSS 的费用是较低的。它属于"买大件送小件"的角色。

(2)CVS。CVS 是一个 C/S 系统,多个开发人员通过一个中心版本控制系统来记录文件版本,从而达到保证文件同步的目的。CVS 版本控制系统是一种 GNU 软件包,主要用于在多人开发环境下的源码的维护。

(3)SVN。SVN 是一个安全虚拟网络系统,它将系统整体的信息安全功能均衡合理地分布在不同的子系统中,使各子系统的功能得到最大限度的发挥,子系统之间互相补充,系统整体性能大于各子系统功能之和,用均衡互补的原则解决了"木桶原理"的问题。SVN 能在跨接Internet,Intranet,Extranet 间的网络所有端点实现全面的安全,而且还能提供基于企业策略的信息管理机制以充分有效地利用有限的带宽。SVN 可以满足各种企业 VPN 的要求,为公司内部网络、远程和移动用户、分支机构和合作伙伴提供基于 Internet 的安全连接。所以,我们可以将 SVN 看成是 VPN、防火墙、基于企业策略的信息管理软件集成在一起的 Internet 安全的综合解决方案。在这样一个网络系统中,所有互联网服务器端和客户端都是安全的,并有一个信息管理机制以不断地通过这个外部网络环境动态地分析及满足客户的特定带宽需求。

(4)Git。Git 是用于 Linux 内核开发的版本控制工具。与常用的版本控制工具 CVS,Subversion 等不同,它采用了分布式版本库的方式,不必服务器端软件支持,使源代码的发布和交流极其方便。Git 的速度很快,这对于诸如 Linux kernel 这样的大项目来说自然很重要。Git 最为出色的是它的合并跟踪(Merge Tracing)能力。

(5)Mercurial。Mercurial 是一个免费的分布式源代码管理工具。它可以有效地处理任何规模的项目,并提供简单直观的界面。Mercurial 是一种轻量级分布式版本控制系统,采用Python 语言实现,易于学习和使用,扩展性强。

6.5　单　元　测　试

编写完成一个软件模块以后,需要对它进行测试。此时的软件测试是针对单一软件模块展开的,称为单元测试。

软件测试应该从软件一开始的需求阶段开始,并且一直贯穿软件生命周期的全过程。需求分析与描述完成后,应该有针对需求的测试;软件设计结束时,应该有针对设计的测试;在代码实现阶段,有单元测试、集成测试、验收测试;在软件维护阶段,还需要有软件的回归测试。作为软件工程的主要研究领域之一,软件测试技术的发展和进步对软件质量和软件过程一直起到至关重要的作用。

在编码阶段,软件测试的目标是检查软件代码是否达到了软件设计的功能与性能要求,并尽可能发现代码中存在的错误。

针对软件测试的两个目标,从测试方法的角度,可以分为黑盒测试和白盒测试两种。

黑盒测试以软件设计为标准,检查软件代码是否满足了软件设计的要求。黑盒测试不去关心软件代码的具体内容,只关心软件的输入、输出和需要执行的任务是否达到了要求。换言之,可以将软件代码看作是一个"黑盒子",不用去关心"黑盒子"的内部实现,而只对它的外部特性进行检测。

白盒测试以软件代码为对象,检查已完成的代码中是否存在错误。这时,需要分析软件的代码逻辑、路径,产生尽可能多的测试数据来覆盖软件所有可能的执行路径,从而检测软件是否存在错误。换言之,软件代码是一个透明的玻璃盒子,测试时可以看到盒子内部的所有结构并对这种结构进行覆盖测试。

黑盒测试与白盒测试是两种不同的测试方法,测试的侧重目标也有所不同,并不能断言哪种方法更好。就像进行汽车的测试,一种是测试汽车的速度、油耗、机动性、承载力等外在特性,而另一种是检测发动机性能、车体结构、材料强度等内部参数。很难说哪个测试更好,只能说两种测试反映了产品性能的不同方面。

6.5.1 黑盒测试

黑盒测试是在不了解软件代码的条件下,检测软件是否达到设计的要求。因为不了解程序的内部结构,所以测试就要从输入数据和输出数据上分析了。

例如,假设收银机的计算模块仅能完成单一商品的价格计算,模块为 calculate(ProductID,UnitPrice,ProductNumbers,Discount)。其中 ProductID 表示商品编号(10 位正整数),UnitPrice 表示单价(小数点后 2 位正实数),ProductNumbers 表示商品数量(正整数),Discount 表示折扣(0.1~1.0 间的小数)。

先考虑一个参数的测试数据,例如:商品编号,从 10 个"0"到 10 个"9",共有 10 亿个有效数,且不等于 10 位的整数和负数等无效数据也需要测试,仅考虑一个参数,就可以发现不可能测试所有的数据。

实际上,不需要输入所有的数据,完全可以将数据进行等价类划分,同一个等价类中的数据对测试软件具有相同的数据功能。这样,商品编号的等价类可以划分成:

等价类 1:所有少于 10 位的正整数。

等价类 2:从 10 个"0"到 10 个"9"的整数。

等价类 3:多于 10 位的正整数。

等价类 4:所有的负整数。

同样地,也可以给其他参数划分等价类。在一个等价类中,只需要选择几个数据就可以代表整个等价类数据的特性。

对于一个有有效范围的参数(N1~N2),等价类的划分一般为：

等价类 1：<N1 的数据。

等价类 2：N1~N2 之间的数据。

等价类 3：>N2 的数据。

等价类 4：其他非法数据。

在各个等价类中的测试数据选取时,边界条件的数据往往是测试的重点,因此,N1,N1－1,N1+1,N2,N2－1,N2+1 都是必选的测试数据。

黑盒测试是检测软件是否达到设计的要求(即软件的功能要求)的测试,因此测试用例的另一个生成标准是覆盖软件模块的所有功能。软件模块功能的正确性往往是容易测试的。例如上面的商品计算模块,只要给出有效的一组数据就可以测试计算的正确性。

测试人员在进行功能测试时,不仅需要考虑对正常功能要求实现的测试,更要考虑对异常的处理和响应,即不仅要测试软件是否做了应该做的,还要测试软件是否做了不该做的。

商品计算出现负数和零值都是不对的,更不能出现对单价、折扣的修改性操作。一个销售单完成后,减少商品的数量是正确的,而增加了商品的数量就是可怕的。

在单元测试时,一般不需要进行性能测试。但对于一些实时系统软件、嵌入式系统软件和科学计算软件而言,性能测试也是必要的。这些软件不仅要求功能正确,而且它们在空间和时间方面也会有严格的要求。

6.5.2　白盒测试

白盒测试是基于代码的测试,也称为基于软件结构的测试。白盒测试更注重于代码自身的质量,而不是其要实现的功能。

白盒测试从软件代码出发,测试用例的选择都是基于代码的语句、结构和路径的构成,测试的目的就是尽可能覆盖代码的所有运行,从而发现其中的错误。

(1)语句覆盖(Statement Coverage)：是白盒测试中最简单,也是最基本的测试用例产生方法,产生用例的要求就是所有的程序语句至少被执行一次。

语句覆盖是最弱的覆盖条件,例如下面的程序代码,如果选择 s＝1,x＝50,程序打印"failed",结果正确。但并不能保证在 s＝0,x＝50 时有正确打印结果。比如可能存在将"‖"写成了"＆＆"。

```
if(s>0 ‖ x<60)
printf("failed");
```

(2)分支覆盖(Branch Coverage)：比语句覆盖更重要的覆盖是分支覆盖,分支覆盖要求测试用例使得所有的分支至少被执行一次。那么在上述代码中,就要求 s>0 与 s<＝0,x<60 与 x>＝60 都要被执行到。在分支测试中只是要求所有的分支都要被执行,而并未要求分支的组合条件,因此,上面的分支覆盖可以由(s＝1,x＝50)和(s＝0,x＝70)两个测试用例所满足。

(3)路径覆盖(Path Coverage)：是最严格的白盒测试条件,要求所有可能的路径至少被执行一次。但是,完全的路径覆盖往往会产生巨大的测试用例数据,因此在实际上往往是不可能的。例如图 6-9 所示的程序流程图,循环内的路径有 3 条,而循环次数是 100。那么所有可能的执行路径是：

$$3^1 + 3^2 + \cdots + 3^{99} \approx 3^{100}$$

显然，这样的路径覆盖是难以满足的。关于循环次数为 N 的测试方法，常用的测试选择是：

1）选择循环次数为 0 次的测试数据。

2）选择循环次数为 1 次的测试数据。

3）选择循环为次数为 m 次的测试数据（$m < N$）。

4）选择循环次数为 $N-1$ 次的测试数据。

5）选择循环次数为 N 次的测试数据。

6）选择循环次数为 $N+1$ 次的测试数据。

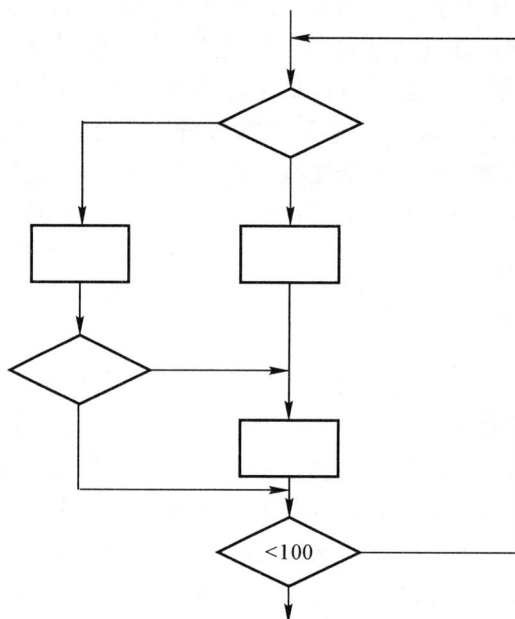

图 6-9　程序流程图

针对完全路径覆盖的测试数据爆炸问题，Rapps 和 Weyuker 提出了定义-使用路径覆盖的方法，即针对代码中每一个定义的变量生成测试用例，覆盖所有对变量的使用路径。这种测试方法为测试用例的自动生成带来了极大的便利。现在已经有多种工具软件支持不同语言环境下定义-使用路径覆盖的测试用例自动生成。

使用基于程序代码的白盒测试时会发现，存在不论设计怎样的测试数据都会出现永远无法达到的路径的情况。在下面的程序代码中，打印语句 2 是一条永远执行不到的语句。如果在白盒测试中发现了永远执行不到的语句，应该意识到找到了一个错误。

```
if(x<60)
{ if(x>80)
  printf ("you got B");          /*   打印语句2   */
}
```

6.5.3 其他测试

除了黑盒测试与白盒测试外,在单元测试阶段,还有许多其他的软件测试方法,这里介绍重要的几种。

1. 代码走查

一个人完成一篇文章的撰写以后,即使让他读上许多遍也可能也难以发现其中存在的拼写错误。而当换一个人重读检查(Review)时,往往一下就发现了存在的拼写错误。人们总是存在对自己错误的盲点,而别人重新检查时往往能够发现自己所不能发现的错误。

在软件描述和编码阶段,对于软件设计师和程序员完成的文档和代码,如果能够有其他富有经验的设计师和程序员重读检查,往往会发现许多存在的错误。而当进行重读检查的人员不止一人时,这种对文档和代码的重新检查,往往能够发现文档和代码的所有错误和问题。

代码走查(Code Walkthroughs)和代码视察就是两种类型的重读检查,它们的区别在于,代码走查只有简单的两步,而代码视察是更规范的检查。

走查的团队一般由 4~6 人组成。对于需求描述的走查,团队中至少有一名需求描述的制定者代表,一名需求描述的管理者代表,一名客户的代表,一名下阶段工作的代表和一名软件质量工程师。团队由软件质量工程师负责。

走查的目的是为了发现问题,而不是为了解决问题。因此,常见的代码走查方法是首先由各个成员阅读文档和代码,提出所有不清楚或有怀疑的问题,然后与文档和代码生成者一起讨论,最终记录下所有被确认的问题。

2. 代码视察

代码视察(Code Inspections)是一种更规范的重读方式,人员组成与代码走查类似,一般由 3~6 人组成,包括当前阶段(实现与测试阶段)的代表和下一阶段(集成测试)的代表,一个成员担任团队的协调者来领导和管理团队,还有一个成员是记录者。代码视察有着比代码走查更为规范的执行步骤:

(1)总述步骤:模块的生成者给团队介绍模块。

(2)准备步骤:每个成员努力理解代码的细节和编译列表,罗列需要检查的可能存在的错误。

(3)视察步骤:通过走查代码的执行,对代码进行完全覆盖检查来查找错误。在视察中,记录者仔细记录发现的错误并写成报告。

(4)重写步骤:代码生成的代表修正所有记录在报告中的错误。

(5)继续步骤:软件质量师必须确认每个问题都得到了修正或明确清晰的描述。

代码走查和代码视察需要有经验的程序员去重读别人的设计文档和代码,不仅效率低,而且代价很高。然而事实上,代码视察却是目前所有常用软件测试方法中,发现错误最多和最为有效的软件质量保证方法,它几乎可以发现代码中的所有存在问题。但由于其执行效率和费用问题,并不经常在软件开发中被采用。

有时为了节省软件测试费用,也采用抽取若干模块进行代码视察的方法。如果抽查模块的结果说明错误不多,就不再进行所有模块的代码视察。而如果错误太多,就只能对全部模块都进行代码视察了。

3. 正确性证明

正确性证明(Correctness Proofs)是用形式化、数学的方法证明一段程序代码满足了输入、输出的要求,它是唯一能够证明程序正确的方法。程序的正确性证明方法作为一种理论意义上的软件测试方法而存在,一般并不在软件测试中使用。

4. 复杂性描述

尽管复杂性描述(Complexity Metrics)更像个白盒测试方法,它依赖于被测试的程序代码,但它并不对程序进行测试,而只是表明程序的复杂性和哪个程序更需要被测试。越复杂的程序包含错误的可能性就越大。不同的复杂性描述方法被研究出来,其中最简单的一种复杂性描述方法是基于程序的代码行给出程序代码所有可能的信息集合,包括所有的断言、所有的变量、所有的运算符。显然,复杂性描述对于决定哪个模块需要被重点地测试是十分有效的方法。

5. 错误统计与可靠性分析

错误统计(Fault Statistics)提供了一个有用的体系来决定是否继续测试一个模块,还是重新编写。在软件测试中,不论是白盒、黑盒还是走查,所有的错误被按照不同错误级别记录下来,为软件质量的评价提供了依据。

软件错误的等级如下:

第 1 级错误:不能完全满足软件需求,基本功能未完全实现,或危及人员或设备安全的错误。

第 2 级错误:不利于完全满足软件需求或基本功能的实现,并且不存在可以变通的解决办法(重新装入或重新启动该软件不属于变通解决办法)。

第 3 级错误:不利于完全满足软件需求或基本功能的实现,但却存在合理的、可以变通的解决办法(重新装入或重新启动该软件不属于变通解决办法)。

第 4 级错误:不影响完全满足软件需求或基本功能的实现,但有不便于操作员操作的错误。

第 5 级错误:不属于第 1 到第 4 级错误的其他错误。

可靠性分析(Reliability Analysis)是采用统计学的方法来进行预测和评价,如还可能存在多少错误和是否继续进行测试。例如,零失败率技术对于程序中存在错误的估计,是与程序运行的失败数量相关的。因此,程序中存在错误的数量也就与程序持续正确运行的时间成反比。所以,程序无故障运行时间的长短,也就表明了程序中存在错误的概率,即程序的可靠性。

6. 静室技术

静室技术(The Cleanroom Technique)是多种软件开发技术的集成,包括正确性证明、代码审查、错误统计与可靠性分析等。静室技术的核心思想是通过在第一次正确地书写代码增量并在测试前验证它们的正确性,从而避免成本很高的错误消除过程。换句话说,就是应该在开始时就不写出错误的代码。它采用大量形式化和数学的方法,在代码被执行前,就验证了它的正确性和可靠性。

静室技术采用增量软件模型,针对每一次的增量软件开发都由以下步骤完成:

(1)需求收集(Requirement Gathering):确定本次增量开发的客户需求。

(2)盒结构规约(Box Structure Specification):使用盒结构规约方法来描述功能规约。盒结构是孤立和分开行为、数据及过程的定义方法。

（3）形式化设计（Formal Design）：规约被迭代地求精，成为类似于体系结构和过程的设计。

（4）正确性验证（Correctness Verification）：从高层次的盒结构（规约）开始向下层移动，直至详细设计和代码均进行形式化验证或数学证明。

（5）代码生成、审查和验证（Code Generation，Inspection and Verification）：通过标准的代码审查来保证代码与设计的一致性。

（6）统计测试计划（Statistical Test Planning）：按照软件的特点设计一组测试案例，满足一定的概率分布要求。

（7）统计使用测试（Statistical Use Testing）：按概率分布要求，对软件进行有选择的测试。

（8）认证（Certification）：完成上述全部步骤（并且所有的错误得到了修正），审核增量开发的所有工作符合要求。

静室方法建立在严格的形式化描述和数学验证的基础上，它通过在软件分析、设计与实现中不断使用数学方法进行验证，保证了设计软件的极高质量。通过静室技术实现的软件，都表现出极好的软件可靠性。但这是一种理想化的软件开发方法，对软件人员的数学水平要求很高，而且数学验证的效率往往并不能满足实际软件开发进度的需要。

6.5.4　测试方法的评价与选择

上面介绍了黑盒测试、白盒测试、程序走查等一。系列软件测试方法，究竟哪种软件测试方法最有效呢？为此，许多软件工作者做了相关实验，实验结果表明，没有一种测试方法具有明显的优势。黑盒测试、白盒测试、程序走查作为三种典型的软件测试方法，各具有自己的优点和不足。其中，程序走查方法的费用要高于黑盒测试和白盒测试。

在实际软件开发中，往往会在分析设计阶段采用程序走查和检查的测试方法。在单元测试时，则倾向采用白盒测试方法，并保证达到一定的代码测试覆盖率要求，如95％的语句覆盖率。在系统集成测试阶段会更多地采用黑盒测试方法，以保证软件测试费用在一个合理和可控的范围之内。

面向对象的软件开发，使得软件测试也面临新的问题。面向对象软件的封装性，大大提高了软件的重用性，一个新类的开发往往是在原有类的基础上进行的。只要原有类是正确的，测试就只需针对新类进行。因此，似乎应该大大降低了软件测试的强度，然而，事实并非如此。

面向对象的类封装了数据和操作，所以软件测试的难度大了很多。一方面，类只是某种事物数据和操作的集合，其本身并不具备完整的可执行条件。在进行测试工作时，往往需要配置测试环境甚至需要其他类的支持。而测试环境和支持类的配置工作复杂度，有时甚至远远超过对类本身的测试工作。另一方面，类的许多方法往往只是在类内进行状态和数据的改变，而并不输出这种状态变化的结果。如果没有专门的观测变量，对类内方法的测试是很难从外部实现的。面向对象软件的测试技术已经成为软件测试技术中发展最为迅速的领域，尤其是基于组件的软件测试技术已经发展成为影响软件工程发展趋势的技术，基于组件的软件工程技术也成为软件工程领域的重要发展方向。

软件测试是一个不断发现软件缺陷和错误的过程。除了软件正确性证明，其他所有的软件测试方法，都不可能穷尽所有的软件输入和变化状态。换句话说，黑盒测试、白盒测试、程序走查都不能保证程序无错。那么,软件测试工作何时应该终止呢?

在软件开发的实践中,一种常用的方法是基于统计的方法。如果一个软件模块的测试工作计划是一周,而测试的缺陷错误发现数呈现如图 6-10 所示的曲线,当曲线稳定在一定范围内(如<3 或 0)时就可以终止软件测试工作。

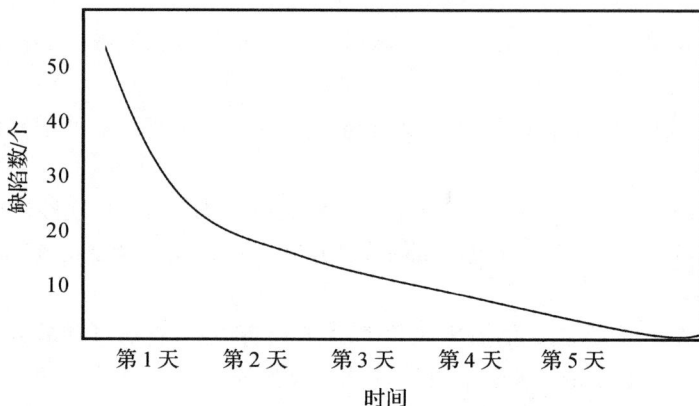

图 6-10　软件测试的发现错误曲线

另一种衡量的标准也许更为客观,就是代码覆盖率,当软件测试用例已经达到期望的代码覆盖率(如 95%)时则终止软件测试工作。当然,代码覆盖率并不能完全表示测试的效果,但作为一种客观的评价方法,在软件测试中仍然起着十分重要的评价作用。

6.6　集　成　测　试

软件产品总是由许多不同功能的模块组成的,完成模块编码和单元测试工作后,就需要进行软件的集成测试工作。尽管在软件实际开发工作中,并不主张在完成全部软件模块的实现与测试之后,才开始软件集成测试工作,而是主张尽可能地将集成测试与单元测试工作并行进行,但是作为旨在测试不同模块间工作协调与正确性测试的集成测试,在测试目标、测试方法上与单元测试相比有着明显的不同。

考虑如图 6-13 所示的模块结构的软件。一种测试方法是首先完成独立模块的单元测试,然后将所有模块连接起来作为一个产品进行测试。测试中将面临两个困难。

首先,考虑模块 a。由于它调用了模块 b、c、d,因此在测试模块 a 时,模块 b、c、d 必须被做成桩(Stub)模块。桩模块不包含实际代码,但能够按要求正确反映被调用模块的信息,它能够正确返回调用者所希望的值。反过来,要测试模块 h 就需要一个模块来驱动它。换言之,需要有调用它的信息或输入的数据,模块 h 才能工作并返回运行结果。在模块 h 之上,对模块 h 进行驱动的上层模块称为驱动模块。由此产生的一个问题是,在完成模块测试后,由桩模块和驱动模块所记录的软件缺陷会随着桩模块和驱动模块的丢弃而丢失。

其次,当全部模块被连接起来进行测试时,如果发现了错误,却无法定位这个错误。当软件的模块数达到成百上千时,错误的定位就显得更为困难甚至无法解决。

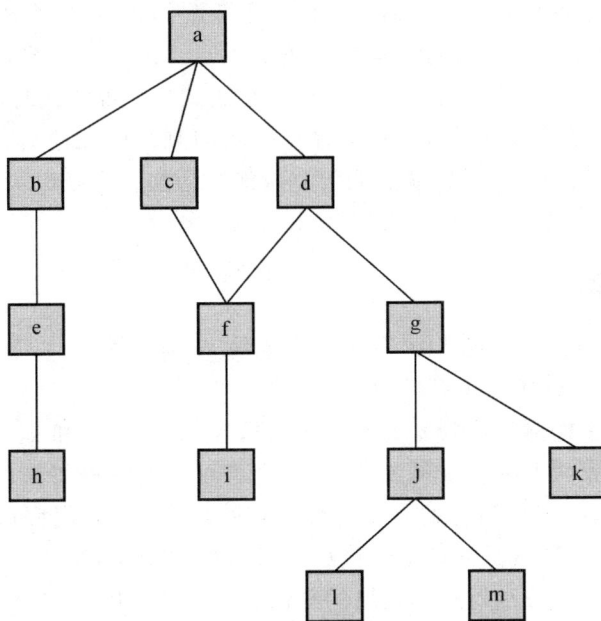

图 6 - 11　典型模块连接图

6.6.1　自顶向下测试

在自顶向下(Top - Down)测试中,如果一个模块 A 调用模块 B,那么模块 A 就是模块 B 的上层模块,对模块 A 的测试就在对模块 B 的测试之前。如图 6 - 11 所示的软件,一个可能的自上向下测试序列是 a,b,c,d,e,f,g,h,I,j,k,l 和 m。当测试模块 a 时,模块 b、c、d 就用桩模块代替。完成 a 模块的测试,将模块 b、c、d 连接进来,而模块 e、f、g 就用桩模块代替。考虑到二级模块测试的并行性,另一种可能的自顶向下测试序列是 a,b,e,h,c,d,f,I,g,j,k,l 和 m。当模块 a 完成测试后,一个组可以进行模块 a,b,e 和 h 的测试,另一个组可以同时进行 a,c,d,f 和 i 的测试。一旦对模块 d 和 f 的测试完成,第三个小组可以立刻开始对模块 d,g,j,k,l 和 m 的测试工作。

假设完成了上层模块的测试并且测试结果是正确的,如果模块 a 的测试结果是正确,那么在接入下层模块 b 后,如果测试发现错误,错误必定存在于模块 b 或者模块 a 和模块 b 之间的接口。这种逐层递进的方式,对错误的定位是十分容易的。

自顶向下的集成测试,优点是能够及早发现软件的需求错误、逻辑故障、结构错误等软件的重要错误。软件的模块可以分为两大类,一类称为逻辑模块(Logic Modules),就是一般比较靠近根部的模块,这类模块往往是关于程序逻辑、结构、控制的模块。另一类称为操作模块(Operational Modules),一般是调用的最底层模块,这类模块往往是执行一些具体的操作,如输入、输出或硬件的驱动等。

显然,对于一个软件产品而言,逻辑模块比操作模块更能体现软件的作用,也更为重要。逻辑模块往往是某个软件所特有的,而操作模块是重用的或通用的。在现在的软件开发中,输入、输出和硬件驱动大部分已经成为标准的通用模块,而只有逻辑模块才反映软件的功能特色。因此,作为自顶向下的集成测试,首先测试的就是顶层逻辑模块,更易于在测试的早期就发现程序的错误,更利于及早发现软件需求与代码不匹配的错误,从而及早更正软件的错误。

自顶向下集成测试的缺点是对操作模块的测试不足。因为操作模块往往算法单一,而且又具有重用性,所以在测试时往往就容易被轻视。在测试中发现错误时,极少会考虑到是操作模块的问题。而自顶向下集成测试方法把对操作模块的测试放在最后,就进一步减少了测试的充分性。例如,图 6-11 中的 m 模块。假设每次测试增加一个新模块,那么,当测试到 m 模块时,m 模块被测试了 1 次,而 a 模块已经被测试了 13 次。

6.6.2　自底向上测试

在自底向上(Bottom-Up)测试中,如果一个模块 A 调用模块 B,那么模块 A 就是模块 B 的上层模块,对模块 B 的测试就在对模块 A 的测试之前。如图 6-11 所示的软件模块结构中,一个可能的自底向上的测试序列是 l,m,h,i,j,k,e,f,g,b,c,d 和 a。考虑到模块测试的并行性,一个组可以进行模块 h,e 和 b 的测试,另一个组可以同时进行 i,f 和 c 的测试。第三个小组可以进行对模块 l,m,j,k 和 g 的测试工作,然后与第二组共同完成模块 d 的测试工作。当三个组完成了模块 b,c 和 d 的测试后,可以进行模块 a 的测试工作。

显然,自底向上的测试方法对操作模块的测试是充分的。因为在测试操作模块时,可能尚不清楚本软件对操作模块的具体要求,所以会对操作模块的全部功能都进行完全的测试。

自底向上的测试方法的缺点是软件的需求错误、结构错误都会较晚发现,甚至会出现已经完全测试过的操作模块因为需求的错误而变成完全无用模块的情况。因此,测试也就会有较大的浪费存在。

既然自顶向下和自底向上测试方法都存在有优点和不足,是否可以考虑保持各自的优点而减少它们的不足呢?一种将自顶向下和自底向上两种测试合并的测试方法由此产生,这就是三明治测试法。

6.6.3　三明治测试

仍然考虑图 6-11 的软件模块结构,把模块 a,b,c,d,g 和 i 当作逻辑模块,把模块 e,f,h,j,k,l 和 m 作为操作模块。那么,可以对逻辑模块采用自顶向下的测试方法,而对操作模块采用自底向上的测试方法,并且可以同时开始两个小组的测试工作。这样,既可以在早期就发现软件需求、结构和逻辑上的错误,又可以保证对操作模块测试的充分性。

表 6-2 对几种软件集成阶段的测试方法进行了总结。

表 6-2　集成测试方法总结

方　法	优　点	不　足
整体测试	—	错误定位难 主要设计错误发现较晚
自顶向下	错误定位 主要设计错误发现早	重用模块测试测试不足
自底向上	错误定位 重用模块测试充分	主要设计错误发现晚

续表

方　法	优　点	不　足
三明治	错误定位 主要设计错误发现早 重用模块测试充分	—

6.7　产品测试与验收测试

软件单元测试和集成测试,保证了软件独立模块的正确性和模块之间协调工作的正确性。在软件被交付给用户之前,需要软件质量组对软件进行最后的测试,检查软件产品是否满足了用户的要求,还存在哪些可能的错误。这时,软件进入开发阶段的最后一个步骤——产品测试和验收测试。

6.7.1　产品测试

产品测试的目的,就是验证软件产品已经全部满足或者超出了需求说明的要求。

如果开发的软件是货架商品类软件,进入产品测试阶段往往会选择一批潜在用户提供免费产品,进行软件的 Alpha 测试和 Beta 测试。此时的测试重点是软件的可靠性、可用性测试和产品的市场地位。因为不同用户可能具有不同的硬件、软件环境和应用领域,所以会对软件产品的适应性、可靠性和易使用性提出意见。根据不同用户的反馈信息,进一步确定产品的市场地位和价格策略。

如果是合同约定软件,那么产品测试仍然在内部完成。软件质量人员为了保证产品在验收测试时能够顺利通过,需要对软件产品按照需求说明的要求,进行一系列的软件测试工作。主要包括如下测试内容:

(1)正确性测试:使用黑盒测试方法,验证软件功能满足了需求说明的要求。

(2)可靠性测试:评估软件的平均无故障运行时间(Mean Time Between Failures)、错误对用户造成的损失程度、错误的可修复性和平均故障修复时间(Mean Time to Repair)等。

(3)鲁棒性测试:测试软件产品的健壮性,如对错误输入的承受能力、对异常数据的处理,甚至是对软件/硬件故障的忍受能力等。

(4)压力测试:对软件在同时用户最多、任务管理最重、数据量最大等重负载条件下的性能测试。尤其是网络软件,100 用户、1000 用户和上万用户同时使用,对软件测试的结果会有很大区别。

(5)性能测试:对在不同空间要求、CPU 配置条件下,系统响应时间、处理速度和空间占用等软件执行性能指标进行测试。

(6)文档测试:根据软件需求中对文档标准的要求,检查全部软件文档达到了标准要求。

最后,还要进行软件安装的检查,保证软件可以正确地安装到运行环境之中。

6.7.2　验收测试

验收测试是由用户指定的软件测试。验收测试可能会包括前面执行过的所有测试,也可能只包括一部分。一般情况下,软件功能测试、健壮性测试、性能测试和文档测试是必不可少的。

验收测试都运行在用户的最终运行环境下,区别于软件的内部测试,此时的硬件、数据均是真实的。因此,也会在此时出现因为软件版本升级,原有真实数据与新数据格式不同的现象,需要用户和开发者及早进行必要的考虑。

6.8 面向对象的软件测试

面向对象的软件开发技术已经成为当前软件开发的主流,面向对象的软件测试技术也在传统软件测试技术的基础上,面对新的测试问题发展和形成了一系列新的测试技术。

6.8.1 面向对象测试的单元

结构化程序设计对"单元"的定义,适合面向对象特点的是:

(1)单元是可以编译和执行的最小软件组件。

(2)单元是由一个开发人员独立开发的软件组件。

在面向对象的软件开发中,软件工程师首先会想到的最小单元就是类。但是,在软件开发中,有很多的类往往是很大的,并不是由一个开发人员能够独立完成开发的,这显然与定义的第二条冲突。这样,面向对象的最小测试单元似乎应该是类的方法和属性,而这与结构化程序设计的函数十分相似。如果采用这种方法,面向对象的软件测试技术也就归结为结构化软件测试技术了。这是一种简单有效的简化技术,但是这样带来的问题是大量面向对象软件开发的测试负担都转移给了集成测试。并且,这种方法放弃了面向对象技术的封装优点。

以类为单元更能体现面向对象软件的优点,在 UML 的支持下,类的行为可以由状态图很好地描述,这样不仅可以采用基于路径的测试方法,而且使面向对象的封装优点得到充分体现,从而大大减轻了集成测试的负担。

下面对合成与封装、继承进行简单的讨论。

1. 合成与封装的涵义

合成是面向对象软件开发的核心设计策略[23]。面向对象的软件设计,就是要使单元(类)具有高内聚、低耦合,才能发挥封装的作用。封装的特点在众多的面向对象教材中都给予了充分的介绍,请读者自己阅读。

2. 继承的涵义

当遇到具有继承性的类单元时,将类作为测试的最小单元会破坏单元定义的第一条原则。一个简单的想法是将父类中继承的属性和方法放到当前类中,以解决独立编译的问题。Binder 在 1996 年提出的扁平类方法正是基于上述的想法,扁平类通过扩充来包括全部所继承的父类属性和操作。

在本书的继承性介绍时,首先将类 File 和 Folder 共有的属性与操作提取出来,形成一个父类 FolderItem,然后类 File 和 Folder 在继承父类 FolderItem 的基础上,再添加自己的特有操作和属性,如图 6-12 所示。

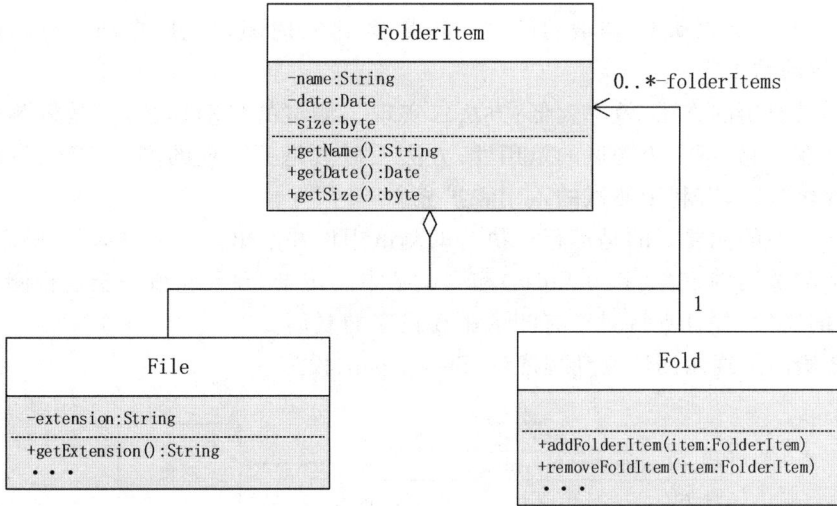

图 6-12 继承的相关操作和属性

扁平类恰是上述工作的反操作,是将父类的属性与操作分别扩充到子类之中。扁平化的优点是实现了类测试的独立性,但也会带来测试的一致性问题。

6.8.2 类测试

对类进行测试时仍然会碰到以类还是方法作为最小测试单元的问题。

1. 以方法为单元

正如 6.8.1 小节讨论过的一样,以方法为最小单元可以将面向对象的单元测试问题归结为传统的单元测试。方法等价于传统的过程或函数,也可以采用所有的传统功能性测试和结构性测试技术。

方法一般都很简单,有利于单元测试的工作。但是,这种方法需要增加一级新的集成测试工作,称为类内集成测试,而类内集成测试的工作量和难度往往要大于基于方法的单元测试。

2. 以类为单元

以类为单元可以解决类内集成测试的问题,但随之而来的问题是,测试的依据就不能再以源代码作为参考。因此,作为面向对象设计的重要组成部分,各种类的视图就成为类测试的主要参考依据了。

在以类为单元进行测试时,类的状态图往往是类测试的首先依据。类的状态图都是有限状态的,因此基于节点和路径的测试方法就成为最有效的测试用例生成方法了。

基于有限状态机(FSM)的测试方法,在参考文献[23]、[24]中均有详尽的实例介绍。

3. 构建测试驱动程序

除了代码走查和视察,在软件测试工作中更多的是采用基于执行的测试方法。在面向对象的类测试过程中,基于执行的类方法也是主要采用的方法。这种方法的执行过程有三种:

(1)将类程序独立编译,运行时手工输入不同的测试用例,并记录运行的结果。

(2)将驱动程序添加到被测试类中,运行时驱动程序自动执行不同的测试用例,并记录运行的结果。

（3）生成新的测试驱动类，与被测试类一起编译，运行时驱动程序自动执行不同的测试用例，并记录运行的结果。

方法一是最原始的方法，效率太低；方法二实现了测试的自动执行，但是将测试程序和被测试程序混合在一起，不利于测试的重用性；方法三显然是更合理的测试方法，将测试程序与被测试对象程序分开，有利于测试的重用和扩充。

测试驱动程序的主要目的是运行可执行的测试用例并给出运行的结果。测试驱动程序的设计应该包括测试用例集合（Test Suite）和测试结果的记录，并且应该易于进行测试用例的增加、测试方法的增加，并且支持对已有测试驱动程序的复用。

图 6-13 给出了通用测试驱动程序的 Tester 类的模型。

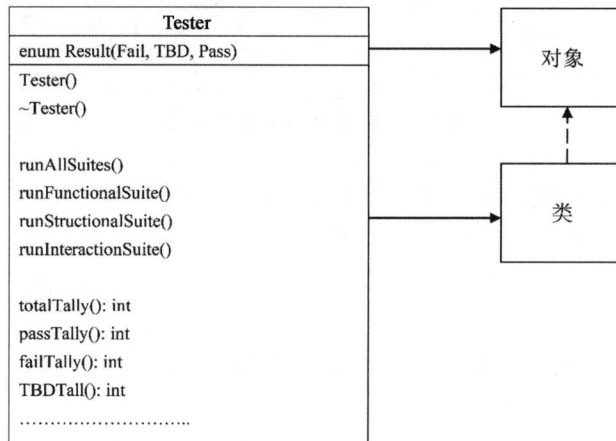

图 6-13　Tester 类需求的一个类模型

其中，runAllSuites( )是执行全部的测试用例，runFunctionalSuite( )是执行功能性测试用例，runStructuralSuite( )是执行结构化测试用例，unInteractionSuite( )是执行交互性测试用例。Pass、Fail、TBD 分别是通过的测试用例、失败的测试用例和需要人工干预的测试用例的记录结果。当然，也可以按其他的方式和规则来组织你的测试用例集合，如按类的方法进行分类。

在 JUnit 中，系统会自动生成 Tester 类，而软件工程师只需要关注于生成哪些测试用例就行。有兴趣的读者请查阅 http://www.junit.org。

6.9　软件测试文档

软件测试文档是软件测试技术的重要组成部分。本节对软件测试的软件测试计划、软件测试记录和软件测试评估分析报告进行介绍。

6.9.1　软件测试计划

测试计划描述了如何完成测试，测试计划的创建对于有效的测试至关重要，它大约占 1/3 的测试工作量[24]。测试计划的好坏,直接决定了测试工作的成败。要把测试计划看成是一个发展变化的文档,随着开发和测试工作的展开,必须及时地更新测试计划,以保证测试工作的有效性。

本节从测试计划目标和内容的角度使读者对测试计划有一个正确的理解。

测试计划的目标是描述所有要完成的测试,包括完成测试所需的资源和进度。测试计划需要给出被测试软件的背景信息、测试的目标和风险,以及所要执行的特定测试。

表 6 - 3 给出了软件系统级测试计划的标准,它由一般信息、计划信息、规格说明与约束、测试描述四部分组成。

表 6 - 3　系统测试计划标准

1　一般信息
　1.1　概述:软件总体介绍。
　1.2　环境与测试前背景:概述项目历史,定义用户组织和历史信息。
　1.3　测试目的。
　1.4　预期缺陷率:描述同类软件的估计缺陷数。
　1.5　参考资料。
2　计划
　2.1　软件描述:说明软件的输入、输出和功能。
　2.2　人员组成:说明测试人员的分工与职责。
　2.3　里程碑:列出位置、时间等阶段性成果作里程碑。
　2.4　预算:计算测试所需资金。
　2.5　测试验收点:定义参与的组织及软件要被测试的系统检查点。
　　2.5.1　进度。
　　2.5.2　需求:描述执行本测试点任务所需的资源,包括设备、人员、资金等。
　　2.5.3　测试资料:列出测试所需的资料,包括软件文档、被测软件及其工具、测试输入、所提交的测试文档、测试工具等等。
　　2.5.4　测试培训:测试所需要的培训任务。
　　2.5.5　要执行的测试。
　2.6　测试验收点:描述与 2.5 类似的被测试软件的第二测试项或子系统检查点的计划。
3　规格说明与约束
　3.1　规格说明。
　　3.1.1　业务功能。
　　3.1.2　结构功能。
　　3.1.3　测试/功能关系:列出软件要执行的测试并将它们与 3.1.1 和 3.1.2 进行关联。
　　3.1.4　测试进展:描述从一个测试推进到下一个测试以完成整个测试周期的进展方式。
　3.2　方式和约束。
　　3.2.1　方法论:描述测试总的方法或策略。
　　3.2.2　测试工具:说明测试工具的类型。
　　3.2.3　程度:说明测试的程度。
　　3.2.4　数据记录:讨论用于记录测试结果和相关测试信息的方法。
　　3.2.5　测试约束:说明由于接口、设备、人员等条件所带来的测试限制。
　3.3　评价。
　　3.3.1　标准:描述用于评估测试结果的规则,如数据范围、类型组合及最大次数等。
　　3.3.2　数据推断:描述用于将测试数据导入评价的方法。
4　测试描述
　4.1　测试 1:描述将要执行的测试。
　　4.1.1　控制:描述测试控制流程,如人工、半自动还是自动的输入、执行与记录等。
　　4.1.2　输入:测试用例。
　　4.1.3　输出:预期的程序结果。
　　4.1.4　过程:指明测试的步骤。
　4.2　测试 2:以类似于 4.1 的方法描述测试第二项或子系统。

6.9.2 软件测试记录

软件测试记录是软件测试工作的真实体现,软件测试的执行与记录是由以下三个步骤组成的。

1. 构造测试数据

在软件测试测试计划中,说明了测试数据(测试用例)的生成原则和约束条件。在执行测试时,首先就要依据这些原则和约束来构造具体的测试用例。

软件的穷尽测试一般是难以达到的。为了保证测试的有效和充分,就需要按一定的规则进行测试数据的选择和构造,前面介绍的黑盒测试、白盒测试分别是从软件功能、软件结构的不同角度进行测试数据构造的方法。

测试数据常见的构造方法还包括下列四种:

(1)边界值测试:关注的是输入空间的边界,一般以最小值、略高于最小值、正常值、略低于最大值和最大值作为输入值。

(2)等价类测试:将输入空间进行划分,每一类集合的元素都有共同的特点,在每类集合中选取一个元素进行测试。这样既避免了测试数据的冗余,又保证了测试的完备性。

(3)决策表测试:用一组逻辑规则来描述软件功能,按逻辑规则的真假值表(决策表)进行测试数据的构造。

(4)数据流测试:也称定义/使用测试,关注的是程序的所有变量的定义与引用的正确性,属于结构化测试方法。

2. 执行测试

在测试数据构造完成后,下一个步骤就是测试的执行。测试执行过程要依据测试计划的要求,采用合适的测试工具顺序输入全部的测试用例。

测试的执行是整个软件测试过程中较简单的环节。当然,软件测试的目标不同,测试执行的难度和差别也是很大的。

3. 记录测试结果

仔细完整的测试结果是修复软件的依据,测试结果应该对下列四方面进行说明:

(1)对情形的描述:说明测试的实际结果是什么。

(2)标准:说明测试的标准结果是什么。

(3)效果:如果实际结果和标准结果之间有偏差,说明实际结果和标准结果之间偏差的重要性。

(4)原因:说明偏差可能的原因。

下面是软件测试记录中一个子项的内容:

测试项:包括测试标号与名称

测试者:测试人员

测试环境与步骤:测试的环境与操作步骤的说明

测试用例:测试输入数据

预期结果:希望程序输出的结果

实际结果:实际程序输出的结果

效果说明:说明差别的严重性

原因分析:说明导致差别的可能原因

测试时间:记录测试的日期与时间

6.9.3　软件测试评估分析报告

软件测试是从软件项目启动开始,持续到项目结束的一个连续活动,它是对项目各个方面的持续度量。在软件测试工作完成后,测试者必须给出软件的评估与分析报告,对项目的状态、系统的可靠性、系统是否具备了产品条件、系统需要的改善工作和时间等给出说明。事实上,不仅要在项目全部测试完成后才进行评估和分析,而且在每个重要的里程碑时都要对项目的当前状态进行评估和分析。

软件测试评估分析报告主要包括以下三个方面的内容:

1. 报告软件状态

给出软件项目的状态信息,具体包括概要状态报告和项目状态报告,以便项目管理人员确定项目状态和信息发布的准确性。

概要状态报告给出项目的所有概要信息,一般包括:

(1)日期信息:报告产生的时间,位于报告的右上角。

(2)项目信息:包括项目名称、管理者、项目所属阶段等。

(3)进度信息:以时间线的形式,给出技术进度、预算进度,一般以月为单位。

(4)图例信息:对报告中使用的图符和标记进行说明,一般位于报告的底部。

项目状态报告提供与项目特定构件相关的信息,一般包括:

(1)项目关键信息:发布日期、管理人姓名、项目名称等。

(2)项目总体信息:开始日期、预定完成日期、实际完成日期、当前阶段的开始日期、当前阶段的预定完成日期、当前阶段的实际完成日期、初始预算、分配预算、实际花费等。

(3)项目活动信息:按月给出项目各个任务的度量状态。

(4)重要的元素信息:以图表方式,将当前状态与以前状态进行比较,从而度量当前状态。需要比较的元素信息一般有进度、性能需求、预算等。

(5)图例信息:说明报告所使用的图符和标号。

2. 报告测试结果

软件测试过程会产生一系列的测试数据和结果。在测试结果报告中,并不是照搬所有的测试记录,而是有选择地将一些测试数据与结果整理出来,一般包括以下方面的内容:

(1)功能测试矩阵:以矩阵的形式说明软件的功能测试覆盖情况。

(2)功能测试状态:以直方图的形式分别标注完全通过测试、测试后有错和未测试功能的百分比。

(3)功能生效曲线:显示项目功能状态和预计状态的曲线比较。

(4)预计缺陷与实际发现缺陷的比较曲线:以曲线图的形式显示预计缺陷数和实际发现的缺陷数。

(5)未修复缺陷的平均时间:以直方图的形式说明未修复缺陷的修复时间。

(6)缺陷分布报告:以直方图的形式说明各个模块中缺陷分布的情况。

(7)测试活动报告:对测试的完成情况进行说明,包括测试总数、发现缺陷总数、已修复缺陷数、未修复缺陷数等。

3．最终测试评价

最终测试评价是所有测试结束后的最终报告,其目的是确定当前软件的状态和问题、为软件故障的修复和软件升级提供支持以及避免今后的重复缺陷和提高软件开发过程的不足。最终测试评价包括以下内容:

(1)概述:对测试软件总的功能性能进行概述,包括环境和条件。

(2)测试结果与结论:对各个测试任务给出结论和评价。

(3)软件功能结论:对各项软件功能进行评价。

(4)分析小结:对软件的能力、可靠性、缺陷、风险、修复和升级给出评价与建议。

在实际软件测试项目中,依据项目测试规模、复杂度和测试范围的不同,测试文档还会有较大的差别。读者可以在相关国际标准、国家标准和行业标准中进行适当的选择。

6.10 软件测试自动化

软件测试自动化是软件开发中关键的环节。通过自动化测试脚本和工具,可以提高测试效率、降低成本,并确保软件质量。自动化测试不仅可以在短时间内执行大量测试用例,还能够持续集成到开发过程中,快速发现和修复问题。这种方法为团队提供了更快速、可靠的反馈,帮助提升软件的稳定性和可靠性,为软件质量的持续提升打下基础。

6.10.1 自动化测试

在软件测试中,自动化测试指的是使用独立于待测软件的其他软件来自动执行测试、比较实际结果与预期并生成测试报告这一过程。它使用软件工具来执行测试任务的过程,而不需要人类干预,可以在节省时间和精力的同时提高测试效率和准确性。对于持续交付和持续集成的开发方式而言,测试自动化是至关重要的。

自动化测试的过程是通过编写自动化测试脚本或测试用例,利用自动化测试工具来执行这些脚本或用例,从而模拟用户行为和操作,验证软件系统的功能和性能是否符合预期。自动化测试可以应用于不同的测试层级,如单元测试、集成测试、系统测试和验收测试等。它可以覆盖更多的测试场景,例如重复性测试、边界测试、负载测试和压力测试等,以确保软件系统的稳定性和可靠性。

对于小型软件项目,手工执行数千个测试用例是一项繁重的任务,这不仅耗费时间和精力,还容易出错。而自动化测试可以解决这个问题,节省了测试时间和成本,提高了测试的准确性和覆盖率。举个例子:如果一个小型软件项目需要测试它的登录功能,手工测试需要手动输入用户名和密码,验证是否成功登录;如果有多个账户需要测试,测试人员需要手动多次输入。而通过自动化测试工具,测试人员可以编写脚本来模拟登录过程,自动输入用户名和密码并验证登录是否成功。这样可以大大缩短测试时间和降低错误率,提高测试效率和准确性。

当然,自动化测试也具有一定的局限性,例如它不能完全取代手工测试,因为有些测试场景无法通过自动化测试实现,例如人类的主观评估和审美判断。同时,自动化测试也需要专业的技术和工具支持,需要投入一定的成本和时间来实现。

分层自动化测试是指将整个自动化测试过程划分为多个层次,每个层次的测试目标和测试策略不同,每个层次的测试都有其独立的责任和功能。传统的自动化测试更关注产品 UI 层的自动化测试,而分层的自动化测试倡导产品的不同阶段(层次)都需要自动化测试,如图 6-14的金字塔所示,其中 UI 代表页面级的系统测试,Service 代表服务集成测试,Unit 代表单元测试。这个金字塔也表示不同层次需要投入的精力和工作量。

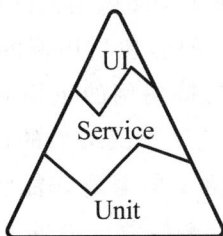

图 6-14　自动化测试金字塔

通常,自动化测试的流程包括可行性分析、测试工具选择、设计测试框架、设计测试用例、开发测试脚本、执行测试脚本和维护测试资产等 7 个步骤。在自动化测试的初期,需要对测试自动化的可行性进行评估。这包括分析测试场景的复杂性、测试用例的重复性、测试环境的稳定性以及团队对自动化技术的熟悉程度。可行性分析的结果将指导自动化测试的范围和优先级。根据项目需求和预算,选择合适的自动化测试工具。这些工具可能包括单元测试框架、功能自动化测试工具、性能测试工具等。选择时要考虑工具的易用性、集成能力、社区支持和成本效益。设计一个灵活且可扩展的测试框架,它能够支持多种类型的测试用例。基于软件需求和功能规格,设计详细的测试用例。这些用例应该覆盖软件的所有功能点,包括正常流程、边界条件和异常情况。测试用例的设计应该清晰、可重复,并且易于维护。再编写自动化测试脚本,这些脚本将执行测试用例。脚本开发应该遵循编码标准,确保代码的可读性和可维护性。同时,应该使用模块化和参数化的方法,以便测试脚本可以轻松地重用和调整。在测试环境中运行自动化测试脚本。这通常涉及设置测试环境、配置测试数据、执行测试并收集测试结果。执行过程应该是自动化的,以减少手动干预。自动化测试不是一次性活动,而是需要持续维护和更新的。随着软件的迭代和新功能的添加,测试用例和脚本需要定期审查和更新,以确保它们仍然有效并反映最新的软件状态。整个自动化测试流程应该是迭代的,并且与软件开发流程紧密集成。这 7 个步骤的流程顺序如图 6-15 所示。

自动化测试体系是一个复杂的系统,它涵盖了从硬件和基础设施到测试用例管理的多个方面。自动化测试体系一般包括硬件和基础设施、运行环境、开发环境、代码管理、测试用例管理和分析报告 6 个部分。

自动化测试体系的基础是稳定可靠的硬件和基础设施。这包括服务器、存储设备、网络设备以及任何必要的测试设备。这些硬件必须能够支持测试环境的搭建,包括虚拟化技术、容器化技术和云计算平台,以确保测试可以在各种条件下进行。运行环境是指软件运行所需的操作系统、中间件、数据库和其他服务。自动化测试体系需要确保这些环境的配置和管理是自动化的,以便快速部署和配置测试环境,以及在测试完成后的清理工作。开发环境包括用于编写和维护测试脚本的工具和平台。这包括集成开发环境、版本控制系统、代码审查工具。自动化测试体系应该能够无缝集成开发环境,以便开发人员可以轻松地提交代码并触发自动化测试。代码管理是自动化测试体系中的关键环节,它涉及源代码的版本控制、代码库的维护以及代码的分支策略。自动化测试体系应该能够与代码管理系统紧密集成,以便在代码变更时自动触发测试,确保代码质量。测试用例管理涉及测试用例的创建、维护和执行。自动化测试体系应该提供一个集中的平台来管理测试用例,包括用例的编写、参数化、执行状态跟踪以及结果分析。此外,测试用例管理还应该支持用例的重用和共享,以提高测试效率。分析报告是自动化测试体系的输出之一,它提供了测试结果的详细视图。这包括测试覆盖率报告、缺陷报告、性能分析报告等。自动化测试体系应该能够自动生成这些报告,并提供实时的测试状态更新,以便团队成员能够快速响应测试中发现的问题。图 6-16 是一个自动化测试体系。

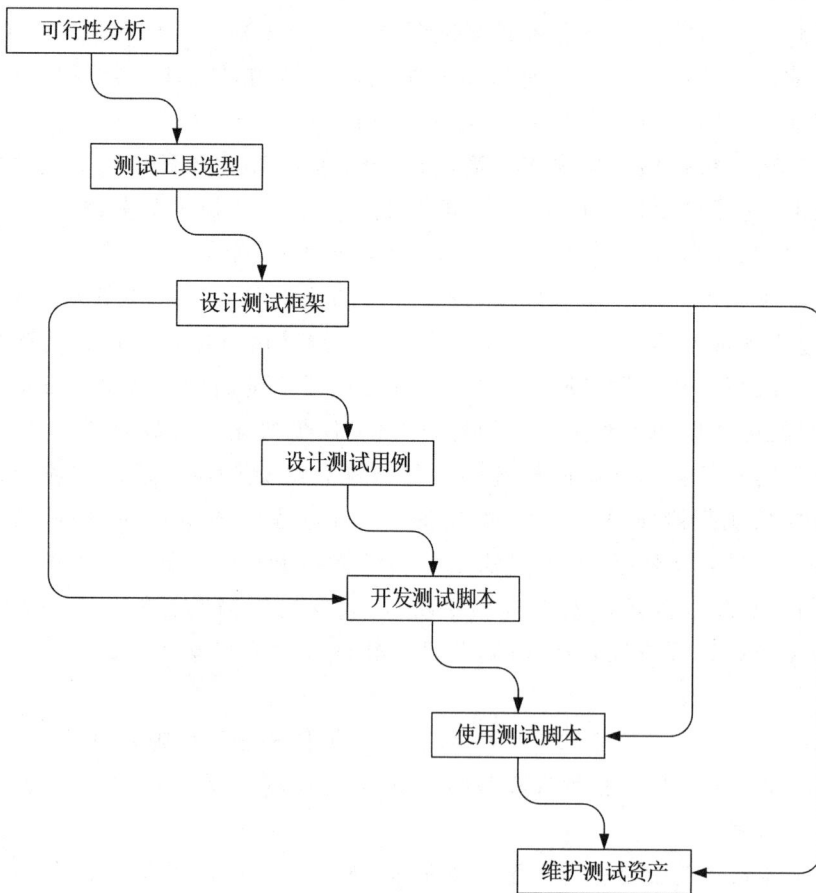

图 6-15 自动化测试流程图

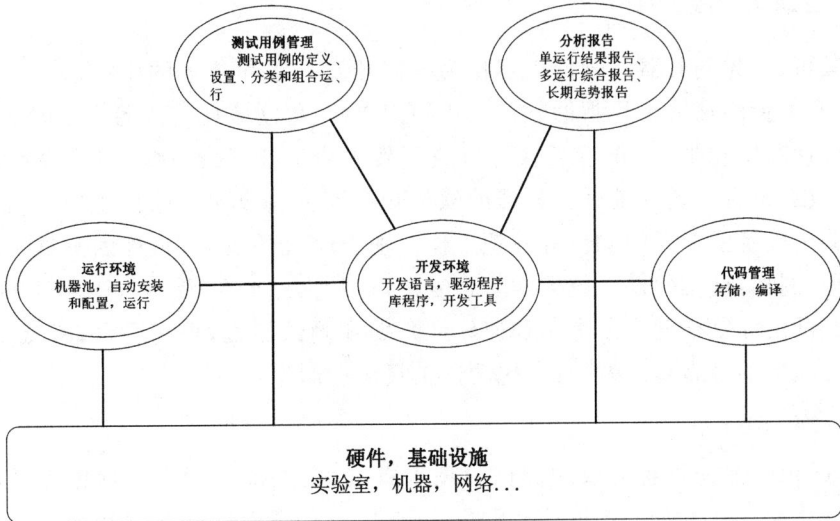

图 6 - 16　自动化测试体系

图 6 - 17 是一个自动化测试实例,展示了自动化测试流程在实际应用中的一个具体例子。

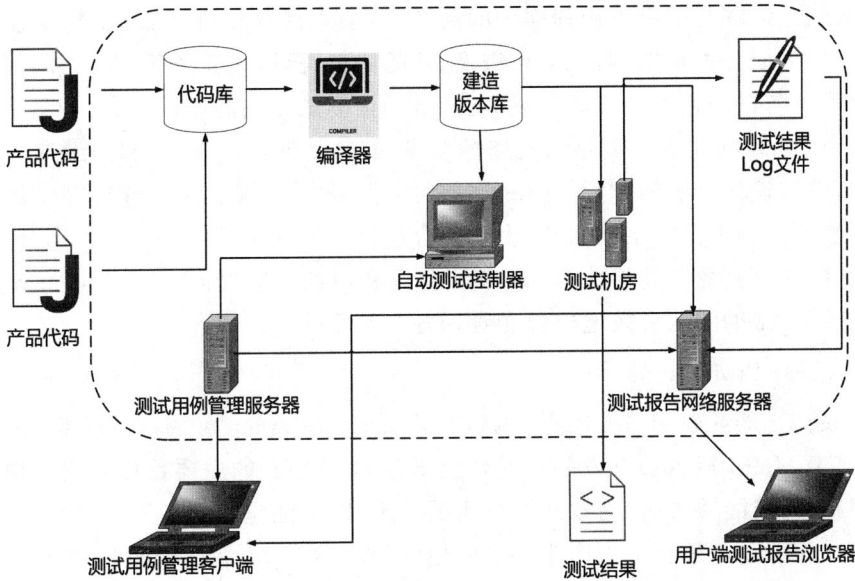

图 6 - 17　自动化测试实例

　　虽然自动化测试可以大大提高测试效率和准确性,但是它也需要耗费大量的时间、资源和技术投入。除此之外,自动化测试还需要不断地维护和更新,因为软件开发是一个动态的过程,各种软件版本和环境的变化都会对测试产生影响。此外,自动化测试也不能完全替代手动测试,在某些情况下还需要人工介入进行测试验证,例如用户体验和特定场景下的测试。因此,我们需要综合考虑自动化测试和手动测试的优势和不足,制定相应的测试策略,以便更好地保证软件质量和稳定性。

6.10.2　自动化测试工具

工欲善其事,必先利其器。软件工程作为软件开发方法和技术的研究,并不只有规则、体系和方法,还有大量的辅助工具帮助软件工程师们更好、更规范地完成各个阶段的工作。

在软件设计和实现阶段,介绍了软件集成开发平台 eclipse 和软件统一模型语言 UML。在软件测试阶段,也有大量的辅助工具帮助软件开发人员完成测试用例生成、测试过程记录、代码覆盖率分析以及图形界面测试等各项工作。随着时代的发展,软件的测试也面临着巨大的挑战与问题,例如:现代软件系统通常非常复杂,包括大量的代码、不同的组件和依赖关系,测试量大和测试设计复杂度高。为了加速软件开发和测试流程,提高质量,降低成本,并使整个软件交付过程更加可靠和高效,自动化测试工具应运而生。

1. Quality Center

Quality Center 是一种企业级的测试管理工具,旨在支持整个应用程序生命周期中的质量管理和测试活动。它由 Micro Focus 开发,用于集成和管理软件开发和测试过程中的不同阶段和任务。

Quality Center 提供了全面的生命周期管理,包括需求管理、测试计划、设计、执行、缺陷跟踪等,为整个应用程序开发过程提供了综合性的支持。工具内提供了缺陷管理功能,使团队能够有效地报告、追踪和解决应用程序中的问题,有助于提高软件质量,也建有强大的报告和分析功能,可以生成各种报告,监控测试进度、缺陷趋势、测试覆盖率等,帮助项目管理和决策。最重要的是可以与自动化测试工具集成,支持自动化测试用例的设计、执行和结果收集。

但 Quality Center 也存在着不可忽略的缺点:其软件架构过于复杂,导致客户使用体验较差,无法评审测试设计分析的过程,忽略了白盒测试,缺少代码覆盖率分析等。其架构的复杂性导致它可能不适合小型的工作团队,也不适合进行敏捷测试。

Quality Center 通常更适合大型、复杂的项目和组织,其中涉及多个团队、大量的需求和复杂的测试活动,帮助团队有效地协调和管理各个阶段的工作。

2. QuickTest Professional

QuickTest Professional(QTP)是一款由 Mercury Interactive(后来被 Hewlett Packar 收购,现在隶属于 Micro Focus)开发的自动化测试工具。QTP 的主要目标是支持功能测试和回归测试,使测试人员能够快速、高效地执行测试脚本,以验证应用程序的正确性。

允许测试人员通过录制用户操作并生成相应的测试脚本,然后通过回放这些脚本来执行相同的操作,以自动验证应用程序的功能。其支持关键字驱动测试,使测试人员能够使用易于理解的关键字来描述测试步骤,而无需编写详细的脚本代码。QTP 使用对象识别技术来识别应用程序中的各种用户界面元素,并使用这些对象进行测试脚本的编写和执行。也支持数据驱动测试,允许在不同的数据集上执行相同的测试脚本,以验证应用程序在不同输入条件下的行为。

QTP 主要用于 Windows 应用程序和 Web 应用程序的测试,对于跨平台测试的支持相对较弱,特别是对于移动应用程序的测试。QTP 的执行速度相对较慢,在敏捷开发环境下可能无法满足测试要求,因为敏捷测试需要更频繁地执行测试以确保持续集成和交付。

3. LoadRunner

LoadRunner 是一款由 Micro Focus 开发的性能测试工具,用于模拟多用户同时访问应用程序,以评估其性能、稳定性和可伸缩性。LoadRunner 支持各种应用程序和协议,包括 Web、移动、数据库、ERP 等,为企业提供了全面的性能测试解决方案。

LoadRunner 允许测试人员通过录制用户交互的脚本,然后通过回放这些脚本来模拟多用户同时访问应用程序的场景。使用虚拟用户来模拟真实用户的行为,以测量应用程序在不同负载下的性能表现,也可以配置多个负载生成器,以模拟大量用户同时访问应用程序,从而测试应用程序的性能和稳定性。在测试时,提供实时性能监控和分析工具,以便在测试执行期间监测服务器资源的使用情况,识别潜在的性能瓶颈。

同样的,LoadRunner 也存在一些局限性。LoadRunner 的许可是基于虚拟用户数量的,这可能在需要模拟大量用户的场景下导致成本上升。它主要用于模拟 Web 应用程序和服务的负载,对于某些特殊类型的应用程序,如客户端应用程序、桌面应用程序或某些移动应用程序不太适用。LoadRunner 使用自己的协议(VuGen 脚本),这可能使得在一些开源或自定义协议的应用程序上执行性能测试更为复杂。

LoadRunner 是一款强大的性能测试工具,广泛用于企业级应用程序的性能测试和负载测试,帮助团队发现并解决潜在的性能问题,确保应用程序在生产环境中具有良好的性能。

4. 国产测试软件

(1)Airtest:Airtest 是网易出品的一款基于图像识别和 poco 控件识别的 UI 自动化测试工具。因为它基于图像识别的原理,所以适用于所有 Android、iOS 和 Windows 应用。Airtest 本质上是 Python 的一个第三方库,与其他 Python 第三方库类似。

Airtest 主要用于自动化测试、UI 测试、性能测试和游戏自动化测试。它可以模拟用户在应用程序中的各种操作,例如点击、滑动和输入。因为它使用图像识别技术来定位和操作应用程序中的 UI 元素,这对于处理动态变化的界面非常有用。它是一个开源项目,具有活跃的社区支持。用户可以在 GitHub 上找到项目的源代码和文档。

(2)QTA:QTA 是一个跨平台的测试自动化工具,适用于后台、原生或混合型客户端应用的测试。它支持 Android、iOS、Web、后台、云服务和 Windows 端的 UI 自动化测试,是腾讯内部使用最为广泛的自动化测试框架。

QTA 目前已开源的有 QT4A、QT4i、QT4W、QTAF 等组件。该项目已经于 2016 年开源。

(3)Macaca:Macaca 是一套面向用户端软件的测试解决方案,提供了自动化驱动,环境配套,周边工具,集成方案,旨在解决终端上的测试、自动化、性能等方面的问题。

Macaca 支持主流的移动技术平台 iOS,Android,以及两大平台的混合运行时 Webview,也支持以往的桌面端浏览器。Macaca 的底层设计便于端的横向扩展,会根据开发平台提供的测试驱动及时调整集成方案。

Macaca 提供 Node.js,Java,Python 三大主流的语言栈,方便工程师和所在团队选择合适的开发语言。

(4)SmartAuto:SmartAuto 是基于人工智能的 UI 自动化测试工具,自然语言编写,支持 Android、iOS、Web、H5、小程序等多种场景。依托于图像识别、OCR 等智能技术,精准识别定位 UI 元素,实现所见即所得的用例编写与执行。

产品由于使用自然语言的方式编写测试脚本,测试人员无须具备编程能力和对测试框架的了解,易上手、门槛低。多端统一的编写风格以及完备的语法支持,提高了脚本的可读性和可维护性,极大地降低了脚本的维护成本。自研的智能化技术脱离对页面结构的强依赖,在控件识别和定位上有效地弥补了传统测试框架的不足。

6.11　实现与测试案例

本部分仅以系统监控管理部分的"告警与故障管理"模块为例进行代码展示和功能测试,具体代码及代码注释实现如下。运维管理软件(原型版)详细文档和代码,请在 https://pan.baidu.com/s/1LasagJAMwJcEntcMaDRWFA? pwd＝rywx 处下载。

6.11.1　代码实现

采用 Java 编程语言进行后端程序的编写。

ReportRuleServiceV2.java

```
1    @Service
2    @Slf4j
3    public class ReportRuleServiceV2 {
4        @Resource
5        private ReportRuleMapperV2 reportRuleMapperV2;

6        //查询所有故障告警规则
7        public PageInfo getAll(int pageNum, int pageSize) {
8            PageHelper.startPage(pageNum, pageSize);
9            List<ReportRuleEntityV2> allRules = reportRuleMapperV2.getAllRules();
10           return new PageInfo<>(allRules);
11       }
12       //根据阈值告警频率筛选告警规则
13       public PageInfo getAllByCondition ( int pageNum, int pageSize, String ruleType,
   IntegerreportLevel, Integer reportFrequency) {
14           PageHelper.startPage(pageNum, pageSize);
15           List<ReportRuleEntityV2> allRules = reportRuleMapperV2.getAllRulesByConditions
   (ruleType, reportLevel, reportFrequency);
16           return new PageInfo<>(allRules);
17       }
18       //新建故障告警规则
19       public void addNewRule(ReportRuleEntityV2 rule) {
20           reportRuleMapperV2.insertNewRule(rule);
21       }
22       //修改故障告警规则
23       public void updateRule(ReportRuleEntityV2 rule) {
24           reportRuleMapperV2.updateRule(rule);
```

```
25        }
26        //删除故障告警规则
27        public void deleteRule(Long id) {
28            reportRuleMapperV2.deleteRule(id);
29        }
30        //通过 ID 查询故障告警规则
31        public ReportRuleEntityV2 getRuleById(Long id) {
32            return reportRuleMapperV2.getRuleById(id);
33        }
34 }
```

ReportRuleMapperV2.java

```
1   @Mapper
2   public interface ReportRuleMapperV2 {
3       @Results(id = "ReportRuleMap2",
4           value = {
5               @Result(property = "id", column = "f_id"),
6               @Result(property = "ruleName", column = "f_rule_name"),
7               @Result(property = "ruleDescription", column = "f_rule_description"),
8               @Result(property = "targetSystem", column = "f_target_system"),
9               @Result(property = "targetScope", column = "f_target_scope"),
10              @Result(property = "ruleType", column = "f_rule_type"),
11              @Result(property = "ruleClassify", column = "f_rule_classify"),
12              @Result(property = "statisticMethod", column = "f_statistic_method"),
13              @Result(property = "statisticCycle", column = "f_statistic_cycle"),
14              @Result(property = "ruleCondition", column = "f_rule_condition"),
15              @Result(property = "ruleLimit", column = "f_rule_limit"),
16              @Result(property = "scanCycleNumber", column = "f_scan_cycle_number"),
17              @Result(property = "reportLevel", column = "f_report_level"),
18              @Result(property = "reportFrequency", column = "f_report_frequency"),
19              @Result(property = "mailNotice", column = "f_mail_notice"),
20              @Result(property = "mailAddress", column = "f_mail_address"),
21              @Result(property = "scanLastTime", column = "f_scan_last_time"),
22              @Result(property = "createTime", column = "f_create_time"),
23              @Result(property = "updateTime", column = "f_update_time"),
24          })
25      //查询所有故障告警规则
26      @Select("select * from t_report_rule_new where f_deleted = 0")
27      List<ReportRuleEntityV2> getAllRules();

28      //根据阈值告警频率筛选告警规则
29      @ResultMap("ReportRuleMap2")
30      @Select("<script>" +
31          "select * from t_report_rule_new where 1=1 " +
```

```
32              " <if test='ruleType ! = null'> " +
33              "        and f_rule_type= # {ruleType} " +
34              "     </if> " +
35              "     <if test='reportLevel! =null'> " +
36              "        and f_report_level = # {reportLevel} " +
37              "     </if>" +
38              "     <if test='reportFrequency! =null'> " +
39              "        and f_report_frequency = # {reportFrequency} " +
40              "     </if>" +
41          "</script>")
42      List<ReportRuleEntityV2> getAllRulesByConditions(@Param("ruleType") String ruleType, @
Param("reportLevel") Integer reportLevel
              , @Param("reportFrequency") Integer reportFrequency);
43          @ResultMap("ReportRuleMap2")
44      @Select("select * from t_report_rule_new where f_deleted =0 order by f_report_level DESC")
45      List<ReportRuleEntityV2> getAllRulesLevelDesc();
46      @Update("update t_report_rule_new set f_scan_last_time = # {time},f_update_time
= f_update_time where f_deleted = 0 and f_id= # {id}")
47      void updateScanTime(@Param("id") Long id, @Param("time") LocalDateTime time);
48      //新建故障告警规则
49      @Insert("insert into t_report_rule_new(f_rule_name, f_rule_description, f_statistic_method,
        f_statistic_cycle, f_rule_type, f_rule_condition," +"f_rule_limit, f_scan_cycle_number,
        f_report_level, f_report_frequency, f_mail_notice, f_mail_address, f_target_system,
        f_target_scope, f_rule_classify)" +"values( # {obj.ruleName}, # {obj.ruleDescription},
        # {obj.statisticMethod}, # {obj.statisticCycle}, # {obj.ruleType}, # {obj.ruleCondition}," +
        " # {obj.ruleLimit}, # {obj.scanCycleNumber}, # {obj.reportLevel}, # {obj.reportFrequency},
        # {obj.mailNotice}, # {obj.mailAddress}, # {obj.targetSystem}, # {obj.targetScope},
        # {obj.ruleClassify})")
50      void insertNewRule(@Param("obj") ReportRuleEntityV2 rule);
51      //修改故障告警规则
52      @Update("update t_report_rule_new set f_rule_name = # {obj.ruleName},
f_rule_description = # {obj.ruleDescription}, f_statistic_method = # {obj.statisticMethod},"
+ "f_statistic_cycle = # {obj.statisticCycle}, f_rule_type = # {obj.ruleType},
f_rule_condition = # {obj.ruleCondition}," + "f_rule_limit = # {obj.ruleLimit},
f_scan_cycle_number = # {obj.scanCycleNumber}, f_report_level = # {obj.reportLevel},
f_report_frequency = # {obj.reportFrequency}," + "f_mail_notice = # {obj.mailNotice},
f_mail_address = # {obj.mailAddress}, f_target_system = # {obj.targetSystem},
f_target_scope = # {obj.targetScope}, f_rule_classify = # {obj.ruleClassify}
where f_id = # {obj.id}")
53      void updateRule(@Param("obj") ReportRuleEntityV2 rule);
54      //删除故障告警规则
55      @Update("update t_report_rule_new set f_deleted = 1 where f_id= # {id}")
56      void deleteRule(@Param("id") Long id);
```

```
57    //通过 ID 查询故障告警规则
58    @ResultMap("ReportRuleMap2")
59    @Select("select * from t_report_rule_new where f_deleted＝0 and f_id ＝ ♯{id}")
60    ReportRuleEntityV2 getRuleById(@Param("id") Long id)；
61 }
```

6.11.2 功能测试

查询所有故障告警规则功能见表 6－4。

表 6－4   故障告警规则查看_功能测试 001

测试用例名称	故障告警规则查看_功能测试 001		
测试用例标识	GN－YWGL－GJGZ－CK_001	测试追踪	系统监控管理软件(原型版)配置项测试计划 5.2.1.4 GN－YWGL－GJGZGL
测试用例描述	验证软件能否查看告警规则列表		
测试方法	动态测试		
测试类型	功能测试		
前提和约束 （包括初始化要求）	按测试环境连接各测试设备,各软件正常运行		
测试终止条件	正常终止:该测试项的所有测试用例都正常终止; 异常终止:除正常终止的测试用例外,其他未完成的测试用例都满足测试用例异常终止条件		
测试过程			
序号	输入及操作步骤	期望测试结果	评估准则	实际测试结果
1.	进入故障告警与管理模块,查看是否能正常显示告警规则列表	告警规则列表正常显示	实测结果与预期结果一致,表明测试通过,否则,测试不通过	告警规则列表正常显示
设计人员	吕新垒	设计日期	2023 年 6 月 27 日	
问题标识				
执行结果	通过	测试人员	吕新垒	
测试监督员	任世谦	测试执行时间	2023 年 6 月 30 日	

注 1:测试用例应具体化输入内容(如确定的数值、状态或信号等)及其性质(如有效值、无效值、边界值等);

注 2:若测试用例操作步骤中的输入数据较多,可用测试用例输入数据附表的形式列出,可根据具体项目情况对测试用例设计单格式进行调整。

根据阈值告警频率筛选告警规则功能见表 6－5。

表 6-5 筛选故障告警规则_功能测试002

测试用例名称	筛选故障告警规则_功能测试002		
测试用例标识	GN-YWGL-GJGZ-SXGZ_002	测试追踪	系统监控管理软件(原型版)配置项测试计划 5.2.1.4 GN-YWGL-GJGZGL
测试用例描述	验证软件能否根据选项筛选故障告警规则		
测试方法	动态测试		
测试类型	功能测试		
前提和约束 (包括初始化要求)	按测试环境连接各测试设备,各软件正常运行		
测试终止条件	正常终止:该测试项的所有测试用例都正常终止; 异常终止:除正常终止的测试用例外,其他未完成的测试用例都满足测试用例异常终止条件		

测试过程

序号	输入及操作步骤	期望测试结果	评估准则	实际测试结果
1.	进入故障告警与管理模块,根据阈值告警等级筛选告警规则	成功根据阈值告警等级筛选告警规则	实测结果与预期结果一致,表明测试通过,否则,测试不通过	成功根据阈值告警等级筛选告警规则
2.	进入故障告警与管理模块,根据阈值告警频率筛选告警规则	成功根据阈值告警频率筛选告警规则	实测结果与预期结果一致,表明测试通过,否则,测试不通过	成功根据阈值告警频率筛选告警规则
设计人员	吕新垒	设计日期	2023年6月27日	
问题标识				
执行结果	通过	测试人员	吕新垒	
测试监督员	任世谦	测试执行时间	2023年6月30日	

注1:测试用例应具体化输入内容(如确定的数值、状态或信号等)及其性质(如有效值、无效值、边界值等);

注2:若测试用例操作步骤中的输入数据较多,可用测试用例输入数据附表的形式列出,可根据具体项目情况对测试用例设计单格式进行调整。

新建故障告警规则功能见表 6-6。

表 6-6　新建故障告警规则_功能测试 003

测试用例名称	新建故障告警规则_功能测试 003		
测试用例标识	GN－YWGL－GJGZ － XJGZ _003	测试追踪	系统监控管理软件(原型版)配置项测试计划 5.2.1.4 GN－YWGL－GJGZGL
测试用例描述	验证软件能否新建故障告警规则		
测试方法	动态测试		
测试类型	功能测试		
前提和约束 (包括初始化要求)	按测试环境连接各测试设备,各软件正常运行		
测试终止条件	正常终止:该测试项的所有测试用例都正常终止; 异常终止:除正常终止的测试用例外,其他未完成的测试用例都满足测试用例异常终止条件		
测试过程			

序号	输入及操作步骤	期望测试结果	评估准则	实际测试结果
1.	进入故障告警与管理模块,点击新建规则,填写自定义规则,填写完毕提交新规则,查看规则是否创建成功	规则成功创建	实测结果与预期结果一致,表明测试通过,否则,测试不通过	规则成功创建

设计人员	吕新垒	设计日期	2023 年 6 月 27 日
问题标识			
执行结果	通过	测试人员	吕新垒
测试监督员	任世谦	测试执行时间	2023 年 6 月 30 日

注 1:测试用例应具体化输入内容(如确定的数值、状态或信号等)及其性质(如有效值、无效值、边界值等);

注 2:若测试用例操作步骤中的输入数据较多,可用测试用例输入数据附表的形式列出,可根据具体项目情况对测试用例设计单格式进行调整。

修改故障告警规则功能见表 6-7。

表 6-7　修改故障告警规则_功能测试 004

测试用例名称	修改故障告警规则_功能测试 004		
测试用例标识	GN－YWGL－GJGZ － XGGZ _004	测试追踪	系统监控管理软件(原型版)配置项测试计划 5.2.1.4 GN－YWGL－GJGZGL
测试用例描述	新建故障告警规则时输入空标题,验证软件是否给出提示信息		
测试方法	动态测试		

续表

测试用例名称	修改故障告警规则_功能测试004			
测试类型	功能测试			
前提和约束 （包括初始化要求）	按测试环境连接各测试设备,各软件正常运行			
测试终止条件	正常终止:该测试项的所有测试用例都正常终止; 异常终止:除正常终止的测试用例外,其他未完成的测试用例都满足测试用例异常终止条件			
测试过程				
序号	输入及操作步骤	期望测试结果	评估准则	实际测试结果
1.	进入故障告警与管理模块,选择一条告警规则,点击修改按钮,修改告警规则标题并保存,查看告警规则是否被修改	系统给出提示信息,规则修改失败	实测结果与预期结果一致,表明测试通过,否则,测试不通过	系统给出提示信息,规则修改失败
设计人员	吕新全	设计日期	2023 年 6 月 27 日	
问题标识				
执行结果	通过	测试人员	吕新全	
测试监督员	任世谦	测试执行时间	2023 年 6 月 30 日	

注1:测试用例应具体化输入内容(如确定的数值、状态或信号等)及其性质(如有效值、无效值、边界值等);

注2:若测试用例操作步骤中的输入数据较多,可用测试用例输入数据附表的形式列出,可根据具体项目情况对测试用例设计单格式进行调整。

删除故障告警规则功能见表 6-8。

表 6-8　删除故障告警规则_功能测试 005

测试用例名称	删除故障告警规则_功能测试 005		
测试用例标识	GN - YWGL - GJGZ - SCGZ _005	测试追踪	系统监控管理软件(原型版)配置项测试计划 5.2.1.4 GN - YWGL - GJGZGL
测试用例描述	验证软件能够删除已经提交的故障告警规则		
测试方法	动态测试		
测试类型	功能测试		
前提和约束 （包括初始化要求）	按测试环境连接各测试设备,各软件正常运行		
测试终止条件	正常终止:该测试项的所有测试用例都正常终止; 异常终止:除正常终止的测试用例外,其他未完成的测试用例都满足测试用例异常终止条件		

续表

测试用例名称	删除故障告警规则_功能测试 005			
测试过程				
序号	输入及操作步骤	期望测试结果	评估准则	实际测试结果
1.	进入故障告警与管理模块,选择一条告警规则,点击删除按钮,查看告警规则是否被删除	告警规则成功被删除	实测结果与预期结果一致,表明测试通过,否则,测试不通过	告警规则成功被删除
设计人员	吕新垒	设计日期	2023 年 6 月 27 日	
问题标识				
执行结果	通过	测试人员	吕新垒	
测试监督员	任世谦	测试执行时间	2023 年 6 月 30 日	

注 1:测试用例应具体化输入内容(如确定的数值、状态或信号等)及其性质(如有效值、无效值、边界值等);

注 2:若测试用例操作步骤中的输入数据较多,可用测试用例输入数据附表的形式列出,可根据具体项目情况对测试用例设计单格式进行调整。

6.12 小 结

实现与测试是软件开发过程中不可或缺的重要环节。在实现阶段,开发人员将设计文档转化为可执行的代码,并通过模块化和组件化方法确保系统的可维护性和可扩展性。同时,测试阶段涵盖单元测试、集成测试、系统测试和性能测试等,以验证软件的功能性和性能。持续集成与持续部署确保代码的频繁集成和自动化部署,加速交付过程。自动化测试提高测试效率、降低成本,并确保软件质量。代码审查、缺陷修复以及文档记录都是保障质量的重要步骤。通过这些措施,团队能够确保软件质量,满足用户需求,并不断优化和改进软件系统。随着国产软件的崛起,实现与测试更加行云流水。

作业与练习

1. 什么是软件重用? 软件重用都包括哪些内容?

2. 软件编程语言的类型有哪些? 请对你所熟悉的编程语言进行特点说明(至少 3 种)。

3. 如何才能写出良好风格的代码?

4. 请说明基于软件开发流程的测试序列。

5. 软件测试的目标是什么?

6. 白盒测试和黑盒测试技术的区别是什么?

7. 事务处理流程图与控制流程图的区别和联系是什么?

8. 单元测试的定义及其内容是什么?

9. 基于软件结构的路径测试技术有哪些覆盖准则?

10. 在为软件产品选择编程语言时,以下哪些方面需要考虑?

- 客户具有的经验、工具的支持。
- 语言对应用的适应性。
- 好处、代价和使用风险。

11. 在非运行条件下的软件测试时,代码视察小组的成员包括:

- 3 人,当前阶段和下一阶段的代表。
- 4 人,一个协调者、一个设计师、一个编码师、一个测试师。
- 6 人,包括当前阶段的代表和客户的代表。
- 3～6 人,包括当前阶段的代表和下一阶段的代表。

12. 理想的模块测试与集成测试顺序是下面哪种?

- 理想的测试顺序依赖于软件产品的特点。
- 应该在集成测试开始前完成模块测试。
- 它们应该一起开始。
- 应该在模块测试开始前完成集成测试。

13. 在软件测试中,以下哪些方法用于验证软件产品满足用户输出需求?

- 白盒测试。
- 黑盒测试。
- 非运行程序的测试方法。

第7章 软件维护

当软件产品通过了验收测试,并交付给了用户投入使用时,几乎所有的软件开发人员都会长舒一口气,觉得一个漫长而艰难的软件开发过程终于结束了。然而事实上,从软件产品交付给用户的那一刻起,一个更漫长的软件维护阶段便正式登场了。

第1章中曾经分析过软件各个阶段的成本构成,知道了软件维护阶段的成本占软件产品总成本的 67%。由此可见,软件产品交付并不是软件产品的结束,而只是进入了一个更为漫长的修改、更新和升级阶段。

软件产品极少在第一个交付版本时就能够满足用户的全部需求。随着用户对软件产品的不断熟悉,他们往往会发现许多的问题和错误。为了满足用户的需求,通常需要对软件进行错误更正、功能增加甚至是较大的改版。所以大部分商用软件的成熟版本是在 3.0 版以后。

软件维护阶段作为软件产品生命周期中比重最大的阶段,是一个软件产品能够长期生存的关键所在。在此阶段,读者需要未雨绸缪,提升个人社会公德,提前进行预防性维护和更新,以免出现故障时措手不及,对社会造成巨大灾难。

7.1 软件维护的定义

7.1.1 定义

软件维护是指软件系统交付使用以后,为了改正软件运行错误或者为了满足用户新的需求而加入新功能的修改软件的过程。修改后要填写程序修改登记表,并在程序变更通知书上写明新旧程序的不同之处。

软件维护的目标是确保软件系统在长期运行中能够保持其功能完整性、稳定性和安全性。

7.1.2 影响维护工作量的因素

软件维护作为确保软件系统长期有效运行的关键活动,受到多方面因素的影响。

首先,软件系统的大小直接关系到维护的复杂性和资源需求。大型系统通常涉及复杂的模块和交互关系,增加了维护任务的复杂性,需要更多的时间和资源来理解和修改。

测试和验证也变得更为烦琐,需要更多的测试用例和更长的测试时间。大型系统的维护可能面临更高的资源需求,包括人力和技术资源。同时,变更管理在大型系统中变得更为复杂,需要仔细考虑对整个系统的影响,确保修改不会引入新的问题。因此,对于大型系统的维护来说,良好的模块化设计、清晰的文档、有效的变更管理和测试策略都显得尤为关键,以确保维护工作的高效性和系统的可靠性。

其次,采用的程序设计语言也是一个重要因素,不同的语言在维护性能、可读性和可扩展性方面存在差异。采用清晰简洁的编程语言有助于提高代码的可读性和可理解性,降低维护的复杂性。不同的语言在表达能力、社区支持和生态系统等方面存在差异,影响了维护时的效率和资源利用。程序设计语言的演进和长期支持对系统的可维护性至关重要,而跨平台性、安全性和性能等特性也在维护决策中发挥关键作用。因此,合适的程序设计语言选择是软件维护中的关键决策。

软件系统的年龄则反映了其在实际运行中积累的经验和潜在的技术债务,随着时间的推移,系统可能积累了技术债务、经验流失和业务需求变更等挑战。老旧系统可能面临技术过时、文档不足、安全性问题等困扰,导致维护复杂度增加。同时,业务需求的演变可能要求对系统进行调整和改进。系统年龄的考量需要在维护决策中综合考虑技术更新、知识传承、业务变革等因素,以制定有效的维护策略,确保软件系统在不同阶段都能够持续满足用户需求和业务要求。

数据库技术的应用直接关系到数据管理和处理的效率,对于维护数据库驱动的系统至关重要。有效的数据库设计和管理能够降低数据结构变更的复杂性,提供性能优化和索引管理,同时确保数据的备份、恢复和安全性。数据库技术的版本兼容性和数据迁移能力是软件升级和整合的重要因素,而在容灾和故障恢复方面,数据库技术的支持显得尤为关键。因此,合理的数据库技术应用不仅能够保障系统数据的完整性和可用性,也为软件维护提供了强有力的支持,确保系统在演进过程中保持稳健和可维护。

此外,采用的软件开发技术也在很大程度上塑造了软件的架构和设计,从而影响了后续的维护工作。好的设计模式、模块化组件、测试驱动开发等实践有助于提高代码的可读性、可维护性,并降低系统的复杂性。而敏捷开发、微服务架构、容器化等现代技术则为灵活的维护和持续集成提供了支持。选择适当的开发技术,结合团队能力和项目需求,是确保软件系统在长期演进中能够高效维护的关键。

最后,还有其他一系列因素,例如团队技能、文档质量、业务需求的变化等,都会在软件维护的过程中发挥作用。

7.2 软件维护的重要性

软件维护是软件生命周期中至关重要的阶段。随着时间推移,软件需求、环境和用户期望都会变化,因此维护是确保软件持续运行并适应变化的关键环节。维护工作包括修复错误、优化性能、添加新功能以及适应新的硬件或软件环境。有效的维护可以延长软件的使用寿命,降低系统风险,提高用户满意度,并降低替换系统的成本。忽视维护可能导致系统陈旧、不稳定,甚至安全漏洞。因此,重视软件维护对于保持系统的健康运行和持续发展至关重要。

7.2.1 软件维护的种类

当软件交付用户后,开发者面临的软件维护要求主要有以下三类:

1. 修正性维护

软件交付后,第一类维护问题就是软件中存在的错误。由于对软件需求理解的不足、时间和经费的限制以及目前软件测试技术与方法的缺陷,尚没有一种有效的技术手段和方法可以保证软件无错。因此,纠正和修改软件的错误成为软件维护阶段的首要任务。

2. 完善性维护

随着软件产品的进一步使用,用户会发现已完成的软件产品在功能和性能上还不能满足需求,或者随着对软件产品的熟悉,发现需要增加新的功能或提高性能来适应使用的需要。这时,软件工程师就需要对软件产品进行完善性维护,以保证软件产品具有更好的性能和更强的功能,从而使软件产品有更长的使用时间和应用范围。

3. 适应性维护

随着时间的推移,软件产品的使用环境和支持平台也可能产生变化。一方面,原用户可能对系统硬件和系统软件进行更新,以提高系统的性能;另一方面,软件产品也可能被推广到新的客户,从而面临不同的硬件和软件支撑平台。此时的软件改版主要是软件的移植和跨平台支持,面向对象的软件开发在这方面提供了良好的软件架构体系。

软件维护阶段的重要工作由上述三类维护组成,图 7-1 给出了不同维护种类在维护阶段所占的工作比例。

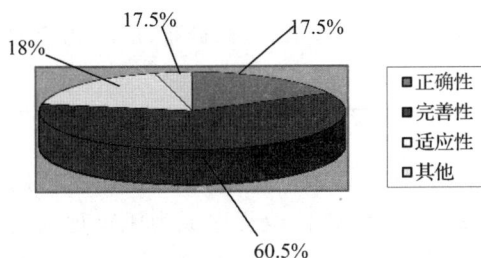

图 7-1 维护阶段不同维护种类所占的比例

7.2.2 软件维护对工程师的要求

软件维护的成本占到软件总成本的 67%,软件维护是整个软件生命周期中最重要的阶段。然而在实际软件开发过程中,大部分的软件组织总是将优秀的软件工程师放在富有"挑战"和"成就"的开发阶段,认为他们才是企业成功的关键;而对于维护人员,就像售后服务人员,认为只要态度好,能打发客户就可以了。

如果一个软件企业的管理者也这样想,那么他的软件企业离关门的时间就不会太远了。今天的企业,即使仅是生产传统的工业类产品,售后服务的质量也已经日益成为决定企业成败的关键因素。

软件维护工程师所承担的工作,远远超过一般售后服务人员的工作难度。

当用户发现软件的问题和困难时,会提交一份错误报告给软件维护工程师。这份报告也许是一封邮件,也许是一份电话记录,甚至仅是软件瘫痪的抱怨。用户可能并不是计算机专业人员,无法要求他们给出准确和专业的错误描述,许多错误的描述报告,也许仅是用户对软件

操作的理解不对或操作错误所致。微软的 Windows 操作系统刚刚投入使用时,软件维护工程师曾接到用户这样的报告:

"我的工作窗口无法用鼠标打开!"用户说到。

"你的工作窗口现在在桌面上吗?"维护工程师问道。

"是的。"用户回答。

"请将鼠标拖动到你的工作窗口上,然后敲击鼠标左键。"维护工程师说道。

"可是,仍然无效。"用户失望地说道。

"你的鼠标肯定在工作窗口上吗?"维护工程师有些疑惑地问道。

"当然。"客户有些生气了。

"您也敲击鼠标左键了吗?"维护工程师进一步问道。

"难道要用榔头砸才算敲吗?"用户真的生气了。

"您别着急,一定会帮您解决问题的,再试一遍好吗?"维护工程师小心地建议到。

十分钟过去了,用户在维护工程师的指导下,重新启动了计算机,重新操作了若干次,可结果还是一样。

"你到底会不会技术? 能不能解决问题?"客户已经失去耐心了。

这位维护工程师对 Windows 操作系统非常熟悉,可也找不出问题所在了。

"好吧,您告诉我您的地址,我这就上门为您服务,希望能够发现问题所在。"维护工程师也有些底气不足了。

当半小时后,维护工程师来到用户家里,看到的情况是:用户将鼠标拿起,直接压在显示屏上的工作窗口上,正不断地敲击鼠标。

在软件维护工程师对发现的软件错误进行修改时,由于文档的不足,往往难以对软件有准确的认识。对软件缺乏足够的认识,使得修改程序成为风险远远高于开发的高风险工作。

软件错误的分析和定位难度要远远高于新软件的设计。在进行新软件设计时,软件工程师可以得到或者自行定义所有的材料,包括用户需求、系统结构、数据结构、软件框架等。而分析与定位软件错误时,文档往往是不齐全的或者是不准确的,软件维护工程师往往不得不最终直接面对源程序代码。

"我宁可重新开发这个程序,也不愿意再去修改它的错误了。"这已成为软件工程师在软件维护与修改时,抱怨最多的一句话。

完成对软件的修改和升级后,软件维护工程师需要重新对软件进行测试,以保证软件的可靠性,这时的测试称为回归测试(Regression Test)。

从上面的介绍可以看到,软件维护工程师需要了解用户的要求和抱怨,分析程序的结构和进行错误定位,进行程序编码和实现,还要完成回归测试。因此,软件维护工程师必须是能够完成软件描述、设计、编码、测试各个阶段工作的全才和高手。

然而不幸的是,软件维护工作在软件企业中总是被放在不受重视的地位。一流技术人才做设计,二流技术人才做编码和测试,三流技术人才去做维护成为大多数软件企业的人才划分标准。软件维护工程师的工作责任重但地位不高,工作难度大但待遇不高。这种观念如果不能及时改变,对软件企业来说其后果只能是很快地被市场所淘汰。

7.3　软件维护的管理

软件维护管理是指规划、组织和控制软件维护活动的过程。它包括对维护需求的识别、分析和优先级排序,以及合理分配资源、时间和预算来执行维护工作。维护管理涉及建立有效的变更控制流程,确保变更的正确实施和影响分析,以降低风险和系统不稳定性。同时,它也包括记录和追踪问题、制订维护计划、评估维护效果以及与利益相关者之间的沟通和协调。有效的维护管理有助于提高团队的工作效率、降低成本,最大程度地延长软件寿命,并确保系统持续满足用户需求。

7.3.1　错误与缺陷的报告

如果用户在使用软件的过程中遇到错误,那么需要将所遇到的现象和问题认真记录下来,以便软件维护工程师进行分析和修改。软件错误和缺陷的报告应该包括以下几方面内容:

(1)错误的现象是数据错、死机还是其他现象,描述得越准确越好。

(2)发生错误时的操作。

(3)操作的序列。

(4)运行的软件平台和硬件平台。

前两项是易于理解的,而操作序列和运行平台也会影响到软件出错吗? 答案是肯定的。

准确地记录错误产生的现象和条件,是进行错误修改的必要条件。软件工程师总是不会轻易承认自己的错误,如果用户不能重复已经发现的错误,那么他们一定会认为只是用户操作的错误而不是程序的错误。

软件工程师会考虑常见的操作序列和条件,但往往难以预测所有用户可能的操作和所有可能的运行环境。由于操作随意性和运行环境造成的软件缺陷,在各类软件缺陷中是比例最高的。

7.3.2　错误与缺陷的划分

软件存在错误和缺陷是不可避免的。当用户发现软件错误和缺陷时,总是希望能够立即得到更正和修改。而对于软件企业来说,并不是所有的错误和缺陷都能够立即得到修改的。

软件维护工程师得到软件错误与缺陷的报告以后,需要对软件的错误与缺陷进行分类。软件错误与缺陷往往根据其导致的后果严重性和修改所需要的工作量进行划分。后果越严重的错误和缺陷优先级越高,修改量小的错误和缺陷优先级高于修改量大的。而对于严重性和修改量而言,严重性优先于修改量。

由此,可以简单地得到错误与缺陷的优先级分类:

(1)导致系统出现崩溃或运行出错的错误与缺陷。

(2)导致系统操作复杂或不便,易于修改的错误与缺陷。

(3)提高系统性能和功能,工作量适当的缺陷。

(4)便于用户操作或提高系统性能与功能,但工作量较大的缺陷。

(5)其他缺陷。

7.3.3　维护内容的明确

软件工程师得到了错误与缺陷的报告,并对错误与缺陷进行了划分,就需要确定维护的计划和内容了。因为软件维护并不仅仅是对错误代码的修改,其工作还包括对错误设计报告的修改、对错误用户文档的修改、对错误修改的回归测试、对软件版本的重新定级。

在对软件错误和缺陷进行了修改后,需要进行软件的回归测试。回归测试不仅是对修改模块或类的测试,也要包括所有可能使用到修改模块或类的程序和被修改模块或类调用的所有程序。

例如,在一个计算机控制软件的维护中,需要对控制率计算中的比例参数变量从 int 类型改为 long 类型。这个计算参数的修改不仅是控制率计算模块的修改,还涉及参数设置模块、参数发送/接收模块、参数存储模块、参数读取模块和数据绘制模块的修改。回归测试更是涉及这个计算机控制软件的几乎所有功能。

同时,过多的软件修改和版本升级也会使用户处于迷惑的状态,过高的升级频率会使用户放弃对本软件的信任和使用。

由此可见,每发现一个软件错误与缺陷就进行软件修改是不现实的。如果不是致命的错误,一般软件升级在 6～9 个月时间进行一次。这样的频率既保证软件用户不会抱怨软件缺乏维护,又使软件维护工程师有足够的时间进行更充分的软件修改和升级。

软件维护是软件生命周期中最长的一个阶段,也是软件成本最多的部分,为了方便软件维护,软件工程师需要在设计和实现阶段就考虑软件的可维护性。一般来说,分层和模块化会使软件功能增加和移植变得容易,软件实现的松耦合会使错误的定位易于实现,而变量的准确含义命名法会使软件维护工程师的程序阅读变得简单。

7.3.4　维护与终止的选择

只有当软件终止使用时,即软件消亡时,这个软件的维护才终止。

软件的消亡有被动的和主动的两种类型。由于市场出现了性能更高、功能更强、对环境支持更新的软件,因而使得老软件不再有使用价值而被淘汰的情况称为被动消亡。软件维护企业面对不断变化的用户需求和不断增长的软件维护费用,主动放弃对老软件的维护,转为开发新的功能和性能更好的软件进行替换的情况称为主动消亡。

显然,后一种选择是积极的,是争取市场的主动措施。那么何时选择继续维护老软件,何时选择开发新软件呢?过早的放弃老软件,既不利于软件利润的回收,也不利于用户信任度的培养,而一直依赖于老软件的维护,将错失收复失地和扩大市场的机会。

仅从软件维护的技术角度出发,如果软件的软/硬件平台发生了更新换代的变化,导致原软件体系结构的不适应,此时就需要放弃原软件。当然,由于面向对象软件开发技术的飞速发展,软件重用技术得到迅速普及。当维护老软件的费用甚至高于采用组件技术进行新软件的开发时,老软件的淘汰也就成为必然之事。

7.4　逆 向 工 程

在软件维护工程师进行软件维护时,经常面临的现象是软件文档的缺少、不准确甚至完全没有。如果软件工程师们要维护的不是新软件而是若干年(5 年以上)以前的软件,他们面临的唯一文档,可能就只是程序源代码了。此时,就需要通过对源代码的分析,努力恢复系统的数据结构、体系结构和设计。这样一个从源代码中恢复系统设计的过程,就称为逆向工程(Reverse Engineering)。

对于 C、C++等一些高级语言,已经有一些 CASE 工具可以帮助完成逆向工程的工作。如根据源代码,可以生成程序的 UML 序列图、状态图等,对软件维护工程师起到极大的帮助作用。

当然,为了实现对旧版软件的维护,仅有数据结构和状态图还是不够的,还需要重构(Restructuring)系统的设计结构和需求。重构是再工程(Reengineering)的重要概念,它是为了维护或提高软件质量与性能,重新进行代码构造、数据构造、文档构造以及正向设计的过程。

代码重构是指因为设计不合理、缺少文档、难以理解等原因,对已有程序中的部分模块重新进行代码编写的过程。

数据重构是指由于软件开发时缺少足够的设计与分析,或者由于多次的修改与维护使得软件的数据结构变得复杂和烦琐,而且影响了程序的运行效率时,通过重新设计软件的数据结构来提高软件的理解性和可靠性的过程。

文档重构是指在已有的程序因为时间因素和人为因素而导致文档不全或不准确的现象经常发生时,而对软件文档进行重新修改和完善的工作。

在软件维护中,还会发生源代码丢失,只有执行程序可用的情况。这时,首先要利用反编译工具生成高级语言源程序。虽然这样的工作是可以完成的,但此时生成的源程序与系统原来正向设计的源程序却有着极大的差别,主要表现在下列三个方面。

(1)所有的变量名已经没有任何含义,而只是编码符号。

(2)由于一些编译器的优化处理,重新生成的源代码已经难以理解其含义。

(3)对于一些结构如循环,反编译的结果可以是多种不同的形式。

软件维护工程师需要面临比软件开发工程师们更复杂的情况,更大的困难和更多的挑战,因此,他们才是一个软件企业中最为宝贵的财富。

7.5　小　　　结

软件维护是软件工程中不可或缺的重要环节。它涉及在软件交付后持续对其进行修复缺陷、适应新环境、改进功能和优化性能的过程。通过对软件系统的持续维护,可以保持软件系统的可用性和稳定性,延长其寿命并满足不断变化的用户需求。同时,有效的维护需要良好的文档记录、高效的问题追踪和团队协作。理解和实施维护是软件生命周期中的重要环节,对于确保软件长期有效运行、适应性强、用户满意度高具有重要意义。

<h1 align="center">作业与练习</h1>

1. 什么是软件维护？

2. 软件维护的种类有哪些？

3. 软件维护的方法是什么？

4. 软件维护的工具有哪些？

5. 什么是逆向工程？它都包含哪些内容？

6. 下面对软件维护的说明哪些是真实的？
- 程序员们认为是一个没有吸引力的工作。
- 经常支付的费用比软件实现低。
- 十分困难的工作,因为软件文档经常是不完整的。

7. 对于下列哪些软件产品,维护通常是需要的？
- 几乎所有的软件产品。
- 完美设计的软件产品。
- 实现很差的软件产品。
- 缺少完整描述的软件产品。

8. 关于已经完成了的软件维护的说法,下面哪些是对的？
- 它提高了产品的性能和功能。
- 只有改变了客户环境条件时才必要。

9. 软件维护困难的原因在于:
- 被其他程序员所看低的工作。
- 被管理者低估和低价支付的工作。
- 无论文档多么完善,寻找错误都是困难的。
- 被软件开发所有的其他阶段所影响。

10. 一个软件错误发生的概率极小,对软件的影响少,但维护的代价很高,因此:
- 只有在预算多到足够承担这样的修复代价时,才进行修复。
- 只有在客户特别要求时才修复。
- 不修复。
- 给定一个低的修复优先级,但最终要修复。

11. 面向对象的继承特性使得软件维护:
- 更容易,因为代码被局部化。
- 更困难,因为变量的类型会在运行时改变。
- 更困难,因为代码是可重用的,而且不需再测试。
- 在代码的任何位置。

12. 影响软件错误优先级的因素有哪些？
- 发生的频率。
- 分析和修复的评估结果。
- 对软件产品的影响度。

第8章 软件的标准与软件文档

为了提高软件产品的可移植性、可重用性和可维护性,增强软件开发过程的可见度,形成良好的程序设计风格,为软件商品化和维护服务创造条件,在软件开发、交流和维护活动中,必须制定并实施软件工程标准。高水准的软件文档不仅内容全面,而且布局合理、易读性强,体现了作者的用心和专业精神,这对于软件项目来说至关重要。

8.1 软件工程标准化

随着信息技术的飞速发展,软件工程标准化已成为当今软件产业发展的重要驱动力。软件工程标准化旨在通过制定和实施统一的标准,提高软件工程的效率和质量,降低开发成本,促进软件产业的可持续发展。本节将介绍软件工程标准化的概念、意义、分类、制定与推行、层次以及中国的软件工程标准化工作,为软件产业的发展和解决大型工业软件"卡脖子"问题提供有力的支持。

8.1.1 软件工程标准化的定义

在1983年我国颁布的国家标准(GB 3935.1—1983)中,标准的定义是:"标准是对重复性事物和概念所做的统一规定。它以科学、技术、实践经验和综合成果为基础,经有关方面协商一致,由主管机构批准,以特定形式发布,作为共同遵守的准则和依据。"1983年国际标准化组织发布的ISO第二号指南(第四版)对标准的重新定义是:"由有关各方根据科学技术成就与先进经验,共同合作起草,一致或基本上同意的技术规范或其他公开文件,其目的在于促进最佳的公众利益,并由标准化团体批准。"

在2000年发布的GB/T 1.1—2000《标准化工作导则》中,将标准定义为:"为在一定的范围内获得最佳秩序,对活动或其结果规定共同的和重复使用的规则、导则或特性文件。该文件经协商一致制定,并经一个公认机构的批准。标准应以科学、技术和经验的综合成果为基础,以促进最佳社会效益为目的。"

计算机问世以后面临语言问题,人要和计算机打交道需要程序设计语言,这种语言不仅应让计算机理解,而且还应让人看懂。20世纪60年代程序设计语言蓬勃发展,出现了名目繁多的语言,这对于推动计算机语言的发展起到重要作用,同时也带来许多麻烦。由于在不同型号的计算机上实现时做了不同程度的修改和变动,而使同一种语言形成了多种"方言",为程序的交流带来了障碍。为了方便语言的实现者和用户,需要制定标准化程序设计语言,并为某一程序设计语言规定若干个标准子集。

随着软件工程的发展和人们对计算机软件的认识逐渐深入,软件工程的范围从只是使用程序设计语言编写程序扩展到整个软件生存期,涉及软件概念的形成、需求分析、设计、实现、测试、安装和检验、运行和维护以及软件淘汰。同时,还有许多技术管理工作(如过程管理、产品管理、资源管理)和确认与验证工作(如评审和审计、产品分析、测试等),这些常常是跨越软件生存期各个阶段的专门工作。为所有这些方面建立的标准或规范就是软件工程标准化。到1999 年底,ISO/IEC JTC1 已制定出近 40 项软件工程国际标准,我国自 1983 年起到现在,现行的软件工程国家标准共有 58 项,可通过查询网站"https://openstd.samr.gov.cn/bzgk/gb/index"获取相关详细信息。

软件工程是为获得软件产品,由软件工程师完成的一系列软件开发的过程。在软件规格说明、软件开发、软件确认、软件演进 4 个基本过程中,为保障项目有质、有序、有章地进行,标准的建立是必不可少的。大到开发语言的选择和系统设计报告的编写,小到数据项的定义(名字、属性),标准的建立都会对语言的实现者和用户带来很大方便。

8.1.2　软件工程标准化的意义

仅就一个软件开发项目来说,需要有多个层次、不同分工的人员相互配合,在开发项目的各个部分以及各开发阶段之间也都存在着许多联系和衔接问题。在软件开发项目取得阶段成果或最后完成时,需要进行阶段评审和验收测试。软件投入运行后,其维护工作中遇到的问题又与开发工作有着密切的关系。软件的管理工作则渗透到软件生存期的每一个环节。要把这些错综复杂的关系协调好,就需要有一系列统一的行为规范和衡量准则,使得各种工作都能有章可循。

软件工程标准化的作用主要有以下几点:

(1)提高软件的可靠性、可维护性和可移植性,从而提高软件产品的质量。

(2)提高软件人员的技术水平和软件的生产率。

(3)提高软件人员之间的通信效率,减少差错和误解。

(4)为科学地进行软件管理奠定了基础。

(5)有利于降低软件产品的成本和运行维护成本。

(6)有利于缩短软件开发周期。

(7)标准化是软件研究、生产、使用三者之间的桥梁。

8.1.3　软件工程标准的分类

软件工程标准的类型是多方面的。它可能包括过程标准(如方法、技术、度量等)、产品标准(如需求、设计、部件、描述、计划、报告等)、专业标准(如职别、道德准则、认证、特许、课程等),以及记法标准(如术语、表示法、语言等)。根据我国国家标准 GB/T 15538—1995《软件工程标准分类法》,软件工程标准的分类如下:

(1)FIPS 105 美国国家标准局发布的《软件文档管理指南》(National Bureau of Standards,Guideline for Software Documentation Management,FIPS PUB 105,June 1984)。

(2)NSAC－39 美国核子安全分析中心发布的《安全参数显示系统的验证与确认》(Nuclear Safety Analysis Center,Verification and Validation for Safety Parameter Display

Systems.NSAC—39,December 1981)。

（3）ISO 5807 国际标准化组织公布（现已成为我国国家标准）的《信息处理——数据流程图、程序流程图、系统流程图、程序网络图和系统资源图的文件编制符号及约定》,这个表不仅规定了软件工程标准的范围和标准如何分类,而且对标准的开发具有指导作用。已经制定的标准都可在表中找到相应的位置,而且它可启发去制定新的标准。

8.1.4　软件工程标准的制定与推行

软件工程标准的制定与推行通常要经历一个环状的生命周期。最初制定一项标准仅仅是初步设想,经发起后沿着环状生命期,顺时针进行经历以下的步骤:

（1）建议:拟订初步的建议方案;

（2）开发:制定标准的具体内容;

（3）咨询:征求并吸取有关人员的意见;

（4）审批:由管理部门决定能否推出;

（5）公布:公布发布,使标准生效;

（6）培训:为推行标准准备人员条件;

（7）实施:投入使用,需经历相当期限;

（8）审核:检验实施效果,决定修改还是撤销;

（9）修订:修改其中不适当的部分,形成标准的新版本,进入新的周期。

为使标准逐步成熟,可能在环状生命周期上循环若干次,需要做大量的工作。软件工程标准在制定和推行的过程中还会遇到许多实际问题。其中影响软件工程标准顺利实施的一些不利因素应当特别引起重视,可能的影响因素有以下几个:

（1）标准制定得有缺陷,或是存在不够合理、不够恰当的部分。

（2）标准文本编写得有缺点,如文字叙述可读性差,难于理解,缺少实例供读者参阅。

（3）管理部门未能坚持大力推行,在实施的过程中遇到问题又未能及时加以解决。

（4）未能及时做好宣传、培训和实施指导。

（5）未能及时修订和更新。

8.1.5　软件工程标准的层次

适用的范围有所不同,它可分为五个级别,即国际标准、国家标准、行业标准、企业（机构）标准及项目（课题）标准。以下分别对五级标准的标识符和标准制定（或批准）的机构作一简要说明。

1. 国际标准

国际标准由国际联合机构制定和公布,提供各国参考的标准。国际标准化组织 ISO（International Standards Organization)有着广泛的代表性和权威性,它所公布的标准也有较大的影响,通常冠有 ISO 字样。20 世纪 60 年代初,该机构建立了“计算机与信息处理技术委员会”（简称 ISO/TC 97),专门负责与计算机有关的标准化工作。

2. 国家标准

由政府或国家级的机构制定或批准,适用于全国范围的标准。下列为几个国家的国家标准。

(1)GB：中华人民共和国国家技术监督局是我国的最高标准化机构，它所公布实施的标准简称为"国标"，一般均冠有"GB"的字样。

(2)ANSI(American National Standards Institute)：美国国家标准协会是美国一些民间标准化组织的领导机构，具有一定的权威性。

(3) FIPS (NBS) [Federal Information Processing Standards (National Bureau of Standards)]：美国商务部国家标准局联邦信息处理标准。

(4)BS(British Standard)：英国国家标准。

(5)DIN(Deutsches Institute for Normung)：德国标准协会。

(6)JIS(Japanese Industrial Standard)：日本工业标准。

3．行业标准

由行业机构、学术团体或国防机构制定，并适用于某个业务领域的标准。

(1)IEEE(Institute of Electrical and Electronics Engineers)：美国电气与电子工程师学会，该学会专门成立了软件标准分技术委员会(SESS)，积极开展了软件标准化活动并取得了显著成果，受到了软件界的关注。IEEE通过的标准经常要报请ANSI审批，使之具有国家标准的性质。因此，日常看到IEEE公布的标准常冠有ANSI的字头。

(2)GJB：中华人民共和国国家军用标准，是由中国国防科学技术工业委员会批准，适合于国防部门和军队使用的标准。

(3)DOD-STD(Department Of Defense-Standards)：美国国防部标准，适用于美国国防部门。

(4)MIL-S(Military-Standard)：美国军用标准，适用于美军内部。

此外，近年来我国许多经济部门(例如，原航空航天部、原国家机械工业委员会、对外经济贸易部、石油化学工业总公司等)都开展了软件标准化工作，制定和公布了一些适合于本部门工作需要的规范。这些规范大都参考了国际标准或国家标准，对各自行业所属企业的软件工程工作起了有力的推动作用。

4．企业(机构)标准

一些大型企业或公司，由于软件工程工作的需要，制定适用于本部门的规范。

5．项目(课题)标准

由某一科研生产项目组织制定，且为该项任务专用的软件工程规范。

8.1.6　国外标准化组织

各个国家的国家标准化委员会由来自本地生产商和运营商的人员以及本地标准专家委员会的专家等组成。国际和欧洲标准化委员会是由各个参与国委派的代表组成，一般由参与国在国家标准化委员会中挑选人员参加。标准是各个标准化委员会公布和发行的基于多数人意见的文件，它将在国家、地区或全球范围内被应用。国际上具有重要影响的标准化组织包括国际标准化委员会(ISO)、国际电工委员会(IEC)、电气与电子工程师协会(IEEE)、美国国家标准学会(ANSI)、美国通信工程协会(TIA)、美国电子工程协会(EIA)、欧洲电工标准化委员会(CENELEC)与欧洲标准化委员会(CEN)等，以下重点介绍其中几个。

1. 国际标准化委员会

国际标准化组织(ISO)是目前世界上最大、最有权威性的国际标准化专门机构。1946 年 10 月 14 日至 26 日,中、英、美、法、苏等 25 个国家的 64 名代表集会于伦敦,正式表决通过建立国际标准化组织。ISO 是联合国经社理事会的甲级咨询组织和理事会综合级(即最高级)咨询组织。此外,ISO 还与 600 多个国际组织保持着协作关系。

国际标准化组织的目的和宗旨是:"全世界范围内促进标准化工作的发展,以便于国际物资交流和服务,并扩大在知识、科学、技术和经济方面的合作。"其主要活动是制定国际标准,协调世界范围的标准化工作,组织各成员国和技术委员会进行情报交流,以及与其他国贸际组织进行合作,共同研究有关标准化问题。

按照 ISO 章程,其成员分为团体成员和通信成员。团体成员是指最有代表性的全国标准化机构,且每一个国家只能有一个机构代表其国家参加 ISO。通信成员是指尚未建立全国标准化机构的发展中国家(或地区)。通信成员不参加 ISO 技术工作,但可以了解 ISO 的工作进展情况,经过若干年后待条件成熟,可转为团体成员。ISO 的工作语言是英语、法语和俄语,总部设在瑞士日内瓦。ISO 现有成员 143 个。ISO 现有技术委员会(TC)186 个和分技术委员会(SC)552 个。截止到 2001 年 12 月底,ISO 已制定了 13 544 个国际标准。1978 年 9 月 1 日,我国以中国标准化协会(CAS)的名义重新进入 ISO,1988 年起改为以中国国家标准化管理局(SAC)的名义参加 ISO 的工作直到今天。

其中,标准代号为"ISO"的是 ISO 正式标准,为"ISO/R"的是 ISO 的技术报告。发布年份后可标注标准使用的语言。"(E)"表示该标准单行为英文版,"(F)"表示法文版,"(R)"表示俄文版。

下面是几个 ISO 标准编号的例子:

(1)ISO 8631－1986。

(2)ISO/R 831－1968。

(3)ISO/TR 7084－1981。

(4)ISO2251983(E)。

ISO 标准在形成中首先以标准草案的形式发布,称为建议草案(Draft Proposal),如 DP8243。所起草的标准文件被相应的技术委员会通过后,才被称为国际标准草案(Draft International Standard),如 DIS6730。

2. 国际电工委员会

国际电工委员会(International Electrotechnical Commission,IEC)成立于 1906 年,至今已约有 120 年的历史。它是世界上成立最早的国际性电工标准化机构,负责有关电气工程和电子工程领域中的国际标准化工作。

目前 IEC 的工作领域已由单纯研究电气设备、电机的名词术语和功率等问题扩展到电子、电力、微电子及其应用、通信、视听、机器人、信息技术、新型医疗器械和核仪表等电工技术的各个方面。IEC 现在有技术委员会(TC)89 个、分技术委员会(SC)88 个。IEC 标准在迅速增加,1963 年只有 120 个标准,截止到 2001 年 12 月底,IEC 已制定了 5 098 个国际标准。

我国 1957 年参加 IEC,1988 年起改为以国家技术监督局的名义参加 IEC 的工作,现在以中国国家标准化管理局(SAC)的名义参加 ISO 的工作。目前,我国是 IEC 理事局、执委会和合格评定局的成员。

3. 电气与电子工程师协会

电气与电子工程师协会（Institute of Electrical and Electronics Engineers，IEEE）是一个由美国电机电子工程师协会组成的专业认证机构，在全球 150 个国家拥有超过 35 万个会员，电气与电子工程师协会接受美国国家标准组织的赞助。IEEE 在计算器工程、生物医疗科技、电信、电力、航空和电子消费品等方面，都是领导性的权威。IEEE 历史悠久，其前身早于 1884 年已经成立。IEEE 致力推动电力科技及其相关科学的理论与应用研究，在促进科技革新方面起了重要的催化作用。IEEE 的主要任务是制定电机电子业相关标准，它也订立许多局域网络的标准。

4. 美国国家标准学会

美国国家标准学会（American National Standards Institute，ANSI）成立于 1918 年。1918 年，美国材料试验协会（ASTM）、与美国机械工程师协会（ASME）、美国矿业与冶金工程师协会（ASMME）、美国土木工程师协会（ASCE）、美国电气工程师协会（AIEE）等组织，共同成立了美国工程标准委员会（AESC）。美国政府的 3 个部（商务部、陆军部、海军部）也参与了该委员会的筹备工作。1928 年，美国工程标准委员会改组为美国标准协会（ASA）。为致力于国际标准化事业和消费品方面的标准化，1966 年 8 月，又改组为美利坚合众国标准学会（USASI）。1969 年 10 月 6 日改成现名美国国家标准学会（ANSI）。ANSI 由执行董事会领导，下设学术委员会、董事会、成员议会和秘书处。

美国国家标准学会系非赢利性质的民间标准化团体。但它实际上已成为国家标准化中心，各界标准化活动都围绕着它进行。通过它使政府有关系统和民间系统相互配合，起到了联邦政府和民间标准化系统之间的桥梁作用。它协调并指导全国标准化活动，给标准制定、研究和使用单位以帮助，提供国内外标准化情报。它又起着行政管理机关的作用。ANSI 现有工业学会、协会等团体会员约 200 个，公司（企业）会员约 1 400 个。

美国标准学会下设电工、建筑、日用品、制图、材料试验等各种技术委员会。美国国家标准学会本身很少制定标准。ANSI 标准的编制主要采取以下 3 种方式：一是由有关单位负责草拟，邀请专家或专业团体投票，将结果报 ANSI 设立的标准评审会审议批准。此方法称之为投票调查法。二是由 ANSI 的技术委员会和其他机构组织的委员会的代表拟定标准草案，全体委员投票表决，最后由标准评审会审核批准，此方法称之为委员会法。三是从各专业学会、协会团体制定的标准中，将其较成熟的，而且对于全国普遍具有重要意义者，经 ANSI 各技术委员会审核后，提升为国家标准（ANSI）并冠以 ANSI 标准代号及分类号，但同时保留原专业标准代号。

5. 美国通信工业协会（TIA）

美国通信工业协会（Telecommunications Industry Association ，TIA）是一个全方位的服务性国家贸易组织，成员包括为美国和世界各地提供通信和信息技术产品、系统和专业技术服务的 900 余家大小公司。

TIA 是经过美国国家标准协会（ANSI）认可的可制定各类通信产品标准的组织。TIA 的标准制定部门由用户室内设备分会（UPED）、网络设备分会、无线设备分会、光纤通信分会、卫星通信分会（SCD）等 5 个分会组成。

8.1.7　中国的软件工程标准化工作

中国对软件工程标准化工作十分重视,在很早的时候就开始了软件标准化工作。在总的原则上,中国制定和推行标准化工作的向国际标准靠拢,对于能够在中国适用的标准一律按等同采用的方法,以促进国际交流。本小节将介绍中国的软件标准化工作的发展历程、标准体系以及军用软件国家标准。

1. 发展历程

我国早在 20 世纪 70 年代末期就已开展了软件工程领域标准化工作。1979 年发布了第一个软件工程标准 GB/T 1526—1979《程序流程图》,并陆续开展软件工程领域国内外标准化情况研究工作。

1983 年第一届全国计算机与信息处理标准化技术委员会(现为全国信息技术标准化管理委员会)成立,1984 年第一届软件工程分技术委员会正式成立,其主要职责是研制软件开发和测试所需的支持方法和工具标准,以及管理技术指南和软件系统文件的编制工作。第一届软件工程分技术委员会由 19 位委员组成,其中贾耀良担任主任委员,朱三元担任副主任委员。

1992 年,全国计算机与信息处理标准化技术委员会更名为"全国信息技术标准化技术委员会"(简称信标委),并开展了第一届委员会换届工作。根据信标委的工作要求,软件工程分委会进行了换届工作,由贾耀良继续担任主任委员,朱三元继续担任副主任委员,按照第二届信标委章程指导开展标准化活动。

2019 年,软件工程分委会开展第二届委员会的换届工作,并更名为"软件与系统工程分技术委员会"(简称软工分委会),由 76 名委员及 140 家成员单位组成,何积丰院士担任主任委员。

软工分委会开展的标准化工作分为以下 5 个阶段:

第一阶段从 1984 年到 2000 年。这一阶段的软件工程标准化工作主要以采标为主。这期间,计算机领域在国际上发展迅速,我国标准制定的宗旨是及时跟踪了解国际软件工程标准化的发展,以积极引进国际标准为主,标准的制修订进展情况基本与 ISO/IEC JTC1/SC7 标准保持一致;同时,积极关注和研究 IEEE 软件工程相关标准,部分标准在制定时,技术内容参考 IEEE 标准;在此基础上,进行自主制定标准的探索工作。第一阶段初步建立了我国软件工程领域的标准体系,制定并发布 31 项国家标准,基本满足当时我国软件行业的发展需求。

第二阶段从 2000 年到 2008 年。该阶段以采标为主,自主制定为辅。尽管引进国际标准和国外先进标准对我国的软件工程领域标准化工作有较好的指导作用,对产品质量、生产效率的提高有较大贡献,但随着我国软件行业的发展,行业自身的特点逐渐明显,因此需要有针对性地制定适应我国软件工程发展的标准。从该阶段开始培育我国自主制定的相关标准。代表性的标准如 GB/T 15532—2008《计算机软件测试规范》。

第三阶段从 2008 年到 2013 年。这个阶段的软件工程标准化工作在与国际标准总技术趋势保持一致的情况下,以自主制定为主,采标为辅。本阶段进一步完善了标准体系,重点加强软件质量度量标准的制定工作,结合我国软件行业特点,自主制定并发布了 34 项国家标准,包括软件质量度量、自动化测试、软件测试验证等相关的标准,为下一步推进标准市场化应用、构建软件质量保障体系奠定了良好的基础。

第四阶段从 2013 年到 2016 年。在持续推进自主制定为主,采标为辅方式的基础上,部分领域自主制定标准已经达到国际领先标准水平,并促进国际标准的制定。多项标准以我国国家标准作为重要的技术输入,如:ISO/IEC 25023:201《系统与软件工程系统和软件质量要求和评价(SQuaRE)系统和软件产品质量度量》将我国国家标准列为参考文献;ISO/IEC/IEEE 24765:2017《系统与软件工程术语》中部分术语采用了我国自主制定的术语标准等。

第五阶段从 2016 年至今。我国已有能力牵头制定国际标准,共牵头制定国际标准 5 项,联合制定国际标准 45 项。5 项牵头制定的国际标准包括:ISO/IEC TS 25011:2017《信息技术系统和软件质量要求和评价(SQuaRE)服务质量模型》、ISO/IEC 25020:2019《系统与软件工程系统和软件质量要求和评价(SOuaRE)质量测量框架》、ISO/IECTS 25025:2021《信息技术系统和软件质量要求和评价(SQuaRE)IT 服务质量测量》、ISO/IEC DTR 29119-8《软件与系统工程软件测试 第 8 部分:基于模型的测试》、ISO/IEC/IEEE DIS 24748-9《系统与软件工程生存周期管理 第 9 部分:系统和软件生存周期过程在疫情防控系统中的应用》。其中 ISO/IEC/IEEE DTR 24748-9 是基于我国在防控新冠病毒疫情中的成功经验和成熟案例,提出的针对突发公共卫生事件应急防控系统建设所需的通用软件工程化方法要求,受到了世界各国的广泛关注和积极参与。

2. 标准体系

根据工信部信软司的软件和信息技术服务业"十三五"技术标准体系,我国的软件工程领域国家标准体系分为基础、软件质量与测试、生存周期管理、工具和方法、软件文档化、IT 资产管理以及软件绩效与成本度量 7 类,如图 11-1 所示。截至 2022 年 7 月,我国软件工程领域现行国家标准 123 项,行业标准 19 项,在研标准 13 项。

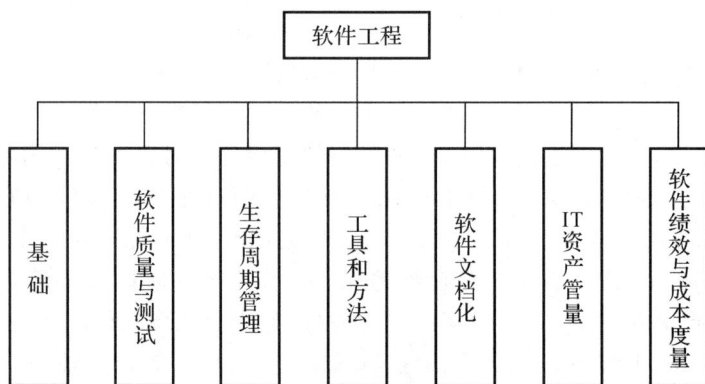

图 8-1 软件工程领域国家标准体系

(1)基础,主要包括 GB/T 18492-2001《信息技术系统及软件完整性级别》、GB/T 30972-2014《系统与软件工程 软件工程环境服务》、GB/Z 31102-2014《软件工程软件工程知识体系指南》等。

(2)软件质量与测试,包括与软件产品质量工程相关的标准和技术报告。主要标准包括 GB/T 25000"系统和软件质量要求和评价(SQuaRE)"系列标准、GB/T15532-2008《计算机软件测试规范》等。

(3)生存周期管理,包括生存周期管理的标准和技术报告。主要标准包括 GB/T8566-2022《系统与软件工程 软件生存周期过程》、GB/T 22032-2021《系统与软件工程 系统生存周期过程》、GB/T 30999—2014《系统和软件工程　生存周期管理过程描述指南》等。

(4)工具和方法,包括工具与计算机辅助软件(CASE)系统工程环境的标准和技术报告。主要标准包括 GB/T 18234—2000《信息技术 CASE 工具的评价与选择指南》、GB/Z 18914—2014《信息技术 软件工程 CASE 工具的采用指南》、GB/T26239—2010《软件工程开发方法元模型》等。

(5)软件文档化,包括软件与系统生存周期各阶段的文档编制规范。主要标准包括 GB/T8567—2006《计算机软件文档编制规范》、GB/T16680—2015《系统与软件工程　用户文档的管理者要求》等。

(6)IT 资产管理,为企业如何实施 IT 资产管理过程提供指南。已发布 GB/T 26236.1—2010《信息技术　软件资产管理　第 1 部分:过程》、GB/T 36328—2018《信息技术 软件资产管理 标识规范》、GB/T 36329—2018《信息技术　软件资产管理　授权管理》等。

(7)软件绩效与成本度量,为信息化项目的规模、成本和效果度量提供科学的量化方法。主要标准包括 GB/T18491"信息技术软件测量"系列标准、GB/T32911—2016《软件测试成本度量规范》、GB/T36964—2018《软件工程　软件开发成本度量规范》等。

3. 军用软件国家标准

除去国家标准以外,我国还制定了一些国家军用标准。根据国务院、中央军委在 1984 年 1 月颁发的军用标准化管理办法的规定,国家军用标准是指对国防科学技术和军事技术装备发展有重大意义而必须在国防科研、生产、使用范围内统一的标准。出于特殊需要,近年已制定了以"GJB"为标记的软件工程国家军用标准。

GJB 2786—1992《武器系统软件开发》和 GJB 438A—1997《武器装备系统软件开发文档》是军用软件工程标准体系中最基础核心的标准,它们的发布与实施为规范军用软件的开发,提高军用软件质量做出了重要的贡献。然而,随着近年来软件工程技术和实践的突飞猛进,这两个标准对当前的一些新技术、新方法支持不够。GJB 2786A—2009《军用软件开发通用要求》和 GJB 438B—2009《军用软件开发文档通用要求》也就应运而生,并已于 2009 年 5 月 25 日正式颁布,2009 年 8 月 1 日开始实施。

为加强我国军用软件产品的研制质量,提出了军用软件能力成熟度模型标准建设要求,并于 2003 年正式颁布了 GJB 5000《军用软件能力成熟度模型》,GJB 5000 引进了 CMMI 方法论,并结合了国内的军用软件研制过程特点,用以评价软件研制单位是否具有相应的软件研制能力。2008 年颁布了 GJB 5000A《军用软件研制能力成熟度模型》代替 GJB 5000《军用软件能力成熟度模型》。2017 年,装备发展部发布了第 73 号文件,"十三五"期间要全面建立军用软件研制能力评价体系,到 2020 年 12 月份严格落实军用软件研制能力评价制度,未达到规定的军用软件研制能力研制要求的单位,不得承担软件研制任务。同时,贯彻装备市场准入管理精简高效的政策导向,将军用软件能力评价工作纳入装备承制单位资格审查工作一体实施。2021 年颁布了最新的 GJB 5000B《军用软件能力成熟度模型》代替 GJB 5000A—2008《军用软件研制能力成熟度模型》,GJB 5000B 对成熟度等级、实践域名称及其内容等进行了本地化改进,通过新增、合并、调整,22 个过程域变为 21 个实践域。GJB 5000B 规定了军用软件能力成熟度的模型和军用软件论证、研制、试验和维护活动中的相关实践,适用于军用软件论证、研制、试验和维护能力的评价和过程改进。

国家军用标准 GJB 5000B－2021《军用软件能力成熟度模型》自 2022 年 3 月 1 日起正式实施,2022 年 3 月至 2024 年 2 月为标准换版过渡期。过渡期间,按照 GJB 5000B 标准开展有关培训,编制体系文件,试运行并完成内部评估;可按 GJB 5000A 标准或者 GJB 5000B 标准进行军用软件研制能力评价。2024 年 3 月后,全部贯彻实施 GJB 5000B 标准,并按此进行军用软件研制能力评价。

8.2 软 件 文 档

在软件开发生命周期中,软件文档是至关重要的部分。它不仅是软件开发过程中的关键记录,也是用户和技术人员之间的沟通桥梁。软件文档的质量和数量对于软件的质量和可用性有着直接的影响。

8.2.1 软件文档的含义

软件文档指的是一些记录的数据和数据媒体,它具有固定不变的形式,可被人和计算机阅读。软件文档是软件产品的一部分,软件文档的编制在软件开发工作中占有突出的地位和相当大的工作量。高质量、高效地开发、分发、管理和维护文档对于充分发挥软件产品的效益有着重要的意义。

在软件工程中,对需求、过程和结果的描述、定义和报告等的任何书面或图文信息,都需要用文档来实现。软件文档可以提供详细的软件设计要求和规定,也可以是一本说明软件使用的操作手册。

为了使软件文档起到桥梁作用,使它有助于程序员编制程序、管理人员监督和管理软件开发、用户了解软件的工作和应做的操作、维护人员进行有效的修改和扩充产品,软件文档的编制必须保证一定的质量。高质量的文档应当体现在以下几方面:

(1)针对性:文档编制以前应分清读者对象,按不同类型、不同层次的读者,决定怎样适应他们的需要。例如,管理文档主要是面向管理人员的,用户文档主要是面向用户的,这两类文档不应像开发文档(面向软件开发人员)那样过多地使用软件的专业术语。

(2)精确性:文档的行文应当十分确切,不能出现多义性的描述。同一项目的若干文档内容应该协调一致,没有矛盾冲突。

(3)清晰性:文档编写应力求简明。如有可能,配以适当的图表以增强其清晰性。

(4)完整性:任何一个文档都应当是完整的、独立的和自成体系的。同一项目的几个文档之间可能有些部分相同,这些重复是必要的。例如,同一项目的用户手册和操作手册中关于本项目功能、性能、实现环境等方面的描述是没有差别的。特别要避免在文档中出现转引其他文档内容的情况。例如,一些段落并未具体描述,而用"见××文档××节"的方式,这将给读者带来许多不便。

(5)灵活性:不同的软件项目的规模和复杂程度有着许多实际差别,不能一律看待。对于较小的或比较简单的项目,可作适当调整或合并。例如:可将用户手册和操作手册合并成用户操作手册;软件需求规格说明书可包括对数据的要求,从而去掉数据要求说明书;概要设计说明书与详细设计说明书合并成系统设计说明书等。

（6）可追溯性：由于各开发阶段编制的文档与各阶段完成的工作有着紧密的关系，因此前后两个阶段生成的文档具有一定的继承关系，而在一个项目各开发阶段之间提供的文档必定存在着可追溯的关系。例如，某一项软件需求必定在设计说明书、测试计划以至用户手册中有所体现。

8.2.2　软件文档的作用

在软件生产过程中，软件文档既是信息的记录，又是质量标准的要求。软件工程师的工作要以技术开发文档为标准。软件文档在产品开发生产过程中的作用主要体现在以下几个方面：

（1）软件文档是开发管理工作的依据和检查软件开发进度和开发质量的标准。

（2）软件文档有助于提高联系和开发效率。软件文档的编制，使得开发人员有章可循，缩短联系沟通时间，能对各阶段的工作有详细掌握，减少返工，便于发现软件需求和设计错误。软件文档也是开发人员一定阶段的工作成果和结束标志。

（3）软件文档提供软件的运行、维护和培训的有关信息，是管理人员、开发人员、操作人员、用户之间协作、交流的语言。

（4）软件文档能充分展示软件的功能、性能等各项指标，为用户选购符合自己需要的软件提供参照。

可以说，文档是软件开发规范的体现和标准，按规范要求生成一整套文档的过程，就是按照软件开发规范完成一个软件开发的过程。

8.2.3　软件文档的分类

根据形式，软件文档大致可分为工作表格、文档或文件。工作表格是指开发过程中填写的各种图表。文档或文件包括应编制的技术资料或技术管理资料。

根据文档产生和使用的范围，软件文档大致可分为开发文档、管理文档和用户文档三类。开发文档是在软件开发过程中，作为软件开发人员前一阶段工作成果的体现和后一阶段工作依据的文档，包括软件需求说明书、数据要求说明书、概要设计说明书、详细设计说明书、可行性研究报告、项目开发计划等。管理文档是在软件开发过程中，由软件开发人员制订的需要提交的一些工作计划或工作报告，使管理人员能够通过这些文档了解软件开发项目安排、进度、资源使用和成果等，包括项目开发计划、测试计划、测试报告、开发进度月报及项目开发总结等。用户文档是软件开发人员为用户准备的有关该软件使用、操作和维护方面的资料，包括用户手册、操作手册、维护修改建议、软件需求说明书等。

根据文档内容，软件文档又可分为用户文档和系统文档两类。用户文档主要描述系统功能和使用方法，并不关心这些功能是怎样实现的。文档中至少应包括功能描述、安装文档、使用手册、参考手册、操作员指南等。系统文档主要描述系统设计、实现和测试等各方面的内容。

8.2.4　常用软件文档

中国国家标准局在 1988 年 1 月颁布了《计算机软件开发规范》和《软件产品开发文件编制指南》，作为软件开发人员工作的准则和规程。它们基于软件生存期方法，把软件产品从形成概念开始,经过开发、使用和不断增补修订,直到最后被淘汰的整个过程应提交的文档归纳为以下13种。

(1)可行性研究报告,说明该软件项目的实现在技术上、经济上和社会因素上的可行性,描述为合理地达到开发目标可供选择的各种可能的实现方案,说明并论证所选定实施方案的理由。

(2)项目开发计划,包含为软件项目实施方案制订出的具体计划,包括各部分工作的负责人员、开发的进度、开发经费的预算、所需的硬件和软件资源等。项目开发计划应提供给管理部门,并作为开发阶段评审的基础。

(3)软件需求规格说明,对所开发软件的功能、性能、用户界面及运行环境等做出详细的说明,它是用户与开发人员双方对软件需求取得共同理解基础上达成的协议,也是实施开发工作的基础。

(4)数据要求规格说明,给出数据逻辑描述和数据采集的各项要求,为生成和维护系统的数据文件做好准备。

(5)概要设计规格说明,给出系统的功能分配、模块划分、程序的总体结构、输入输出及接口设计、运行设计、数据结构设计和出错处理设计等,为详细设计奠定基础。

(6)详细设计规格说明,着重描述每个模块如何实现,包括实现算法、逻辑流程等。

(7)用户手册,详细描述软件的功能、性能和用户界面,使用户了解如何使用该软件。

(8)操作手册,为操作人员提供该软件各种运行情况的有关知识,特别是操作方法细节。

(9)测试计划,包含针对集成测试和确认测试,需要为组织测试制订计划。计划应包括测试的内容、进度、条件、人员,测试用例的选取,测试结果允许的偏差范围等。

(10)测试分析报告,包含测试计划执行情况的说明。对测试结果加以分析,并提出测试的结论性意见。

(11)开发进度月报,是软件人员按月向管理部门提交的项目进展情况的报告。报告应包括进度计划与实际执行情况的比较、阶段成果、遇到的问题和解决的办法以及下个月的工作计划等。

(12)项目开发总结报告,包含与项目实施计划对照,总结实际执行的情况,如进度、成果、资源利用、成本和投入的人力。此外,还需对开发工作做出评价,总结经验和教训。

(13)维护修改建议,指的是软件产品投入运行之后,可能有修正、更改等问题,应当对存在的问题、修改的考虑以及修改的影响估计等作详细的描述,写成维护修改建议,提交审批。

上述软件文档是在软件生存期中,随着各个阶段工作的开展适时编制的。其中有的仅反映某一个阶段的工作,有的则需跨越多个阶段。它们向软件工程管理部门或用户提供有关软件要满足的需求、软件开发的实现环境、所需信息的来源、开发工作的时间安排、开发或维护工作的负责人、需求的实现方式以及进行软件开发和维护工作的原因的信息。

8.2.5 软件文档的编写

为了得到高质量的文档,除了思想上予以重视,采用一定格式外,文档编写方法非常重要。首先,文档编写应遵循立足于读者和实际需要的原则,做到文字准确、简单明了。其次,在编排方面要求所有文档都采用由一般到具体的层次结构法,以方便读者迅速查到所需要的内容,在可能的情况下,还可以使用词汇之间的相互链接。同时,图表放在它所理解的文字附近,以便阅读正文的同时也看到图表。此外,还可以通过适当使用不同的字体和版式来增加一段正文的明晰度。最后,在词汇方面要适当控制技术术语的使用,注意在使用技术术语前要准确定义每个术语,并使每个文档都包含词汇表和索引。

软件工程中主要的文档有可行性研究报告、项目开发计划、软件需求规格说明书、概要设计说明书、详细设计说明书、程序维护手册、用户手册等。下面逐一介绍这些文档的主要内容和编写要求。

1. 可行性研究报告

可行性研究报告说明该软件开发项目的实现在技术上、经济上和社会因素上的可行性。评述为了合理地达到开发目标,可供选择的各种实施方案,说明并论证所选定方案的理由。可行性研究报告的编写内容要求如下。

(1)引言。

1)编写目的:说明编写本可行性研究报告的目的,指出预期的读者。

2)背景:包括所建议开发的软件系统的名称,项目的任务提出者、开发者、用户及实现该软件的计算中心或计算机网络,软件系统同其他系统或机构的关系。

3)定义:列出本文件中用到的专门术语的定义和外文首字母词组的原词。

4)参考资料:列出这些文件资料的标题、文件编号、发表日期、出版单位和获取方式。

(2)可行性研究的前提。

说明对所建议的开发项目进行可行性研究的前提,如要求、目标、假定、限制等,应包括以下几个方面内容:

1)要求:说明对所建议开发的软件的基本要求,如功能、性能、输出、报告、文件、数据等,对每项输出要说明其特征,如用途、产生频度、接口以及分发对象,输入应包括数据的来源、类型、数量、数据的组织以及提供的频度。处理流程和数据流程要用图表的方式表示出最基本的数据流程和处理流程。此外,还要包括在安全与保密方面的要求,同本系统相连接的其他系统说明、完成期限等。

2)目标:说明系统的主要开发目标,如人力与设备费用的减少(节约成本)、处理速度的提高(提高效率)、控制精度或生产能力的提高(提高质量)、管理信息服务的改进、自动决策系统的改进、人员利用率的改进等。

3)条件、假定和限制:说明这项开发中给出的条件、假定和所受到的限制,如系统运行寿命的最小值,进行系统方案选择比较的时间、经费,投资方面的来源和限制,法律和政策方面的限制,硬件、软件、运行环境和开发环境方面的条件和限制,可利用的信息和资源,系统投入使用的最晚时间等。

4)进行可行性研究的方法:说明这项可行性研究将如何进行,系统将是如何评价的。摘要说明所使用的基本方法和策略,如调查、加权、确定模型、建立基准点或仿真等。

5)评价尺度:说明对系统进行评价时所使用的主要尺度,如费用的多少、各项功能的优先次序、开发时间的长短及使用中的难易程度。

(3)对现行系统的分析。

现行系统是指当前实际使用的系统,可能是计算机系统,也可能是一个机械系统甚至是一个人工系统。分析现行系统的目的,是为了一步阐明建议中的开发新系统或修改现有系统的必要性。现行系统应当包括以下几个方面的内容:

1)处理流程和数据流程:说明现行系统基本的处理流程和数据流程。此流程可用图表,即流程图的形式表示,并加以说明。

2)工作负荷:列出现有系统所承担的工作及工作量。

3)费用开支:列出由于运行现行系统所引起的费用开支,如人力、设备、空间、支持性服务、材料等项开支以及开支总额。

4)人员:列出为了现行系统的运行和维护,所需要的人员的专业技术类别和数量。

5)设备:列出现行系统所使用的各种设备。

6)局限性:列出现行系统现有的局限性,例如,处理时间赶不上需要,响应不及时,数据存储能力不足,处理功能不够等。并且要说明,为什么对现行系统的改进性维护已经不能解决问题。

(4)建议的系统。

1)对建议系统的说明:概括地说明所建议系统以及使用的基本方法及理论根据。

2)处理流程和数据流程:给出所建议系统的处理流程和数据流程。

3)改进之处:逐项说明所建议系统相对于现存系统具有的改进。

4)影响:说明在建立所建议系统时,预期将带来的影响,包括对设备的影响、对软件的影响、对用户单位机构的影响、对系统运行过程的影响、对开发的影响、对地点和设施的影响、对经费开支的影响。

5)局限性:说明所建议系统尚存在的局限性,以及这些问题未能消除的原因。

6)技术条件方面的可行性:在当前的限制条件下,该系统的功能目标能否达到,利用现有的技术,该系统的功能能否实现,对开发人员的数量和质量的要求,并说明这些要求能否满足,在规定的期限内,本系统的开发能否完成。

(5)可选择的其他系统方案。

简要说明曾考虑过的每一种可选择的系统方案,包括需要开发的和可直接购买的,如果没有供选择的系统方案可考虑,则应说明这一点。对于每一种可供选择的系统方案,要说明方案的具体内容以及作为可选方案的理由。

(6)投资及效益分析。

1)支出:说明建议方案所需的费用。如果已有一个现存系统,那么包括该系统继续运行期间所需的费用。

2)收益:对于所选择的方案,说明建议方案能够带来的收益,包括费用的减少或避免、差错的减少、灵活性的增加、动作速度的提高和管理计划方面的改进等。

3)收益/投资比:说明整个系统生命周期的收益/投资比值。

4)投资回收周期:求出收益的累计数开始超过支出的累计数的时间。

5)敏感性分析:指一些关键性因素,如系统生命周期长度、系统的工作负荷量、工作负荷的类型与这些不同类型之间的合理搭配、处理速度要求、设备和软件的配置等变化时,对开支和收益的影响最灵敏的范围的估计。

(7)社会因素方面的可行性。

1）法律方面的可行性：法律方面的可行性包括合同责任、侵犯专利权、侵犯版权等方面的陷阱。

2）使用方面的可行性：使用方面可能出现的可行性问题包括从用户单位的行政管理、工作制度等方面来看，是否能够使用该软件系统；从用户单位的工作人员的素质来看，是否能满足使用该软件系统的要求等。

（8）结论。

在可行性研究报告中必须包括研究的结论，结论可以是立即开始进行、需要推迟到某些条件（例如，资金、人力、设备等）落实之后才能开始进行、需要对开发目标进行某些修改之后才能开始进行、不能进行或不必进行（如因技术不成熟、经济上不合算等）。

2．项目开发计划

项目开发计划是为软件项目实施方案制订出具体计划，应该包括各部分工作的负责人员、开发经费的预算、所需的硬件及软件资源等。项目开发计划应提供给管理部门，并作为开发阶段评审的参考。项目开发计划的编写内容要求如下。

（1）引言。

与可行性研究报告要求相同。

（2）项目概述。

简要说明项目的各项主要工作，介绍所开发软件的功能性能等。

1）条件与限制：说明在为完成项目应具备的条件中，开发单位已具备的条件以及尚需创造的条件。必要时还应说明用户及分合同承包者承担的工作、完成期限及其他条件与限制。

2）产品：列出应交付的程序名称使用的语言及存储形式。说明应交付的文档以及运行环境（包括硬件环境和软件环境）。说明开发单位可向用户提供的服务，如人员培训、安装、维护和其他运行支持。列出验收标准。

（3）实施计划。

1）任务分解：任务的划分及各项任务的负责人。

2）进度：用图表说明项目各个阶段开始时间、完成时间。

3）预算：描述本项目的总费用概算。

4）关键问题：说明可能影响项目的关键问题，如设备条件、技术难点或其他风险因素，并说明对策。

5）人员组织及分工。

（4）交付期限。

3．软件需求规格说明书

软件需求规格说明书是对所开发软件的功能、性能、用户界面及运行环境等做出详细的说明。它是用户与开发人员双方，在对软件需求取得共同理解的基础上达成的协议，也是实施开发工作的基础。下面给出另一种软件需求规格说明书的编写内容大纲，以供参考。

（1）引言。

（2）任务概述。

1）目标。

2）运行环境。

3）条件与限制。

4）数据描述,包括静态数据、动态数据(包括输入数据和输出数据)、数据库描述(给出使用数据库的名称和类型)、数据字典、数据采集。

5）功能需求,包括功能划分和功能描述。

6）性能需求,包括数据精度、时间特性(如响应时间、更新时间、数据转化与传输时间、运行时间等)、适应性(在操作方式、运行环境与其他软件的接口以及开发计划等发生变化时,应具有的适应能力)。

7）运行需求,包括用户界面(如屏幕格式、报表格式、菜单格式、输入输出时间等)、硬件接口、软件接口、故障处理等。

8）其他需求,如可使用性、安全保密性、可维护性、可移植性等。

4.概要设计说明书

概要设计说明书说明功能分配、模块划分、程序的总体结构、输入输出以及接口设计、运行设计、数据结构设计和出错处理设计等,为详细设计奠定基础。概要设计说明书的编写内容如下。

（1）引言。

（2）任务概述。

1）目标。

2）运行环境。

3）需求概述。

4）条件与限制。

（3）总体设计。

1）处理流程。

2）总体结构和模块外部设计。

3）功能分配:表明各项功能与程序结构的关系。

（4）接口设计。

1）外部接口:包括用户界面、软件接口与硬件接口。

2）内部接口:模块之间的接口。

（5）数据结构设计。

1）逻辑结构设计。

2）物理结构设计。

3）数据结构与程序的关系。

（6）运行设计。

1）运行模块的组合。

2）运行控制。

3）运行时间。

（7）出错处理设计。

1）出错输出信息。

2)出错处理对策,如设置后备、性能降级、恢复及再启动等。

(8)安全保密设计。

(9)维护设计:说明为方便维护工作的设施,如维护模块等。

5. 详细设计说明书

详细设计说明书着重描述每一模块的实现细节,包括实现算法、逻辑流程等。详细设计说明书的编写内容如下。

(1)引言。

(2)总体设计。

1)需求概述。

2)软件结构:如给出软件系统的结果图。

(3)程序描述。

逐个模块给出说明,包括功能、性能、输入项目、输出项目、算法、程序逻辑可采用标准流程图、PDL 语言、N－S 图、PAD 和判定表等描述算法的图表。

(4)接口。

1)存储分配。

2)限制条件。

3)测试要点。

6. 程序维护手册

程序维护手册详细描述软件的功能、性能和程序说明,使维护人员了解如何修改该软件。程序维护手册的编写内容如下。

(1)引言。

(2)系统说明。

1)系统用途:说明系统具备的功能、输入和输出。

2)安全保密:说明系统安全保密方面的考虑。

3)总体说明:说明系统的总体功能,对系统、子系统和作业做出综合性的介绍,并用图表的方式给出系统主要部分的内部关系。

4)程序说明:说明系统中每一程序、分程序的细节和特性。

• 功能:说明程序的功能。

• 方法:说明实现方法。

• 输入:说明程序的输入、媒体、运行数据记录、运行开始时使用的输入数据的类型和存放单元、与程序初始化有关的入口要求。

• 处理:处理特点和目的,如用图表说明程序中的运行逻辑流程;程序主要转移条件;对程序的约束条件;程序结束时的出口要求;与下一个程序的通信与联结(运行、控制);由该程序产生并供处理程序段使用的输出数据类型和存放单元;程序运行所用存储量、类型及存储位置等。

• 输出:程序的输出。

• 接口:本程序与本系统其他部分的接口。

- 表格：说明程序内部的各种表、项的细节和特性。对每张表的说明至少包括表的标识符；使用目的；使用此表的其他程序；逻辑划分，如块或部，不包括表项；表的基本结构；设计安排，包括表的控制信息；表格结构细节、使用中的特有性质及各表项的标识、位置、用途、类型、编码表示。

- 特有的运行性质：说明在用户操作手册中没有提到的运行性质。

（3）操作环境。

1）设备：逐项说明系统的设备配置及其特性。

2）支持软件：列出系统使用的支持软件，包括它们的名称和版本号。

3）数据库：说明每个数据库的性质和内容，包括安全考虑。

- 总体特征：包括标识符、使用这些数据库的程序、静态数据、动态数据、数据库的存储媒体、程序使用数据库的限制等。

- 结构及详细说明：说明该数据库的结构（包括记录和数据项）、记录的组成（包括首部或控制段、记录体）、每个记录结构的字段（包括标记或标号、字段的字符长度和位数、该字段的取值范围）和扩充方法（为记录追加字段的规定）。

（4）维护过程。

1）约定：列出该软件设计中所使用的全部规则和约定，包括程序、分程序、记录、字段和存储区的标识或标号助记符的使用规则；图表的处理标准、语句和记号中使用的缩写、出现在图表中的符号名；使用的软件技术标准；标准化的数据元素及其特征。

2）验证过程：说明一个程序段修改后，对其进行验证的要求和过程（包括测试程序和数据），以及程序周期性验证的过程。

3）出错及纠正方法：列出出错状态及其纠正方法。

4）专门维护过程：说明书其他地方没有提到的专门维护过程，如维护该软件系统的输入输出部分（如数据库）的要求、过程和验证方法，运行程序库维护系统所必需的要求、过程和验证方法，对闰年、世纪变更所需的临时性修改等。

5）专用维护程序：列出维护软件系统使用的后备技术和专用程序（如文件恢复程序、淘汰过时文件的程序等）的目录，并加以说明，内容包括维护作业的输入输出要求，输入的详细过程及在硬设备上建立、运行并完成维护作业的操作步骤。

6）程序清单和流程图：引用资料或提供附录，给出程序清单和流程图。

7. 用户手册

用户手册详细描述软件的功能、性能和用户界面，使用户了解如何使用该软件。用户手册的编写内容要求如下。

（1）引言。

（2）软件概述。

1）目标。

2）功能。

3）性能：数据精确度、时间特性、灵活性。

（3）运行环境。

1）硬件：列出软件系统运行时所需的硬件最小配置，如计算机型号、主存容量、外存储器、媒体、记录格式、设备型号及数量、输入输出设备、数据传输设备及数据转换设备的型号及数量等。

2)支持软件:列出操作系统、语言编译系统、数据库管理系统以及其他必要的支持软件的名称及版本号。

(4)使用说明。

1)安装和初始化:给出程序的存储形式、操作命令、反馈信息及其含义、表明安装完成的测试实例以及安装所需的软件开发工具等。

2)输入:给出输入数据或参数的要求。

3)输出:给出每项输出数据的说明。

4)出错和恢复:给出出错信息及其含义,用户应采取的措施,如修改、恢复、再启动等。

5)求助查询:说明如何寻求帮助。

(5)运行说明。

1)运行表:列出每种可能的运行情况并说明其运行目的。

2)运行步骤:按顺序说明每种运行的步骤,包括操作信息、输入/输出文件、启动或恢复过程等。

3)常规过程:提供应急或非常规操作的必要信息与操作步骤,如出错处理操作、向后备系统切换操作,以及维护人员须知的操作和注意事项等。

4)操作命令一览表:按字母顺序逐个列出全部操作命令的格式、功能及参数说明。

5)程序文件(或命令文件)和数据文件一览表:按文件字母顺序或按功能与模块分类顺序逐个列出文件名称、标识符及说明。

6)用户操作举例。

8.2.6　编写的文档数量与其主要内容

以航空标准 HB 6465—90《软件文档编制规范》为例(简称 HB6465),简要介绍必须编写的文档数目与其主要内容。HB6465 的要求是,编写文档的数目不是统一的。这一点与国军标的要求是不一样的。HB6465 是按软件的规模、复杂性、重要性、使用频度等性质,将其分为三个级别(见表 8-1),每个级别的软件编写不同数目的文档(见表 8-2)。

表 8-1　软件项目级别的衡量因素

软件级别		1级	2级	3级
衡量因素	重要性	普通应用	关键项目	产生重大影响 (社会的、经济的、生命的)
	复杂性	一般	比较复杂	非常复杂
	程序规模	小型	中型	大型
	使用频度	少数几次	多次	经常

8.2.7　各级软件应该编写的文档

各级软件应该编写的文档见表 8-2。

表 8－2　各级软件应该编写的文档

软件级别	1 级	2 级	3 级
应编写的文档名称	项目开发计划 项目技术报告 用户手册	项目开发计划 需求规格说明 软件设计说明 测试计划与报告 项目开发总结 用户手册	项目开发计划 需求规格说明 概要设计说明 详细设计说明 测试计划 测试报告 项目开发总结 用户手册
应编写的文档数目	3	6	8

8.2.8　几种常用标准中文档的名称

几种常用标准中文档的名称见 8－3。

表 8－3　几种常用标准中文档的名称

各阶段形成或使用的文档	GJB 438A－97 文档名称	GJB 2115－94 文档名称	HB 6465－90 文档名称	HB 6466－90、 HB 6467－90、 HB/Z 178－90、 HB/Z179－90 文档名称	GJB 438A－97 文档名称
系统分析与软件定义	系统和段设计文件、软件开发计划	任务书或合同、可行性研究报告、项目开发计划	任务委托书、可行性研究报告、项目开发计划		可行性研究报告、项目开发计划
软件需求分析	软件需求规格说明、接口需求规格说明	软件需求说明、数据要求说明、编程标准和约定	软件需求说明、数据要求说明		软件需求说明书、数据要求说明书
质量管理与配置管理		软件质量保证计划、软件配置管理计划		软件质量保证计划、软件配置管理计划	
软件设计	接口设计文档、软件设计文档、软件产品规格、说明	概要设计说明、详细设计说明、数据库设计说明	概要设计说明、详细设计说明、数据库设计说明		概要设计说明书、详细设计说明书、数据库设计说明书、模块开发卷宗

续 表

各阶段形成或使用的文档	GJB 438A—97 文档名称	GJB 2115—94 文档名称	HB 6465—90 文档名称	HB 6466—90、HB 6467—90、HB/Z 178—90、HB/Z179—90 文档名称	GJB 438A—97 文档名称
软件实现	版本说明文档、计算机系统操作员手册、软件用户手册、软件操作员手册、固件保障手册、计算机资源综合保障文件	用户手册、操作手册、程序维护手册	用户手册		用户手册、操作手册
软件测试	软件测试计划、软件测试说明、软件测试报告	测试计划、测试分析报告	测试计划、测试报告		测试计划、测试分析报告
软件验收交付		安装实施过程、软件验收计划、软件验收报告		软件验收申请报告、软件验收报告	
项目管理		开发进度月报、项目开发总结报告、历次评审和检查材料、软件质量保证活动记录	项目开发总结	历次评审材料、软件质量保证活动记录	开发进度月报、项目开发总结
软件运行与维护				软件维护申请报告、软件维护报告	

8.2.9　文档的管理与维护

在整个软件生存期中,各种文档作为半成品或是最终成品,会不断生成、修改或补充。为了最终得到高质量的产品,必须加强对文档的管理。以下几个方面是应当做到的:

(1)软件开发小组应设一位文档保管员,负责集中保管本项目已有文档的两套主文本。这两套主文本的内容完全一致,其中的一套可按一定手续办理借阅。

(2)软件开发小组的成员可根据工作需要自行保存一些个人文档。这些一般都应是主文本的复制件并注意与主文本保持一致。在作必要的修改时,也应先修改主文本。

(3)软件工程师只保存着主文本中与其工作有关的部分文档。

(4)在新文档取代旧文档时,管理人员应及时注销旧文档。在文档的内容有更改时,管理人员应随时修订主文本,使其及时反映更新的内容。

(5)项目开发结束时,文档管理人员应收回软件工程师的个人文档。发现个人文档与主文本有差别时,应立即着手解决。

(6)在软件开发的过程中,可能会发现需要修改已完成的文档。修改以前要充分估计修改可能带来的影响,并且要按照提议、评议、审核、批准、实施的步骤加以严格的控制。

作为一类配置项,文档必须纳入配置管理的范围。在整个软件生存期内,通过软件配置管理控制这些配置项的投放和更改、记录并报告配置的状态和更改要求、验证配置项的完全性和正确性,以及系统级上的一致性。上面所提及的文档保管员,可能就是软件配置管理员。

可通过软件配置信息数据库,对配置项,主要是文档,进行跟踪和控制。

8.3 软件过程与标准化

在软件工程领域,软件过程与标准化是提高软件质量和开发效率的关键因素。为了确保软件的质量和稳定性,许多软件工程标准化框架和模型已经被开发出来,包括软件质量认证ISO9000标准、软件能力成熟度模型、个人软件过程(PSP)与团队软件过程(TSP),以及能力成熟度模型集成CMMI 2.0。这些标准和模型为软件开发提供了指导和框架,帮助开发团队实现流程的标准化和改进,从而提高软件的质量和可靠性。本节将介绍这些软件工程标准化框架和模型的概念、作用和应用,以便更好地理解其在软件工程领域中的重要性和影响。

8.3.1 软件质量认证 ISO9000 标准

20 世纪 90 年代以来,质量认证逐渐流行,把对产品的质量保证发展到对于整个企业的质量认证。质量认证区别于质量保证,质量保证贯穿每个软件开发过程,确保产品达到规定的质量水平。质量认证是检验整个企业的质量水平,注重软件企业的整体资质,全面考察企业的质量体系,检验它是否具有设计、开发和生产符合质量要求的软件产品的能力。

国际标准化组织(ISO)在研究了英、法、德、荷、加和美国质量管理标准的基础上,于 1987 年 3 月公布了 ISO9000 质量管理和质量保证标准系列。制定并公布这一国际标准的最初目的,是为了满足国际贸易的需要,消除因各国质量标准的差异而产生的贸易障碍。

TC176(ISO 中第 176 个技术委员会)于 1990 年在第九届年会上提出了《90 年代国际质量标准的实施策略》(国际上通称《2000 年展望》),决定对 ISO9000 标准分两个阶段进行修改:第一阶段,对 ISO9001/2/3/4 的技术内容作局部修改,形成 1994 版,并在 1994 版的 ISO9000-1 中增加了过程和过程网络等基本概念,为第二阶段的修改提供了过渡性理论基础。第二阶段,引进 PDCA(Plan-Do-Check-Action)循环(ISO9000 标准称之为过程方法模式),对 ISO9000 族标准从总体结构和原则到具体的技术内容作全面的修改,形成 2000 年版。

8.3.2 软件能力成熟度模型

美国卡内基梅隆大学软件工程研究所在美国国防部资助下于 20 世纪 80 年代末建立的能力成熟度模型,是用于评价软件机构的软件过程能力成熟度的模型。最初,建立此模型的目的主要是为大型软件项目的招投标活动提供一种全面而客观的评审依据,发展到后来,此模型又同时被应用于许多软件机构内部的过程改进活动中。

多年来,软件危机一直困扰着许多软件开发机构。不少人试图通过采用新的软件开发技术来解决在软件生产率和软件质量等方面存在的问题,但效果并不令人十分满意。上述事实促使人们进一步考察软件过程,从而发现关键问题在于对软件过程的管理不尽如人意。事实证明,在无规则和混乱的管理之下,先进的技术和工具并不能发挥出应有的作用。人们逐渐认识到,改进对软件过程的管理是消除软件危机的突破口,再也不能忽视在软件过程中管理的关键作用了。

能力成熟度模型的基本思想是:由于问题是由人们管理软件过程的方法不当引起的,所以新软件技术的运用并不会自动提高软件的生产率和质量。能力成熟度模型有助于软件开发机构建立一个有规律的、成熟的软件过程。改进后的软件过程将开发出质量更好的软件,使更多的软件项目免受时间延误和费用超支之苦。

软件过程包括各种活动、技术和工具,因此,它实际上既包括了软件开发的技术方面又包括了管理方面。CMM 的策略是力图改进对软件过程的管理,而在技术方面的改进是其必然的结果。

CMM 在改进软件过程中所起的作用主要是指导软件机构通过确定当前的过程成熟度并识别出对过程改进起关键作用的问题,从而明确过程改进的方向和策略。通过集中开展与过程改进的方向和策略相一致的一组过程改进活动,软件机构便能稳步而有效地改进其软件过程,使其软件过程能力得到循序渐进的提高。

CMM 把软件过程从无序到有序的进化过程分成 5 个阶段,并把这些阶段排序,形成 5 个逐层提高的等级。这 5 个成熟度等级定义了一个有序的尺度,用以测量软件机构的软件过程成熟度和评价其软件过程能力,这些等级还能帮助软件机构把应作的改进工作排出优先次序。成熟度等级是妥善定义的向成熟软件机构前进途中的平台,每个成熟度等级都为软件过程的继续改进提供了一个台阶。

CMM 对 5 个成熟度级别特性的描述,说明了不同级别之间软件过程的主要变化。从"1级"到"5级",反映出一个软件机构为了达到从一个无序的、混乱的软件过程进化到一种有序的、有纪律的且成熟的软件过程的目的,必须经历的过程改进活动的途径。每一个成熟度级别都是该软件机构沿着改进其过程的途径前进途中的一个台阶,后一个成熟度级别是前一个级别的软件过程的进化目标。CMM 的每个成熟度级别中都包含一组过程改进的目标,满足这些目标后一个机构的软件过程就从当前级别进化到下一个成熟度级别;每达到成熟度级别框架的下一个级别,该机构的软件过程都得到一定程度的完善和优化,也使得过程能力得到提高;随着成熟度级别的不断提高,该机构的过程改进活动取得了更加显著的成效,从而使软件过程得到进一步的完善和优化。CMM 就是以上述方式支持软件机构改进其软件过程的活动[25]。

CMM 通过定义能力成熟度的 5 个等级,引导软件开发机构不断识别出其软件过程的缺陷,并指出应该作哪些改进,但是,它并不提供作这些改进的具体措施。

能力成熟度的 5 个等级从低到高依次是初始级(又称为 1 级),可重复级(又称为 2 级),已定义级(又称为 3 级),已管理级(又称为 4 级)和优化级(又称为 5 级)。

8.3.3　CMMI 2.0

能力成熟度模型集成(Capability Maturity Model Integration,CMMI),是在 CMM 的基

础上,试图把现有的各种能力成熟度模型(包括 ISO15504)集成到一个框架中去。这个框架有两个功能。

(1)软件获取方法的改革。

(2)从集成产品与过程发展的角度出发,包含健全的系统开发原则的过程改进。

CMMI 项目初步的目标(在 2000 年已达到,其发布的版本是 CMMI - SE/SW 和 CMMI - SE/SW/IPPD 模型)是集成三个特殊的过程改进模型:软件 CMM、系统工程能力评估标准以及集成化产品和过程开发模型。

CMMI 项目长期目标是为今后把其他学科(如获取过程和安全性)添加到 CMMI 中奠定基础。为了促进现在的和将来的模型集成,CMMI 产品开发组建立了一个自动的、可扩展的框架,其中可放入构件、培训资料构件以及评估资料。在已定义的规则控制下,更多的新学科能被加入到该框架中。

2018 年 3 月 28 日,CMMI 研究院发布了最新版本的 CMMI 模型——CMMI 2.0。CMMI 2.0 版本产品套件包括成熟度模型、使用指南、系统与支持工具、培训、认证和评估方法。与前期版本一样,CMMI 2.0 版本使用五个级别代表提高能力成熟度以改进业务绩效的途径。有关于 CMMI 2.0 的详细介绍请参考本书 9.2 节。

8.3.4 PSP、TSP

组织的软件过程成熟度是建立在组织的能力之上,组织能力体现在每个软件项目开发的团体能力之中,每个软件团体又是由一个个活生生的团队成员组成的,所以,软件团体的能力需要软件个体能力去支撑。个体能力主要表现为如何运用软件工程的知识、技能和方法的程度。建立由个体、团队和组织构成的完整的软件过程框架,是软件组织过程走向成熟的必经之路。

1. PSP

1995 年,CMU - SEI 的 Watts s. Humphrey 领导开发出 PSP (Personal Software Processes),即个人软件过程,被认为是由定性软件工程走向定量软件工程的标志。PSP 是一种可用于控制、管理和改进软件工程师个人工作方式的自我改善过程,为软件人员进行软件开发提供了一个规范的个人过程框架。

PSP 过程由一系列方法、表单、脚本等组成,用以指导软件开发人员计划、度量和管理他们的工作,它展示出了如何制订计划并跟踪工作的进度,以及如何始终如一地生产高质量的软件产品。PSP 与具体的技术(程序设计语言、工具或者设计方法)相对独立,其原则能够应用到几乎任何的软件工程任务之中。

概括起来,PSP 所起的作用如下[26]:

(1)使用自底向上的方法来改进过程,向每个软件工程师表明运用过程、改进过程的原则,确定软件工程师为改善产品质量要采取的步骤,以及如何有效地生产出高质量的软件。

(2)为基于个体和小型群组软件过程的优化提供了具体而有效的途径,确定过程的改变对软件工程师能力的影响。

(3)建立度量个体软件过程改善的基准,了解自己的技能水平,控制和管理自己的工作方式,使自己日常工作的评估、计划和预测更加准确、有效,进而改进个人的工作表现,提高个人的工作质量和产量,积极而有效地参与高级管理人员和过程人员推动的组织范围的软件工程过程改进。

PSP 内容丰富,具有良好的实践性,包括个人时间管理、时间追踪、任务估计和阶段性工作计划等内容。基于 PS 通过采用一些表格、脚本和标准,可帮助软件工程师估算和计划其个人的任务,改善个人软件过程及测量,从而最终获得高生产率的回报,能够在规定的预算和时间内开发出高质量的产品。

2. TSP

团队软件过程(Team Software Process,TSP)是建立在个体软件过程之上,致力于开发高质量的产品,建立、管理和授权项目小组,改善开发团队过程、提高开发团队能力的指导性框架。TSP 提供了软件开发过程、产品和小组协同工作之间平衡的过程要点,并且利用了广泛的工业经验帮助规划和管理软件组织过程,指导软件团体一步步地达到 TSP 设定的目标和水平。

TSP 实施集体管理与自我管理相结合的原则,指导软件团队中的成员如何有效地规划和管理所面临的项目开发任务,如何以最佳状态来完成工作,最终目的在于指导开发人员如何在最短的时间内,以预定的费用生产出高质量的软件产品,所采用的方法是对群组开发过程的定义、度量和改进。

能干的成员(软件个体)固然相当重要,但是,一个由都是很强的成员组成的团队不一定很强,这个团队的工作效率也不一定非常出色。团队远不只是由一群有才能的个体简单叠加而成的集合。为了建立和保持高效率的工作,首先,团队要拥有每一个成员都认可的、共同的目标,采取一致的行动计划,相互合作,为同一个目标努力,才能做到事半功倍,更快、更有效率地完成任务。其次,团队要了解每个成员的优点和弱点,发挥每个人的长处,帮助成员克服其弱点,互相帮助,共同成长,最终整个团体的能力才能得到提高[27]。

3. TSP/PSP 的构成关系

如果用纯学术的视角去分析 TSP/PSP 的构成关系,就得到这样一个结论:TSP/PSP 涵盖了软件工程学、团队学和管理学等 3 个学科,形成了一个完整的体系,如图 8-2 所示。

4. TSP/PSP 和 CMM 的关系

PSP、TSP 和 CMM 为软件产业提供了一个集成化的、三维的软件过程改革框架。三者互相配合,各有侧重,形成了不可分割的整体,犹如一张具有三条腿的凳子,缺一不可。在软件能力成熟度模型 CMM 的 18 个关键过程域中,有 12 个与个体软件过程 PSP 紧密相关,有 16 个与团队软件过程 TSP 紧密相关。PSP 是改善软件个人的过程能力,TSP 是改善软件团队的过程能力,而 CMM 则集中在软件组织过程能力成熟度的指导上,三者的关系如图 8-3 所示。

(1)PSP 注重于个人的技能,能够指导软件工程师如何保证自己的工作质量,估计和规划自身的工作,度量和追踪个人的表现,管理自身的软件过程和产品质量。经过 PSP 学习和实践的正规训练,软件工程师能够在他们参与的项目工作之中充分利用 PSP,从而保证了项目整体的进度和质量,有助于 CMM 目标的实现。

(2)TSP 注重团队的高效工作和产品交付能力,结合 PSP 的工程技能,通过告诉软件工程师如何将个体过程结合进小组软件过程,通过告诉管理层如何支持和授权项目小组,坚持高质量的工作,并且依据数据进行项目的管理,向组织展示如何应用 CMM 的原则和 PSP 的技能去生产高质量的产品。

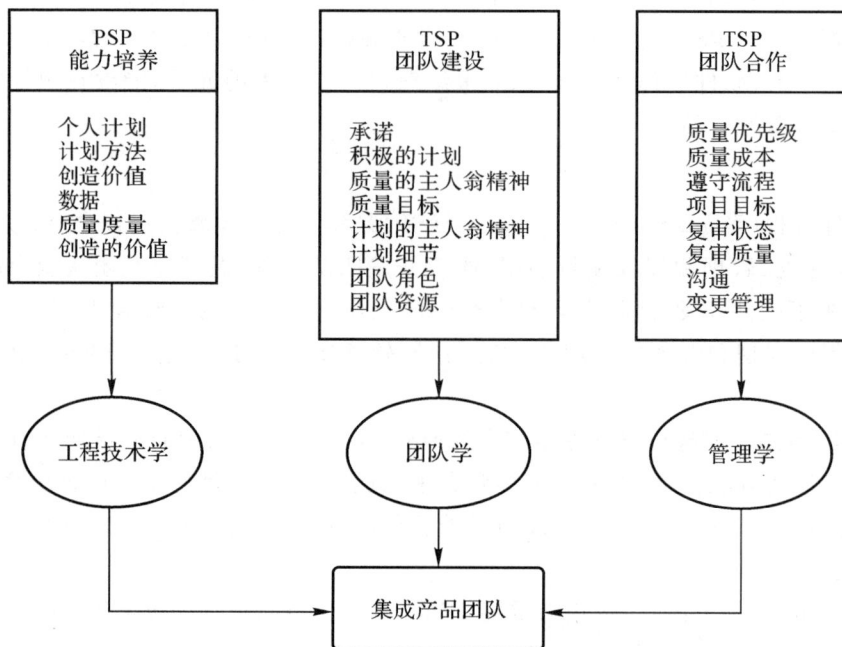

图 8 - 2　PSP/TSP 的构成关系

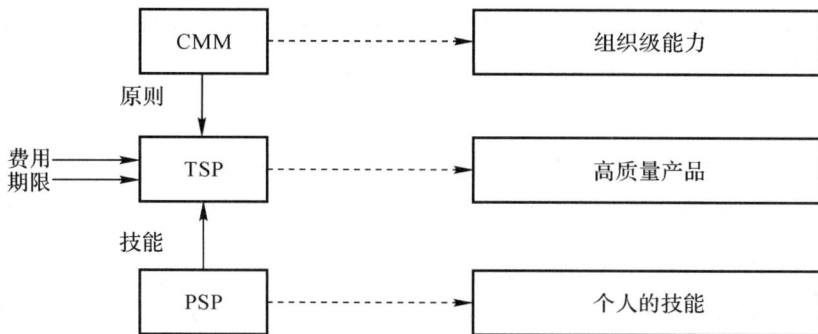

图 8 - 3　PSP/TSP/CMM 的关系

(3)CMM 注重于组织能力和高质量的产品,它提供了评价组织的能力、识别优先改善需求和追踪改善进展的管理方式。企业只有开始 CMM 改善后,才能接受需要规划的事实,认识到质量的重要性,才能注重对员工经常进行培训,合理分配项目人员,并且建立起有效的项目小组。然而,它的成功实现与否与组织内部有关人员的积极参加和创造性活动密不可分。

因此,欲成为高性能的软件组织,必须具有高性能的软件团队以及高性能的软件工程师,CMM 关注组织所应该做的,它指明组织应达到的目标。PSP 为软件工程师个体持续提高个人的能力提供指导。TSP 为受训的 PSP 工程师提供作为团队成员如何在高性能团队有效工作的具体指导。三者结合在一起,使软件组织如期生产高质量的软件产品。

8.4　小　　结

本章介绍了软件工程标准、软件文档和质量管理体系认证。软件文档对软件的定义、开发、测试、维护等阶段都起着重要作用,软件文档的质量,其与程序之间的一致性,对整个软件产品的质量、软件后期的测试和进入运行维护期的工作效率等都有着巨大的影响。为此必须遵循软件工程标准,按照规范的质量管理与保证体系监督、控制软件产品的开发、测试和维护的全过程,除了软件程序外,尤其要重视软件文档的数量和质量。

作业与练习

1. 简述软件工程标准化的含义和意义。

2. 软件工程标准按层次划分有哪些?

3. 目前,我国的软件工程标准化工作的发展情况如何?

4. 软件文档的作用是什么?

5. 按照软件生存周期进行划分,软件文档主要应包括哪些内容?

6. 简述软件文档维护和管理中存在的主要问题。

7. 如何有效地进行软件文档的维护和管理?

8. 如何编制高质量的软件文档?

9. 试述 ISO9000 标准的特点及其构成。

10. ISO9000 质量体系认证的一般过程是什么?

11. 结合你所使用过的一种文档生成或维护工具,说明这种工具的使用及对软件文档质量和开发效率的作用。

12. CMM 定义能力成熟度的 5 个等级分别是哪 5 个?

13. 简述 TSP/PSP 和 CMM 的关系。

第9章　软件工程最新发展趋势

在本章中,对软件工程的一些前沿内容进行介绍,从而使大家对软件工程技术及其发展有一个更为深入和全面的了解。从基于组件的软件工程到智能化软件工程,软件工程师不断挑战自我,通过软件工程新技术的实践与优化,百炼成钢,最终打造出高质量、高性能的智能软件系统。

9.1　基于组件的软件工程

随着面向对象技术的发展,软件重用技术得到了所有软件工程师的高度评价,软件研发中可以借用成熟软件的比例达 70% 以上,从模块到组件的变化为软件研发带来了革命性的进步。基于组件的软件开发(Component Based Software Development, CBSD)已经成为软件开发的主流方法,而基于组件的软件工程(Component Based Software Engineering, CBSE)技术开发也成为软件工程技术领域发展最活跃的方向。CBSD 和 CBSE 不仅提高了软件生产的效率和软件质量,而且缩短了软件研制的时间。

9.1.1　基于组件的软件开发过程

基于组件的软件开发与传统的软件开发有着极大的区别,基于组件的软件开发的重点是对现有软件组件的集成。基于组件的软件开发的基本思想是:从现有组件库中选用满足要求的组件,按照已经定义好的软件体系结构,通过基于组件的软件工程过程,对这些组件进行装配来开发一个软件系统。

基于组件的软件可以由四类组件组成:第一类组件是从其他供货商得到的商业组件;第二类组件是为其他项目开发的内部组件,这些组件在项目中再一次被复用;第三类组件也是内部开发的组件,这些组件被修改后在其他项目中被复用;最后一类组件是一系列重新被创建的组件。

参考文献[28]中描述了基于组件软件开发的过程模型,本章对基于组件的软件的开发过程总结如下:

1. 需求分析

需求分析阶段的主要目的是获取软件系统的规格说明,如可以通过 UML 的用例模型来描述整个系统的需求。

2. 基于组件的分析和设计

这一阶段的主要任务是确定软件组件的结构和规格以及组件之间的交互、依赖关系和结构关系,选择组件、开发工具和组件装配模型,设计者必须在系统需求和使用的组件之间进行权衡。

3. 组件收集、选择、定制和开发

在需求分析以及设计阶段,就可以着手进行组件的收集工作,这样可以增加软件开发的并行程度,提高开发效率。这一阶段的主要任务是按照基于组件的分析和设计的结果,从组件库或组件市场查找所需要的标准的组件,并对相应组件的功能、可靠性、可预测性等特性进行了解。如果没有找到合适的商业组件,那么需要考虑为其他项目已开发的或存储在组件库中的内部组件是否可以满足要求,或者开发新的组件以备用。

4. 对选定的组件进行单元测试

软件组件开发阶段的测试是针对一定的目标环境的,但是它们的实际使用环境可能不同于它们最初的目标环境。所以,即使软件组件在最初的环境下已经通过了测试,在新的环境下复用组件仍然可能存在问题。另外,当软件组件被复用的时候,接受的非功能性要求也可能与最初的设定有所不同。因此,软件组件被复用之前,必须要求软件组件的重新分析和相应的测试。

5. 组件装配和集成

组件的装配和集成是把组件装配成模块或打成包,在模块或包中都可以有自己的定制描述符。组件的装配和集成应该在规定的体系结构框架下进行,关键是弄清楚组件之间的连接方式。组装组件时,有时必须编写连接代码,这些代码可以通过数据转换等手段来消除组件间接口的不兼容问题。

6. 集成测试

组件集成测试的目标是检测组件之间交互出现的错误、组件集成之后的功能及其整体结构。

7. 系统测试

系统测试的重点是系统行为,包括性能测试、压力测试、恢复测试和安装测试。

8. 运行和维护

软件系统的维护就是系统的演化过程,软件功能的不断改善和扩展是通过对系统中组件的升级替换来实现的。随着组件版本的变换,软件系统也就形成了不同的版本。由于一个基于组件的软件系统采用的组件可以是商用组件、第三方非商业组件或自研组件等,所以当把这些组件集成到系统中时,缺乏部分或全部源代码,软件维护变得十分困难。如果组件全部是"黑盒",其可见部分仅局限于描述组件使用和功能的外部文档,那么对由这样的组件构成的软件系统进行维护的技术明显有别于传统的软件维护技术。换言之,软件维护的粒度保持在组件水平,而不再对组件内部的错误进行定位。

9.1.2　组件的开发流程

关于组件的定义有很多,目前被业界普遍接受的是由 Clemens Szyperski[10] 定义的:"一个软件组件就是一个组合单元,它具有一组按契约或合同说明的特定的接口和清晰的上下文依赖关系。一个软件组件可以被独立地部署,以便被第三方组装。"

基于组件的软件工程过程可划分成可复用组件的设计和开发、复用组件进行软件系统的开发两个大的阶段,组件开发和组件复用在时间上和空间上可相互分离。组件可以独立地进行开发,像软件系统那样成为独立的商品;软件系统的开发可以是单纯的组装现有的组件。

软件组件的开发流程可以遵循传统的软件工程方法,参考文献[28]中组件的开发流程是一个反复迭代的过程,包含下面 6 个迭代阶段:

1. 需求分析

这一阶段的主要任务是针对特定应用领域深入进行领域分析并建立模型,确定组件的功能、性能、实现技术和操作环境,规划描述良好的对外接口等,这个阶段的主要成果是组件规格说明文档。

2. 设计

基于组件规格说明文档进行组件的设计,这一阶段的主要任务包括对组件的功能逻辑和数据对象进行设计,并且权衡组件的实现技术和操作环境,选择组件模型并设计组件的通信和交互的数据交换机制,以及定义一致的方法以便支持组件打包和部署。这一阶段的主要成果是组件的设计文档。

3. 编码实现

这一阶段的主要任务是基于组件设计和操作环境用具体的技术和编程语言落实组件内部细节的实现。针对不同的操作环境,同一个组件由多种编码实现。

4. 组件测试

这一阶段主要是发现组件中存在的各种各样的错误和验证组件的功能是否满足组件的需求规格说明。由于组件将作为一个独立的可直接交付的产品,而且可能会被用在不同的场合,所以组件被发布之后,更正组件中的故障将会花费较高的代价。组件测试必须包括组件的使用测试、性能测试和部署测试。这一阶段的主要成果可能包括组件测试计划、测试设计文档、单元测试用例、测试标准和测试报告等。

5. 部署与管理

这一阶段是否存在取决于组件是否提供打包和部署描述机制。

6. 维护

这一阶段的主要任务是为了满足客户要求而更新和扩大组件功能以及解决在使用组件的过程中出现的问题。对组件生产者来说,不能只考虑特定应用领域的某一源代码块,而应维护被不同用户所使用的所有代码。而且,不同应用在需求上有一点差别,修改后的组件必须对所有的应用都适用。

在设计组件时,组件粒度(组件的粒度可以用组件提供的功能的数量来度量)不宜过大,应尽量让每一个组件实现某一个或一类相似的应用请求,而不要追求其功能的数量,这样有助于组件的重用。组件的接口应具有较高的通用性,以提高整个应用系统的复用能力,同时还要兼顾简单和实用。

为了在软件开发过程中能重用现有的软件组件,必须要经过积累,组织成组件库。通过对组件库的有效管理,可以为组件装配提供适用、正确的组件和有关组件的信息。组件库实际是一个特殊数据库应用系统,储存的对象是软件及相关信息。通常对组件库的操作包括向组件库加入组件、删除组件、对组件的分类描述、对组件的分类查找和关键字查找以及管理组件的管理。

9.2　敏捷软件开发

随着计算机技术的迅猛发展和全球化进程的加快,软件需求常常发生变化,强烈的市场竞争要求更快速地开发软件,同时软件也能够以更快的速度更新。传统的方法在开发时效上时常面临挑战,因此,强调快捷、小文档、轻量级的敏捷开发方法开始流行。如今“敏捷”已经成为一个非常时尚的名词。敏捷方法是一种轻量级的软件工程方法,相对于传统的软件工程方法,它更强调软件开发过程中各种变化的必然性,通过团队成员之间充分的交流与沟通以及合理的机制来有效地响应变化。

9.2.1　敏捷开发理念

为了使软件开发团队具有高效工作和快速响应变化的能力,17 位著名的软件专家于 2001 年 2 月联合起草了《敏捷软件开发宣言》,《敏捷软件开发宣言》由下述 4 个简单的价值观声明组成:

1. 个体和交互高于过程和工具

优秀的团队成员是软件开发项目获得成功的最重要因素,当然,不好的过程和工具也会使最优秀的团队成员无法发挥作用,团队成员的合作、沟通以及交互能力要比单纯的软件编程能力更重要。正确的做法是,首先致力于构建软件开发团队(包括成员和交互方式等),然后再根据需要为团队配置项目环境(包括过程和工具)。

2. 可运行软件高于详尽的文档

软件开发的主要目标是向用户提供可以工作的软件而不是文档,但是,完全没有文档的软件也是一种灾难。开发人员应该把主要精力放在创建可工作的软件上面,仅当迫切需要并且具有重大意义时,才进行文档编制工作,而且所编制的内部文档应该尽量简明扼要、主题突出。

3. 与客户合作高于合同谈判

客户通常不可能做到一次性地把他们的需求完整准确地表述在合同中,能够满足客户不断变化的需求的切实可行的途径是,开发团队与客户密切协作,因此,能指导开发团队与客户协同工作的合同才是最好的合同。

4. 对变更及时响应高于遵循计划

软件开发过程中总会有变化,这是客观存在的现实,一个软件过程必须反映现实,因此,软件过程应该有足够的能力及时响应变化。然而没有计划的项目也会因陷入混乱而失败,关键是计划必须有足够的灵活性和可塑性,在形势发生变化时能迅速调整,以适应业务和技术等方面发生的变化。

在理解上述 4 个价值观声明时应该注意,这些声明只不过是对不同因素在保证软件开发成功方面所起作用的大小作了比较,说一个因素更重要并不是说其他因素不重要,更不是说某个因素可以被其他因素代替。

发表《敏捷软件开发宣言》的 17 位软件开发人员组成了敏捷软件开发联盟(Agile Software Development Alliance),简称"敏捷联盟"。"敏捷联盟"为了帮助希望使用敏捷方法来进行软件开发者定义了 12 条原则:

(1)首先要做的是通过尽早和持续交付有价值的软件来让客户满意。

(2)需求变更可以发生在整个软件的开发过程中,即使在开发后期,也欢迎客户对于需求的变更。敏捷过程利用变更为客户创造竞争优势。

(3)经常交付可工作的软件。交付的时间间隔越短越好,最好两周或三周一次。

(4)在整个软件开发周期中,业务人员和开发人员应该天天在一起工作。

(5)围绕受激励的个人构建项目,给他们提供所需的环境和支持,并且信任他们能够完成工作。

(6)在团队的内部最有效果和效率的信息传递方法是面对面交谈。

(7)可工作的软件是进度的首要度量标准。

(8)敏捷过程提倡可持续的开发速度。责任人、开发人员和用户应该能够保持一种长期稳定的开发速度。

(9)不断地关注优秀的技能和好的设计会增强敏捷能力。

(10)尽量使工作简单化。

(11)好的架构需求和设计来源于自组织团队。

(12)每隔一定时间,团队应该反省如何才能有效地工作,并相应调整自己的行为。

9.2.2 敏捷解决方案

1. 轻量协作解决方案

轻量协作解决方案适合初创团队和小型组织开展任务协作,该解决方案包括看板、文档和报表 3 个应用,主要用于任务协作类管理场景,如需求管理、设计管理、敏捷开发、bug 管理等。

2. 敏捷研发解决方案

敏捷研发解决方案是一种极速敏捷研发模式,包含了需求、迭代、缺陷、任务、文档、报表、测试用例等应用。敏捷研发解决方案覆盖了敏捷开发的全生命周期,可以帮助软件开发团队实现全方位管理。相对于轻量协作解决方案而言,敏捷研发解决方案更适合产品研发团队的项目管理,能够帮助软件开发团队敏捷迭代,小步快跑。极速敏捷研发模式的实施过程如图 9-1 所示。

软件开发团队可以根据客户价值来定义需求列表中各个用户故事的优先级;然后,再从需求列表中抽取出一系列内容纳入各轮迭代中,确定各轮迭代的范围和目标,形成迭代列表。迭代规划完成后,软件项目进入迭代开发环节;在迭代过程中,团队成员共同协作,完成需求内容的开发、测试及迭代进度跟踪等相关工作;最后,迭代任务开发完成以后,软件开发团队将进行迭代评审、回顾及发布。迭代功能发布以后,软件开发团队及时收集用户反馈并纳入下一轮迭代,实现软件项目开发的快速迭代。

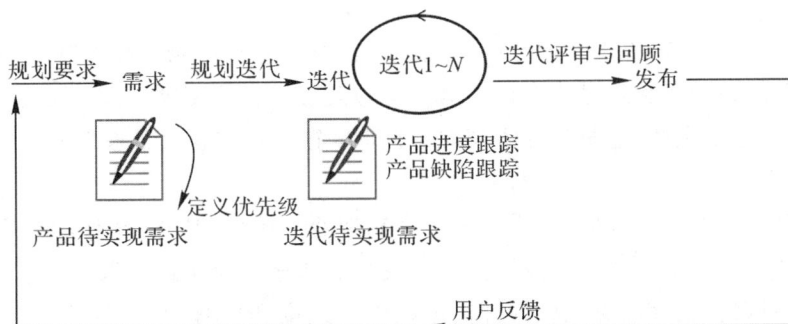

图 9 - 1　极速敏捷研发模式

3. DevOps 持续交付解决方案

DevOps 持续交付解决方案覆盖"需求—代码—构建—测试—发布"的全过程,能够提供贯穿于产品研发生命周期的一站式服务。DevOps 持续交付解决方案包括项目管理、代码集成、持续集成与交付、测试管理、运维监控等应用,能够帮助软件开发团队高效、可靠地构建与发布软件产品,快速交付用户使用。

DevOps 持续交付解决方案具有 4 个明显的功能特性:

(1)支持 Gitlab、Github、Jenkins 等主流研发工具。

(2)能够提供可视化的交付流水线管理,使代码管理、编译构建、测试和部署发布的全过程透明可控,帮助团队成员快速掌握流水线的执行情况,并定位失败原因。

(3)跟踪记录从需求到发布全生命周期的软件交付数据,通过专业的统计分析报表来帮助管理人员清晰地了解产品的研发过程,识别产品研发过程中存在的各类问题。

(4)集成了丰富的项目报告模板,能够以邮件、站内信等多种方式灵活配置通知提醒,快速向相关人员反馈项目构建结果。

9.2.3　敏捷的核心应用

在软件开发过程中,敏捷并不是一门具体的技术,而是一种理念或者说是一种思想,它可以指导软件开发团队更加高效地研发软件产品。目前,在互联网行业,比较流行的敏捷开发方法是 Scrum。Scrum 是一个轻量级框架,它可以帮助个人、团队和组织通过针对复杂问题的自适应解决方案来产生价值。其作为一种包含迭代和增量开发原则的简单开发方法,越来越多地被用于如今的项目开发管理中,也由此衍生出了许多 Scrum 管理工具。

以腾讯为例,作为腾讯内部统一的 Scrum 管理研发协作平台(Tencent Agile Product Development,TAPD),它几乎承载了腾讯全部产品的研发实践。TAPD 以"敏捷迭代、小步快跑、鼓励用户参与、持续交付和灰度验证发布"为核心理念,其最大的特色就是敏捷。TAPD 将敏捷理念贯彻于产品研发的全生命周期,覆盖了从产品规划、产品需求管理、项目迭代计划、项目进度跟踪、工作任务管理、工时进度度量、产品测试管理、产品缺陷管理,到产品的发布计划、产品发布结果跟踪、产品反馈等活动,形成软件研发生命周期的闭环。

目前,TAPD 提供了看板、需求、迭代、测试、缺陷、DevOps、报表、文档等核心应用,允许软件开发团队借助成熟的应用实践来快速提升敏捷研发的成熟度。

1. 看板

"看板"一词产生于20世纪50年代,它是丰田汽车公司从市场运行机制中得到启示,从而发明的一套用于传递生产和运送指令的工具。通过让工序进程透明化,看板加强了生产线体制管理,能够防止过量生产、过量运送等情况。同时,企业可以借助看板来确保设备整体的可用性,使整个生产工作有条不紊地进行。

经过半个多世纪的发展和完善,看板不仅在制造业领域得到广泛普及,也在互联网和软件开发领域中得到广泛应用。软件开发团队可以使用看板来协调不同阶段和不同角色的研发工作,借助看板来跟踪和记录任务在软件开发过程中的进度和历程,将软件开发过程可视化,如图9-2所示。

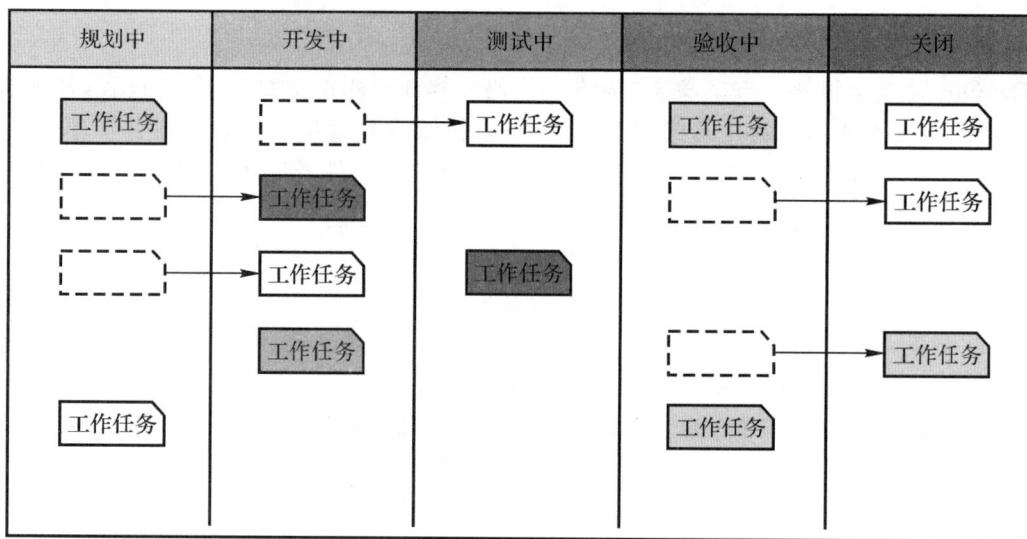

图9-2 看板

看板是TAPD轻量协作解决方案中的核心应用,软件开发团队可以利用看板实现开发过程管理、需求管理、设计管理和bug管理等内容,直观呈现各个过程的细节信息。

看板中的每一列代表一个阶段流程,每一张卡片代表一项工作任务,通常而言,软件任务的流转过程由"To Do""Doing""Done"3个阶段组成。软件开发团队可以在看板中添加工作任务,拖动任务卡片到对应的流程列,确保每个团队成员都能及时反馈工作进展,了解项目的整体进度。同时,软件开发团队也可以结合项目特点和团队情况对看板的流程进行定制,并结合工作流程来制定符合需要的任务流转机制。

除此以外,TAPD看板应用还提供了成员视图,方便项目管理人员跟踪每个团队成员的工作分配情况。在成员视图中,看板应用的每一列代表一位团队成员,成员列中的卡片表示该成员承担的工作任务。同时,TAPD还提供了看板统计报表,能够清晰地呈现项目是否稳步推进、进度是否延期、成员分工是否合理等内容,帮助项目管理人员快速掌握项目进展,结合项目统计数据来降低延期风险。

2.需求

在敏捷开发中,软件开发团队借助用户故事来记录用户需求,将用户需求中有价值的内容表达为一系列规模较小的用户故事,即用户故事是从用户的角度来简短说明目标软件系统的某个业务需求,描述了软件应用或系统对用户、系统或软件购买者有价值的需求。

用户故事主要关注角色、功能和价值 3 个要素。角色是指使用系统功能的用户;功能对软件系统需要完成的业务逻辑进行描述;而价值定义了为什么需要这个功能,且该功能可以为用户带来什么样的价值。

在软件开发过程中,软件开发团队可以通过挖掘角色、整合角色、提炼角色、角色画像 4 个步骤来准确获得用户故事中的角色。软件开发团队首先可以通过头脑风暴方式来挖掘角色。然后,对得到的角色进行整合去重,补充遗漏的角色。接着,软件开发团队可以结合软件项目涉及的范围对得到的角色进行提炼,并对得到的目标角色进行画像,确保虚拟形象能够代表真实的目标用户。用户角色确定以后,软件开发团队即可根据得到的用户角色及产品功能点来绘制业务流程图,借助业务流程图来梳理用户角色的功能场景,整理业务之间的逻辑关系,避免遗漏用户场景及关键功能点。最后,软件开发团队可以结合整体需求及颗粒度情况来决定是否对当前功能点的需求进行合并或拆分。

通常而言,敏捷开发中的用户故事由需求描述和验收标准两个部分组成。

(1)需求描述。

需求描述是指从用户的角度来阐述的需求价值,其常规的表达方式如下:

作为用户......,

我希望......,

以便......。

(2)验收标准。

验收标准是指对当前需求必须达到的目标细节进行描述,如 UI 要求、测试标准以及性能要求等。

在进行需求分析时,软件开发团队应当确保完成的用户故事遵守 INVEST 原则。

1)独立(Independent):用户故事应当尽量独立,且避免用户故事间的相互依赖。

2)可讨论的(Negotiable):用户故事卡是业务功能的简短描述,故事的细节将在客户团队和软件开发团队的讨论中产生。

3)对用户或客户有价值(Valuable):用户故事应该清晰地体现目标软件系统对用户或客户的价值,最好的做法是让用户编写用户故事。

4)可估算的(Estimable):用户故事的内容是可以估算的,便于软件开发团队确定故事的优先级、工作量等,并结合安排制订开发计划。

5)规模小(Small):一个好的用户故事在工作量上应当尽量小,最好不要超过 10 个理想人/天的工作量,且至少能够在一个迭代或 Sprint 中完成。

6)可测试(Testable):用户故事必须是可测试的。

与此同时,需求分析结束以后,软件开发团队可以根据 MoSCoW 法则将用户故事的优先级分为必须、应该、可以、不要 4 个级别。

1)必须:必须完成的用户需求。如果该需求未完成将导致项目失败。

2)应该:应该做的用户需求。这些需求很重要,但不是必需的。

3)可以：可以做，但不是必需的需求。该需求可以提高用户的体验或满意度。

4)不要：不要做或最不重要的需求。此需求在项目中的回报最低，或者在当前情况下是不适合的。

除了定义用户故事的优先级以外，软件开发团队还要对用户故事的规模进行估算。目前用户故事估算主要采用工时和需求规模两种方式：

1)工时。工时作为最常规的工作量估算方式，采用人时、人日等单位来描述完成指定用户故事所需的工作量。

2)需求规模。需求规模估算法作为敏捷需求估算的一种特有方式，无须关心谁来做以及花多长时间可以完成需求，而是以一种抽象的单位（故事点）来估量指定需求的工作量，此时，故事点是一个相对值概念。软件开发团队可以将完成一个基准用户故事所需要的工作量作为参照物，并将该参照物定义为一个故事点。

通常而言，需求规模估算法可以使用 T 恤尺寸（S、M、L、XL），或者斐波那契数列（1，2，3，5，8⋯）来标注各个用户故事的规模。

当然，软件开发团队也可以结合实际情况，采用适合的需求规模评估方式来量化各个用户故事的工作量，为制订迭代计划做准备。在 TAPD 敏捷研发协作平台中，需求是非常核心的应用。软件开发团队可以通过需求应用来创建需求及子需求、定义需求优先级、设置需求分类、配置需求视图、预设需求任务等，实现对软件需求的有效管理。

3. 迭代

相对于传统瀑布开发模型将所有的软件需求规划为一个长开发周期而言，敏捷开发通过将用户需求规划为多个周期较短的迭代，以小步快跑模式，分批次地完成目标软件系统包含的业务内容。

在敏捷开发中，迭代是软件开发团队实施敏捷研发的节奏，通常而言，敏捷开发中的迭代包括迭代规划、设计、实施、测试、发布与交付以及回顾评审等活动。软件开发团队可以根据客户交付价值和发布计划来规划迭代，将目标软件系统包含的用户故事划分为多个迭代，约定各个迭代的交付内容。同时，迭代在敏捷开发中也可以是一个相对固定的时间段，例如 1 到 4 周。软件开发团队可以在这个固定的时间段内实施迭代，产出约定的交付内容，并向用户交付完成的软件产品和开展迭代回顾。

为了有效地支持敏捷研发，腾讯围绕"迭代规划、迭代开发、迭代发布"3 个内容来设计迭代应用，帮助软件开发团队实现"敏捷迭代，小步快跑"的核心价值。软件开发团队可以借助 TAPD 敏捷研发协作平台中的迭代应用来规划和跟踪迭代，开展后续的迭代发布、迭代回顾，持续实现用户价值，做到软件产品的快速交付。

4. 测试

在软件开发过程中，测试是指软件开发团队通过手动或者自动化方式来检测软件产品中是否存在缺陷和问题的过程。通过对软件产品开展测试，软件开发团队可以进一步提高软件产品的质量；同时，软件开发团队可以借助测试来分析错误的产生原因和发生趋势，对产品的研发过程提出改进意见。

在敏捷开发中，测试是指一种遵循敏捷开发管理的实践，强调从用户的角度来测试软件产品。软件开发团队通过不断修正质量指标，完善测试策略，确保发布的软件版本成功地满足用户需求,及时实现用户价值。

那么,敏捷测试与传统测试的区别是什么呢?在传统的软件开发过程中,测试通常是在需求开发完成后才开始的,并且测试是软件交付前的最后一个执行环节。如果软件开发团队在测试环节发现了问题,将导致软件开发过程返回到开发阶段,进而导致软件项目延期交付,降低客户的满意度。在敏捷开发中,测试不再是传统意义上庞大且正式的基于文档的测试,而是体现在每个迭代的具体环节。通过迭代测试,软件开发团队可以快速发现、及时修复问题,并根据测试的结果实时调整阶段测试计划,提高软件开发团队的工作效率和质量。

敏捷开发中的测试有验收测试、探索性测试和自动化测试 3 种类型:验收测试,也称交付测试,用于确保软件产品的可交付性;探索性测试根据个人的测试经验来持续提升被测软件产品的质量,强调测试者的个人经验和责任;而自动化测试是指利用工具或程序来辅助人工测试。在自动化测试中,软件开发团队可以通过运行或者回调脚本来执行测试用例,代替人工对目标软件系统进行验证。

为了帮助软件开发团队更加有效地开展敏捷测试,TAPD 在测试应用中提供了测试计划、测试用例和测试执行三大主体功能。

测试计划是指测试工程师根据软件需求确定测试范围、任务、责任人以及对测试进度的安排。通常而言,测试计划主要包括确定测试范围、制定测试策略和人员资源分配 3 个部分,在敏捷开发过程中,软件开发团队可以根据敏捷开发各个迭代包含的用户故事来确定测试范围,并针对已确定的需求内容制订测试计划;同时,除了规定测试环境搭建、测试工具选型等内容以外,软件开发团队还需要在测试计划中表明选择的测试类型(如功能测试、性能测试)和测试的手段;最后,软件开发团队需要在测试计划中评估涵盖的测试工作,对测试的工作量进行评估和任务划分,将测试任务合理地分配给相关工作人员。

测试用例是指测试人员根据具体的用户需求编写的测试场景以及对单个需求测试点或场景的拆分说明。测试用例主要包括前置条件、用例步骤和预期结果 3 个部分的内容。其中:前置条件是指执行当前测试用例所必须具备的前提条件,如果前提条件不能满足,那么无法执行后续的测试步骤,或者执行测试用例将无法达到预期的结果;用例步骤是对测试执行过程的详细描述,给出了测试的输入数据、执行过程、操作步骤和方法等;测试用例的预期结果则对执行本用例后期望获得的输出结果进行描述,是判断当前测试用例是否通过的标准。

测试执行是指采用设计的测试用例来验证软件的正确性、完整性、安全性和质量要求的具体过程,有效的测试执行可以将测试用例的价值发挥到最大。软件的测试用例编写完成以后,软件测试人员即可根据测试计划的安排,对待测软件系统或软件模块开展有计划的测试。如果待测软件系统不能通过测试用例,软件测试人员可以直接记录缺陷,方便软件开发人员在第一时间了解缺陷,实现对缺陷的跟踪管理。

除了提供完整的测试管理功能以外,TAPD 还集成了测试报表功能,该功能对采集到的测试数据、测试结果进行统计分析,协助软件测试人员生成测试报告。TAPD 产生的测试报告包括测试概述、测试计划、缺陷分析、测试结论与建议等内容,能够帮助团队成员分析出现的问题和缺陷,为改进软件质量、产品验收和交付提供依据。

可以发现,TAPD 通过制订测试计划,规划、关联测试用例,执行测试用例,生成测试报告 4 个步骤来管理软件测试,能够提供敏捷软件测试管理的一站式解决方案。软件开发团队可以借助 TAPD,实现对软件产品质量的全程把控。

5.缺陷

在软件开发过程中,缺陷的产生是不可避免的。软件本身、团队工作和技术问题都可能导致软件出现缺陷。缺陷会导致软件产品在某种程度上不能满足用户的需要,并且严重影响软件的质量,因此缺陷的管理和分析都是软件质量保证的重要环节。通常而言,缺陷管理包括缺陷信息管理和缺陷生命周期维护两个部分。

(1)缺陷信息管理。

为了便于跟踪和修复缺陷,软件测试人员必须尽可能多地从各个途径收集缺陷信息,通常而言,缺陷包含缺陷标题、缺陷描述、优先级和严重程度4个信息。缺陷标题是对缺陷内容的概括性描述,保证团队成员看到标题就能大概明白缺陷内容;缺陷描述是对出现问题的详细描述,给出了重现问题场景的详细步骤及预期的正确操作结果;优先级用于表现处理和修正软件缺陷的先后顺序,即哪些缺陷需要优先修复,哪些缺陷可以稍后修复;严重程度表示该缺陷对软件产品本身和用户使用造成影响的程度。

为了方便管理缺陷,TAPD 将缺陷的优先级分为紧急、高、中、低和无关紧要5个等级。"紧急"表示缺陷必须立即解决;"高"表示缺陷需要优先修复;"中"表示缺陷可以按照正常队列等待修复;"低"表示软件开发人员可以在方便的时间处理缺陷;"无关紧要"则表示该缺陷是与系统关联性不大的其他缺陷。

与此同时,TAPD 也提供了缺陷严重程度分类功能,允许软件开发团队根据缺陷的严重程度将缺陷分为致命、严重、一般、提示和建议5个级别。"致命"表示该缺陷会导致系统崩溃、用户数据严重损坏,或者操作系统死机等问题;"严重"表示软件系统的主要功能未实现或者主要路径上的功能出现问题;"一般"表示系统的次要功能未实现,或者分支路径有问题,界面报错等;"提示"是描述前端的样式存在问题,或者文字内容错误等;"建议"是指产品功能的体验需要优化等。

尽管缺陷的优先级和严重程度都能表示缺陷对软件系统的影响和需要被处理的顺序,但是,缺陷的优先级和严重程度并不总是一一对应的,一些严重程度低的缺陷可能会具有较高的优先级,需要及时处理。因此,软件开发团队必须综合考虑市场发布和质量风险等因素来指定软件缺陷的处理优先级。

在创建缺陷记录时,软件开发团队可以使用简单、准确、专业的语言来描述缺陷。清晰的缺陷描述可以帮助软件开发人员分析缺陷产生的具体原因,提高缺陷的修复速度,使软件开发团队能够更加高效地工作。目前,TAPD 提供了标准的缺陷描述模板,允许团队成员直接按照模板填写缺陷的各项基本信息来创建缺陷记录。当然,软件开发团队也可以在 TAPD 平台中结合项目的类型和团队特点来定制适合的缺陷内容模板,实现对缺陷内容的详细描述。

(2)缺陷生命周期维护。

缺陷管理的另外一个重要内容就是缺陷的生命周期维护,与其他生命周期类似,缺陷的生命周期决定了缺陷从发现到被处理的整个过程。

软件开发过程中,软件的每一个缺陷都拥有独立的生命周期,根据缺陷所处的阶段不同,缺陷可能处于不同的状态,且随着缺陷的处理流程不同在不同的状态之间流转。

目前,腾讯已经在 TAPD 中提供了功能完整的缺陷应用,能够支持软件开发团队对缺陷进行全生命周期管理。在 TAPD 中,缺陷的生命周期被默认划分为7个状态,各个状态之间的流转关系如图9-3所示(图中每个方框表示一个状态)。

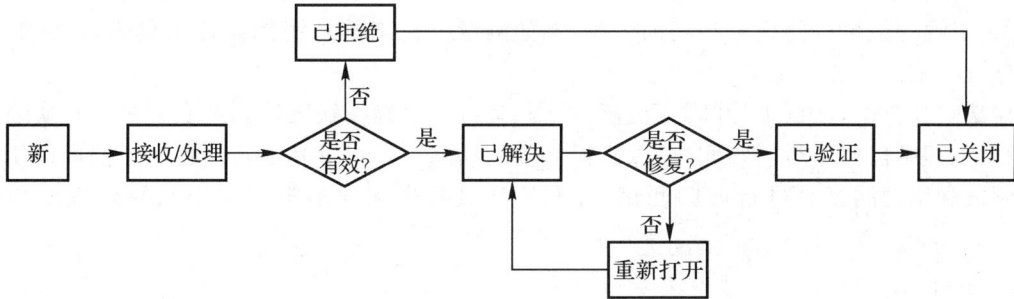

图 9-3 TAPD 中默认的缺陷生命周期

1) 如果缺陷的状态为"新",那么表示该缺陷是新提交的缺陷。

2) 如果新提交的缺陷已经被分配给相应的软件开发人员,且软件开发人员已经开始对缺陷进行定位修复,那么需要将缺陷流转到"接收/处理"状态。

3) 如果软件开发人员判断该缺陷并非由软件本身的原因产生,而是用户环境或者其他问题导致的,那么可以将缺陷流转到"已拒绝"状态,不作处理。

4) 待软件开发人员修复缺陷后,可以将对应的缺陷流转到"已解决"状态,便于软件测试人员进行再次验证。

5) 如果已修复的缺陷通过了验证,那么该缺陷将被流转到"已验证"状态。

6) 同时,如果修复的缺陷已经发布上线,并且修复的缺陷内容已经符合预期,那么可以将缺陷关闭,将缺陷流转到"已关闭"状态。

7) 如果已修复的缺陷未通过验证,那么需要将该缺陷流转到"重新打开"状态,让软件开发人员继续修复,直到缺陷关闭为止。

TAPD 也允许软件开发团队结合项目特点和团队工作方式来定义缺陷的生命周期,配置缺陷工作流,配置缺陷在各个状态之间的流转规则。适合的缺陷状态和缺陷工作流可以让软件开发团队更加便捷地管理和修复缺陷,提高缺陷的修复效率。

除此以外,TAPD 还提供了丰富的缺陷统计功能(例如,缺陷分布统计和缺陷趋势统计),帮助项目管理人员从多个维度来分析项目的缺陷情况,了解软件产品的健康度,提高软件产品的质量。

(3) 缺陷分析。

缺陷分析的第一步是收集完整的信息。测试工程师需要记录缺陷的详细信息,包括缺陷类型、重现步骤、测试环境和测试结果等。此外,还需要了解更多相关信息,例如,用户对产品的使用情况,这些信息可以帮助测试工程师更好地理解问题,并快速找到解决方法。

缺陷类型是缺陷分析的重点,测试工程师需要识别不同类型的缺陷,并分析其原因。具体方法包括分析软件代码、文档和已经发现的缺陷等,以了解缺陷产生的根本原因。通过分析缺陷类型,测试工程师可以避免相同类型的缺陷重复发生,同时也有助于提升软件产品的质量。

在进行缺陷分析时,测试工程师需要特别注意缺陷截止日期和优先级,根据缺陷的优先级和截止日期,测试工程师可以确定问题的严重程度和紧急性,并相应地进行处理和解决。同时,也需要尽快将缺陷的相关信息和解决方案报告给相关的开发人员和项目经理。

测试工程师可以利用各种工具和技术来辅助缺陷分析,例如,可以利用 Bug Tracking 系统来跟踪缺陷进度,同时也可以利用代码分析工具和静态代码分析工具来快速定位缺陷。此外,测试工程师也可以使用一些辅助工具,例如测量分析工具和用例设计工具等,帮助他们更好地分析缺陷。

在缺陷分析中,测试工程师需要进行检查和测试,以确保缺陷得到彻底解决。在缺陷修复后,测试工程师需要进行回归测试,以确保修复的缺陷不会引发其他新问题。他们可以使用自动化测试和手动测试来进行回归测试,并利用测试报告和缺陷报告来跟踪缺陷进度和解决方案。

6. DevOps

在早期的敏捷开发中,尽管软件开发达到了敏捷的目标,但是软件开发完成后仍然无法及时部署,运维中存在的问题不能及时反馈至研发,导致整个软件开发过程并未实现敏捷。

DevOps 作为一种新的敏捷开发模型,覆盖了从需求管理、迭代跟踪、代码关联、持续集成、测试管理、持续交付到用户反馈的整个系统研发生命周期,倡导"研发运维一体化"。DevOps 一词是由英文 Development(开发)和 Operations(运维)组合而成。

实际上,DevOps 是一种基于精益和敏捷研发理念的方法、过程与系统的统称,强调 IT 专业人员在软件产品生命周期中的协作和沟通。DevOps 重视软件开发人员(Dev)、运维技术人员(Ops)和质量保障人员(QA)之间的沟通、合作,主张通过自动化的持续集成(Continuous Integration,CI)和持续交付(Continuous Delivery,CD),来使得构建、测试、发布软件能够更加地快捷、频繁和可靠。

持续集成(CI)是是软件开发周期的一种实践,把代码合并、构建、测试集成在一起,不断地将代码合并到主干,然后自动进行构建和测试。CI 有助于在开发周期的早期捕获 bug,从而降低修复成本。自动测试作为 CI 过程的一部分执行,以确保质量。CI 系统生成项目并将其馈送给发布流程,以推动频繁的部署。

持续交付(CD)是在 CI 的基础上完成软件构建,不断地将软件持续部署到测试、准生产、生产等环境,并在相应环境进行操作,目标是将软件产品交付给用户。CD 是 DevOps 的一种主流的技术实践,两者的最终目的都是为了更快向用户交付高质量的软件。区别是,CD 更专注于具体实现,是 DevOps 方法与文化在组织、流程、工具上的实现。

三步工作法是 DevOps 的工作的基础原则,整个 DevOps 实施可以分解为 3 步:

1)流动,使得工作能够在价值流中从左到右快速流动。

2)反馈,使得工作从右到左每个阶段能够快速、持续反馈。

3)持续学习与创新,建立高度信任文化,不断尝试,不断成长进步。

(1)流动。

第一部分是让价值快速流动,其中有 6 个实践,分别是可视化、限制在制品、减小规模、减小交接数量、持续识别和拓展约束,以及在价值流中消除浪费。

1)可视化:技术价值流和生产制造价值流的区别是工作不可视,工厂里面有物料的流动和堆积,如果发现大量堆积,说明这里有瓶颈、有排队。而 IT 交付价值流里看不到显而易见的堆积,很多问题被隐藏掉,直到最后爆出更大的问题。在 DevOps 领域里,包括敏捷、精益的理念,都在提可视化,通过可视化去管理价值流动。

2)限制在制品:通过限制并行的任务数量,可以加速价值流动速度,并且帮助快速发现和解决问题。例如当一个湖里有很多水,水面很高,湖中的石块都被这些水覆盖,这时即使有大的暗礁人也看不到。水量逐步减少,一些大的石块暴露出来,如果水量进一步减少,中等石块、小石块也逐步被发现。从领导的角度来讲,要求所有的员工加班,可能很难看到哪块有瓶颈、哪块有问题,因为从表面上看所有人都很忙。更好的思路也许是稍微降低一下工作的负荷,从加班慢慢恢复到一个正常水平,之后可能会发现有的部门比较轻松正常地完成工作,有的部门还在不断地堆积工作,在主动地加班,这时候瓶颈就被发现了。

3)减小规模:小批量给很多好处,更快的部署前置时间,更快地发现错误和解决问题,更少的返工。持续部署就是该实践的一种体现,只要代码提交入库,就自动做编译、测试、部署与发布,只要在的流水线里完成了所有验证,就认为这是一个潜在的可发布的版本。要减小批量的规模,频繁提交代码、频繁集成和验证,才能更早地进行交付。

4)减少交接数量:代码从提交版本库到在生产环境运行要经历很多过程,有很多部门要跨越。部门之间过多的交接一定会导致整体效率的下降,前置周期加长,为了按时交付就需要向上升级,找到老板干涉项目,临时调整优先级,这会造成更多混乱。DevOps 怎么解决这个问题?最有效的方法是实现自服务,建设一个自服务的平台赋能给开发。要提高整体生产效率,开发需要通过 API 和自服务的方式,自助完成常见的场景,比如申请环境、部署上线等。在技术价值流里关注两个词——自动和自助,自动是系统或平台自动化地帮你完成日常操作,自助是给上游的开发人员赋能,让其用运维做的系统或平台完成一些任务。通过自服务和自助化,可以破解过多交接带来的消耗。

5)持续识别和拓展约束:为了缩短部署前置时间并增加吞吐量,需要找到瓶颈点,只有在瓶颈点处的改进才是真正有效的。第一步,识别瓶颈,如可视化、限制 Windows 信息保护(WIP)都是找到瓶颈的关键方法。第二步,考虑如何拓宽约束。比如在瓶颈点人员很疲惫的时候有替代人员支持,或者通过自动化等。第三步,协调整个组织配合上述决策。如果有了工作堆积,上游不要再急于推过来新的工作,而是把已经堆积的工作逐步完成。第四步,提升系统约束。比如在最薄弱的环节增加资源,从本质上拓宽约束。第五步,如果这个约束解决,回到第一步,但不允许惰性导致系统约束。就是说当一个约束点解决,下一个约束点可能就暴露出来,要持续解决约束。

6)在价值流中消除浪费:如减少额外的流程、额外的功能,减少任务切换浪费、等待浪费、动作浪费、缺陷浪费等等。

(2)反馈。

第二部分是反馈,这里有 4 个实践:及时发现问题,密集解决问题、构建新的知识,将质量向源头推进,为下游工作进行优化。

1)及时发现并解决问题:持续测试的设计和运营假设,要不断做验证,提升问题发现的速度,增加恢复能力。要建立向前的反馈循环,比如原来采用瀑布模型,有可能花费一年的时间开发一个产品,到最后一个月测试才发现有重大问题,这种反馈是非常慢的。如果采用快速迭代,持续集成、持续交付的方式,代码提交之后几分钟就能得到一个反馈,这次提交的代码如果存在错误,能快速发现、快速解决。

2)保持将质量向源头推进,并为下游优化:例如审批流程的有效性会随着决策远离工作执行处而降低,倾向于工作由下游的人去审核审批,但是如果下游的人根本不了解工作的情况,这种审批就是不增值和无效的。有效的质量控制的例子,比如通过 Peer Review 确认变更是否符合设计,可以让开发人员快速测试自己的代码,甚至自己部署生产环境。

（3）持续学习与创新。

这里面提了 4 个实践：开启组织学习和安全文化，将改进做到制度化，将局部发现转为全局改进，在日常工作中注入恢复模式。

1）开启组织学习和安全文化：工作在复杂系统中，不可避免会经常出错。出现错误时，很多公司处理的方法是责备和追责。这样会导致组织内形成一种恐惧感，如果团队成员都很恐惧，怕做错事受到责备，就会选择把小的问题隐藏掉，直到问题积累到一定程度最终灾难性地爆发。在 DevOps 的范畴里应该构建生机型的文化，引导一个免责的故障事后分析机制，让学习过程变成良性的循环，重点并不在追责，而是转移到根因分析和对于恢复过程的改进，这是生机型组织的明显特征。

2）将改进做到制度化：比日常工作更重要的，是改进日常工作，要把改进融入日常的工作中。明确安排时间解决技术瓶颈和修复缺陷，进行重构并改进代码和环境问题。

3）将局部发现转为全局改进：让事故分析报告能够被其他试图解决相似问题的团队搜索到，建立共享代码库横跨整个组织，共享代码、库配置，让集体知识能够被整个组织利用。

4）在日常工作中注入恢复模式：避免失败的最好办法是经常失败，经典的例子是 Netflix 的 Chaos Monkey 工具，会在生产环境随机杀进程，用来确保整个系统有强大的恢复能力。

7. 报表

由于软件开发是一项群体智力活动，其进展情况往往不够明显。为了帮助软件开发团队实时掌握项目的进展情况，TAPD 借助收集的软件开发过程数据，结合敏捷研发中需要关注的指标点，生成一系列关于项目/迭代进度、质量、工作分配等信息的数据报表，让软件开发过程尽量清晰，降低软件项目开发中存在的风险。

TAPD 项目中的报表应用提供丰富的统计分析功能，帮助项目团队量化统筹管理项目，其中包括：

1）需求分布统计、需求时长统计、需求关联统计、需求燃烧图、需求累计流图。

2）缺陷分布统计、缺陷趋势统计、缺陷年龄统计、其他缺陷报表。

3）看板工作项统计。

4）进度跟踪、工时花费报告。

除了统计分析外，TAPD 还能智能生成需求报告、缺陷报告、任务报告、项目进度报告、测试报告等，并通过邮件形式知会项目成员。

（1）迭代。

TAPD 的迭代仪表盘从迭代维度统计了多种项目开发数据，如迭代内的需求分配与执行、缺陷解决趋势、代码提交趋势、构建情况、代码质量情况等。迭代仪表盘中的数据报表实时展现了各轮迭代的生产数据，通过迭代仪表盘提供的数据报表，项目管理人员可以准确地分析实际工作进度与理想情况的偏差，在掌握迭代进度的情况下采取合理的行动，规划后期的迭代工作。例如，软件开发团队可以借助燃烧图来了解特定迭代中所有需求的剩余工作量随时间的变化趋势，观测各轮迭代中涵盖工作的实时完成情况。

除了提供标准的迭代仪表盘以外，TAPD 敏捷研发协作平台也允许软件开发团队根据项目的特点和工作需要来配置迭代仪表盘，方便软件开发团队利用收集到的项目生产数据来发现软件开发过程中的潜在信息。

（2）项目。

在敏捷开发中,软件开发团队除了需要关注单个迭代的生产数据以外,还必须从整体上把控软件项目的开发过程。目前,TAPD 除了支持统计各轮迭代中的生产数据以外,还能够从项目整体的角度来汇总各类信息,例如,统计整个项目的需求/缺陷分布、需求关联、缺陷趋势等,帮助项目管理人员从不同的角度了解软件项目的进展情况。

与此同时,TAPD 还支持将项目产生的报告内容以邮件形式同步给指定的团队成员,目前,平台支持的报告形式主要有项目报告和定时报告两种形式。项目报告对项目的各类信息进行汇总,而定时报告则可以将项目需求、任务、缺陷等内容的统计数据按照设置的时间频率发送给指定人员。

（3）组织。

在实际的敏捷开发过程中,如果需要多个软件开发团队共同协作开发或交付同一个大型软件项目,单一的迭代、项目统计数据可能无法展现整个项目的实际生产情况,无法协助高层管理人员把控项目进展。

为了帮助管理层实时掌握大型项目的进展情况,TAPD 提供了组织维度报表,能够将多个项目的生产数据信息进行汇总,帮助管理层实时监控多个项目的进展情况、交付质量,实现项目资源的有效调度。

8. 文档

尽管敏捷开发强调“可以工作的软件胜过面面俱到的文档”,但是这并不意味着敏捷开发必须完全抛弃文档,软件开发团队可以借助文档来沉淀知识资产、凝聚团队智慧。在实际的软件开发过程中,市场分析、用户画像分析、软件维护记录、代码规范说明、代码接口说明等内容都可以通过文档的形式进行沉淀。

为了方便团队成员共同撰写和维护软件开发过程中产生的文档,TAPD 提供了文档应用模块,该模块允许团队成员在统一的平台上协同工作,共同撰写和维护文档资料,提高软件开发团队的工作效率。

目前,TAPD 中的文档应用提供了在线文档、思维导图和文件管理 3 个主要功能,软件开发团队可以借助文档应用,完成文档的多人、在线、协作撰写工作,并实现文档内容的安全存储。与此同时,TAPD 也支持软件开发团队将已有的 Word、Excel、PPT 等格式文件上传到文档应用,平台将上传的文档资料自动转换为在线文档,便于团队成员共享、协同编辑。

除此以外,TAPD 还提供了文件夹和多目录层级方式来管理众多的文档资料,允许软件开发团队对文档的内容进行评论和讨论,方便软件开发团队进行深度协作。同时,所有对文档的变更和下载信息都会记录在平台中,软件开发团队可以借助变更和下载信息追溯文档访问情况,保障软件项目的信息安全。

9.3　软件能力成熟度模型集成

能力成熟度模型（Capability Maturity Model,CMM）是对于软件组织在定义、实施、度量、控制和改善其软件过程的实践中各个发展阶段的描述。CMM 是国际公认的对软件公司进行成熟度等级认证的重要标准。

能力成熟度模型集成(Capability Maturity Model Integration,CMMI)V2.0 是能够帮助企业提高其关键业务过程性能的最佳实践的集合。该模型由来自行业和 CMMI 研究院成员组成的产品团队开发。CMMI V2.0 旨在为建设、改进和维持能力提供清晰的路线图。

9.3.1 能力成熟度模型

CMM 的核心是把软件开发视为一个过程,并根据这一原则对软件开发和维护进行过程监控和研究,以使其更加科学化、标准化,使企业能够更好地实现商业目标。

CMM 是由美国卡内基·梅隆大学的软件工程研究所(SEI)开发的软件成熟度模型,共分为 5 级,第 5 级为最高级别。CMM 是一个动态的过程,企业可以根据不同级别的要求,循序渐进,不断改进。同时,它还是一种用于评价软件承包能力并帮助其改善软件质量的方法,它侧重于软件开发过程的管理及工程能力的提高与评估。

CMM 的基本思想是,管理软件过程的方法不当引起的问题,新软件技术的运用并不会自动提高软件的生产率和质量。CMM 有助于软件开发机构建立一个有规律的、成熟的软件过程。改进后的软件过程将开发出质量更好的软件,使更多的软件项目不会陷入时间拖延和费用超支的困境。CMM 是目前国际上最流行、最实用的一种软件生产过程标准,已经得到了众多国家以及国际软件产业界的认可,成为当今企业从事规模软件生产不可缺少的一项内容。

CMM 为软件企业的过程能力提供了一个阶梯式的改进框架。它基于过去所有软件工程过程改进的成果,吸取了以往软件工程的经验教训,提供了一个基于过程改进的框架。它指明了一个软件组织在软件开发方面需要管理哪些主要工作,这些工作之间的关系,以及以怎样的先后次序一步一步地做好这些工作从而使软件组织走向成熟。

通过实施 CMM,组织可以提高其软件开发流程的质量、可预测性和效率,从而更好地满足客户需求,提高产品质量,增强竞争力。

9.3.2 CMM 模型的新发展——CMMI

CMMI 是 CMM 的升级版,它是一种综合的成熟度模型,用于评估和改进组织的软件开发、服务提供和供应链管理过程。CMMI 与 CMM 相比,具有更强的适用性和灵活性,可用于评估和改进各种类型的过程,而不仅仅是软件开发过程。

CMMI 是由软件工程研究所(Software Engineering Institute,SEI)开发的,它继承了CMM 的基本思想,但加入了许多新的特性和概念,包括过程领域、能力级别、过程域和成熟度级别等。

CMMI 框架包含了两个主要的模型:CMMI - DEV 和 CMMI - SVC。其中:CMMI - DEV主要用于评估和改进软件开发过程,包括软件开发、维护、测试和配置管理等方面;而 CMMI -SVC 主要用于评估和改进服务提供过程,包括服务支持、服务交付和服务管理等方面。此外,CMMI 还包括一个供应链模型(CMMI - SVC),用于评估和改进供应链管理过程。

CMMI 模型的核心是能力级别,CMMI 将过程分为 5 个能力级别,分别为初始级、管理级、定义级、量化管理级和优化级。每个能力级别都包含了一组特定的过程领域和指南,用于评估和改进组织的过程成熟度。

除了能力级别,CMMI 还引入了一个新的概念——过程域。过程域是一个过程领域的子集,通常涉及特定的过程,如项目管理、需求管理和配置管理等。过程域包括一组特定的目标和实践,以及评估和改进过程的标准和指南。

与 CMM 相比,CMMI 具有更强的适用性和灵活性,能够适应不同的组织和不同类型的过程。CMMI 提供了一种标准化的方法,以帮助组织评估和改进其过程成熟度,从而提高其业务绩效和效率。

9.3.3　CMMI - DEV V2.0 的变化

CMMI - DEV 是指 Capability Maturity Model Integration for Development,即软件开发能力成熟度模型集成,它是由卡内基·梅隆大学软件工程研究所开发的一种过程改进框架。

CMMI - DEV 提供了一系列指导组织改进软件开发过程和提高这些过程成熟度的指南,它包括一组最佳实践,涵盖了软件开发和项目管理的方方面面。这些最佳实践被组织成不同的成熟度级别,级别从 1 到 5,其中级别 1 表示过程混乱,级别 5 表示过程不断改进和优化。

CMMI - DEV 涵盖了软件开发生命周期的所有方面,包括需求管理、项目规划、过程管理、工程、质量保证和配置管理等。它不仅可以帮助组织提高软件开发过程的效率和质量,而且还可以帮助组织与客户、供应商等各方建立良好的沟通和合作关系,从而获得更好的商业价值。

CMMI - DEV V2.0 相对于早期版本,有一些重要的变化,包括以下几个方面:思想变化、关键术语变化、结构与描述方式变化、过程域变化以及评估方法变化。

1. 思想变化

CMMI - DEV V2.0 相较于早期版本在思想上的变化,主要包括以下几个方面:

1)强调敏捷方法:CMMI - DEV V2.0 更加强调敏捷方法,包括 Scrum、Kanban 和 Lean 等,以适应快速变化的市场需求和快速开发的需求。

2)更加关注价值交付:CMMI - DEV V2.0 更加关注价值交付,将“交付结果”作为一个重要的目标,以确保组织提供的产品和服务能够满足客户的需求和期望。

3)强调数据驱动的决策:CMMI - DEV V2.0 更加强调数据驱动的决策,以帮助组织制定更好的业务决策和优化业务流程。

4)着重强调组织能力的持续改进:CMMI - DEV V2.0 更加着重强调组织能力的持续改进,以确保组织能够不断适应市场的变化和不断提高其业务流程和产品的质量。

总之,CMMI - DEV V2.0 更加强调敏捷、价值交付、数据驱动的决策和组织能力的持续改进,以帮助组织提高其软件和系统工程能力,从而实现更好的业务绩效。

2. 关键术语变化

相较于早期版本,CMMI - DEV V2.0 引入了一些新的关键术语,同时也对一些旧的术语进行了修改:

1)工作区(Work Area):CMMI - DEV V2.0 将“过程区域”(Process Area)改为“工作区”,以便更好地反映组织的工作现实。

2)能力元素(Capability Element):CMMI - DEV V2.0 引入了“能力元素”这一新概念,代替了早期版本中的“目标和实践”。

3)组织、团队和个人(Organizations, Teams, and Individuals):CMMI - DEV V2.0 将“组

织"作为一个单独的术语,同时也强调了"团队"和"个人"的重要性。

4)总体组织绩效(Overall Organizational Performance):CMMI-DEV V2.0引入了"总体组织绩效"这一新概念,用于评估组织在各个工作区中的绩效。

5)专业领域(Professional Area):CMMI-DEV V2.0将早期版本中的"工程"(Engineering)和"支持"(Support)过程区域合并为"专业领域",以更好地反映组织的工作现实。

总之,CMMI-DEV V2.0引入了一些新的关键术语,同时也对一些旧的术语进行了修改,以更好地反映组织的工作现实和需要。

3. 结构与描述方式变化

相较于早期版本,CMMI-DEV V2.0的结构和描述方式有一些变化:

1)结构变化:CMMI-DEV V2.0的结构发生了变化,从过程区域的模型改为了能力元素的模型。CMMI-DEV V2.0将旧版的22个过程区域改为了15个能力元素,每个能力元素都包含一组相关的实践和指南,以帮助组织提高其软件和系统工程能力。

2)描述方式变化:CMMI-DEV V2.0的描述方式也发生了变化,与早期版本相比,CMMI-DEV V2.0的描述更加简洁明了,更加注重实用性和可操作性。CMMI-DEV V2.0的描述也更加注重对敏捷方法和数据驱动的决策的支持。

3)绩效基准变化:CMMI-DEV V2.0引入了绩效基准(Performance Baseline)这一概念,用于帮助组织评估其在某个能力元素中的绩效水平。绩效基准包括一组关键绩效指标,以及该指标的目标值和评估方法。

4)能力级别变化:CMMI-DEV V2.0的能力级别结构没有改变,但是与早期版本相比,它更加注重了能力级别之间的联系和交叉,以帮助组织实现更好的绩效提升。

总之,CMMI-DEV V2.0的结构和描述方式发生了变化,更加注重实用性和可操作性,同时也更加注重对敏捷方法和数据驱动的决策的支持,以帮助组织提高其软件和系统工程能力。

4. 过程域变化

相较于早期版本,CMMI-DEV V2.0的过程域发生了一些变化:

1)过程域的合并:CMMI-DEV V2.0将早期版本中的22个过程域合并为了15个能力元素,这些能力元素包括了所有早期版本中的过程域,并将它们整合到更广泛的主题下,以更好地反映组织的工作现实。

2)过程域的重命名:CMMI-DEV V2.0对一些过程域进行了重命名,以更好地反映它们的职能和目标。例如,早期版本中的"配置管理"(Configuration Management)被重命名为"配置和变更管理"(Configuration and Change Management),以更好地反映其包括的变更管理职能。

3)过程域的调整:CMMI-DEV V2.0对一些过程域进行了调整,以更好地反映组织的工作现实和需要。例如,早期版本中的"风险管理"(Risk Management)被调整为"风险和机会管理"(Risk and Opportunity Management),以更好地反映其包括的机会管理职能。

4)过程域的删除:CMMI-DEV V2.0删除了早期版本中的"集成"(Integration)和"训练"(Training)过程域,因为它们被整合到了其他过程域中。

CMMI-DEV V2.0对过程域进行了一些调整,包括合并、重命名、调整和删除等,以更好地反映组织的工作现实和需要,这些变化可以帮助组织更好地评估和改进其软件和系统工程能力。

5. 评估方法变化

相较于早期版本,CMMI – DEV V2.0 的评估方法也发生了一些变化:

1)评估模型的模块化:CMMI – DEV V2.0 将评估模型拆分为多个模块,以便组织可以根据其特定需求选择所需的模块进行评估,这些模块包括 CMMI – DEV V2.0 中定义的 15 个能力元素,以及组织可以自定义的额外模块。

2)评估方法的灵活性:CMMI – DEV V2.0 提供了更多的评估方法选择,以便组织可以根据其特定需求和情况选择最适合的评估方法。这些评估方法包括传统的基于阶段的评估方法、基于产品的评估方法、基于结果的评估方法等。

3)评估结果的描述方式:CMMI – DEV V2.0 强调评估结果的描述方式应该更加简洁明了,以便组织更好地理解评估结果并采取相应的改进措施。CMMI – DEV V2.0 的评估结果报告中,将包括组织的成熟度级别、每个能力元素的评估结果、重要的发现和改进机会等信息。

4)评估的可持续性:CMMI – DEV V2.0 强调评估应该是一个可持续的过程,以便组织可以持续地评估和改进其软件和系统工程能力。为此,CMMI – DEV V2.0 提供了一些指南和最佳实践,以帮助组织在评估之后持续进行改进工作。

CMMI – DEV V2.0 对评估方法进行了一些变化,包括模块化、灵活性、评估结果的描述方式和评估的可持续性等,这些变化可以帮助组织更好地评估和改进其软件和系统工程能力,以更好地满足业务需求。

9.3.4　CMMI 与敏捷关系

在当今高度竞争和不断变化的环境中,软件工程面临着前所未有的挑战。为了提高软件开发的质量和效率,许多组织已经开始采用 CMMI 和敏捷方法。本小节将从多方面介绍 CMMI 与敏捷的区别与联系,以帮助更好地在软件开发过程中使用这两种方法。

1. 目标定位

CMMI 和敏捷是两种不同的软件开发方法论,它们的目标定位也有所不同。

CMMI 的目标是帮助组织提高其软件开发和维护过程的质量、效率和成本效益。CMMI 提供了一套完整的过程框架,以帮助组织建立和改进其软件开发和维护过程,通过实施 CMMI,组织可以实现以下目标:

1)提高软件产品和过程的质量。

2)提高软件开发和维护过程的效率。

3)降低软件开发和维护过程的成本。

4)建立一个稳健的过程改进机制,不断提高组织的成熟度和能力水平。

敏捷的目标是通过高度的协作、快速迭代和快速响应变化来提高软件开发的效率和质量。敏捷方法强调团队合作、快速反馈、持续改进和适应变化。通过实施敏捷方法,组织可以实现以下目标:

1)提高软件开发过程的灵活性和响应能力。

2)提高软件产品的质量和客户满意度。

3）通过快速迭代和持续反馈提高开发效率。

4）通过团队合作和协作来提高团队效能。

CMMI 和敏捷方法虽然在目标定位上存在一定的差异，但它们都致力于提高软件开发过程的效率和质量，以满足组织和客户的需求。在实际应用中，根据组织的具体情况和需求，可以选择采用 CMMI、敏捷或两者相结合的方法来实现最佳的软件开发效果。

2. 思想焦点

CMMI 和敏捷是两种不同的软件开发方法论，它们的思想焦点也有所不同：

CMMI 的思想焦点是过程改进，强调建立和改进组织的软件开发和维护过程，以提高过程的质量、效率和成本效益。CMMI 将软件开发过程分为不同的阶段和活动，并为每个阶段和活动提供了一套最佳实践和指导，以帮助组织建立和改进其软件开发和维护过程，CMMI 的思想焦点是从过程的角度来提高软件开发效率和质量。

敏捷的思想焦点是灵活性和快速反应，强调通过高度的协作、快速迭代和快速响应变化来提高软件开发的效率和质量。敏捷方法强调团队合作、快速反馈、持续改进和适应变化，以实现灵活的软件开发过程，敏捷的思想焦点是从团队的角度来提高软件开发效率和质量。

CMMI 和敏捷虽然在思想焦点上存在一定的差异，但它们都致力于提高软件开发过程的效率和质量，以满足组织和客户的需求。在实际应用中，可以根据组织的具体情况和需求，选择采用 CMMI、敏捷或两者相结合的方法来实现最佳的软件开发效果。

3. 核心理念

CMMI 和敏捷是两种不同的软件开发方法论，它们有着不同的核心理念。

CMMI 的核心理念是过程改进，它强调建立和改进组织的软件开发和维护过程，以提高过程的可重复性和标准化，从而确保软件开发过程能够被持续改进和优化。CMMI 关注于组织的过程能力和管理能力，通过对过程进行度量和分析，以便组织能够对过程进行监控和管理，并不断改进。

敏捷的核心理念是灵活性和快速反应，它强调团队合作、快速反馈、持续改进和适应变化，以实现灵活的软件开发过程。敏捷的目标是通过不断迭代和逐步开发交付可用的软件产品，并及时响应客户反馈和变化，以提高软件开发的效率和质量。敏捷还强调自组织和自我管理的团队，以确保团队能够高效地合作和快速响应变化。

CMMI 和敏捷的核心理念分别是过程改进和灵活性和快速反应，这两种方法论的理念有着不同的侧重点，但都是为了提高软件开发的效率和质量。在实际应用中，可以根据组织的具体情况和需求，选择采用 CMMI、敏捷或两者相结合的方法来实现最佳的软件开发效果。

4. 内容范围

CMMI 和敏捷是两种不同的软件开发方法论，它们的内容范围也有所不同。

CMMI 是一种基于过程改进的方法，它涵盖了整个软件开发和维护过程，包括需求管理、计划与监控、项目管理、配置管理、产品与过程质量保证、供应商管理等多个过程领域。CMMI 通过定义和规范这些过程，来帮助组织提高软件开发的效率和质量，从而实现组织的软件开发能力持续改进。

敏捷则是一种基于迭代和增量的方法，它关注于团队的协作和软件的快速交付。敏捷方法不像 CMMI 那样规范具体的过程和方法，而是强调通过团队协作、快速反馈和持续改进等方式,以快速交付高质量的软件产品。敏捷方法的范围主要涉及软件开发的过程和方法,包括敏捷开发、Scrum、XP、Lean 等多种方法。

CMMI 和敏捷的内容范围各有不同:CMMI 主要涵盖软件开发和维护过程的方方面面,旨在帮助组织改进和优化软件开发过程;而敏捷则主要涉及软件开发的方法和过程,旨在通过团队协作和快速反馈等方式,实现高质量软件产品的快速交付。

5. 推广难度

CMMI 和敏捷作为软件开发领域的两个主要方法论,虽然都有其优势和适用场景,但在推广过程中也存在一些难度。

对于 CMMI 而言,其推广难度主要体现在以下几个方面:

1)组织文化的转变:CMMI 的实施需要涉及组织层面的改变和文化转变,这需要组织高层的支持和认可,以及员工的积极配合和参与,这对于某些传统保守型组织来说可能会面临一定的难度。

2)实施成本的高昂:CMMI 的实施需要投入大量的人力、物力和财力,需要组织承担一定的成本压力,这对于一些中小型企业来说可能难以承受。

3)实施周期长:CMMI 的实施需要经历多个阶段和评估过程,时间周期较长,需要耐心和坚定的执行力,这也对于一些组织来说可能难以接受。

对于敏捷而言,其推广难度主要体现在以下几个方面:

1)文化转变:敏捷方法需要团队成员之间的高度协作和自我组织能力,需要组织内部的文化和价值观的转变,这对于一些传统保守型组织来说可能会面临一定的难度。

2)技能要求高:敏捷方法对于团队成员的技能和能力有一定的要求,需要具备高效的沟通、协作和解决问题的能力,这需要组织提供培训和支持,对于一些中小型企业来说可能难以承担。

3)风险控制难度:敏捷方法注重快速迭代和快速交付,需要对风险有较强的控制能力,否则可能会导致项目失败,这对于一些组织来说可能存在一定的挑战。

CMMI 和敏捷的推广都存在一些困难和挑战,需要组织在实施过程中注重策略和方法的选择,以及团队的培训和支持,才能够取得良好的效果。

6. CMMI 与敏捷相辅相成

CMMI 和敏捷方法在软件开发中都起到非常重要的作用。CMMI 主要关注流程和文化改进,通过规范化和标准化流程来提高产品和服务的质量和效率;敏捷方法注重快速反馈和迭代,强调团队自组织和协作,通过灵活地响应变化来提高产品的竞争力。

以下是两者在实际中的应用例子。

CMMI:

1)在大型的、安全性要求较高或复杂性较高的项目中,如在航天、防务、汽车电子等行业,CMMI 往往会得到应用。这是因为 CMMI 强调过程的规范性和可度量性,这对于管理这类大规模和复杂性高的项目至关重要。

2)CMMI 还常常用于向客户证明组织的过程能力和成熟度,例如,许多政府机构或大公司在选择供应商时,会要求供应商具有一定等级的 CMMI 认证。

敏捷方法:

1)在需要快速响应市场变化和用户需求的项目中,敏捷方法通常会得到采用。比如在互联网行业,产品需求往往变化迅速,敏捷方法能够帮助团队快速适应这些变化。

2)对于小到中等规模的项目,敏捷方法也很常见,因为它可以减少一些不必要的管理开销,并且让团队能够更专注于产出。

3)许多组织也将敏捷方法用于非软件开发的项目中,如产品管理、市场营销等。

值得注意的是,CMMI 和敏捷并不是互斥的,许多组织会同时采用两种方法。例如,他们可能会使用 CMMI 来确保整体的过程质量,同时采用敏捷方法来提高项目的灵活性和效率。

两种方法虽然在目标、实践和文化方面存在不同,但它们也存在一些共同点。例如,它们都注重不断地优化和改进,都需要团队成员之间的密切合作和有效的沟通,以及持续地关注客户需求和用户体验等。

因此,在实际项目中,可以通过将 CMMI 和敏捷方法相互融合和协同来达到更好的效果。例如,在敏捷团队中,可以借鉴 CMMI 的度量和质量管理方法来对产品和过程进行监控和度量,提高团队的效率和质量。在 CMMI 的实践中,可以结合敏捷方法的实践,实现更快速、更灵活的流程,使团队更好地适应变化。

CMMI 和敏捷方法都有其独特的价值,可以相互补充和协同,共同推进项目的成功。

9.3.5　CMMI 2.0 概述

软件能力成熟度模型集成旨在帮助组织改进其软件开发和项目管理过程,CMMI 2.0 版本进一步扩展了该框架,以应对现代软件开发面临的挑战。本小节将从需求开发和管理、技术解决方案、产品集成、同行评审、验证和确认、过程质量保证、估算、策划、监视与控制、风险与机会管理、原因分析和解决、决策分析和解决、配置管理、组织级培训、过程资产开发、过程管理和管理性能与度量方面全面介绍 CMMI 2.0,如图 9-4 所示。

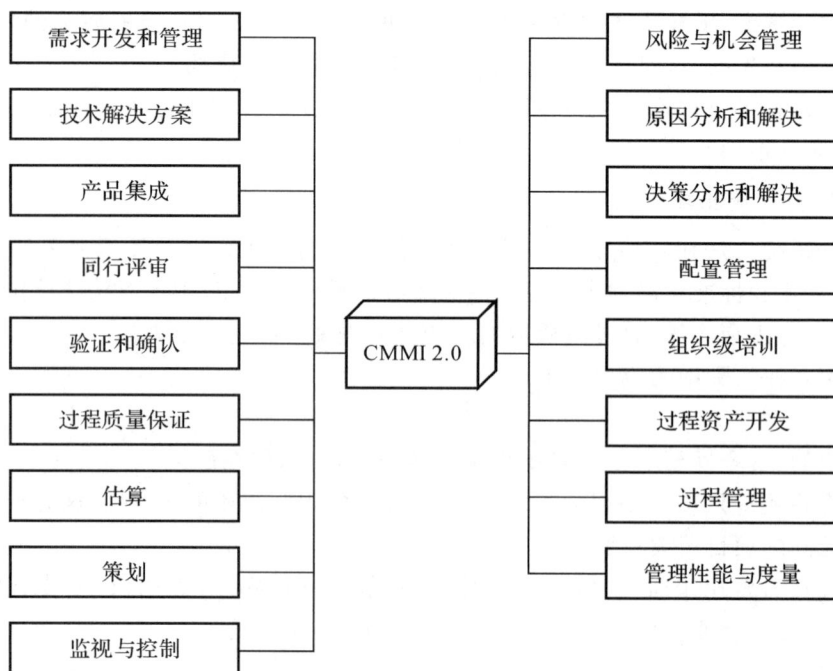

图 9-4　CMMI 2.0 概述

1. 需求开发和管理

在 CMMI 2.0 中,需求开发和管理是一个重要的过程领域,包括需求分析、需求开发、需求验证和需求管理等方面。以下是 CMMI 2.0 中关于需求开发和管理的一些最佳实践:

1)明确需求:确保对需求的定义和描述清晰、准确、一致且可追踪。同时,要确保需求能够满足用户的实际需求,而非仅仅是用户表达的意愿。

2)管理需求:需求管理是确保所有需求得到跟踪和记录的过程。需要对需求进行分类、优先级排序和状态管理,以确保能够及时识别和解决需求变更和冲突。

3)验证需求:需求验证是为了确定需求是否满足预期结果的过程。需求验证的方法包括系统测试、用户验收测试等。

4)管理变更:变更管理是确保对需求变更进行适当管理的过程。需要建立一个变更管理流程,包括变更请求、评估、批准和实施等环节,以确保变更的合理性和影响的最小化。

5)与利益相关者沟通:需求开发和管理的过程中需要与利益相关者保持密切沟通。这包括需求讨论、需求审查和需求确认等活动,以确保需求得到广泛理解和支持。

以上是 CMMI 2.0 中关于需求开发和管理的一些最佳实践,通过这些实践,组织可以提高需求开发和管理的效率和质量,进一步提升组织的过程能力和竞争力。

2. 技术解决方案

CMMI 2.0 中包括许多与技术相关的最佳实践。以下是 CMMI 2.0 中关于技术解决方案的一些最佳实践:

1)技术规划:技术规划是指为实现项目目标所需的技术解决方案的开发和实施过程,组织需要制定详细的技术规划,包括技术选型、开发流程和测试方法等,以确保项目能够按计划完成。

2)技术评审:技术评审是指对技术解决方案进行审查和评估的过程,以确保技术解决方案符合项目的需求和标准。组织需要定期进行技术评审,并记录评审结果,以便后续跟踪和改进。

3)技术培训:技术培训是指为了提高团队成员的技术能力而进行的培训活动,组织需要制订技术培训计划,并为团队成员提供必要的培训,以确保他们能够适应技术解决方案的开发和实施过程。

4)技术测试:技术测试是指对技术解决方案进行测试和验证的过程,以确保其符合项目的需求和标准。组织需要建立详细的技术测试计划,并进行充分的测试和验证,以确保技术解决方案的质量和可靠性。

5)技术改进:技术改进是指对技术解决方案进行持续改进的过程,以提高项目的效率和质量。组织需要建立技术改进的机制,包括对技术解决方案的评估和反馈,以便及时调整和改进技术解决方案。

以上是 CMMI 2.0 中关于技术解决方案的一些最佳实践,通过这些实践,组织可以提高技术解决方案的质量和效率,进一步提升组织的过程能力和竞争力。

3. 产品集成

CMMI 2.0 中包括许多与产品集成相关的最佳实践。以下是 CMMI 2.0 中关于产品集成的一些最佳实践:

1)产品需求:在产品集成的过程中,需要考虑产品的需求,包括功能需求、性能需求、质量需求等。组织需要建立明确的需求管理机制,包括需求的收集、分析、跟踪等过程,以确保产品需求的准确性和完整性。

2)产品架构:产品架构是指产品的总体设计和组织结构,包括产品的模块化设计、接口设计、数据结构等。组织需要建立明确的产品架构管理机制,包括架构设计、评审、更新等过程,以确保产品的可维护性和可扩展性。

3)产品集成:产品集成是指将各个模块、组件或子系统集成为一个整体产品的过程。组织需要建立明确的产品集成计划和管理机制,包括集成测试、配置管理、变更管理等过程,以确保产品集成的质量和稳定性。

4)产品测试:产品测试是指对产品进行测试和验证的过程,以确保产品符合需求和标准。组织需要建立明确的产品测试计划和管理机制,包括测试策略、测试环境、测试用例等过程,以确保产品的质量和可靠性。

5)产品交付:产品交付是指将产品交付给客户或用户的过程,组织需要建立明确的产品交付计划和管理机制,包括交付标准、文档和培训等过程,以确保产品能够满足客户或用户的需求和期望。

以上是 CMMI 2.0 中关于产品集成的一些最佳实践,通过这些实践,组织可以提高产品的质量和可靠性,进一步提升组织的过程能力和竞争力。

4.同行评审

CMMI 2.0 的同行评审是指在组织内部对过程和工作产品进行评审,以发现问题和改进机会的一种方法。以下是 CMMI 2.0 中关于同行评审的一些最佳实践:

1)同行评审计划:组织需要建立明确的同行评审计划,包括评审的时间、地点、评审人员等方面,以确保评审的有效性和及时性。

2)评审人员培训:组织需要为评审人员提供培训,使其了解评审的目的、方法和标准,以提高评审的准确性和可靠性。

3)评审流程:组织需要建立明确的评审流程,包括评审准备、评审会议、评审记录和后续跟踪等环节,以确保评审的全面性和连贯性。

4)评审工作产品:评审的工作产品可以包括需求文档、设计文档、代码、测试文档、用户手册等,组织需要根据实际情况选择评审的工作产品,并制定相应的评审标准和方法。

5)评审结果:评审的结果应当记录下来,并及时进行后续跟踪和改进,以确保评审的效果和持续性。

通过同行评审,组织可以发现过程和工作产品中存在的问题和改进机会,从而提高组织的过程能力和产品质量。同时,同行评审还可以促进团队成员之间的交流和学习,提高整个团队的水平和能力。

5.验证和确认

CMMI 2.0 的验证和确认是指对组织的过程能力进行评估和确认的过程。以下是 CMMI 2.0 中关于验证和确认的一些最佳实践:

1)验证和确认计划:组织需要建立明确的验证和确认计划,包括评估的时间、地点、评估人员等方面,以确保评估的有效性和及时性。

2)评估人员资格:组织需要为评估人员提供必要的资格和培训,以确保评估人员具备足够的能力和知识来进行评估工作。

3)评估准备:组织需要对评估的对象进行准备,包括对组织过程、工作产品和人员进行梳理和整理,以便评估人员进行评估。

4)评估实施:评估人员根据评估计划和标准,对组织的过程能力进行评估,并记录评估结果。

5)评估结果:评估人员应当向组织提供评估报告,并根据评估结果提出改进建议,以帮助组织提高过程能力和产品质量。

通过验证和确认,组织可以了解自身的过程能力和产品质量状况,并得到专业评估人员的指导和建议,帮助组织进一步提高过程能力和产品质量,从而提升组织的竞争力和市场地位。

6. 过程质量保证

CMMI 2.0 的过程质量保证是指通过对组织过程的管理和改进,保证产品或服务的质量达到一定标准的过程。以下是 CMMI 2.0 中关于过程质量保证的一些最佳实践:

1)过程目标:组织需要明确过程目标和指标,并对过程进行跟踪和监督,以确保过程的质量和效率。

2)过程度量:组织需要建立有效的过程度量方法和指标,以便对过程进行评估和改进,并提高过程的可见性和透明度。

3)过程改进:组织需要建立持续的过程改进机制,包括识别改进机会、制订改进计划、实施改进行动、跟踪改进效果等环节,以提高过程的质量和效率。

4)过程培训:组织需要为团队成员提供必要的过程培训,以使其了解过程标准、流程、工具和技术,并能够有效地执行过程。

5)过程审查:组织需要对过程进行审查和评估,以发现问题和改进机会,并及时进行纠正和改进,以提高过程的质量和效率。

通过过程质量保证,组织可以建立有效的过程管理和改进机制,提高产品或服务的质量和效率,并为组织的长期发展奠定基础。同时,过程质量保证还可以促进团队成员之间的交流和学习,提高整个团队的水平和能力。

7. 估算

CMMI 2.0 的估算是指通过对项目成本、资源、进度和风险等方面进行评估和计划,以确定项目可行性、可预测性和可控性的过程。以下是 CMMI 2.0 中关于估算的一些最佳实践:

1)估算计划:组织需要制订明确的估算计划,包括估算的时间、地点、方法、参与者等方面,以确保估算的准确性和可靠性。

2)估算技术:组织需要选择合适的估算技术,包括基于历史数据估算、类比估算、专家判断、参数化估算等方法,并结合实际情况进行合理的估算。

3)估算数据:组织需要收集、整理和分析相关的估算数据,包括项目规模、人员数量、资源需求、进度计划、风险评估等方面,以支持估算工作的进行。

4)估算审查:组织需要对估算结果进行审查和评估,以发现问题和改进机会,并及时进行纠正和改进,以提高估算的准确性和可靠性。

5)估算风险:组织需要考虑估算中的风险因素,包括人员、技术、进度、成本、质量等方面的风险,并采取相应的措施进行管理和控制。

通过估算,组织可以对项目的可行性、可预测性和可控性进行评估和计划,并为项目的顺利开展提供支持和保障。同时,估算还可以帮助组织更好地了解和掌握自身的项目管理能力和水平,并为持续的项目管理改进提供基础和方向。

8. 策划

CMMI 2.0 的策划是指在软件项目开发的早期阶段,对项目进行规划和定义,以确保项目的目标、范围、需求、资源、进度、风险等方面的合理性和可行性。以下是 CMMI 2.0 中关于策划的一些最佳实践:

1)项目管理计划:组织需要建立明确的项目管理计划,包括项目目标、范围、时间、成本、资源、质量、风险等方面的规划和定义,以确保项目的目标和要求得以实现。

2)需求管理:组织需要对项目的需求进行有效的管理和控制,包括需求的收集、分析、评估、变更和追踪等环节,以确保需求的完整性、一致性和可追溯性。

3)风险管理:组织需要对项目的风险进行有效的管理和控制,包括风险的识别、评估、规划、监控和应对等环节,以确保项目的成功和可靠性。

4)质量管理:组织需要对项目的质量进行有效的管理和控制,包括质量目标的定义、质量计划的制订、质量度量的实施、质量控制的实施和质量改进的实施等环节,以确保项目的质量和可靠性。

5)沟通管理:组织需要建立有效的沟通机制和渠道,包括项目内部和外部的沟通,以确保信息的及时传递和沟通的效果。

通过有效的策划,组织可以明确项目的目标和要求,规划项目的进程和过程,提高项目的可靠性和成功率,确保项目的顺利完成。同时,策划还可以促进团队成员之间的交流和学习,提高整个团队的水平和能力。

9. 监视与控制

CMMI 2.0 的监视与控制是指在软件项目开发过程中,通过对项目进度、质量、成本、风险等方面的监视和控制,以确保项目目标的实现和项目质量的保证。以下是 CMMI 2.0 中关于监视与控制的一些最佳实践:

1)项目监控:组织需要建立有效的项目监控机制,包括对项目进度、成本、质量、风险等方面的监控和控制,以及对项目问题和变更的跟踪和处理,以确保项目进程的可控性和可追溯性。

2)绩效度量:组织需要建立有效的绩效度量机制,包括对项目成本、进度、质量等方面的度量和评估,以及对项目绩效和质量的统计和分析,以支持决策和改进。

3)质量控制:组织需要对项目的质量进行有效的控制,包括质量计划的执行、质量度量的实施、质量问题的跟踪和处理等环节,以确保项目的质量和可靠性。

4)变更管理:组织需要对项目的变更进行有效的管理和控制,包括变更的识别、评估、规划、实施和跟踪等环节,以确保项目的稳定性和可控性。

5)风险管理:组织需要对项目的风险进行有效的管理和控制,包括风险的识别、评估、规划、监控和应对等环节,以确保项目的可靠性和成功。

通过有效的监视与控制,组织可以及时发现和解决项目中出现的问题和风险,控制项目的进度、成本和质量等方面,提高项目的可控性和稳定性,确保项目的顺利完成。同时,监视与控制也可以促进团队成员之间的交流和学习,提高整个团队的水平和能力。

10. 风险与机会管理

CMMI 2.0 的风险与机会管理是指通过对项目风险和机会进行识别、评估、规划、监控和控制,以降低风险的影响,利用机会增加项目成功的过程。以下是 CMMI 2.0 中关于风险与机会管理的一些最佳实践:

1)风险与机会识别:组织需要识别项目中可能出现的风险和机会,包括技术、进度、成本、资源、质量等方面的风险和机会。

2)风险与机会评估:组织需要对识别的风险和机会进行评估,包括风险和机会的影响程度、概率、优先级等方面的评估,以确定应对策略和优先级。

3)风险与机会规划:组织需要制订相应的风险和机会管理计划,包括应对策略、责任分配、预算分配、监控和控制等方面的规划,以确保风险和机会得到有效的管理和控制。

4)风险与机会监控:组织需要对风险和机会进行监控和跟踪,包括风险和机会的实时监测、分析、报告等方面的监控,以及根据实际情况对风险和机会进行及时调整和处理。

5)风险与机会控制:组织需要对风险和机会进行控制和处理,包括采取相应的措施进行风险和机会的处理、记录风险和机会的处理结果、反馈经验教训等方面的控制,以确保风险和机会得到有效的控制和管理。

通过风险和机会管理,组织可以识别和管理项目中可能出现的风险和机会,减少项目失败的风险,同时充分利用机会提高项目成功的可能性。

11. 原因分析和解决

CMMI 2.0 的原因分析和解决是指通过分析和识别问题的根本原因,并采取相应的措施进行解决和改进,以提高组织和项目的绩效和效率。以下是 CMMI 2.0 中关于原因分析和解决的一些最佳实践:

1)问题识别和记录:组织需要识别和记录项目中出现的问题,包括技术、过程、资源、质量等方面的问题,并对问题进行分类和优先级排序。

2)原因分析:组织需要对问题进行深入分析,确定问题的根本原因,包括人员、过程、技术、环境等方面的原因。

3)解决方案制定:组织需要制定相应的解决方案,包括采取什么样的措施进行解决、谁来负责执行、需要投入多少资源等方面的制定,以确保解决方案具有可行性和有效性。

4)解决方案实施:组织需要实施制定的解决方案,包括分配任务、分配资源、进行沟通和培训等方面的实施,以确保解决方案得到有效执行和落实。

5)效果评估和持续改进:组织需要对解决方案实施效果进行评估和持续改进,包括对解决方案效果的量化评估和反馈、对解决方案实施过程的总结和经验教训的反馈等方面的评估和改进。

通过原因分析和解决,组织可以识别和解决项目中存在的问题,提高项目的绩效和效率,同时也可以不断地改进和提高组织的能力水平,使组织具备更强的竞争力。

12. 决策分析和解决

CMMI 2.0 的决策分析和解决是指基于数据和事实,对组织和项目中的决策进行分析和

评估,确定最佳决策,并制定相应的解决方案进行实施和监控。以下是 CMMI 2.0 中关于决策分析和解决的一些最佳实践:

1)采集和分析数据:组织需要采集和分析相关数据和信息,包括项目的进展情况、资源投入情况、风险和机会情况等方面的数据和信息。

2)建立模型:组织可以基于采集到的数据,建立模型进行分析和评估,包括经济模型、风险模型、机会模型等方面的模型。

3)分析和评估决策选项:组织需要对决策选项进行分析和评估,包括每个选项的优缺点、风险和机会等方面的评估。

4)确定最佳决策:基于对决策选项的评估,组织需要确定最佳决策,并确保决策符合组织和项目的战略和目标。

5)制定解决方案:组织需要制定相应的解决方案,包括采取什么样的措施进行实施、谁来负责执行、需要投入多少资源等方面的制定,以确保解决方案具有可行性和有效性。

6)实施和监控解决方案:组织需要实施制定的解决方案,同时进行监控和评估,确保解决方案得到有效执行和落实,并及时进行调整和优化。

通过决策分析和解决,组织可以基于数据和事实,做出明智的决策,降低决策的风险,提高项目的绩效和效率,同时也可以不断地改进和提高组织的能力水平,使组织具备更强的竞争力。

13. 配置管理

CMMI 2.0 的配置管理是指通过对组织和项目的配置项进行管理和控制,确保软件和系统的正确性、可靠性、安全性和可维护性。以下是 CMMI 2.0 中关于配置管理的一些最佳实践:

1)配置管理计划:制订配置管理计划,明确配置项的定义、标识、控制和审批流程等方面的内容,并确保该计划得到有效执行和维护。

2)配置项的标识和版本控制:对配置项进行标识,确保每个配置项都能够被唯一地标识,并建立版本控制系统,记录每个配置项的版本号、修改日期、修改人员等信息。

3)变更控制:对配置项的变更进行控制,制定变更控制程序,确保每个变更都经过审批和记录,并及时通知相关人员。

4)配置项的审核和验证:对配置项进行审核和验证,确保每个配置项都符合规定的标准和要求,并在其生命周期中不断地进行审核和验证。

5)配置项的跟踪和报告:跟踪和报告每个配置项的状态和进展情况,确保项目管理人员和相关人员随时掌握配置项的最新状态和进展情况。

6)配置项的库的建立和备份:建立配置项的库,确保每个配置项都能够被正确地存储和管理,并定期进行备份和恢复,以确保数据的安全性和可靠性。

通过配置管理,组织可以有效地管理和控制软件和系统的变更和演化,确保软件和系统的正确性、可靠性、安全性和可维护性。同时,配置管理还可以提高项目管理的效率和精度,降低项目管理的风险和成本,使组织具备更强的竞争力。

14. 组织级培训

CMMI 2.0 的组织级培训是指为组织的员工提供 CMMI 相关的培训,以帮助组织提高软件和系统开发的能力和水平。以下是 CMMI 2.0 中关于组织级培训的一些最佳实践：

1)制订培训计划：制订针对不同角色和职责的培训计划，包括 CMMI 的基础知识、实施方法、工具和技术等方面的内容，并根据不同的培训需求和程度，制定相应的培训课程和材料。

2)建立培训管理体系：建立培训管理体系，包括培训需求分析、培训计划制订、培训实施、培训效果评估等环节，并通过培训管理体系，不断改进培训质量和效果。

3)培训师资队伍建设：建设 CMMI 的培训师资队伍，确保培训师具备丰富的实践经验和 CMMI 知识，能够有效地传授和演示 CMMI 的实施方法和技术。

4)培训实施方式：采用多种培训方式，包括面授、远程培训、自学等方式，满足不同学员的学习需求，同时通过模拟实战、案例分析、互动交流等方式，增强学员的学习体验和效果。

5)培训效果评估：对培训效果进行评估，通过学员反馈、培训成果和实践效果等方面，对培训质量和效果进行监控和改进，提高培训的针对性和实效性。

通过组织级培训，组织可以帮助员工掌握 CMMI 的相关知识和技能，提高软件和系统开发的能力和水平，进而提高组织的竞争力和市场占有率。同时，组织级培训还可以促进组织内部的沟通和协作，增强团队的凝聚力和合作精神，为组织的可持续发展奠定基础。

15. 过程资产开发

CMMI 2.0 的过程资产开发是指为支持组织的过程改进和实践应用，开发和维护与组织过程相关的各种资产，包括过程文档、工具、模板、标准、流程图等。以下是 CMMI 2.0 中关于过程资产开发的一些最佳实践：

1)确定过程资产需求：根据组织的过程改进目标和业务需求，确定过程资产的需求，包括过程文档的编写、工具的选择和开发、模板和标准的制定等方面的需求。

2)开发过程文档：根据 CMMI 的要求和组织的过程实践，开发过程文档，包括过程说明书、过程模板、操作手册等，同时确保过程文档的可访问性和易用性。

3)开发工具和模板：开发或采购适用于组织的过程管理工具和模板，以支持组织的过程管理和改进活动，同时保证工具和模板的易用性和灵活性。

4)制定标准和指南：制定过程相关的标准和指南，以确保过程实践的一致性和规范性，同时提高组织的效率和质量。

5)维护过程资产：定期对过程资产进行维护和更新，以保证其与组织过程的实践和要求保持一致，并及时处理过程资产的变更和更新。

通过过程资产开发，组织可以提高组织过程的规范性和可控性，增强组织对过程的管理和改进能力，进而提高组织的绩效和市场竞争力。同时，过程资产开发还可以促进组织内部的沟通和协作，增强团队的凝聚力和合作精神，为组织的可持续发展奠定基础。

16. 过程管理

CMMI 2.0 的过程管理是指在组织内部对过程进行管理和控制，以达到组织过程改进的目标，同时提高组织的绩效和市场竞争力。以下是 CMMI 2.0 中关于过程管理的一些最佳实践：

1)过程规划：明确组织的过程目标和改进计划，制定过程改进的策略和方案，并确定过程实践的重点和优先级。

2)过程执行：按照过程规划中的策略和方案，执行过程实践，确保过程实践的一致性和规范性,同时不断监测和评估过程的执行效果。

3)过程监测和控制:建立过程监测和控制机制,定期对过程实践进行评估和反馈,发现和纠正过程实践中的问题和缺陷,同时采取措施确保过程实践的持续改进和优化。

4)过程评估:通过过程评估,对组织过程的实践和成熟度进行评估,发现和分析过程改进的机会和挑战,并制定改进计划和行动方案。

5)过程改进:根据过程评估结果和组织的业务需求,制定过程改进计划和行动方案,采取有效的措施实施过程改进,同时不断优化和完善组织的过程实践。

通过过程管理,组织可以实现过程的规范化和优化,提高过程的效率和质量,同时提高组织的绩效和市场竞争力。过程管理还可以促进组织内部的沟通和协作,增强团队的凝聚力和合作精神,为组织的可持续发展奠定基础。

17. 管理性能与度量

CMMI 2.0 的管理性能与度量是指通过度量和监控组织过程和产品的性能,提供数据支持,以支持决策制定和过程改进。以下是 CMMI 2.0 中关于管理性能与度量的一些最佳实践:

1)选择关键绩效指标:选择与组织目标和过程改进计划相关的关键绩效指标(KPI),以衡量过程和产品的性能。KPI 应该能够帮助组织评估过程的有效性、效率和质量,以及产品的符合性和客户满意度等方面的表现。

2)确定数据收集方法:确定数据收集方法和工具,以收集、记录、分析和报告关键绩效指标的数据。数据收集的方法和工具可以包括手动或自动化的数据收集、数据挖掘和报告工具等。

3)分析数据:对收集到的数据进行分析和解释,以发现过程中存在的问题和机会,并作出决策。数据分析可以采用各种统计和可视化工具,例如趋势图、控制图、散点图、箱线图等。

4)监控变化:对关键绩效指标进行监控和变化跟踪,以评估过程和产品的性能,并及时发现和解决问题。监控变化可以帮助组织预测和应对未来的挑战和机遇。

5)进行度量和反馈:度量和反馈是过程改进的关键环节,它可以帮助组织发现和改善过程中的缺陷和问题,同时增强过程的透明度和质量。通过度量和反馈,组织可以逐步改进其过程实践,提高其绩效和竞争力。

通过以上最佳实践,组织可以通过管理性能与度量,从而实现对过程和产品性能的监测和评估,为组织的过程改进和决策提供更加科学和可靠的数据支持。

9.4 智能化软件工程

智能化软件工程是现代信息技术与先进人工智能技术深度整合的产物,通过运用机器学习、深度学习和大型语言模型等 AI 技术革新传统的开发与维护流程。其中,深度学习算法在自动化测试中能够精准预测缺陷并智能生成及优化测试用例,显著提高软件质量保证工作的精度与效率。同时,诸如 GitHub Copilot 这样的大型语言模型应用已实现代码自动补全与编写,大大提升了编程生产力。此外,在需求分析阶段,大语言模型能够理解复杂的用户需求,并自动生成初步设计文档;而在维护环节,则能辅助定位问题根源、提出修复建议甚至直接生成修复代码。尽管当前智能化尚面临不确定性挑战以及对训练数据质量和成本控制的需求,但随着技术进步与实践积累,智能化软件工程将持续推动软件开发生命周期向更高程度的自动化与智能化演进,为软件产业带来革命性的变化。

9.4.1 深度学习与自动化测试

深度学习和自动化测试是两个不同的领域,但它们可以相互促进和应用。深度学习(Deep Learning)是一种机器学习的分支,是一种基于神经网络的模型,通过对大量数据进行训练和学习,从而能够实现对数据的分类、预测和识别等功能。深度学习已经被广泛应用于图像识别、自然语言处理、语音识别等领域,取得了很多重要的成果。自动化测试(Automated Testing)是指利用测试工具和技术,自动执行测试用例和检查点,以验证软件系统的正确性、完整性和性能等方面的特性。自动化测试可以帮助测试人员节省时间和精力,提高测试的效率和可靠性,同时也能够降低测试成本和风险。

将深度学习应用于自动化测试,可以通过训练深度神经网络来预测和检测软件缺陷和问题,从而实现更高效、更准确的测试。具体来说,深度学习可以通过对软件系统的历史数据进行学习和分析,预测和识别可能存在的缺陷和问题,并给出相应的测试建议和策略,从而提高自动化测试的效率和可靠性。

例如,在自动化测试中,可以使用深度学习模型来分析和理解软件系统的测试数据,识别潜在的问题和异常情况,从而实现更加精细化和高效的测试。同时,深度学习还可以应用于测试用例的生成和优化,从而提高测试用例的质量和覆盖率,进一步提升自动化测试的效率和可靠性。

深度学习在自动化测试中的应用越来越广泛,它的应用案例举例如下:

图像识别:深度学习在图像识别上有出色的表现,这使得在 GUI 测试中,它能自动识别和验证屏幕上的元素,如按钮、文本框、图像等。这种类型的测试通常在移动应用和游戏等领域中发挥重要的作用。

异常检测:深度学习可以用于训练模型以识别异常行为。在测试中,这种方法可以用于检测软件运行中的任何异常或者未预期的行为。例如,它可以在高负载或高压力下自动检测系统的性能瓶颈。

预测测试结果:通过收集并分析历史测试数据,深度学习模型可以预测未来的测试结果。这可以帮助测试团队更好地分配资源,提前解决可能的问题,提高测试效率。

自动生成测试用例:深度学习模型可以通过分析软件需求、用户故事或其他文档来自动生成测试用例,这大大减少了手动创建测试用例的工作量。

智能虚拟助手:深度学习可以用于创建智能虚拟助手,这些助手可以解答测试人员的问题,提供测试建议,甚至自动执行一些测试任务。

代码质量检查:深度学习模型可以用于自动检查代码的质量,包括代码风格、复杂度、可能的 bug 等。这可以在早期阶段就找出潜在问题,提高代码的质量。

深度学习以其强大的模式识别和数据处理能力,可以进行智能预测和决策,而自动化测试能够减少人工操作的错误和降低时间成本。深度学习和自动化测试是两项相辅相成的技术,在软件测试和质量保障方面具有巨大的潜力和应用前景,通过它们的结合与应用,可以实现更高效、可靠的软件测试流程,提升软件质量和用户满意度。

9.4.2 大语言模型与软件工程

随着人工智能技术的飞速发展,大型语言模型(Large Language Models,LLM)已经逐渐成为软件工程领域的一个新兴研究热点。虽然 LLM 已被广泛应用于涉及自然语言的任务中,但它们在涉及编程语言的软件开发任务中的应用也引起了近年来的显著关注。2021 年,OpenAI 推出了 CodeX,它是 GPT－3 的一个专门针对代码任务微调的后代版本。CodeX 被 GitHub 的 Copilot 所采用,该工具为 Visual Studio Code、Visual Studio、Neovim 和 JetBrains 的用户提供代码自动补全功能。Copilot 的新版本——GitHub Copilot X²,基于 GPT－4 构建。2023 年 2 月,GitHub 报告称,平均而言,开发者编写的 34％的代码是由 Copilot 完成的。仅对于 Java 语言,这一数字高达 62％。GitHub 的首席执行官 Thomas Dohmke 在 2023 年 6 月表示,Copilot 将在不久的将来写出 80％的代码。2022 年,DeepMind 推出了 AlphaCode,该模型在精选的公共 GitHub 仓库上使用 400 亿个参数进行训练。在模拟评估中,它在超过 5 000 名参与者参加的竞赛中平均排名前 54％。最新的 GPT 模型 GPT－4 同样能够进行代码生成。根据 GPT－4 的技术报告,在 OpenAI 开源数据集 HumanEval(包含 164 个编程问题)上的零样本 pass@1 准确率达到了 67％。在 100 道 LeetCode 问题的基准测试中,GPT－4 的表现与人类开发者相当。

LLMs 在软件工程的各个环节中展现出巨大的潜力和应用价值,为解决软件工程中的一些技术难题提供了新的思路和方法。

1. 需求工程与设计

通过理解自然语言的需求描述,LLMs 可以辅助生成系统设计,为需求分析和设计提供强大的支持。

需求工程是软件工程中一个至关重要的学科。它构成了系统构建的技术属性与系统建立目的之间根本的纽带。关于需求工程问题,有一套成熟的文献资料,并且有一个庞大的专门研究这些问题的研究团体。

此前,也已经有利用人工智能方法来支持需求工程的工作,特别是在计算搜索用于需求工程方面的应用。然而,迄今为止,随着基于 LLMs 的软件工程新兴文献不断涌来,需求工程这一领域在该方向上所受到的关注相对较少。这意味着尽管 LLMs 已经在编程任务和代码生成方面取得了显著进展,但在如何利用 LLMs 来改进或自动化需求获取、分析、规范、验证以及管理等需求工程核心环节上的研究尚不充分。随着 LLMs 技术的发展及其在软件开发中的广泛应用潜力,探索它们在需求工程中的具体作用和优势将是未来的一个重要研究方向。

不同于其他软件开发活动,在基于 LLMs 的需求工程或设计方面,目前所见的研究工作并不多。实际上,有研究表明,在实践中的工程师对于依赖 LLMs 来实现高层次设计目标持谨慎态度。因此,在这一尚未充分探索的研究领域中存在着巨大的研究机遇。

当前大多数 LLMs 应用集中在代码生成、测试以及修复等任务上,这些任务确实得益于 LLMs 生成代码的能力。然而,由于 LLMs 具备强大的自然语言处理能力,它们同样具有显著的潜力来支持需求工程的各项活动。例如,LLMs 可以帮助分析和理解用户需求描述,辅助编写规范文档,甚至参与到需求变更管理及需求验证的过程中。通过进一步研究与开发,LLMs 有望在需求工程阶段提供更加智能化的支持工具和服务,从而提高软件开发过程的整体效率和质量。比如,可追溯性是软件工程中一个长期存在的、贯穿多个领域的关注点。特别是在识别需求与其他工程活动(例如代码和测试)之间的可追溯性关联时,尤其具有挑战性,因为需求通常是以自然语言书写的,而这一点恰恰与 LLMs 的自然处理能力相契合。

2. 代码生成与修复

在 LLMs 应用于软件工程的所有领域中，代码补全是最为深入研究的领域。甚至早在 LLMs 出现之前，就有观点指出，从现有代码库中学习是实现成功且智能的代码补全的关键：预训练的 LLMs 满足了早期对代码补全技术的期望。虽然普遍认为 LLMs 的一个弱点在于其可能出现的虚构（Hallucination）现象，但在特定的代码补全任务中，LLMs 作为推荐系统发挥作用，可以避免虚构问题。开发者承担着筛选出任何可能由 LLMs 生成的虚构结果的责任，在其进入代码库之前剔除。

当然，如果虚构程度过高，代码补全推荐系统将无法有效工作。

许多软件工程师似乎已经认定，尽管需要人工筛选的努力，但其所带来的好处远大于成本，而且已经出现了热情高涨的采用率和采用速度。一旦基于 LLMs 的代码补全技术得到全面采纳，预计程序员将花费更多时间进行代码审查，而不是编写代码。

3. 软件测试

软件测试是一个历史悠久且研究基础深厚的学科，其起源可以追溯到 20 世纪 40 年代末图灵的开创性工作。该领域的研究重点大多集中在自动构建测试套件上，旨在以较低的计算成本实现高缺陷揭示能力。这不仅为我们提供了能够剔除 LLMs 生成的错误代码的技术手段，同时也为比较基于 LLMs 的新技术和混合技术在测试套件生成方面的性能提供了一个成熟的基准。

目前已有足够丰富的研究成果来专门针对基于 LLMs 的软件测试，现有研究表明大约三分之一的论文涉及基于测试数据对 LLMs 进行微调，其余部分则依赖于提示工程（Prompt Engineering）方法。

随着 LLMs 的发展与应用，越来越多的研究开始探索如何将 LLMs 应用于软件测试的不同阶段，如测试用例生成、程序分析、自动化调试以及代码修复等。这些研究表明 LLMs 不仅可以提高测试效率，还可以通过学习大规模代码库中的模式来提升测试覆盖率和质量。与此同时，也需要注意确保 LLMs 生成的测试方案和修复建议的正确性和有效性，这也是当前研究的一个重要方向。

4. 软件维护与演化

软件维护与演化是数十年来研究的重要课题。这些领域关注的是现有的代码库，我们从这些代码库中寻求理解和提取业务逻辑，并且需要对其进行再工程、修复和重构。诸如这样的维护问题都存在于富含自然语言特征的问题域中。因此，在此类领域中发现大量基于 LLMs 技术的应用并不令人意外。

5. 文档生成与分析

基于 LLMs 的软件工程研究大多集中在代码生成任务上，但 LLMs 在文档生成领域同样具有可观的应用潜力，特别是在自动生成代码文档方面。

例如：当前很多代码摘要技术是基于检索的方法。将给定的代码通过神经网络表示方法转换为向量格式，然后利用该向量从语料库中检索出最相关的文本摘要。这种方法存在明显的局限性，因为生成的摘要集合受限于训练语料库的内容范围。而 LLMs 凭借其自然语言处理能力，能够实现不受训练语料库限制的自动化代码摘要生成，这有可能产生更加丰富且语义关联更强的摘要。但同时我们也注意到，现有的评估指标往往侧重于词汇层面，从而限制了我们对 LLMs 生成的更为丰富的摘要进行有效对比和评估的能力。

尽管 LLMs 在软件工程中展现出巨大的应用前景，但其本身的一些特性也带来了许多技术挑战。例如，模型可能会产生错误的预测或生成无效的代码，这需要开发有效的技术来识别和过滤这些错误。此外，LLMs 的训练和推理成本较高，如何有效地利用这些模型也是需要解决的问题。

未来的研究应重点关注如何结合传统软件工程技术与 LLMs，提高模型的可靠性、效率和效果。同时，如何降低模型的训练和推理成本，使其更适用于实际生产环境也是重要的研究方向。此外，如何利用 LLMs 提高软件工程的智能化水平，提升软件开发和维护的效率也是值得深入探讨的问题。

9.5　小　　结

本章介绍了基于组件的软件工程、软件能力成熟度模型集成、现代软件测试技术和敏捷软件开发。基于组件的软件工程可以提高软件开发效率和质量；敏捷软件开发可以帮助组织快速响应市场变化，提高软件质量，降本增效；CMMI 可以帮助组织改进软件开发过程，提高软件质量，降低成本，缩短周期；现代智能化软件工程技术可以提高测试的效率和准确性，降低测试成本，缩短测试周期。这些技术和发展方向正在不断推动软件工程技术的进步和创新。未来，随着技术的不断发展和市场需求的变化，软件工程技术将不断发展和创新，以满足更高的质量、更低的成本和更快的速度的要求。

作业与练习

1. 请说明基于组件的软件开发流程与传统软件开发流程的区别。
2. 软件工程辅助工具（CASE）有哪些？它们的发展特点是什么？
3. 软件过程成熟度框架的基础是什么？
4. 什么是软件能力成熟度？它分几个等级？
5. 从 CMM 2 级提高到 CMM 3 级，企业需要在哪些方面进行提高？
6. 请简述关键过程域与 CMM 之间的关系。
7. CMM 5 级企业的特征是什么？
8. GUI 测试与一般计算类测试的区别是什么？
9. 请简述 GPT 如何应用于自动化测试。
10. Web 测试一般都包含哪些内容？
11. 负载/压力测试的目的和方法是什么？
12. 请举例说明大语言模型在软件工程中的应用。

参 考 文 献

[1] PRESSMAN R S, MAXIM B R. Software engineering[M]. 北京：机械工业出版社,2021.

[2] BROOKS F P.The mythical man-month：essays on software engineering [M]. 北京：人民邮电出版社,2010.

[3] 窦万峰.软件工程方法与实践[M].3 版.北京:机械工业出版社,2016.

[4] BAUER F L. Software engineering：an advanced course[M]. New York：[s.n.],1977.

[5] SCHACH S R. Object-oriented and classical software engineering [M]. Boston：McGraw-Hill,2011.

[6] HENDERSON-SELLERS B, EDWARDS J M. The object-oriented systems life cycle [J]. Communications of the ACM,1990,33(9):142 - 159.

[7] SZYPERSKI C, GRUNTZ D, MURER S. Component software：beyond object-oriented programming[M]. 2nd ed. London：Addison-Wesley，2011.

[8] 尹志宇. 软件工程导论:方法、工具和案例:题库・微课视频版[M].北京：清华大学出版社,2022.

[9] 胡思康. 软件工程基础[M]. 4 版. 北京:清华大学出版社,2023.

[10] 张海藩,牟永敏. 软件工程导论[M]. 6 版.北京：清华大学出版社, 2013.

[11] CHIANG C C. Teaching a formal method in a software engineering course[C]// MSCCC'04. Little Rock, Arkansas, USA：Mid-South College Computing Conference.[S.l.：s.n.],2004:39 - 52.

[12] ECKEL B. Java 编程思想[M]. 4 版. 陈昊鹏,译.北京:机械工业出版社，2007.

[13] 徐帆. 面向对象开发方法综述[J]. 渝州大学学报(自然科学版),2002(4):87 - 90.

[14] BOOCH G, MAKSIMCHUK R A, ENGLE M W,et al.面向对象分析与设计[M]. 王海鹏,潘加宇,译. 北京:电子工业出版社，2012.

[15] 彭鑫,游依勇,赵文耘. 现代软件工程基础[M]. 5 版. 北京:清华大学出版社,2022.

[16] PILONE D, PITMAN N. UML 2.0 in a Nutshell[M]. [S.l.]：O'Reilly Media,2005.

[17] 杨林. 面向对象软件工程与 UML 实践教程[M]. 北京:科学出版社,2015.

[18] WAMPLER B E. Java 与 UML 面向对象程序设计[M]. 王海鹏,译. 北京:人民邮电出版社,2002.

[19] LAUESEN S. Software requirements：styles and techniques[M]. London：Addison-Wesley，2008.

[20] BASILI V R, SELBY R W. Comparing the effectiveness of software testing strategies [J]. IEEE transactions on software engineering,1987,SE - 13(12):1278 - 1296.

[21] WEBER S. The success of open source [M]. Cambridge, Mass.：Harvard Univ.

Press,2005.

[22] 李伟刚,李易. 软件产品线工程:原理与方法[M]. 北京:科学出版社,2015.

[23] MCGREGOR J D,SYKES D A. 面向对象的软件测试[M]. 杨文宏,译. 北京:机械工业出版社,2002.

[24] PERRY W E. 软件测试的有效方法[M]. 高猛,冯飞,徐璐,等译. 北京:清华大学出版社,2008.

[25] 张林丰,张丽霞,许志伟. 软件工程实用教程[M]. 北京:清华大学出版社,2015.

[26] HUMPHREY W S,HUMPHREY W S. 软件过程管理[M]. 高书敬,顾铁成,胡寅,等译. 北京:清华大学出版社,2003.

[27] SOMMERVILLE I. Engineering software products:an introduction to modern software engineering[M]. Hoboken,NJ:Pearson,2020.

[28] HUMPHREY W S. 软件工程规范[M]. 傅为,苏俊,许青松,等译. 北京:清华大学出版社,2004.